岩波講座　基礎数学

数理物理に現われる偏微分方程式

監修
小平邦彦

編集
岩堀長慶
河田敬義
*藤田　宏
*小松彦三郎
田村一郎
服部晶夫
飯高　茂

岩波講座　基礎数学

解 析 学 (II) iv

数理物理に現われる偏微分方程式

藤　田　　宏
池　部　晃　生
犬　井　鉄　郎
高　見　穎　郎

岩　波　書　店

本書は，オリジナル本の

Ⅰ（第１～５章）
Ⅱ（第６～10 章）

を合本したものです．

目　次

第9章　電磁場の偏微分方程式 (Maxwell の方程式)

第10章　物質波の偏微分方程式 ——Schrödinger の方程式

まえがき

古典的な数理物理学や現代的な工学において，偏微分方程式は，現象のモデルとしても現象の数理的な解析の手段としても欠くことのできない役割を果している．また，一般性と精緻さを目指す現代式の偏微分方程式論にとっても，このような現象に密着した‘意味のある方程式’について，数理と現象との結びつきを感覚的に把握しておくことは，初学者の学習の健全な出発点であり，将来の発展に向けての有効な伏線であろう．

このような趣旨にもとづいて，熱方程式，Laplace 方程式，波動方程式，Maxwell 方程式，あるいは Navier-Stokes 方程式など，数理物理学・工学の舞台における主役や脇役を列伝的に解説しようというのが，2分冊から成るこの“数理物理に現われる偏微分方程式”の目的である．

内容の展開に当っては，一方において，たとえば数学科の学生であっても数理物理や工学の知識の格別な準備なしにすむように留意した．また，他方において，理工系の諸科学を専攻する人たちが偏微分方程式による解析の基礎的な理解を求めて勉強される際の使用にたえるように，露骨な数学的厳めしさは極力つつしんだ．しかし，読みようによっては，正に“二兎を追う”のそしりが当てはまるであろうことは自覚している．

上でいろいろな方程式の解説を行なうといったが，焦点を当てる部分は方程式によって異なっている．大きくわければ，第I分冊から第II分冊の最初の部分までの6章にわたって，熱方程式，Laplace 方程式および波動方程式を，基本的な性質の一般的な解説という観点から比較的詳しく扱う．この部分は，‘偏微分方程式入門’としても読むことが可能であろう．なお，熱方程式と Laplace 方程式は最大値の原理を土台として扱っているのに対し，波動方程式の方はエネルギー不等式(エネルギー保存則)を土台として扱っているのは，それぞれの方程式の表わす現象の特色を尊重したためである．第II分冊の残りの部分では，Maxwell 方程式をはじめとするいろいろの方程式を，それぞれの特色ある性質の紹介，あるいは，それぞれに対する特色ある方法の紹介という観点から解説する．

この両分冊の内容は，執筆者4名全員の合議によるものであるが，執筆の手順としては，第1章から第4章までは藤田が，第5章と第6章は池部が，それぞれ原稿を書き，高見が犬井と相談しながら整備した．第II分冊の残りの部分は，各自の提出した材料を犬井と高見がまとめたものである．

第1章　針金の熱伝導と熱方程式

この章では，数理物理学における偏微分方程式のうちで最も簡単なものといえる1次元の熱方程式 (heat equation) について，**数理物理学**——古典的な数理物理学であるが——の立場から偏微分方程式を取り扱う際の問題意識と手法とを例示しよう．いいかえれば，1次元の熱方程式の簡単な構造が，数理物理学における**偏微分方程式の役割**，すなわち現象の数学的定式化，数学的モデルの解析，解析結果と現象との照合を最も端的に浮きぼりにすることを期待するのである．

§1.1　熱伝導の法則と熱方程式

いま，x 軸上の区間 $[a, b]$ に置かれた針金を考え，時間 t とともにこの針金における温度分布がどのように変わるかを問題にしよう．時刻 t における点 x の温度を $u=u(t, x)$ で表わす．ごく常識的に考えても，この温度分布 u は，針金の両端を一定温度，たとえば0度に保つならば，**初期時刻** $t=0$ における状態によって決定されるはずである．もちろん，それは t とともに刻々変わる．その変わり方を支配する方程式を導こう．

そのために，針金の上の点 $x_0 \in (a, b)$ を一つ決め，x_0 を含む小さな区間 $V=[\alpha, \beta]$ $(a<\alpha<x_0<\beta<b)$ を定める (図1.1)．時刻 t において，V に貯えられている熱量 J は，

$$J(t) = \int_{\alpha}^{\beta} cu(t, x)\,dx \tag{1.1}$$

で与えられる．c は針金の単位長さあたりの熱容量で，一般には x の関数であろうが，ここでは，**針金は一様**である，すなわち c は正の定数であると仮定しよう．

さて，時刻 t から時刻 $t+\Delta t$ までの微小時間 Δt における J の増分 ΔJ は

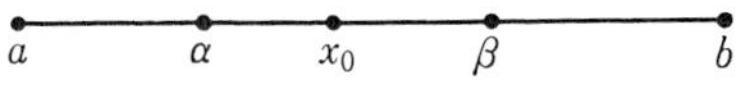

図1.1

(1.2) $$\Delta J = J(t+\Delta t)-J(t) = \left(\int_\alpha^\beta cu_t(t,x)\,dx\right)\Delta t$$

と書ける．ここで，u_t は t についての偏導関数を表わす．方程式の導出を目的とするこの節では，u は必要なだけの滑らかさ（微分可能性）をそなえているものとする．とくに，u_t や，x についての2階までの偏導関数 u_x, u_{xx} は連続であるとしよう．

さて，**熱量保存の法則**によれば，ΔJ は Δt の間に V に流入した熱量に等しい．いまの場合，これは V の両端 $x=\alpha$，$x=\beta$ から V に流入した熱量である．まず左端の点 $x=\alpha$ を考えると，Δt の間にこの点を通って V に流入した熱量は

(1.3) $$-ku_x(t,\alpha)\Delta t$$

で与えられる．これが Fourier の**熱伝導の法則**であって，k は**熱伝導率**とよばれる正定数である．また，負号がついているのは，**熱は温度の高い方から低い方へ流れる**という事実を表わしている．

同様に，Δt の間に右端の点 $x=\beta$ を通って V に流入した熱量は

$$ku_x(t,\beta)\Delta t$$

で表わされる．したがって，上に述べた熱量の保存を式で表わせば

(1.4) $$\left(\int_\alpha^\beta cu_t(t,x)\,dx\right)\Delta t = (ku_x(t,\beta)-ku_x(t,\alpha))\Delta t$$
$$= \left(\int_\alpha^\beta ku_{xx}(t,x)\,dx\right)\Delta t$$

となる．それゆえ，

(1.5) $$\int_\alpha^\beta cu_t(t,x)\,dx = \int_\alpha^\beta ku_{xx}(t,x)\,dx.$$

この両辺を $\beta-\alpha$ で割ってから，α, β をともに x_0 に近づければ，

$$cu_t(t,x_0) = ku_{xx}(t,x_0)$$

が得られる．x_0 は区間 (a,b) の任意の点であったから，結局，任意の時刻 $t>0$ と針金の任意の内点 $x \in (a,b)$ において，方程式

(1.6) $$u_t = \kappa u_{xx} \qquad \left(\kappa=\frac{k}{c}\right)$$

が成り立つことになる．これが u の変化を支配する偏微分方程式であって，**熱方程式** (heat equation) あるいは**熱伝導方程式** (equation of heat conduction) と

よばれる.

こうして，針金における温度分布 u は，熱方程式 (1.6) および，初期時刻における温度分布を指定する条件，すなわち**初期条件**

(1.7) $$u(0,x)=a(x),$$

さらに，針金の境界における温度を指定する条件，すなわち**境界条件**

(1.8) $$u(t,a)=l(t),\qquad u(t,b)=r(t)$$

に従って定められるのである．与えられた $a(x), l(t), r(t)$ に対して (1.6)-(1.8) の解 u を求める問題は熱方程式の**初期値・境界値問題**，あるいは単に，熱方程式の**初期値問題**とよばれる.

実は，境界条件としては，端点における物理的な状況設定に応じて，(1.8) と異なるものも考えられる．たとえば，端点 $x=a$ を通って熱の出入りがないとすれば，(1.3) の形からわかるように

(1.9) $$u_x(t,a)=0$$

が境界条件となる．これを**断熱境界条件**とよぶことがある．また，端点 $x=a$ から温度 U の外界への熱の放散がおこるときには，その放散量が $u(t,a)-U$ に比例するという Newton の**冷却の法則**によって，

(1.10) $$u_x(t,a)=\sigma(u(t,a)-U)\qquad(\sigma \text{ は定数})$$

という形の境界条件が課される.

方程式 (1.6) において κt をあらためて t とおくと，これは

(1.11) $$u_t=u_{xx}$$

となる．数学的な考察においては，(1.11) の形のものだけを考えることにすれば十分である．また，$(x-a)/(b-a)$ をあらためて x とおいてから，t の単位を適当に変えたと考えれば，x の変域を $[0,1]$ にとって (1.11) を扱うことにしても一般性は失われないことがわかる.

ここで，針金の単位長さあたりの熱容量 c や各点における熱伝導率 k が x に依存する場合にふれておこう．このような場合は，針金の材料の金属が同一のものであっても太さが——針金とみなせる程度には細いとするが——x に依存する場合におこる．このとき，(1.5) は

(1.12) $$\int_\alpha^\beta c(x)u_t(t,x)\,dx=\int_\alpha^\beta (k(x)u_x(t,x))_x\,dx$$

でおきかえられる．したがって，この場合の熱方程式は

(1.13) $$c(x)u_t = (k(x)u_x)_x$$

となる．これは**変数係数**の方程式である．

最後に，針金の各点 x において熱が発生する場合を考えよう．時刻 t から $t+\Delta t$ までの間に発生する熱量が単位長さあたり $g(t,x)\Delta t$ であるとすれば，(1.5) の右辺には

$$\int_\alpha^\beta g(t,x)dx$$

がつけ加わる．これに応じて，u が満たす方程式は

(1.14) $$cu_t = (ku_x)_x + g(t,x)$$

となる．ここでまた，とくに c と k が定数である場合を考えることにして，$g(t,x)/c = f(t,x)$ と書けば，

(1.15) $$u_t = \kappa u_{xx} + f(t,x)$$

が得られる．これと (1.6) とを比較すると，非同次の熱方程式というのは，導体(いまの場合は針金)の中に**熱源**が分布している状況に対応していることがわかる．

§1.2　多次元の熱方程式の導出

この章での考察は1次元の熱方程式に限るのであるが，方程式の導出だけは，多次元の場合についても述べておこう[1]．

いま，熱の導体が空間領域 Ω を占めているものとし，時刻 t における点 $x=(x_1,x_2,x_3)\in\Omega$ の温度を $u(t,x)$ で表わそう．さて，Ω 内の任意の点 x_0 を中心とする小さな球 $V\subset\Omega$ をとる．このとき，温度上昇にともなう V 内の熱量の増加が，V の表面 ∂V を通じて V 内に流入する熱量に等しいという熱量の保存則にもとづけば，1次元の場合と同様な考察によって

(1.16) $$\int_V cu_t dx = \int_{\partial V} k\frac{\partial u}{\partial n}dS$$

が導かれる．ここに $dx = dx_1dx_2dx_3$，dS は V の境界 ∂V の面積要素，$\partial/\partial n$ は ∂V における**外向き法線** $\boldsymbol{n}$ に沿っての微分を意味している．また c は単位体積あ

1) あとで必要なときにもどることにして，この節をひとまずとばしてすすまれるのも結構である．

たりの熱容量，k は熱伝導率である．なお，$\boldsymbol{n}$ が外向き法線であることから，もし ∂V 上の点 ξ において外側の方が温度が高くて $\partial u/\partial n$ が正ならば，$k\partial u/\partial n$ は正となり，ξ を通じて実際には熱が V へ向って流入していることを注意しておこう．

さて，(1.16) の右辺は Gauss-Green の積分公式によって，

$$\int_{\partial V} k(\operatorname{grad} u)\cdot \boldsymbol{n}\, dS = \int_V \operatorname{div}(k \operatorname{grad} u)\, dx$$

と変形される．これを行なってから (1.16) の両辺を V の体積で割り，V の半径を 0 に近づければ，任意の時刻 t $(t>0)$ に対し，Ω の各点で

(1.17)
$$cu_t = \operatorname{div}(k \operatorname{grad} u)$$

が成り立つことがわかる．導体が一様で，c と k が正の定数であるときには，(1.17) は

(1.18)
$$u_t = \kappa \triangle u \qquad \left(\kappa = \frac{k}{c}\right)$$

となる．もちろん，$\triangle$ は **Laplace の微分演算子**

(1.19)
$$\triangle = \operatorname{div} \operatorname{grad} = \frac{\partial^2}{\partial {x_1}^2} + \frac{\partial^2}{\partial {x_2}^2} + \frac{\partial^2}{\partial {x_3}^2}$$

である．これが空間の場合の，すなわち 3 次元の熱方程式である．平面の場合，すなわち 2 次元の熱方程式も形は同様で，Laplace の演算子 $\triangle$ が 2 次元のそれになるだけである．t の単位を適当に変えることによって，(1.18) が

(1.20)
$$u_t = \triangle u$$

という標準的な形になおせることも 1 次元の場合と同様である．

多次元の熱方程式に対する境界条件は，たとえば，Ω の表面 $\partial\Omega$ で温度が指定されている場合には

(1.21)
$$u|_{\partial\Omega} = \beta(t, x) \qquad (t>0,\ x \in \partial\Omega)$$

の形をとる．ただし，β は与えられた関数である．この形の境界条件を **Dirichlet の境界条件**，あるいは**第 1 種の境界条件**とよぶことが多い．

$\partial\Omega$ での物理的な状況の設定が，熱の出入りを許さないというものである場合には，境界条件は

(1.22)
$$\left.\frac{\partial u}{\partial n}\right|_{\partial\Omega} = 0 \qquad (t>0,\ x \in \partial\Omega)$$

となる．この境界条件は **Neumann の境界条件**，あるいは**第2種の境界条件**とよばれる．

さらに，$\partial\Omega$ から外界へ向って熱の放散があるときには，外界の温度を0とするならば，

$$\frac{\partial u}{\partial n}+\sigma u=0 \qquad (t>0,\ x\in\partial\Omega) \tag{1.23}$$

の形の境界条件が課される．σ は $\partial\Omega$ から外界へ向っての熱放散の係数であって，$\partial\Omega$ 上の正値の関数であると考えてよい．(1.23) を**第3種の境界条件**というが，まれに Robin の境界条件とよぶことがある．

もちろん，u を決定するためには，境界条件のほかに

$$u(0,x)=a(x) \qquad (x\in\Omega) \tag{1.24}$$

という形の初期条件が課されることも，1次元の場合と同様である．

また，Ω の内部に熱源が分布しているときには，非同次の方程式

$$cu_t=\operatorname{div}(k\operatorname{grad}u)+g(t,x) \tag{1.25}$$

が登場することは明らかであろう．とくに，c と k が定数ならば，(1.25)は非同次の熱方程式

$$u_t=\triangle u+f(t,x) \tag{1.26}$$

に帰着する．

§1.3 解の一意性

つぎの最も簡単な熱方程式の初期値問題を考えよう：

$$u_t=u_{xx} \qquad (t>0,\ 0<x<1), \tag{1.27}$$

$$u(t,0)=0, \quad u(t,1)=0 \qquad (t>0), \tag{1.28}$$

$$u(0,x)=a(x) \qquad (0\leqq x\leqq 1). \tag{1.29}$$

初期条件 (1.29) における初期値 a は $C[0,1]$ に属する関数，すなわち区間 $[0,1]$ 上で与えられた連続関数であるとする．また，解 $u=u(t,x)$ としては，

$$(*) \qquad \begin{cases} u \text{ は } [0,\infty)\times[0,1] \text{ で連続,} \\ u_t, u_x, u_{xx} \text{ は } (0,\infty)\times(0,1) \text{ で連続} \end{cases}$$

という微分可能性をもった，いわゆる**古典的な解**を考えることにする．

前節の物理的な考察からは，解 u は a によって一通りに決定されるはずであ

る．このことを数学的に証明しよう．

いま，$u_1=u_1(t,x)$，$u_2=u_2(t,x)$ がともに上の初期値問題の解であるとする．$u_1\equiv u_2$ を示したい．そのために，$v=u_1-u_2$ とおけば，v は

$$\text{(1.30)}\qquad \begin{cases} v_t = v_{xx} & (t>0,\ 0<x<1), \\ v(t,0)=v(t,1)=0 & (t>0), \\ v(0,x)=0 & (0\leqq x\leqq 1) \end{cases}$$

を満足している．技巧的なことであるが，ここで

$$w = e^{-t}v$$

とおこう．そうすると，$v=e^t w$ を (1.30) に代入してみればすぐわかるように，w は

$$\text{(1.31)}\qquad w_t+w = w_{xx} \qquad (t>0,\ 0<x<1),$$

$$\text{(1.32)}\qquad w(t,0)=w(t,1)=0 \qquad (t>0),$$

$$\text{(1.33)}\qquad w(0,x)=0 \qquad (0\leqq x\leqq 1)$$

を満足する．つぎに，$T>0$ を任意に定めて，

$$\mu = \max\{w(t,x)\,|\,0\leqq t\leqq T,\ 0\leqq x\leqq 1\}$$

とおく．w は $[0,T]\times[0,1]$ で連続であるから，最大値 μ はたしかに存在する．ここで

$$\text{(1.34)}\qquad \mu\leqq 0$$

であることを主張しよう．これを背理法で証明するために，正の最大値 μ が $t=t_0$，$x=x_0$ で到達されたとする．すなわち，

$$\mu = w(t_0,x_0) > 0.$$

境界条件から，$x_0\neq 0$，$x_0\neq 1$ である．また，初期条件から $t_0\neq 0$ である．したがって，

$$0<t_0\leqq T, \qquad 0<x_0<1$$

の場合だけを吟味すればよい．この場合，点 (t_0,x_0) において (1.31) が成り立つから，

$$\text{(1.35)}\qquad w_t(t_0,x_0)+\mu = w_{xx}(t_0,x_0).$$

ところが，w は点 (t_0,x_0) で最大であり，しかも x_0 は x の区間の内点であるから，$w_{xx}(t_0,x_0)\leqq 0$ が成り立つ．一方，t_0 は t の区間の内点であるか上端であるかのどちらかである．よって，$w_t(t_0,x_0)\geqq 0$ ($0<t_0<T$ ならば等号)．これらの

結果を(1.35)に用いると，$\mu>0$ ならば矛盾がおこることがわかる．したがって(1.34)が成り立つ．(1.34)は

$$w(t,x)\leqq 0 \qquad ((t,x)\in[0,T]\times[0,1])$$

が成り立つこと，したがって

$$v(t,x)\leqq 0 \qquad ((t,x)\in[0,T]\times[0,1])$$

が成り立つことを示している．T は任意の正数であったから，$[0,\infty)\times[0,1]$ において

$$v(t,x)\leqq 0 \tag{1.36}$$

であることが示された．

つぎに，最大値のかわりに最小値について上と同様な議論を行なうか，あるいは $-v$ に対して上の結果を適用するかすれば，

$$v(t,x)\geqq 0 \tag{1.37}$$

がつねに成立することがわかる．(1.36)と(1.37)とをあわせると

$$v(t,x)\equiv 0 \qquad ((t,x)\in[0,\infty)\times[0,1]) \tag{1.38}$$

となる．こうして，つぎの定理が示された．

定理1.1　熱方程式の初期値問題(1.27)-(1.29)の解は**一意**(**単一**)である．

注意1　上で古典的な解を考えたが，古典的でない解(現代的な解というわけではない！)としては，微分を超関数の意味で解釈したものなど，各種の**広義解**(generalized solution)あるいは**弱解**(weak solution)が定義され，数学的考察の対象となっている．これらについての詳しい議論は本講座の該当する部分にゆだねることにしよう．もちろん，解の定義を拡げると，一意性の証明はむずかしくなる．熱方程式の初期値問題については，広義解についても解の一意性は成り立つのである．

注意2　初期値問題(1.27)-(1.29)の解に対して，さらに u_x, u_{xx} の境界までの連続性を仮定するならば，解の一意性の証明は簡単になる．すなわち，(1.30)の v に対して，

$$J(t)=\int_0^1 v(t,x)^2dx \tag{1.39}$$

とおけば，

$$J'(t)=2\int_0^1 v_tv\,dx=2\int_0^1 v_{xx}v\,dx$$
$$=-2\int_0^1 {v_x}^2dx\leqq 0.$$

ただし，$v_t=v_{xx}$ を用いる変形と境界条件を利用した部分積分とを行なっている．さて，$J'(t)\leqq 0$ から，$J(t)$ は t の減少関数である．ところが $J(0)=0$．また，本来 $J(t)\geqq 0$．し

たがって $J(t)\equiv 0$. これは $v(t,x)\equiv 0$ を意味している.

§1.4　最大値の原理と解の安定性

ひきつづき，初期値問題(1.27)-(1.29)を調べよう．この節の一つの目的は，初期値問題の解 $u=u(t,x)$ に対して，不等式

$$\|u(t,\cdot)\|_{\max} \leqq \|a\|_{\max} \qquad (0\leqq t<+\infty) \tag{1.40}$$

を示すことである．ただし，$\|\ \|_{\max}$ は，考えている x の区間 $[0,1]$ 上の連続関数の**最大値ノルム**である．すなわち，任意の $\varphi\in C[0,1]$ に対し

$$\|\varphi\|_{\max} = \max_{x\in[0,1]}|\varphi(x)|. \tag{1.41}$$

なお，(1.40)の左辺の $u(t,\cdot)$ は，u を t をパラメータとして含む x の関数とみなした記法である．すなわち，写像として書けば

$$u(t,\cdot):\ [0,1] \longrightarrow \boldsymbol{R} \quad (\text{実数体}),$$

かつ，

$$[0,1]\ni x \xmapsto{u(t,\cdot)} u(t,x)\in \boldsymbol{R}$$

である．

さて，T を任意の正数とし，

$$Q = [0,\ T]\times[0,1],$$
$$\Gamma = \{(0,x)\,|\,0\leqq x\leqq 1\}\cup\{(t,x)\,|\,x=0,1,\ \ 0\leqq t\leqq T\},$$
$$Q^0 = Q\setminus\Gamma$$

とおく．Γ は図1.2の太線の部分であって，Q の**放物境界**(parabolic boundary)とよばれることがある．

このとき，**熱方程式に対する最大値の原理**(maximum principle)とよばれるつぎの定理が成り立つ．

定理 1.2　関数 $v=v(t,x)$ が，Q において熱方程式

$$v_t = v_{xx}$$

の古典的な解であるならば，

$$\max_{(t,x)\in Q} v(t,x) = \max_{(t,x)\in\Gamma} v(t,x) \tag{1.42}$$

および

$$\min_{(t,x)\in Q} v(t,x) = \min_{(t,x)\in\Gamma} v(t,x) \tag{1.43}$$

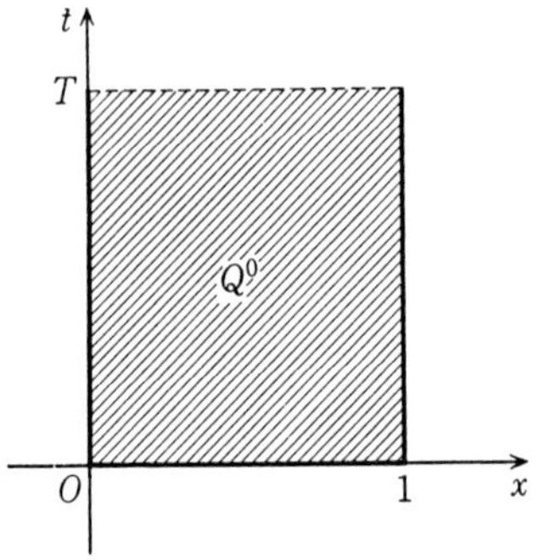

図 1.2

が成り立つ．すなわち，Q における v の最大値，最小値は Γ において到達される．

証明　$\lambda=\max_{(t,x)\in\Gamma} v(t,x)$ と定義し，

$$w=e^{-t}(v-\lambda)$$

とおく．このとき，w は Q^0 において方程式

$$w_t+w=w_{xx} \tag{1.44}$$

を満足する．一方，

$$w|_\Gamma \leqq 0 \tag{1.45}$$

であることは w の定義から明らかである．ここで，前節において(1.34)を示したときと同じ論法を用いると，Q において $w\leqq 0$ であることが導かれる．これは $v\leqq\lambda$ を意味するから，(1.42)が証明された．また，最小値について同様な議論を行なえば(1.43)が得られる．∎

定理1.2から不等式(1.40)が出ることは容易にわかる．実際，$\mu=\|a\|_{\max}$ とおけば，

$$-\mu\leqq a(x)\leqq\mu.$$

これと，u の境界値が0であることから，

$$-\mu\leqq u(t,x)\leqq\mu \qquad ((t,x)\in\Gamma)$$

が任意の $T>0$ に対して成り立つ．したがって，定理1.2により

$$-\mu\leqq u(t,x)\leqq\mu \qquad ((t,x)\in Q)$$

が得られ，さらに，T の任意性から

(1.46) $-\mu \leqq u(t,x) \leqq \mu \qquad ((t,x)\in[0,\infty)\times[0,1])$

となる．(1.46) が (1.40) と同値であることは明らかであろう．

一般に，数理物理の問題において，適当なノルムで計ったとき

(1.47) ‖解‖ ≦ (定数) × ‖データ‖

が成り立つ場合に，その問題の解は**安定**であるという．そうすると，(1.40) はつぎのようにいい表わされる：

定理 1.3 熱方程式の初期値問題 (1.27)-(1.29) の解は，最大値ノルムに関して安定である．——

さて，初期値問題 (1.27)-(1.29) において，初期値 a がいろいろに与えられるものとしよう．いま，初期値 $a_1=a_1(x)$ に対する解を $u_1(t,x)$，初期値 $a_2=a_2(x)$ に対する解を $u_2(t,x)$ とおく．差 $u=u_1-u_2$ は，初期値 a_1-a_2 に対応する解である．それゆえ，この u に (1.40) を適用することにより，

(1.48) $\|u_1(t,\cdot)-u_2(t,\cdot)\|_{\max} \leqq \|a_1-a_2\|_{\max}$

が得られる．(1.48) は，最大値ノルムで計ったとき，初期値の差が小さければ解の差も小さいということ，正確にはつぎの定理を意味している．

定理 1.4 熱方程式の初期値問題 (1.27)-(1.29) の解は，最大値ノルムに関し，いいかえれば一様収束の意味で，初期値に連続に依存する．——

(1.40) から (1.48) が導かれるのと同様に，線型の問題では，安定性の条件 (1.47) から，解が**データに連続に依存**するということが導かれる．

Hadamard の用語に従えば，データから解を決定する数理物理の問題が**適正** (well-posed) であるとは，各データに対して解が一意に存在し，かつ，解がデータに連続に依存することである．もちろん，数学的に明確な意味をもたせるためには，データや解の集合およびそれらの位相を与えなければならないが，安定した現象を表わす古典的な数理物理の問題は適正であることがふつうである．

つぎに，熱方程式の初期値問題 (1.27)-(1.29) の解が **L_2 ノルム** $\|\ \|_{L_2}$，すなわち

$$\|\varphi\|_{L_2}=\left(\int_0^1 \varphi(x)^2dx\right)^{1/2}$$

で定義されるノルムに関して安定であることを示しておこう．ただし，u_t, u_x, u_{xx} の境界までの連続性を仮定する．

いま，

$$J(t)=\|u(t,\cdot)\|_{L_2}{}^2=\int_0^1 u(t,x)^2dx$$

とおけば，前節の注意2で述べた計算によって，$J'(t)\leqq 0$，これから $J(t)\leqq J(0)$ $(0\leqq t<+\infty)$ が得られる．すなわち

(1.49)　　$$\|u(t,\cdot)\|_{L_2}\leqq\|a\|_{L_2}\qquad(0\leqq t<+\infty)$$

が示された．これが求める安定性である．これからさらに，初期値問題(1.27)-(1.29)の解が L_2 ノルムに関しても初期値に連続に依存することがわかる．

最後に，定理1.2(最大値の原理)の系として得られるいくつかの事実を指摘しておこう．まず，定理における v が Γ 上で $v\geqq 0$ を満足するならば，Q 内でも $v\geqq 0$ が成り立つ．このことは，Γ 上および Q 上での最小値を考察すれば，定理から明らかである．この事実を，熱方程式は**正値性を保存**する，といい表わす．さらに，熱方程式の二つの解 v_1, v_2 が与えられたとき，Γ 上で $v_1\leqq v_2$ が満たされるならば，Q 内でも $v_1\leqq v_2$ が成り立つ．これは，v_2-v_1 に対して正値性が保存されることにほかならない．Γ 上の大小関係が Q 内の大小関係に反映するというこの事実を，熱方程式は**順序保存性**をもつ，といい表わす．この順序保存性は，針金の熱伝導として考えるならば，両端での温度をより高くし，初期の温度もより高くすれば，同じ時刻，同じ点における温度はより高くなるという物理的に当然な事実を表わしている．

なお，あとでの引用にそなえて，上の熱方程式の性質を初期値問題(1.27)-(1.29)に適用した結果を定理として書いておこう．

定理1.5　熱方程式の初期値問題(1.27)-(1.29)において，もし，$a(x)\geqq 0$ $(x\in[0,1])$ ならば，$u(t,x)\geqq 0$ が任意の $(t,x)\in[0,\infty)\times[0,1]$ に対して成り立つ．すなわち，初期値の正値性は解に遺伝する．

定理1.6　熱方程式の初期値問題(1.27)-(1.29)において，初期値 a_1, a_2 に対応する解をそれぞれ u_1, u_2 とする．もし $a_1(x)\leqq a_2(x)$ $(x\in[0,1])$ ならば，任意の $(t,x)\in[0,\infty)\times[0,1]$ に対して $u_1(t,x)\leqq u_2(t,x)$ が成り立つ．

§1.5　Fourier の方法による解の構成

初期値問題(1.27)-(1.29)が適正であることをいうには，**解の存在**を証明する

ことが残っている．このような解の存在証明に対して，“現象はすでにおこっているのだから解の存在は明らかである”という考えから全く心配をしない応用家が少なくない．しかし，数理解析の立場からは，現象自体とその数学的モデルとは区別して考えるべきであろう．もし，初期値問題(1.27)-(1.29)の解が存在しないということになれば，この初期値問題は針金の熱伝導の数学的モデルとして適当でないということになるのである．

初期値問題に適用できる存在証明には，一般性や数学的な洗練さにおいて目覚ましいものがいくつもあるが，ここでは，最も素朴な**構成的**(constructive)方法を採用しよう．それは，**Fourier の方法**，あるいは**変数分離法**とよばれる方法である．ちなみに，Fourier がその名を冠する Fourier 級数の理論に取り組んだのは，熱方程式の初期値問題を解くためであった．

いま考える初期値問題の条件のうち，(1.27)と(1.28)は未知関数 u に対して**線型同次**である．したがって，この2条件については**解の重ね合せ**が可能である．すなわち，(1.27)と(1.28)を満たすいくつかの解 $w_1, w_2, \cdots$ が見出されたならば，それらの線型結合

(1.50) $$\alpha_1 w_1+\alpha_2 w_2+\cdots \qquad (\alpha_1, \alpha_2, \cdots \text{ は定数})$$

も同じ条件を満たす．$\{w_j\}$ が無数に得られたときも，無限級数(1.50)がしかるべく収束すれば，同じことがいえる．

そこで，まず(1.27)と(1.28)を満足する関数 w を求めることから始めよう：

(1.51) $$w_t = w_{xx} \qquad (t>0,\ 0<x<1),$$

(1.52) $$w(t,0) = w(t,1) = 0 \qquad (t>0).$$

そのために，$w=\eta(t)\varphi(x)$ とおく．そうすると(1.51)は，

(1.53) $$\eta'(t)\varphi(x) = \eta(t)\varphi''(x)$$

となる．これは，λ を t にも x にもよらない定数として

(1.54) $$\eta'(t) = -\lambda\eta(t),$$

(1.55) $$\varphi''(x) = -\lambda\varphi(x)$$

が成り立つように η, φ を決めれば満足される．λ は**分離定数**とよばれるが，λ の前の負号はあとでの便宜のためである．$w=\eta(t)\varphi(x)$ が境界条件(1.52)を満たすためには，φ に対して

(1.56) $$\varphi(0) = \varphi(1) = 0$$

を課しておけばよい．

φ に対する条件 (1.55), (1.56) は，λ が境界条件 (1.56) のもとでの微分作用素 $L=-d^2/dx^2$ の**固有値**であり，φ がその**固有関数**であることを意味している．($\varphi\equiv 0$ は無用である！) したがって，本講座"解析入門"において扱ったように，

(1.57)　$$\lambda=\lambda_n=n^2\pi^2 \qquad (n=1,2,\cdots),$$

(1.58)　$$\varphi=\varphi_n(x)=(\text{定数})\times\sin n\pi x \qquad (n=1,2,\cdots)$$

となる．この $\{\varphi_n\}$ は内積

$$(f,g)=\int_0^1 f(x)g(x)dx$$

に関して**直交系**をなすが，$\|\varphi_n\|=\sqrt{(\varphi_n,\varphi_n)}=1$ となるように**正規化**しておこう．すなわち，

(1.59)　$$\varphi_n(x)=\sqrt{2}\sin n\pi x=\sqrt{2}\sin\sqrt{\lambda_n}x \qquad (n=1,2,\cdots)$$

ととる．φ_n と組になる η としては $\eta'=-\lambda_n\eta$ を満たす $\eta(t)=e^{-\lambda_n t}$ をとる．こうして，(1.51) と (1.52) の解

(1.60)　$$w_n=e^{-\lambda_n t}\varphi_n(x) \qquad (n=1,2,\cdots)$$

が得られた．そこで $\alpha_1,\alpha_2,\cdots$ を定数として，

(1.61)　$$u=\sum_{n=1}^{\infty}\alpha_n w_n=\sum_{n=1}^{\infty}\alpha_n e^{-\lambda_n t}\varphi_n(x)$$

とおく．

こうして (1.27) と (1.28) を満たす関数の一般形が得られたが，最後に初期条件 (1.29) を満足させるように $\{\alpha_n\}$ を決定するという問題が残っている．しばらく形式的な計算を続けよう．(1.61) で $t=0$ とおけば，初期条件 (1.29) は

(1.62)　$$a=\sum_{n=1}^{\infty}\alpha_n\varphi_n$$

と書ける．これは，a を正規直交系 $\{\varphi_n\}$ で展開した式にほかならない．具体的には，これは a の Fourier 正弦級数展開になっている．したがって，α_n は

(1.63)　$$\alpha_n=(a,\varphi_n) \qquad (n=1,2,\cdots)$$

と定まる．ここまでが，いわゆる**発見的考察**である．そこであらためて，(1.63) の α_n を用いたとき (1.61) の u が求める解になっているかどうかを吟味しよう．

Fourier 級数の理論によれば，関数系 $\varphi_n=\sqrt{2}\sin n\pi x$ $(n=1,2,\cdots)$ は $L_2(0,$

1)[1] で完備である．とくに,

$$\sum_{n=1}^{\infty}\alpha_n{}^2=\|a\|^2 \qquad \text{(Parseval の等式)} \tag{1.64}$$

が，任意の $a\in L_2(0,1)$ に対して成り立つ(本講座“解析入門”参照)．(1.63) の α_n を用いてつくった (1.61) の右辺の級数を S_a とおこう．すなわち

$$S_a=\sum_{n=1}^{\infty}\alpha_n e^{-\lambda_n t}\varphi_n(x)=\sum_{n=1}^{\infty}(a,\varphi_n)e^{-\lambda_n t}\varphi_n(x) \tag{1.65}$$

とする．

補題 1.1 $a\in L_2(0,1)$ ならば，級数 S_a は $(0,\infty)\times[0,1]$ で広義一様収束する．また，S_a は t,x に関し $(0,\infty)\times[0,1]$ で何回でも項別微分可能であり，項別微分した結果も広義一様収束する．

証明 まず，γ を正数とするとき，

$$\sup_{s>0} s^\gamma e^{-s}\equiv c_\gamma<+\infty \tag{1.66}$$

である(これは容易に検証できる)．

さて，$t_0>0$ を任意に固定すれば，$t\geqq t_0$ のとき

$$\begin{aligned}|\alpha_n e^{-\lambda_n t}\varphi_n(x)| &\leqq |\alpha_n|\cdot e^{-\lambda_n t_0}\cdot\sqrt{2}\\ &=\sqrt{2}\,\frac{|\alpha_n|}{\lambda_n t_0}(\lambda_n t_0 e^{-\lambda_n t_0})\leqq \frac{\sqrt{2}\,c_1}{t_0}\frac{|\alpha_n|}{\lambda_n}.\end{aligned}$$

一方

$$\sum_{n=1}^{\infty}\frac{|\alpha_n|}{\lambda_n}\leqq\sqrt{\sum_n \alpha_n{}^2}\sqrt{\sum_n\frac{1}{\lambda_n{}^2}}=\|a\|\sqrt{\sum_n\frac{1}{n^4\pi^4}}<+\infty$$

が成り立つ．このことから，$[t_0,\infty)\times[0,1]$ において，級数

$$\sum_{n=1}^{\infty}\frac{\sqrt{2}\,c_1}{t_0}\frac{|\alpha_n|}{\lambda_n}$$

が S_a に対する**優級数**になっていることがわかる．よって，級数の一様収束に関する Weierstrass の定理により，S_a は $[t_0,\infty)\times[0,1]$ で一様収束する．t_0 の任意性から，S_a は $(0,\infty)\times[0,1]$ において広義一様収束することになる．

S_a を t に関して m 回，x に関して l 回項別微分して得られる級数の一般項は

$$\alpha_n(-\lambda_n)^m e^{-\lambda_n t}(\sqrt{\lambda_n})^l\sqrt{2}\,\sin\left(\sqrt{\lambda_n}\,x+\frac{l\pi}{2}\right)$$

---

1) 区間 (0, 1) で 2 乗可積分な関数の空間．

である．これの絶対値は，$t \geqq t_0$ のときは (1. 66) を用いてつぎのように評価される：

$$\sqrt{2}\,|\alpha_n|(\lambda_n)^{m+l/2}e^{-\lambda_n t_0} \leqq \sqrt{2}\,\frac{|\alpha_n|}{\lambda_n}\frac{c_{m+1+l/2}}{t_0{}^{m+1+l/2}} \equiv M_{t_0,m}\frac{|\alpha_n|}{\lambda_n}.$$

したがって，やはり (定数)$\times\sum|\alpha_n|/\lambda_n$ の形の優級数が得られ，補題の後半も成り立つことが示される．▌

補題 1.2　$a \in L_2(0,1)$ ならば，$u=S_a$ は，$t>0$，$x \in [0,1]$ において何回でも微分可能であって，熱方程式 (1. 27) および境界条件 (1. 28) を満足する．

証明　前の補題と S_a の各項の性質とから明らかである．▌

つぎに，$a \in L_2(0,1)$ のとき，$u=S_a$ がどのような意味で初期条件 (1. 29) を満たすかを調べよう．まず，

$$S_a(t,\cdot)-a = \sum_{n=1}^{\infty}\alpha_n e^{-\lambda_n t}\varphi_n - \sum_{n=1}^{\infty}\alpha_n\varphi_n$$
$$= \sum_{n=1}^{\infty}\alpha_n(e^{-\lambda_n t}-1)\varphi_n$$

から，Parseval の等式により

$$\|S_a(t,\cdot)-a\|^2 = \sum_{n=1}^{\infty}\alpha_n{}^2(1-e^{-\lambda_n t})^2 \qquad (t>0) \tag{1.67}$$

が得られる．(1. 67) の右辺が $t\downarrow 0$ のとき 0 に近づくことを見るには，この級数を

$$\sum_{n=1}^{N}\alpha_n{}^2(1-e^{-\lambda_n t})^2 + \sum_{n=N+1}^{\infty}\alpha_n{}^2(1-e^{-\lambda_n t})^2 \equiv I_N + J_N$$

と二つの部分に分ける．$0 \leqq 1-e^{-\lambda_n t} \leqq 1$ により

$$J_N \leqq \sum_{n=N+1}^{\infty}\alpha_n{}^2$$

であることに注意すれば，N を十分大きくして J_N を (t に関して一様に) 小さくおさえることができる．つぎに，N を固定したうえで $t\downarrow 0$ の極限をとり，有限項の和である I_N を 0 に近づければよい．(Lebesgue の収束定理を級数の場合に適用すればなお簡単である.)

こうして，つぎの定理が得られた.

定理 1.7　$a \in L_2(0,1)$ ならば，Fourier の方法によって構成された $u=S_a(t,x)$

は，$t>0$ において無限回微分可能であって，熱方程式(1.27)および境界条件(1.28)を(ふつうの意味で)満足する．さらに，初期条件(1.29)は $\|u(t,\cdot)-a\|_{L_2}\to 0$ の意味で成り立つ．——

熱伝導の現象にあてはめて考えると，上の定理の仮定の $a\in L_2(0,1)$ は，初期の温度分布が相当に不連続であってもよいことを意味している．それにもかかわらず $t>0$ で解 $u(t,x)$ が無限回微分可能であるということは，少しでも時間がたてば温度分布が'なだらか'になるという事実に対応している．

さて，上の定理と§1.4における考察，とくに(1.49)とから，つぎの定理が得られる．

定理 1.8 初期値問題(1.27)-(1.29)は，初期値を $L_2(0,1)$ の関数にとったとき，L_2 ノルムに関して適正である．——

当然，初期値を連続関数にとったときの最大値ノルムのもとでの適正さ，いいかえれば古典解の枠内での適正さが問題となるが，これについては次節で考えることにしよう．

§1.6 Green 関数と古典解の存在

Fourier の方法によって構成した(1.65)の解 $u=S_a(t,x)$ に関して，つぎの補題を示そう．

補題 1.3 初期値 a が条件

(1.68) $$a\in C^1[0,1],\qquad a(0)=a(1)=0$$

を満足すれば，$u=S_a$ は，$t\downarrow 0$ のとき a に一様収束し，したがって初期値問題(1.27)-(1.29)の古典解である．

証明
$$\begin{aligned}\alpha_n=(a,\varphi_n)&=\int_0^1 a(x)\sqrt{2}\sin\sqrt{\lambda_n}\,x\,dx\\&=\frac{\sqrt{2}}{\sqrt{\lambda_n}}\int_0^1 a'(x)\cos\sqrt{\lambda_n}\,x\,dx\\&=\frac{1}{\sqrt{\lambda_n}}\beta_n.\end{aligned}$$

ここで，$\psi_n=\sqrt{2}\cos\sqrt{\lambda_n}\,x$ $(n=1,2,\cdots)$ を用いて，

$$\beta_n=(a',\psi_n)$$

である．$\{\psi_n\}$ も $L_2(0,1)$ で正規直交系をなすから，Bessel の不等式により

$$\sum_{n=1}^{\infty}\beta_n{}^2 \leqq \|a'\|^2.$$

よって，

$$\sum_{n=1}^{\infty}|\alpha_n| = \sum_n \frac{|\beta_n|}{\sqrt{\lambda_n}} \leqq \sqrt{\sum_n \beta_n{}^2}\sqrt{\sum_n \frac{1}{\lambda_n}} < +\infty.$$

これから，(1.62) の右辺の級数が $x\in[0,1]$ で一様収束して a に等しいこと，および (1.65) の級数が $(t,x)\in[0,\infty)\times[0,1]$ で一様収束することがわかる．したがって，$t\downarrow 0$ のとき $u(t,\cdot)=S_a(t,\cdot)\to a$ (一様収束) である．∎

初期値 a に対する条件をゆるめて，単に連続性のみを要求することにしたいが，そのまえに，S_a と a との関係をもっと直接的に書き表わそう．そのために

$$K(t,x,y) = \sum_{n=1}^{\infty} e^{-\lambda_n t}\varphi_n(x)\varphi_n(y) \qquad (t>0,\ \ x,y\in[0,1]) \tag{1.69}$$

とおく．$t>0$ では，(1.69) の右辺は x,y について一様収束するから，(1.65) を書きかえて

$$S_a(t,x) = \int_0^1 K(t,x,y)a(y)dy \tag{1.70}$$

とすることができる．$K(t,x,y)$ が $t>0$，$x,y\in[0,1]$ において無限回微分可能な関数であること，また t,x について熱方程式と境界条件とを満たしていることは，前節と同様な考察からわかる．

$K(t,x,y)$ を**初期値問題** (1.27)-(1.29) **の Green 関数**とよぶ．その性質に関するつぎの補題を証明しよう．

補題 1.4　$K=K(t,x,y)$ はつぎの条件を満足する：

(i) $K(t,x,y) = K(t,y,x)$.

(ii) $K(t,x,y) \geqq 0$.

(iii) $\displaystyle\int_0^1 K(t,x,y)dy \leqq 1$.

(iv) $a\in C[0,1]$，$a(0)=a(1)=0$

ならば，

$$\int_0^1 K(t,x,y)a(y)dy \xrightarrow{t\downarrow 0} a(x) \qquad (\text{一様収束}). \tag{1.71}$$

証明 (i) は (1.69) から明らか.

(ii) を示すために，まず，つぎのような関数 $\eta=\eta(x)$ を一つ定める：

$$\eta(x)\geqq 0, \qquad \eta\in C^1[-\infty,\infty],$$
$$\eta(x)=0 \qquad (|x|\geqq 1),$$
$$\int_{-\infty}^{\infty}\eta(x)\,dx=\int_{-1}^{1}\eta(x)\,dx=1.$$

つぎに，ε を正数のパラメータとして

$$\eta_\varepsilon(x)=\frac{1}{\varepsilon}\eta\left(\frac{x}{\varepsilon}\right)$$

と定義すれば，η_ε の台は $[-\varepsilon,\varepsilon]$ に含まれ，かつ

$$\int_{-\infty}^{\infty}\eta_\varepsilon(x)\,dx=\int_{-\varepsilon}^{\varepsilon}\eta_\varepsilon(x)\,dx=1$$

である．$f=f(y)$ が $y=0$ の近傍で連続ならば，

$$(f,\eta_\varepsilon)=\int_{-\varepsilon}^{\varepsilon}f(y)\eta_\varepsilon(y)\,dy\xrightarrow{\varepsilon\downarrow 0}f(0)$$

が成り立つことは容易にわかる．超関数の用語を用いれば，$\eta_\varepsilon\to\delta$ (**デルタ超関数**) である (“解析入門” 参照).

同様に，y_0 を定数とするとき，f が y_0 の近傍で連続ならば，

(1.72) $$\int_{y_0-\varepsilon}^{y_0+\varepsilon}f(y)\eta_\varepsilon(y-y_0)\,dy\xrightarrow{\varepsilon\downarrow 0}f(y_0)$$

が成り立つ.

さて，$y_0\in(0,1)$ を固定して，

(1.73) $$u_\varepsilon(t,x)=\int_0^1 K(t,x,y)\eta_\varepsilon(y-y_0)\,dy$$

とおく．ε が十分小さければ，$a(\cdot)=\eta_\varepsilon(\cdot-y_0)$ は補題 1.3 における条件を満足している．よって，上の u_ε は，初期値 $\eta_\varepsilon(\cdot-y_0)$ に対する初期値問題 (1.27)-(1.29) の古典解である．この初期値は負にならない．したがって，正値性保存の性質 (定理 1.5) により

(1.74) $$u_\varepsilon(t,x)\geqq 0$$

である．ところが，(1.73) において $\varepsilon\downarrow 0$ ならしめると，$t>0$ では $K(t,x,\cdot)$ は連続であるから，(1.72) によって，$u_\varepsilon(t,x)\to K(t,x,y_0)$ であることがわかる.

したがって，(1.74) により $K(t, x, y_0) \geqq 0$．y_0 の任意性により (ii) が示された．

(iii) を示すには，つぎのような関数列 $\{a_n\}$ をつくる (それが可能であることは明らかであろう)：

$$a_n \in C^1[0, 1], \qquad a_n(0) = a_n(1) = 0,$$
$$0 \leqq a_n(x) \leqq 1 \qquad (x \in [0, 1]),$$
$$a_n(x) \xrightarrow{n\to\infty} 1 \qquad (\text{各点収束},\ x \in (0, 1)).$$

この a_n を用いて

$$u_n(t, x) = \int_0^1 K(t, x, y) a_n(y) dy \tag{1.75}$$

とおけば，やはり補題 1.3 によって，u_n は初期値 a_n に対する初期値問題の古典解である．いま，

$$\bar{u} \equiv 1 \qquad (\text{定数関数})$$

とおくと，$\bar{u}$ は熱方程式 (1.27) の解になっている．そして，初期時刻 $t=0$ においても，境界点 $x=0$，$x=1$ においても，$u_n \leqq \bar{u}$ が成り立つ．それゆえ，熱方程式の順序保存性によって

$$u_n(t, x) \leqq \bar{u}(t, x) \equiv 1 \tag{1.76}$$

が成り立つ．ところが，(1.75) の右辺で $n\to\infty$ とすると，積分に関する収束定理 (有界収束の定理) によってこれは $\int_0^1 K(t, x, y) dy$ に収束することがわかる．したがって，(1.76) により (iii) の不等式が得られる．

(iv) の証明に入ろう．(iv) の a に対しては，

$$a_n \in C^1[0, 1], \qquad a_n(0) = a_n(1) = 0,$$
$$a_n(x) \xrightarrow{n\to\infty} a(x) \qquad (\text{一様収束})$$

となるような関数列 $\{a_n\}$ をつくることができる．(証明は読者の演習とする.) さて，あらためて，

$$u(t, x) = \int_0^1 K(t, x, y) a(y) dy,$$
$$u_n(t, x) = \int_0^1 K(t, x, y) a_n(y) dy$$

とおく．(ii) と (iii) の結果を用いると，

$$|u(t,x)-u_n(t,x)| = \left|\int_0^1 K(t,x,y)(a(y)-a_n(y))\,dy\right|$$
$$\leqq \max_y |a(y)-a_n(y)|\cdot\int_0^1 K(t,x,y)\,dy$$
$$\leqq \|a-a_n\|_{\max}$$

と評価できることに注意しよう．また，補題1.3によれば，各nについて，$t\downarrow 0$のとき

$$u_n(t,\cdot)\longrightarrow a_n \qquad (一様収束)$$

である．さて，上で導いた不等式を用いると，

$$(1.77)\qquad |u(t,x)-a(x)| \leqq |u(t,x)-u_n(t,x)|+|u_n(t,x)-a_n(x)| + |a_n(x)-a(x)|$$
$$\leqq 2\|a_n-a\|_{\max}+\|u_n(t,\cdot)-a_n\|_{\max}$$

と書ける．そこで任意の$\varepsilon>0$に対し，まずnを十分大きくして$\|a_n-a\|_{\max}<\varepsilon/3$ならしめてから，$n$を固定する．つぎに，$t$を0に近づけることによって，$\|u_n(t,\cdot)-a_n\|_{\max}<\varepsilon/3$ならしめれば，結局$t$を十分小さくしたとき$\|u(t,\cdot)-a\|<\varepsilon$が成り立つことがわかる．∎

上の補題の結果としてつぎの定理が得られる．

定理1.9 $K(t,x,y)$を(1.69)で与えられるGreen関数とする．$a\in C[0,1]$，$a(0)=a(1)=0$ならば，

$$(1.78)\qquad u(t,x)=\int_0^1 K(t,x,y)a(y)\,dy$$

は初期値問題(1.27)-(1.29)の古典解である．——

もっと早く注意しておくべきことであったが，初期値aに対する条件$a(0)=a(1)=0$は，$[0,\infty)\times[0,1]$において連続(とくに$t=0$，$x=0,1$で連続)な解uについて，初期条件と境界条件とが両立するために必要である．この意味で，これは**両立性の条件** (compatibility condition) とよばれることがある．

§1.4の結果と上の定理を結びつけると，つぎの定理が得られる．

定理1.10 初期値問題(1.27)，(1.28)は，初期値が両立性の条件を満たす連続関数であるとき，最大値ノルムに関して適正である．——

Green関数$K(t,x,y)$の物理的イメージにふれておこう．

上の補題1.4の(ii)の証明によれば，$K(t, x, y_0)$は，y_0の近傍に集中した熱量1の温度分布$\gamma_\varepsilon(\cdot - y_0)$を初期分布とする初期値問題の解の極限である．したがって，$K(t, x, y_0)$自体は，$t=0$において単位の熱量が点y_0に集中した場合の針金の温度分布を表わすものである．

最後に，Green関数$K(t, x, y)$の定める積分作用素についての注意を述べよう．$t>0$を固定すれば，(1.78)によって，初期値aに解uの時刻tにおける温度分布$u(t, \cdot)$が対応する．この対応を$U(t)$と書こう．すなわち，$U(t)$はGreen関数$K(t, x, y)$を**積分核**(tはパラメータ)とする**積分作用素**である：

$$(U(t)\varphi)(\cdot) = \int_0^1 K(t, \cdot, y)\varphi(y)dy. \tag{1.79}$$

$U(t)$を初期値問題(1.27)-(1.29)の**Green作用素**とよぶ．古典解の枠内で考えるならば，$X = \{a = a(x) \mid a \in C[0, 1],\ a(0) = a(1) = 0\}$とおくとき，定理1.9によって，$U(t)$は$X$における作用素

$$U(t):\ X \longrightarrow X$$

とみなすことができる．明らかに$U(t)$は線型である．また，Xにノルム$\|\ \| = \|\ \|_{\max}$を導入すれば，(1.46)により

$$\|U(t)a\| \leqq \|a\| \qquad (\forall a \in X)$$

が成り立つ．いいかえれば，$U(t)$は**縮小作用素**(contraction)である．つぎに，rとsを正定数とし，任意の$a \in X$に対して，

$$b = U(r)a, \qquad c = U(s)b$$

とおく．$c \in X$は，bで表わされる温度分布から出発して時間がsだけ経ったときの温度分布である．ところが，b自体は，温度分布aから出発して時間がrだけ経ったときの温度分布である．したがって，cはaから出発して時間が$s+r$だけ経ったときの温度分布に等しいはずである．ゆえに，$c = U(s+r)a$．こうして，

$$U(s+r)a = U(s)(U(r)a) = U(s)U(r)a$$

が任意の$a \in X$に対して成り立つことがわかる．すなわち，

$$U(s+r) = U(s) \cdot U(r) \qquad (s>0,\ r>0). \tag{1.80}$$

いま，$U(0) = I$(恒等作用素)と定義すれば，$t \geqq 0$をパラメータとする作用素の

族 $\{U(t)\}_{t\geqq 0}$ について,

$$(1.81)\qquad \begin{cases} U(t+s) = U(t)\cdot U(s) & (t\geqq 0,\ \ s\geqq 0), \\ U(0) = I \end{cases}$$

が成り立つ．この性質をもつ作用素の族を，**作用素の半群** (semi-group of operators) という．

結局，初期値問題 (1.27), (1.28) の Green 作用素が縮小作用素の半群をなしていることがわかった．作用素の半群の理論は，初期値問題の抽象化として，関数解析において最もよく研究されている分野の一つである（本講座“関数解析”を見よ）．

物理的には針金の熱伝導，数学的には1次元の熱方程式に関する話をまだ続けるのであるが，大分長くなったので，このへんで章をあらためよう．

問　　題

1　$q(x)$ を $[0,1]$ で連続な関数とする．つぎの初期値・境界値問題の解（以後とくに断らない限り古典解）は一意であることを証明せよ：

$$\begin{cases} u_t = u_{xx}+q(x)u & (t>0,\ \ 0<x<1), \\ u(t,0) = u(t,1) = 0, \\ u(0,x) = a(x). \end{cases}$$

［ヒント］　十分大きい正数 α を用いて $v=e^{-\alpha t}u$ と変換し，二つの解 v_1 と v_2 の差 $w=v_1-v_2$ に対して最大値の原理を適用する．あるいは $d\|w\|^2/dt$ を計算してもよい．

2　$f:\boldsymbol{R}\to\boldsymbol{R}$ を C^1 級の関数とする．つぎの（非線型の）初期値・境界値問題の解は一意であることを証明せよ：

$$\begin{cases} u_t = u_{xx}+f(u) & (t>0,\ \ 0<x<1), \\ u(t,0) = u(t,1) = 0, \\ u(0,x) = a(x). \end{cases}$$

3　熱伝導率の異なる針金 AB と BC を点 B でつなぎ合わせたとする．接合点 B（座標を b とする）では，条件

$$\begin{cases} u(t,b-0) = u(t,b+0), \\ k_1u_x(t,b-0) = k_2u_x(t,b+0) & (k_1, k_2 \text{ は正定数}) \end{cases}$$

が成り立つことを示せ．端点 A と B で温度 u を 0 に保ったとき，この初期値・境界値問題の解は一意であることを証明せよ．

4　周期性の境界条件のもとでの熱方程式の初期値・境界値問題

$$\begin{cases} u_t = u_{xx} & (t>0,\ 0<x<2\pi), \\ u(t,0) = u(t,2\pi), & u_x(t,0) = u_x(t,2\pi), \\ u(0,x) = \sin^3 x \end{cases}$$

を，Fourier の方法を用いて解け.

注 これは物理的には，長さ 2π の針金を輪形に閉じたときの熱伝導の問題である.

5 周期性の境界条件のもとで，熱方程式の解に対する最大値の原理を証明せよ.

第2章　針金の熱伝導と熱方程式（つづき）

§2.1　断熱境界条件の場合

あいかわらず区間 $[0,1]$ におかれた針金の熱伝導を扱うが，こんどは針金の両端における境界条件が**断熱**の条件になっているものとしよう．すなわち，つぎの初期値問題を考える：

$$(2.1)\qquad u_t = u_{xx} \qquad (t>0,\ 0<x<1),$$

$$(2.2)\qquad u_x(t,0) = 0, \quad u_x(t,1) = 0 \qquad (t>0),$$

$$(2.3)\qquad u(0,x) = a(x) \qquad (0 \leqq x \leqq 1).$$

この問題の古典解としては，境界条件に u_x が入っていることを考慮して，u_x の境界までの連続性も要求しておくのが自然であろう．すなわち，この初期値問題の古典解 u は，

$$\begin{cases} u \text{ は } [0,\infty)\times[0,1] \text{ で連続,} \\ u_x \text{ は } (0,\infty)\times[0,1] \text{ で連続,} \\ u_t \text{ および } u_{xx} \text{ は } (0,\infty)\times(0,1) \text{ で連続} \end{cases}$$

といった連続性をもつものとする．

古典解の一意性，あるいは，安定性の証明は，つぎの**正値性保存の定理**さえ証明しておけば，零境界条件の場合と全く同様にできる．また，正値性保存から順序保存が出ることは明らかである．

定理 2.1　初期値問題 (2.1)-(2.3) において $a(x) \geqq 0$ であるならば，古典解 u も $[0,\infty)\times[0,1]$ において

$$u(t,x) \geqq 0$$

を満足する．

証明　T を任意の正数として u を $Q=[0,T]\times[0,1]$ に制限して考え，そこで u が負にならないことを示せばよい．

ε を正数として，補助関数 w を

$$w = e^{-t}\{u+\varepsilon(1-x(1-x)+2t)\}$$

によって定義する．Q において $w \geqq 0$ であることを背理法によって証明しよう．そのために，w が Q における負の最小値 m に点 (t_0, x_0) で到達したと仮定する．さて $Q^0=(0, T] \times (0, 1)$ においては，w が

$$w_t+w = w_{xx} \tag{2.4}$$

を満足することが簡単な計算でわかる．もし，$(t_0, x_0) \in Q^0$ ならば，その点で $w_t-w_{xx} \leqq 0$ および $w=m<0$ が成り立つはずであるが，これは (2.4) と両立しない．したがって，$(t_0, x_0) \notin Q^0$ である．また，$t_0 \neq 0$ であることは，$w(0, x)=a(x)+\varepsilon(1-x(1-x)) \geqq 3\varepsilon/4>0$ から明らかである．まだ $x_0=0, 1$ の可能性が残っているが，たとえば，

$$w_x(t, 0) = -\varepsilon e^{-t} < 0$$

であるから，点 $(t_0, 0)$ において最小値をとることはない．点 $(t_0, 1)$ についても同様である．結局，w は Q において負の最小値を取ることは不可能である．したがって，Q において，$w(t, x) \geqq 0$ でなければならない．これから

$$u(t, x)+\varepsilon(1-x(1-x)+2t) \geqq 0 \qquad ((t, x) \in Q)$$

が得られるが，ここで $\varepsilon \downarrow 0$ ならしめることによって，$u(t, x) \geqq 0$ $((t, x) \in Q)$ が導かれる．▌

解を構成するために Fourier の方法を用いると，境界条件 $\varphi'(0)=\varphi'(1)=0$ のもとでの微分作用素 $L=-d^2/dx^2$ の固有値，固有関数が登場する．“解析入門”で扱ったように，この固有値は

$$\lambda_n = n^2\pi^2 \qquad (n=0, 1, \cdots) \tag{2.5}$$

であり，$L_2(0, 1)$ の内積に関して正規直交系をなす固有関数は，

$$\varphi_n(x) = \begin{cases} 1 & (n=0), \\ \sqrt{2}\cos\sqrt{\lambda_n}\,x = \sqrt{2}\cos n\pi x & (n=1, 2, \cdots) \end{cases} \tag{2.6}$$

である．この λ_n, φ_n を用いれば，求める初期値問題の解 u は

$$u(t, x) = \sum_{n=0}^{\infty} (a, \varphi_n) e^{-\lambda_n t} \varphi_n(x) \tag{2.7}$$

で与えられる．$t>0$ において，(2.7) の右辺が無限回微分可能な関数を表わし，熱方程式および断熱境界条件を満足することは，零境界条件の場合と同様な論法で検証できる．

$a \in C^1[0, 1]$ ならば，(両立性の条件はとくに要求しないでも)，(2.7) の u が

$[0, \infty)\times[0, 1]$ で連続となり，一様収束の意味で初期条件を満足する古典解となることが，零境界条件の場合と同様にして示される．さらに，

$$N(t, x, y) = \sum_{n=0}^{\infty} e^{-\lambda_n t}\varphi_n(x)\varphi_n(y) \tag{2.8}$$

とおけば，これが初期値問題 (2.1)-(2.3) の Green 関数になる．$N(t, x, y)$ は明らかに x, y について対称である．N の非負性の証明は，定理 2.1 を用いれば前と同様にできる．ただし，今回は

$$\int_0^1 N(t, x, y)\,dy = 1 \tag{2.9}$$

が成り立つことを注意しておこう．これは，(2.8) の両辺と φ_0 との内積を計算してみればわかる．Green 関数のこれらの性質を用いると，結局，つぎの定理が得られる．

定理 2.2　断熱境界条件のもとでの熱方程式の初期値問題 (2.1)-(2.3) は，初期値を $a\in C[0, 1]$ にとるとき，最大値ノルムに関して適正である．そのときの古典解 u は (2.8) の Green 関数 $N(t, x, y)$ を用いて

$$u(t, x) = \int_0^1 N(t, x, y)a(y)\,dy \tag{2.10}$$

で与えられる．なお，$t>0$ では u は t, x に関して無限回微分可能である．——

最後に，つぎの事実を指摘しておこう．$u=u(t, x)$ を上の解とするとき，

$$\int_0^1 u(t, x)\,dx \equiv \int_0^1 a(x)\,dx \qquad (t\geqq 0) \tag{2.11}$$

が成り立つ．この等式は (2.10) の両辺を x で積分し，$N(t, x, y)=N(t, y, x)$ という関係および (2.9) を用いればすぐに得られる．あるいは，(2.1) の両辺を x について積分すれば，(2.2) を用いて

$$\frac{d}{dt}\int_0^1 u(t, x)\,dx = \int_0^1 u_t(t, x)\,dx = \int_0^1 u_{xx}(t, x)\,dx = 0 \tag{2.12}$$

が得られることからもわかる．物理的に解釈すれば，(2.11) は針金に貯えられた熱量の保存を表わしている．これは，断熱境界条件のもとでは針金全体としては熱の出入りがないことから考えて当然である．

§2.2　定常状態への推移

針金の両端の温度を0度に保っておくと，時間が経てば，針金は冷えきってしまう．数学的にいえば，零境界条件のもとでの初期値問題(1.27)-(1.29)の解 $u(t,x)$ は $t\to+\infty$ のとき0に収束するはずである．一方，もし針金の両端が断熱の状態に保たれているならば，針金内の総熱量が保存されるから，時間がいくら経っても冷えきってしまうということはない．しかし，“熱は温度の高い方から低い方へ流れる”という**平均化**が長時間はたらいた結果として，温度分布は場所によらない一定値に落ち着く．数学的にいえば，断熱境界条件のもとでの初期値問題(2.1)-(2.3)の解 $u(t,x)$ は，$t\to+\infty$ のときある定数関数に収束するはずである．

この節では，$t\to+\infty$ のときの解のふるまいに関する上のような事実について考察しよう．

初期値問題(1.27)-(1.29)の解 $u=u(t,x)$ は，$t>0$ では(1.65)の右辺で与えられる．すなわち

$$u(t,\cdot)=\sum_{n=1}^{\infty}\alpha_n e^{-\lambda_n t}\varphi_n. \tag{2.13}$$

ただし，$\lambda_n=n^2\pi^2$，$\varphi_n=\sqrt{2}\sin\sqrt{\lambda_n}x$，$\alpha_n=(a,\varphi_n)$．したがって，

$$u(t,x)=e^{-\lambda_1 t}\left\{\alpha_1\varphi_1(x)+\sum_{n=2}^{\infty}\alpha_n e^{-(\lambda_n-\lambda_1)t}\varphi_n(x)\right\}. \tag{2.14}$$

$\lambda_n>\lambda_1\ (n\geqq 2)$ であるから，(1.66)の c_1 (c_γ，$\gamma=1$) を用いると，(2.14)の{ }の部分は

$$|\{\ \ \}|\leqq\sqrt{2}\,|\alpha_1|+\sum_{n=2}^{\infty}|\alpha_n|\frac{c_1\sqrt{2}}{(\lambda_n-\lambda_1)t}$$

のようにおさえられる．ところが

$$\sum_{n\geqq 2}\frac{|\alpha_n|}{\lambda_n-\lambda_1}\leqq\sqrt{\sum_{n\geqq 2}\alpha_n{}^2}\sqrt{\sum_{n\geqq 2}\frac{1}{(\lambda_n-\lambda_1)^2}}\leqq M_1\|a\|_{L^2}$$

という評価ができる．ただし M_1 は定数である．よって，(2.14)の{ }の部分は，$t\geqq t_0>0$ では適当な定数 $M=M(t_0)$ を用いることにより $M\|a\|_{L^2}$ でおさえられる．こうして，

$$|u(t,x)|\leqq M(t_0)\|a\|_{L^2}e^{-\lambda_1 t}\qquad (t\geqq t_0,\ 0\leqq x\leqq 1) \tag{2.15}$$

が得られる．すなわち，“零境界条件のもとでの初期値問題 (1.27)-(1.29) の解 u は $t\to+\infty$ のとき 0 に一様収束し，その**収束の速さ**は**指数関数的**である”ことがわかった．

つぎに，針金の両端の温度がそれぞれ 0 度とはかぎらない一定の値 β_0, β_1 に保たれているとしよう：

$$(2.16) \qquad u(t,0)=\beta_0, \quad u(t,1)=\beta_1.$$

また，針金の内部には，熱源が時間によらない密度 $f(x)$ で分布しているとする．すなわち，

$$(2.17) \qquad u_t = u_{xx}+f(x) \qquad (t>0,\ 0<x<1).$$

初期条件はやはり (1.29) の形である．この場合の温度分布 $u=u(t,x)$ は，非同次方程式 (2.17) の，非同次境界条件 (2.16)，および初期条件 (1.29) のもとでの解として定まる．いま，区間 $[0,1]$ で定義された未知関数 $\bar{u}=\bar{u}(x)$ に対する境界値問題

$$(2.18) \qquad \begin{cases} \bar{u}_{xx}+f(x)=0 & (0\leqq x\leqq 1), \\ \bar{u}(0)=\beta_0, \quad \bar{u}(1)=\beta_1 \end{cases}$$

を考える．f が連続関数ならば，“解析入門”で扱ったように，(2.18) の解 $\bar{u}$ は一意に存在する．$t\to+\infty$ のとき $u(t,\cdot)$ が $\bar{u}$ に収束することを見よう．そのために

$$w(t,x)=u(t,x)-\bar{u}(x)$$

とおけば，w は (同次) 熱方程式の零境界条件のもとでの解となる．ただし，w の初期値は $a-\bar{u}$ である．w に対して (2.15) を適用すると，

$$(2.19) \qquad |u(t,x)-\bar{u}(x)| \leqq M(t_0)\|a-\bar{u}\|_{L_2}e^{-\lambda_1 t} \qquad (t\geqq t_0,\ 0\leqq x\leqq 1)$$

が得られる．

$\bar{u}$ は与えられた物理的状況のもとでの，t によらない温度分布，いいかえれば**定常状態**を表わしていると考えられる．したがって，(2.19) により，“針金の両端の温度が一定に保たれ，かつ針金内に t によらない熱源が分布しているならば，任意の初期値から出発した温度分布は $t\to+\infty$ のとき定常状態に指数関数的に一様収束する”ことが示された．

断熱境界条件の場合を考えよう．u を初期値問題 (2.1)-(2.3) の解とする．(2.7) によれば，

(2.20)
$$u(t,x)=(a,1)+\sum_{n=1}^{\infty}(a,\varphi_n)e^{-\lambda_n t}\varphi_n(x)$$

と書ける．ただし，λ_n, φ_n は (2.5), (2.6) のものである．(2.20) の右辺の級数の部分から $e^{-\lambda_1 t}$ をくくり出してから，(2.15) を導いたときと同じ評価を行なえば，

(2.21)
$$|u(t,x)-m_a| \leqq M(t_0)\|a-m_a\|_{L_2}e^{-\lambda_1 t} \qquad (t\geqq t_0>0,\ 0\leqq x\leqq 1)$$

が得られる．ここで，$M(t_0)$ は t_0 に依存する定数であり，定数 m_a は初期値 a の**平均値** $(a,1)$ を表わす．こうして，“断熱境界条件のもとでの初期値問題 (2.1)-(2.3) の解 u は，$t\to+\infty$ のとき定数関数 $m_a=(a,1)$ に一様収束し，その収束の速さは指数関数的である”ことがわかった．定数関数 m_a は，$t\to+\infty$ で到達する定常状態を表わすと考えられるが，この定常状態は初期値 a に依存している．

針金の両端から熱の出入りがあり，かつ針金内に熱源が分布している場合を考えよう．すなわち，境界条件として

(2.22)
$$-u_x(t,0)=\gamma_0, \qquad u_x(t,1)=\gamma_1$$

をとる．ただし γ_0, γ_1 は t によらない定数としておく．γ_0, γ_1 は各端点から単位時間に流入する熱量を表わしている．また，熱源の密度 $f=f(x)$ は t によらない連続関数で，方程式 (2.17) が成り立つものとする．初期条件は (2.3) のままである．したがって，この場合の温度分布 $u(t,x)$ は (2.17), (2.22), (2.3) の解である．針金内の熱の総量 Q を考えると，両端から単位時間に $\gamma_0+\gamma_1$ だけの熱量が流入し，針金内の熱源から単位時間に $\int_0^1 f(x)\,dx$ だけの熱量が発生している．したがって，もし条件

(2.23)
$$\int_0^1 f(x)\,dx+\gamma_0+\gamma_1=0$$

が成り立っていないとすると，$t\to+\infty$ のとき Q は $+\infty$ あるいは $-\infty$ に発散してしまう(章末の問題1)．それゆえ，(2.23) が成り立つものと仮定しよう．このとき，“解析入門”で扱ったように，区間 $[0,1]$ で定義された未知関数 $\bar{u}=\bar{u}(x)$ に対する境界値問題

(2.24)
$$\begin{cases} \bar{u}_{xx}+f(x)=0 & (0\leqq x\leqq 1), \\ -\bar{u}_x(0)=\gamma_0, & \bar{u}_x(1)=\gamma_1 \end{cases}$$

は可解であって，その解は付加条件

(2.25) $$(\bar{u}, 1) = \int_0^1 \bar{u}(x)\,dx = 0$$

のもとで一意である．この一意の解 $\bar{u}$ を用いて，

$$w(t, x) = u(t, x) - \bar{u}(x)$$

とおけば，w は(同次)熱方程式の断熱境界条件のもとでの解となる．w の初期値は $a-\bar{u}$ であるが，(2.25) を考慮すると

$$(w(0, \cdot), 1) = (a-\bar{u}, 1) = (a, 1) = m_a$$

が成り立つ．この事実に注意しながら w に (2.21) を適用すれば，

(2.26) $$|u(t, x) - \bar{u}(x) - m_a| \leqq M(t_0)\|a - m_a\|_{L_2} e^{-\lambda_1 t} \qquad (t \geqq t_0 > 0,\ 0 \leqq x \leqq 1)$$

が得られる．これから，"針金の両端からの熱の出入りおよび針金内の熱の発生が時間 t によらず，かつ針金内の**熱量が保存**しているならば，任意の初期値から出発した温度分布は，$t \to +\infty$ のとき定常状態(上の記号では $\bar{u}+m_a$) に指数関数的に一様収束する" ことがわかる．

§2.3 熱方程式の Cauchy 問題

いままでは，有限の長さの針金，とくに x 軸上の区間 $[0, 1]$ を占める針金における熱伝導を考えてきた．この節では，針金が**無限**にのびていて x 軸全体と一致する場合を扱う．ここでも，針金が一様であると仮定し，単位を適当にとることにすれば，求める温度分布 $u=u(t, x)$ は $[0, \infty) \times (-\infty, \infty) = \bar{\boldsymbol{R}}_+ \times \boldsymbol{R}$ で定義された関数であって，熱方程式

(2.27) $$u_t = u_{xx} \qquad (t>0,\ x \in \boldsymbol{R}),$$

および初期条件

(2.28) $$u|_{t=0} = a(x) \qquad (x \in \boldsymbol{R})$$

によって定められる．有限の長さの針金の場合と異なり，境界条件は課されない．(2.27) および (2.28) から u を決定する問題を熱方程式の **Cauchy 問題**という．これは，数学的には熱方程式に関する最も基本的な問題である．

(2.27), (2.28) の解としては，とくに断らなければ**古典解**を考えることにする．それに応じて，(2.28) における初期値 $a=a(x)$ は連続関数であると仮定する．

実は，(2.27), (2.28) の解は，遠方 $|x| \to +\infty$ におけるふるまいをある程度制限しないと一意に定まらない．実際，任意の正数 $\delta>0$ に対して，1 変数の C^∞

級の関数 $f=f(t)$ でつぎの条件を満足するものの存在が知られている:

(i) f は恒等的に 0 ではない,

(ii) $f(t)\equiv 0 \quad (t\leqq 1,\ 2\leqq t)$,

(iii) ある定数 C に対して f の高次導関数 $f^{(m)}$ は

(2.29) $$|f^{(m)}(t)| \leqq C^m m^{(1+\delta)m} \qquad (m=1,2,\cdots)$$

を満足する.

この関数を用いて

(2.30) $$u(t,x)=\sum_{m=0}^{\infty}\frac{f^{(m)}(t)}{(2m)!}x^{2m}$$

という級数をつくれば, $0<\delta<1$ であるかぎり (2.30) の級数および項別微分によって u_t, u_{xx} を与える級数が広義一様収束すること, したがって, u は (2.27) を満足する古典解であることが容易にわかる. もちろん, u の初期値は $\equiv 0$ である. 一方, u 自身は $\equiv 0$ ではない. すなわち, (2.30) の u は Cauchy 問題 (2.27), (2.28) の解が一意でないことを示す例である.

では, 解の一意性を保証するためにはどのような条件を課せばよいかというと, $u=O(e^{k|x|^2})$ が適当な正数 k に対して成り立てば十分である. しかし, 証明には手間がかかるので[1], ここでは数理物理学の立場からは十分であると思われる, 有界な解の考察で満足しよう.

定義 2.1 Cauchy 問題 (2.27), (2.28) の**古典解** $u=u(t,x)$ が**有界**な解であるとは, 任意の $T>0$ に対して $u(t,x)$ が $[0,T]\times\boldsymbol{R}$ で有界なことである.

定理 2.3 (最大値の原理) $u=u(t,x)$ を Cauchy 問題 (2.27), (2.28) の有界な古典解とする. ただし, $a=a(x)$ は $\boldsymbol{R}$ 上で有界な連続関数である. このとき

(2.31) $$\sup_{t\geqq 0,\ x\in\boldsymbol{R}} u(t,x)=\sup_{x\in\boldsymbol{R}} a(x),$$

(2.32) $$\inf_{t\geqq 0,\ x\in\boldsymbol{R}} u(t,x)=\inf_{x\in\boldsymbol{R}} a(x)$$

が成り立つ.

証明 ε を任意の正のパラメータとし, 補助関数 w を

$$w(t,x)=u(t,x)-\varepsilon(x^2+2t)-\sup_x a(x)$$

1) たとえば, A. Friedman: Partial Differential Equations of Parabolic Type, Prentice-Hall (1964) を見よ.

のように定義する．w は熱方程式を満足している．

さて，任意の $t_0>0$, $x_0\in \boldsymbol{R}$ に着目し，

$$|u(t,x)|\leqq M \qquad (0\leqq t\leqq t_0,\ x\in \boldsymbol{R})$$

が成り立つような正数 M を決める．また，正数 L を

$$L=\left(|x_0|^2+\frac{M+\sup_x |a(x)|}{\varepsilon}\right)^{1/2}$$

とおく．ここで，w を $Q=[0,t_0]\times[-L,L]$ に制限して考える．w の定義から，Q の底辺 $t=0$ において $w\leqq 0$ であることは明らかである．また，Q の両側 $x=\pm L$ においては，

$$w(t,x)\leqq M+\sup_x |a(x)|-\varepsilon L^2\leqq 0$$

が成り立つ．よって，x の区間が有界である場合の最大値の原理 (定理 1.2) により，Q において $w(t,x)\leqq 0$ となる．ところが，L の定義により $(t_0,x_0)\in Q$ である．それゆえ $w(t_0,x_0)\leqq 0$，すなわち

$$u(t_0,x_0)-\sup_x a(x)\leqq \varepsilon({x_0}^2+2t_0)$$

である．ここで $\varepsilon\downarrow 0$ ならしめれば

$$u(t_0,x_0)\leqq \sup_x a(x)$$

が得られる．ここまで来れば，$t_0>0$, $x_0\in \boldsymbol{R}$ が任意であることから

$$\sup_{t,x} u(t,x)\leqq \sup_x a(x) \tag{2.33}$$

が成り立つ．一方，(2.33) で $\leqq$ の向きを逆にした不等式が成り立つことは，両辺の sup を取る範囲の包含関係から明らかである．したがって (2.31) が示された．(2.32) の証明も同様に行なえばよい．▌

上の最大値の原理の系として，いくつかの定理がただちに得られる．

定理 2.4 (解の一意性) Cauchy 問題 (2.27), (2.28) の有界な古典解は一意である．

証明 線型の問題であるから，"$a\equiv 0 \Longrightarrow u\equiv 0$" をいえばよい．これは定理 2.3 から明らかである．▌

念のために，$\boldsymbol{R}$ 上の有界な関数に対する sup ノルム $\|\ \|_{\sup}$ の定義を書いておこう：

(2.34)
$$\|\varphi\|_{\sup} = \sup_{x \in \boldsymbol{R}} |\varphi(x)|.$$

定理 2.5（解の安定性）　Cauchy 問題 (2.27), (2.28) の有界な古典解は

(2.35)
$$\|u(t, \cdot)\|_{\sup} \leqq \|a\|_{\sup}$$

の意味で安定である．すなわち，写像：$a \mapsto u(t, \cdot)$ は，$\boldsymbol{R}$ 上の有界関数の sup ノルムに関して縮小写像である．

証明　一般に

$$\|\varphi\|_{\sup} = \max\left\{\sup_x \varphi(x), -\inf_x \varphi(x)\right\}$$

が成り立つことと，定理 2.3 とから明らかである．▌

つぎの定理も，定理 2.3 から明らかであろう．

定理 2.6（正値性，順序保存性）　Cauchy 問題 (2.27), (2.28) について，有界な古典解を考えることにすると，

$$a(x) \geqq 0 \quad \text{ならば} \quad u(t, x) \geqq 0$$

である．また，$a=a_1, a_2$ にそれぞれ対応する解を u_1, u_2 とすれば，

$$a_1(x) \leqq a_2(x) \quad \text{ならば} \quad u_1(t, x) \leqq u_2(t, x)$$

である．——

このあと示すべきことは解の存在であるが，それについては節をあらためることにする．

§2.4　Cauchy 問題の Green 関数

Cauchy 問題 (2.27), (2.28) の解の存在を構成的に示すために，やはり，Fourier の方法，すなわち変数分離法を用いよう．(2.27) の特解を $u=\eta(t)\varphi(x)$ の形で求めることにすれば，§1.5 のときと同様に，η と φ が満たすべき方程式は，λ を分離定数として

(2.36)
$$\eta'(t) = -\lambda\eta(t),$$

(2.37)
$$\varphi''(x) = -\lambda\varphi(x)$$

となる．$|x| \to +\infty$ で有界であるような φ を求めるために，k を実数として $\lambda = k^2$ とおけば，(2.37) から

(2.38)
$$\varphi(x) = e^{ikx} \qquad (i=\sqrt{-1})$$

を採用してよいことがわかる．もちろん，e^{-ikx} も可能であるが，k のすべての実数値について考えることにすれば，(2.38) の φ だけで十分である．このとき，(2.36) により，$\eta(t)=e^{-k^2t}$ である．結局，x に関して有界な特解として

$$w_k(t,x)=e^{-k^2t}e^{ikx} \tag{2.39}$$

が得られた．この w_k を適当に重ね合せて，すなわち，いまの場合は k の関数を重みとし k について積分することにより，解 u を構成したい．そこで

$$u(t,x)=\frac{1}{2\pi}\int_{-\infty}^{\infty}e^{-k^2t}e^{ikx}\hat{a}(k)\,dk \tag{2.40}$$

とおく．$\hat{a}$ を適当に選んで，(2.28) が成り立つようにするわけである．(2.40) で $t=0$ とおけば，(2.28) が成り立つための条件として——まだ発見的考察の段階であるけれども——

$$a(x)=\frac{1}{2\pi}\int_{-\infty}^{\infty}e^{ikx}\hat{a}(k)\,dk \tag{2.41}$$

が得られる．Fourier 変換の公式を思い出すと，(2.41) は a が $\hat{a}$ の Fourier 逆変換になっていることを意味している．したがって，$\hat{a}$ は a の Fourier 変換でなければならない．すなわち，

$$\hat{a}(k)=\int_{-\infty}^{\infty}e^{-ik\xi}a(\xi)\,d\xi. \tag{2.42}$$

これを (2.40) に代入すれば

$$\begin{aligned} u(t,x)&=\frac{1}{2\pi}\int_{-\infty}^{\infty}e^{-k^2t+ikx}\left\{\int_{-\infty}^{\infty}e^{-ik\xi}a(\xi)\,d\xi\right\}dk \\ &=\int_{-\infty}^{\infty}\left\{\frac{1}{2\pi}\int_{-\infty}^{\infty}e^{-k^2t+ik(x-\xi)}dk\right\}a(\xi)\,d\xi. \end{aligned} \tag{2.43}$$

ここで積分順序の変更を行なっているが，これは a が可積分ならば，Fubini の定理によって許される．発見的考察を続けている今は，このことも仮定しておこう．

さて，$t>0$，$x\in \boldsymbol{R}$ に対し，関数 $H(t,x)$ を

$$H(t,x)=\frac{1}{2\pi}\int_{-\infty}^{\infty}e^{-k^2t+ikx}dk \tag{2.44}$$

によって定義する．そうすると (2.43) は

(2.45) $$u(t,x)=\int_{-\infty}^{\infty}H(t,x-y)a(y)dy,$$

あるいは，たたみこみの記号 $*$ を用いれば

(2.46) $$u(t,\cdot)=H(t,\cdot)*a$$

と表わされる．(2.44)の右辺は，複素積分の基礎的な定理と，Gaussの定積分

(2.47) $$\int_{-\infty}^{\infty}e^{-\zeta^2}d\zeta=\sqrt{\pi}$$

とを用いると，つぎのように計算できる：

$$\begin{aligned}&\frac{1}{2\pi}\int_{-\infty}^{\infty}e^{-(k\sqrt{t}-ix/2\sqrt{t})^2}e^{-x^2/4t}dk\\&=\frac{1}{2\pi}e^{-x^2/4t}\int_{-\infty}^{\infty}e^{-k^2t}dk=\frac{1}{2\pi}\frac{e^{-x^2/4t}}{\sqrt{t}}\int_{-\infty}^{\infty}e^{-\zeta^2}d\zeta\\&=\frac{1}{2\sqrt{\pi t}}e^{-x^2/4t}.\end{aligned}$$

このようにして導かれた関数

(2.48) $$H(t,x)=\frac{1}{2\sqrt{\pi t}}e^{-x^2/4t}$$

を熱方程式の**Cauchy問題のGreen関数**，あるいは単に，熱方程式の**Green関数**という．ここでは，Green関数をきわめて初等的なやりかたで導いたのであるが，もしFourier変換，さらに，超関数のFourier変換の知識を最初から用いれば，もっと直接的な導出も可能である．これについてはあとでふれることにしよう．

さて，われわれは，具体的に得られた $H(t,x)$ を(2.45)に用いたとき，そうして，とくに a が(可積分とはかぎらない)有界な連続関数であるときには，(2.45)の u が求める初期値問題の古典解であることを検証する．

まず，$H(t,x)$ のもつ顕著な性質を列挙しよう．

(i) 任意の $t>0$, $x\in\boldsymbol{R}$ に対して $H(t,x)>0$ である．これをGreen関数の正値性という．

(ii) $H(t,-x)=H(t,x)$，すなわち，$H(t,x)$ は x に関して偶関数である．したがって

$$H(t,x-y)=H(t,y-x).$$

(iii)

$$\int_{-\infty}^{\infty} H(t,x)\,dx = 1 \qquad (t>0). \tag{2.49}$$

これは,

$$\int_{-\infty}^{\infty} H(t,x)\,dx = \frac{1}{2\sqrt{\pi t}}\int_{-\infty}^{\infty} e^{-x^2/4t}dx$$

において変数変換 $s=x/2\sqrt{t}$ を行なえば, (2.47) に帰着する. (2.49) からさらに

$$\int_{-\infty}^{\infty} H(t,x-y)\,dy = 1 \qquad (t>0,\ \ x\in \boldsymbol{R}) \tag{2.50}$$

が得られる. (2.49) と (2.50) を Green 関数の **Markov 性**ということがある.

(iv) $t>0$ では, $H(t,x)$ は t, x の C^∞ 級の関数であって熱方程式 (2.27) を満足する. 実際, $t>0$ で何回でも微分可能であることは (2.48) から明らかである ($t>0$ では実解析的ですらある). 一方, これが (2.27) を満足することは, (2.44) の積分表示からひと目でわかる.

これらの性質から, つぎの補題が得られる.

補題 2.1 $a=a(x)$ を有界な連続関数とするとき, (2.45) で与えられる u はつぎの性質をもつ:

(i) $t>0,\ x\in\boldsymbol{R}$ において

$$|u(t,x)| \leqq \|a\|_{\sup}, \tag{2.51}$$

すなわち, u は有界である.

(ii) $t>0,\ x\in\boldsymbol{R}$ において, u は無限回微分可能であって熱方程式 (2.27) を満足する.

証明 $M=\|a\|_{\sup}$ とおく. Green 関数の正値性と Markov 性とから

$$|u(t,x)| \leqq M\int_{-\infty}^{\infty} H(t,x-y)\,dy = M.$$

また, 積分記号下での微分, たとえば

$$u_t(t,x) = \int_{-\infty}^{\infty}\frac{\partial}{\partial t}H(t,x-y)\,a(y)\,dy$$

が正当であることは,

$$\left|\frac{\partial}{\partial t}H(t,x)\right| \leqq C_\varepsilon e^{-\gamma_\varepsilon x^2} \qquad (t\geqq\varepsilon>0) \tag{2.52}$$

の形の評価を用いて容易に示される．ただし，(2. 52) の C_ε と γ_ε は任意の正数 ε に依存する正数である．こうして，

$$u_t-u_{xx}=\int_{-\infty}^{\infty}\left(\frac{\partial}{\partial t}-\frac{\partial^2}{\partial x^2}\right)H(t,x-y)a(y)dy \qquad (t>0)$$

となるが，この右辺が 0 であることは，$H(t,x)$ の性質 (iv) からわかる．▮

(2. 45) の u が求める Cauchy 問題の古典解であることをいうためには，このあと $t\downarrow 0$ としたとき $u(t,x)$ が $a(x)$ に収束することの吟味だけが残っている．そのために，(2. 45) を

$$u(t,x)=\frac{1}{2\sqrt{\pi t}}\int_{-\infty}^{\infty}e^{-(x-y)^2/4t}a(y)dy \tag{2.53}$$

と書いてから，変数変換 $y\mapsto\zeta$ を

$$\frac{y-x}{2\sqrt{t}}=\zeta \tag{2.54}$$

によって行なう．そうすると

$$u(t,x)=\frac{1}{\sqrt{\pi}}\int_{-\infty}^{\infty}e^{-\zeta^2}a(x+2\sqrt{t}\,\zeta)d\zeta \tag{2.55}$$

となるが，これと (2. 47) とから

$$u(t,x)-a(x)=\frac{1}{\sqrt{\pi}}\int_{-\infty}^{\infty}e^{-\zeta^2}\{a(x+2\sqrt{t}\,\zeta)-a(x)\}d\zeta \tag{2.56}$$

が導かれる．十分大きな正数 R (値はあとで定める) を用いて，(2. 56) の右辺をつぎの I, J の和として表わす：

$$I=\frac{1}{\sqrt{\pi}}\int_{|\zeta|\geqq R}e^{-\zeta^2}\{a(x+2\sqrt{t}\,\zeta)-a(x)\}d\zeta,$$

$$J=\frac{1}{\sqrt{\pi}}\int_{|\zeta|\leqq R}e^{-\zeta^2}\{a(x+2\sqrt{t}\,\zeta)-a(x)\}d\zeta.$$

また，$M=\|a\|_{\sup}$ と書く．さて，$\varepsilon>0$ が任意に与えられたとしよう．R を十分大きくとることにより

$$|I|\leqq\frac{2M}{\sqrt{\pi}}\int_{|\zeta|\geqq R}e^{-\zeta^2}d\zeta<\frac{\varepsilon}{2}$$

にすることが可能である．また，x が有界区間 $[-L,L]$ に限られているならば，$0<t\leqq 1$ とするとき，x も $x+2\sqrt{t}\,\zeta$ $(|\zeta|\leqq R)$ も有界区間 $[-L-2R, L+2R]$ に

含まれている．a は有界閉区間で一様連続である．したがって，R はすでに固定されているとして，十分小さな正数 δ を選べば，$0<t<\delta$ のとき

$$|a(x+2\sqrt{t}\,\zeta)-a(x)| < \frac{\varepsilon}{2} \qquad (|\zeta|\leqq R,\ |x|\leqq L)$$

が成り立つようにできる．よって，このとき

$$|J| < \frac{1}{\sqrt{\pi}}\int_{|\zeta|\leqq R} e^{-\zeta^2}\cdot\frac{\varepsilon}{2}d\zeta < \frac{\varepsilon}{2}\frac{1}{\sqrt{\pi}}\int_{-\infty}^{\infty} e^{-\zeta^2}d\zeta = \frac{\varepsilon}{2}.$$

こうして，$0<t<\delta=\delta(\varepsilon, L)$ のとき不等式

$$|u(t,x)-a(x)| < \varepsilon \qquad (|x|\leqq L) \tag{2.57}$$

が得られるから，$t\downarrow 0$ のとき，$u(t,x)$ が $a(x)$ に広義一様収束することが示された．補題 2.1 とあわせるとつぎの定理が得られる．

定理 2.7 (Cauchy 問題の解の存在)　$a=a(x)$ を有界な連続関数とするとき，Cauchy 問題 (2.27), (2.28) の有界な古典解 u は一意であるが，それは Green 関数を用いて (2.53) の形に与えられる．解 u は $t>0$ では t, x に関して C^∞ 級 (実は実解析的) であり，$t\downarrow 0$ に際しては a に広義一様収束する．——

Cauchy 問題 (2.27), (2.28) およびその Green 関数 $H(t,x)$ に関して補足的な事項をいくつか列挙しよう．

1°　(2.28) において a が $\boldsymbol{R}$ で一様連続ならば，u の $t\downarrow 0$ に際しての a への収束は $\boldsymbol{R}$ 上での一様収束である．このことは (2.57) の証明を見なおせば明らかである．いま，

$$X = \{\varphi=\varphi(x)\,|\,\varphi \text{ は } \boldsymbol{R} \text{ で有界かつ一様連続}\} \tag{2.58}$$

とおけば，X は $\|\ \|_{\sup}$ のもとで Banach 空間をなしている．初期値が $a\in X$ ならば，解 $u(t,\cdot)$ も一様連続となる．このことは (2.55) から容易にわかる．したがって，$a\in X$ に対して解 $u(t,\cdot)$ を対応させる作用素を $U(t)$ と書くことにすれば，

$$U(t):\ X \longrightarrow X \qquad (t\geqq 0)$$

である．$U(0)$ は X の恒等作用素であるが，$t>0$ に対しては，$U(t)$ は t をパラメータとし $H(t,x-\xi)$ を積分核とする積分作用素にほかならない．すなわち

$$U(t)a = H(t,\cdot) * a. \tag{2.59}$$

$U(t)$ が $\|\ \|_{\sup}$ に関する縮小写像であることは定理 2.5 からわかる．また，

$\{U(t)\}_{t\geqq 0}$ が作用素の半群の性質(1.81)をそなえていることは，Cauchy 問題の解の一意性を用い，§1.6 におけるのと同じ議論によって示される．等式

$$U(t)\cdot U(s)=U(t+s)$$

は，積分核 H に関し

$$H(t,\cdot)*H(s,\cdot)=H(t+s,\cdot) \tag{2.60}$$

が成り立つことと同値である．具体的な計算によって(2.60)を直接検証することも可能である．

$U(t)a$ が $t\downarrow 0$ に際し a に一様収束することは

$$\|U(t)a-a\|_{\sup}\longrightarrow 0 \quad (t\downarrow 0) \tag{2.61}$$

を意味している．関数解析における半群理論の用語を用いれば，Cauchy 問題(2.27), (2.28)の **Green 作用素**である $\{U(t)\}_{t\geqq 0}$ は，関数空間 X において **(C_0) 級の半群**をなすわけである(本講座"関数解析 II"参照)．

2° 初期値 a が有界連続でさえあれば，$t>0$ において解 $u(t,\cdot)$ が x の無限回微分可能な関数であるということは，有限の針金における熱伝導の場合と同様に，Green 作用素 $U(t)=H(t,\cdot)*$ が**平滑化性** (smoothing property) をもっていることを意味している．このことは，初期値として，ある程度不連続なものを許した場合に，たとえば

$$a\in L_2(\boldsymbol{R}) \tag{2.62}$$

とした場合に，一層明瞭である．この場合にも，(2.53)が $t>0$ において C^∞ 級の関数となり，熱方程式(2.27)を満足することを容易に証明することができる．(Lebesgue 積分の収束定理の簡単な演習問題である．) ただし，このときは，初期条件(2.28)は

$$\|u(t,\cdot)-a\|_{L_2(\boldsymbol{R})}\longrightarrow 0 \quad (t\downarrow 0) \tag{2.63}$$

の意味で成り立つ．証明には，(2.40)により $u(t,\cdot)$ が $e^{-tk^2}\hat{a}(k)$ の Fourier 逆変換になっていること，$\hat{a}$ が a の Fourier 変換であること，および Fourier 変換に関する Parseval の等式を用い，最後に，Lebesgue の収束定理を利用する．

なお，Parseval の等式を2度用いると

$$\|u(t,\cdot)\|_{L_2}{}^2=\frac{1}{2\pi}\|e^{-tk^2}\hat{a}(\cdot)\|_{L_2}{}^2=\frac{1}{2\pi}\int_{-\infty}^{\infty}e^{-2tk^2}|\hat{a}(k)|^2dk$$

$$\leqq \frac{1}{2\pi}\int_{-\infty}^{\infty}|\hat{a}(k)|^2 dk = \|a\|_{L_2(\boldsymbol{R})}{}^2$$

が得られる．すなわち，Cauchy 問題の Green 作用素 $U(t)=H(t,\cdot)*$ は，関数空間 $L_2(\boldsymbol{R})$ においても縮小作用素になっている．そうして，そこでも (C_0) 級の半群をなしているのである．

3° ふたたび，有界な古典解について考える．このとき，もし初期値 a が遠方で極限値をもつならば，$u(t,\cdot)$ も同じ極限値をもつ．たとえば，

$$a(x) \longrightarrow \alpha_1 \quad (x\to+\infty)$$

とすれば，(2.55) の右辺において，$t>0$ を固定し $x\to+\infty$ としたときの極限値を，Lebesgue の収束定理 (a の有界性により適用可能である) を用いて計算すれば，

$$u(t,x) \longrightarrow \frac{1}{\sqrt{\pi}}\int_{-\infty}^{\infty} e^{-\zeta^2}\alpha_1 d\zeta = \alpha_1 \quad (x\to+\infty)$$

となる．

同様に，$x\to-\infty$ のとき $a(x)\to\alpha_2$ ならば，$t>0$ に対しても，$x\to-\infty$ のとき $u(t,x)\to\alpha_2$ である．

とくに，$a(x)\to0$ $(|x|\to+\infty)$ ならば，$u(t,x)\to0$ $(|x|\to+\infty)$ である．

このような意味で，Cauchy 問題の解は，初期条件に課された**無限遠での境界条件**を保存する．

4° Green 関数 $H(t,x-y)$ を，y を固定し t,x の関数と見れば，§1.6 において有限の針金の場合の Green 関数に対して行なったのと同じ考察により，これは，$t=0$ において単位の熱量が点 y に集中していた場合の，時刻 t，点 x における針金の温度を表わしている．これが $H(t,x-y)$ という Green 関数の‘物理的イメージ’である．

この物理的イメージにつながるものとして，Green 関数の性質の‘超関数の立場からの考察’を，やや形式的ながら行なっておこう．

いま，$v(t,x)=H(t,x-y)$ とおけば，$t>0$ では，v はふつうの関数として

$$v_t = v_{xx} \tag{2.64}$$

を満足し，初期条件としては超関数の意味で

$$v(t,\cdot) \longrightarrow \delta_y \quad (t\downarrow0) \tag{2.65}$$

を満足している．ここで，$\delta_y=\delta_y(x)$ は点 y を**台**とする Dirac の超関数 $\delta(x-y)$

である．(2.65)は，超関数の収束の定義とすでに述べた H の性質とから容易に導かれる．(物理的イメージに頼るならばそれだけでもよいが，望む読者は章末の問題2を試みられよ.) とくに，$w=H(t,x)$ は，条件

(2.66)
$$\begin{cases} w_t = w_{xx} & (t>0,\ x\in \boldsymbol{R}), \\ w|_{t=0} = \delta = \delta(x) & (x\in \boldsymbol{R}) \end{cases}$$

によって定められる．w の x に関する Fourier 変換を $\hat{w}$ で表わせば(Fourier 変換を考えるわけであるから，おのおのの t に対し w を**緩増加な超関数**と考えて)，

(2.67)
$$\begin{cases} \hat{w}_t = -k^2\hat{w}, \\ \hat{w}|_{t=0} = 1 \end{cases}$$

となる．(2.67)から $\hat{w}(t,k)=e^{-k^2t}$ が得られる．$\hat{w}$ の Fourier 逆変換として $w=H(t,x)$ を導く計算は，(2.44)から(2.48)を導いた計算にほかならない．

なお，$\bar{H}(t,x)$ を，$(t,x)\in \boldsymbol{R}^2$ に対し

$$\bar{H}(t,x) = \begin{cases} H(t,x) & (t>0,\ x\in \boldsymbol{R}), \\ 0 & (t\leqq 0,\ x\in \boldsymbol{R}) \end{cases}$$

によって定義すれば，$\bar{H}$ が $\boldsymbol{R}_t\times \boldsymbol{R}_x$ の上の超関数として

(2.68)
$$\bar{H}_t-\bar{H}_{xx} = \delta(t)\otimes\delta(x)$$

を満足することを確かめるのもやさしい．ここで $\otimes$ は t を変数とする超関数と x を変数とする超関数のテンソル積である("解析入門"参照)．

5°　最後に，熱伝導という物理現象の数学的モデルとしての熱方程式の限界を反省しておこう．いま，$t=0$ には熱量が十分小さな区間 $I_\varepsilon=(-\varepsilon,\varepsilon)$ に集中していたとする．すなわち，初期の温度分布 $a=a(x)$ は連続関数であって

$$\begin{cases} a(x) > 0 & (|x|<\varepsilon), \\ a(x) \equiv 0 & (|x|\geqq \varepsilon) \end{cases}$$

を満足しているとする．この a に対する Cauchy 問題の解は

(2.69)
$$u(t,x) = \int_{|y|<\varepsilon} H(t,x-y)a(y)dy$$

で与えられる．これによると，t がどんなに小さくても正でさえあれば，無限にのびている針金のあらゆる点で温度は正である．すなわち，原点の付近に局在していた熱量が無限の速さで遠方まで伝わることになる．温度が**微視的**には分子運

動のエネルギーの大きさを表わすものであることを考えると，これは相対性理論の立場からいって不可能である．この意味では，熱方程式は，物理現象である熱伝導をあくまでも古典物理学的にとらえたときの巨視的なモデルであるということを忘れてはならない．しかしその限りにおいては，これは現象と'極めて良く合う'モデルなのである．

§2.5　半無限の針金における熱伝導

(2.48) によって与えられる Cauchy 問題の Green 関数 $H(t, x)$ を用いれば，針金が x 軸の右半分 $\bar{\boldsymbol{R}}_+=\{x \mid x\geqq 0\}$ を占めている場合の熱方程式の初期値・境界値問題を解くことができる．とくに，境界点 $x=0$ における境界条件が，Dirichlet の境界条件や Neumann の境界条件である場合に対する Green 関数の表式を具体的に求めることが可能である．これらの式は，有限長の針金における熱伝導の問題の，無限級数で与えられる Green 関数にくらべて，解析的性質がはるかに明瞭であり，その結果，境界条件が非同次であるときの解の積分表示をも可能にするものである．

このような，半無限区間における熱方程式の Green 関数を導く前に，Cauchy 問題の解の対称性に関する注意をしておこう．数直線全体を占める針金が一様であって，初期の温度分布 $a=a(x)$ が，たとえば，原点に関して対称，すなわち

(2.70)
$$a(-x) = a(x) \qquad (x \in \boldsymbol{R})$$

ならば，それ以後の温度分布 $u=u(t, x)$ $(t>0)$ も原点に関して対称なはずである．この物理的には当然といえる事柄を証明しておこう．すなわち，a が偶関数であって (2.70) が成り立つものとする．$u=u(t, x)$ は，Cauchy 問題 (2.27), (2.28) の有界な古典解を表わす．いま，

$$v(t, x) = u(t, -x)$$

とおけば，v も熱方程式 (2.27) を満足することが代入によってただちにわかる．一方，v の初期値は $u(0, -x)=a(-x)$ であるが，これは (2.70) により $a(x)$ と一致する．すなわち，v も Cauchy 問題 (2.27), (2.28) の解である．したがって，Cauchy 問題の解の一意性により v と u とは一致する．ゆえに，

(2.71)
$$u(t, -x) = u(t, x) \qquad (t>0,\ x \in \boldsymbol{R}).$$

同じ論法で，初期値 a が奇関数であるならば，すなわち，

(2.72) $$a(-x) = -a(x) \qquad (x \in \boldsymbol{R})$$

ならば，解 $u(t,x)$ も x に関して奇関数であることが示される．また，たとえば，a が周期関数であるならば，$u(t,x)$ も x に関して同じ周期をもつ周期関数であることが，解の一意性を利用して，同じ論法で証明される．

さて，半無限の針金における熱伝導に話を移そう．

(2.73) $$Q = \{(t,x) \mid t \geqq 0,\ \ x \geqq 0\}$$

とおく．境界点 $x=0$ における温度が指定される場合を考えると，求める温度分布 $u=u(t,x)$ は，Q で定義された関数であって，熱方程式

(2.74) $$u_t = u_{xx} \qquad (t>0,\ \ x>0),$$

および Dirichlet の境界条件

(2.75) $$u|_{x=0} = \beta(t) \qquad (t>0),$$

さらに，初期条件

(2.76) $$u|_{t=0} = a(x) \qquad (x \geqq 0)$$

を満足するものである．解としては，やはり，古典的な解のみを考えることとし，$x \to +\infty$ におけるふるまいに対しては，有界性(詳しくは，任意の正数 T に関する $[0,T] \times \bar{\boldsymbol{R}}_+$ での有界性)を要求しておく．これに応じて，境界値 β および初期値 a は，それぞれ t, x の連続関数であって，つぎの有界性をもつものと仮定する：

$$\sup_{0 \leqq t \leqq T} |\beta(t)| < +\infty \qquad (\forall T>0),$$

$$\sup_{x \geqq 0} |a(x)| < +\infty.$$

さらに，‘角の点’ $t=0,\ x=0$ における**両立性の条件**

(2.77) $$a(0) = \beta(0)$$

を仮定しておく．そうすると，Cauchy 問題を扱ったときと同じ技巧を用い，最大値の原理が成り立つことを示すことができる．すなわち，

(2.78) $$\sup_{(t,x) \in Q_T} u(t,x) = \sup_{(t,x) \in \Gamma_T} u(t,x)$$
$$= \max\left\{\sup_{x \geqq 0} a(x),\ \sup_{0 \leqq t \leqq T} \beta(t)\right\},$$

および，上式で sup, max を inf, min でおきかえた等式が成り立つ．ここで T は任意の正数，Q_T, Γ_T は

$$(2.79)\qquad \begin{cases} Q_T=\{(t,x)\,|\,0\leqq t\leqq T,\ \ x\geqq 0\}, \\ \Gamma_T=\{(t,x)\,|\,(t,x)\in Q_T,\ \ t=0 \text{ または } x=0\} \end{cases}$$

である．最大値の原理から，初期値問題(詳しくは初期値・境界値問題) (2.74)-(2.76) の解の一意性および安定性が出ることは，Cauchy 問題の場合と全く同様である．また，a, β が非負であれば解も非負であること，いわゆる解の正値性も同様に成り立つ．

解の存在を示そう．まず，$a(0)=\beta(0)$ の共通値を γ とおけば，a, β, u のかわりに $a-\gamma$, $\beta-\gamma$, $u-\gamma$ をそれぞれ考えることにより，問題は

$$(2.80)\qquad a(0)=\beta(0)=0$$

の場合に帰着する．それゆえ，一般性を失うことなく (2.80) を仮定することができる．つぎに，境界条件も初期条件も非同次である (2.74)-(2.76) の解 u は，同次境界条件のもとでの解 v，すなわち

$$(2.81)\qquad v_t=v_{xx}\qquad (t>0,\ \ x>0),$$

$$(2.82)\qquad v|_{x=0}=0\qquad (t>0),$$

$$(2.83)\qquad v|_{t=0}=a(x)\qquad (x\geqq 0)$$

の解 v と，同次初期条件のもとでの解 w，すなわち

$$(2.84)\qquad w_t=w_{xx}\qquad (t>0,\ \ x>0),$$

$$(2.85)\qquad w|_{x=0}=\beta(t)\qquad (t>0),$$

$$(2.86)\qquad w|_{t=0}=0\qquad (x\geqq 0)$$

の解 w とを重ね合せて得られることに注意しよう：

$$(2.87)\qquad u=v+w.$$

したがって，v と w の存在を示せばよい．まず，v を求めよう．そのために，a を $\boldsymbol{R}$ 上に奇関数になるように延長し，得られた関数を $\bar{a}$ とおく．すなわち

$$\begin{cases} \bar{a}(x)=a(x) & (x>0), \\ \bar{a}(x)=-a(-x) & (x<0). \end{cases}$$

(2.80) によれば，$\bar{a}$ は $\boldsymbol{R}$ 上で連続であり，また，当然有界である．$\bar{a}$ を初期値とする Cauchy 問題の解を $\bar{v}=\bar{v}(t,x)$ で表わせば，$\bar{v}$ は x に関して奇関数であり，したがって $\bar{v}(t,0)=0$ を満足する．それゆえ，

$$(2.88)\qquad v=\bar{v}|_{x\geqq 0}$$

によって v を定義すれば，この v が求めるものである．これで v の存在がいえ

たわけであるが，v のもっと具体的な表式を求めておこう．いま，$t>0$，$x>0$ とすれば

(2.89)
$$v(t,x)=\bar{v}(t,x)=\int_{-\infty}^{\infty}H(t,x-y)\bar{a}(y)\,dy$$
$$=\int_0^{\infty}H(t,x-y)a(y)\,dy+\int_{-\infty}^{0}H(t,x-\xi)(-a(-\xi))\,d\xi$$
$$=\int_0^{\infty}\{H(t,x-y)-H(t,x+y)\}a(y)\,dy$$

となる．ただし，2行目の第2の積分で $-\xi\to y$ というおきかえを行なった．そこで，

(2.90)
$$K(t,x,y)=H(t,x-y)-H(t,x+y)$$
$$=\frac{1}{2\sqrt{\pi t}}\{e^{-(x-y)^2/4t}-e^{-(x+y)^2/4t}\}$$

とおけば，

(2.91)
$$v(t,x)=\int_0^{\infty}K(t,x,y)a(y)\,dy$$

が得られる．$K(t,x,y)$ を，Dirichlet 境界条件のもとでの半直線 $x\geqq 0$ における熱方程式の Green 関数という．K が t,x の関数として $t>0$，$x>0$ で熱方程式を満足すること，$t>0$，$x=0$ で境界条件 $K=0$ を満足すること，および，$t\downarrow 0$ のとき超関数の意味で $K\to\delta(x-y)$ となることの検証は読者の演習としよう．また，x,y に関する対称性も (2.90) から明らかである．

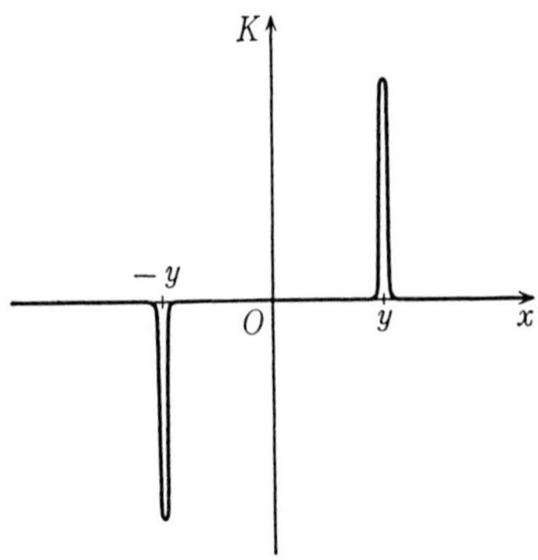

図 2.1

なお，(2.90)を見れば，$K(t,x,y)$は，$x=y$に正の単位熱量を，$x=-y$に負の単位熱量をそれぞれ集中させた温度分布を初期分布とした場合の全無限針金の温度分布を，$x\geqq 0$に制限したものとみなすことができる(図2.1).

つぎに，初期値問題(2.84)-(2.86)の解wの考察に移ろう．まず，発見的に，解wが存在するとしてつぎの計算を行なってみる．いま，$t>0$, $x>0$を固定し，$0<s<t$を満たすsに対して

$$W(s)=\int_0^\infty w(s,y)K(t-s,x,y)\,dy \tag{2.92}$$

とおく．wは熱方程式を満足しているが，このことと，(2.90)から容易に確かめ得る関係

$$\frac{\partial}{\partial s}K(t-s,x,y)=-\frac{\partial}{\partial t}K(t-s,x,y)=-\frac{\partial^2}{\partial x^2}K(t-s,x,y)$$
$$=-\frac{\partial^2}{\partial y^2}K(t-s,x,y)$$

とを用いれば，形式的に(発見的考察だから差支えない！)

$$\frac{d}{ds}W(s)=\int_0^\infty\frac{\partial w}{\partial s}K(t-s,x,y)\,dy+\int_0^\infty w\frac{\partial}{\partial s}K(t-s,x,y)\,dy$$
$$=\int_0^\infty(w_{yy}K-wK_{yy})\,dy.$$

ここで$K(t-s,x,0)=0$, $w(s,0)=\beta(s)$を用いて部分積分を行なえば，

$$\frac{d}{ds}W(s)=B(t-s,x)\beta(s), \tag{2.93}$$

ただし，

$$B(t-s,x)=\frac{\partial}{\partial y}K(t-s,x,y)\Big|_{y=0}$$

であって，(2.90)から，簡単な計算により

$$B(t-s,x)=\frac{xe^{-x^2/4(t-s)}}{2\sqrt{\pi}\,(t-s)^{3/2}}\qquad(t>s,\ \ x>0) \tag{2.94}$$

であることがわかる．いま，εを十分小さな正数として，(2.93)を積分すると，

$$W(t-\varepsilon)-W(0)=\int_0^{t-\varepsilon}B(t-s,x)\beta(s)\,ds \tag{2.95}$$

が得られる．$w(0,x)\equiv 0$により$W(0)=0$は明らかである．また，$\varepsilon\downarrow 0$のとき

$W(t-\varepsilon)\to w(t,x)$ であることは，Green 関数 K の性質および w の連続性を用いて確かめられる(問題3)．こうして，(2.95)から極限移行により

$$w(t,x)=\int_0^t B(t-s,x)\beta(s)\,ds \tag{2.96}$$

が得られた．ここまでが発見的考察である．あらためて，(2.96)で定義される w が(2.84)-(2.86)の各条件を満足することを検証しよう．

まず，$x>0$ ならば，

$$\lim_{s\uparrow t}B(t-s,x)=0,\qquad \lim_{s\uparrow t}\frac{\partial}{\partial t}B(t-s,x)=0$$

であることは $e^{-x^2/4(t-s)}$ が $s\to t$ で急速に0に近づくことからわかる．(正確には，(1.66)の不等式を用いる．) また，$B(t-s,x)$ が t,x の関数として熱方程式を満足することは，B の定義から明らかである．したがって，

$$\begin{aligned}w_t-w_{xx}&=B(+0,x)\beta(t)+\int_0^t\left\{\frac{\partial}{\partial t}B(t-s,x)-\frac{\partial^2}{\partial x^2}B(t-s,x)\right\}\beta(s)\,ds\\&=0\qquad(t>0,\ x>0).\end{aligned}$$

$w(0,x)=0$ であること，すなわち初期条件(2.86)が成り立つことは，(2.96)の形から明らかである．最後に，$\lim_{x\downarrow 0}w(t,x)=\beta(t)$ $(t>0)$ を確かめる．(2.96)に B の具体式(2.94)を代入し，変数変換 $s\mapsto\zeta$ を

$$\frac{x}{2\sqrt{t-s}}=\zeta \tag{2.97}$$

により行なえば，初等的な計算で

$$w(t,x)=\frac{2}{\sqrt{\pi}}\int_{x/2\sqrt{t}}^{\infty}e^{-\zeta^2}\beta\left(t-\frac{x^2}{4\zeta^2}\right)d\zeta\qquad(t>0,\ x>0) \tag{2.98}$$

が得られる．これから，Lebesgue の収束定理によって，ただちに

$$\lim_{x\downarrow 0}w(t,x)=\frac{2}{\sqrt{\pi}}\int_0^{\infty}e^{-\zeta^2}\beta(t)\,d\zeta=\beta(t) \tag{2.99}$$

が導かれ，(2.85)が検証された．なお，$\beta(0)=0$ のもとでは，(2.99)の収束は任意の $T>0$ に対して $[0,T]$ で一様である．(証明は読者の演習問題とする．) こうして，w が必要なすべての性質をそなえていることがわかった．すなわち，初期値問題(2.84)-(2.86)の解は存在して，(2.96)で与えられる．

(2.87)によれば，初期値問題(2.74)-(2.76)の解は，

$$(2.100)\qquad u(t,x)=\int_0^\infty K(t,x,y)a(y)dy+\int_0^t B(t-s,x)\beta(s)ds$$

と表わされる．ここで注意すべきことは，われわれは，$a(0)=\beta(0)=0$ を仮定して (2.100) を導いたのであったが，両立性の条件 (2.77) さえあれば，(2.100) が (2.74)-(2.76) の解を与えるということである．このことは，関係式

$$(2.101)\qquad 1=\int_0^\infty K(t,x,y)dy+\int_0^t B(t-s,x)ds\qquad (t>0,\ x>0)$$

を用いて容易に示すことができる．(2.101) 自体は，(2.92) の補助関数 $W(s)$ を

$$W(s)=\int_0^\infty K(t-s,x,y)dy$$

ととりなおし，(2.96)を導いたときと同じ計算を行なえば得られる．

以上の結果をまとめると，半直線 $[0,\infty)$ における熱方程式の Dirichlet 境界条件のもとでの初期値・境界値問題 (2.74)-(2.76) は，両立性の条件 $a(0)=\beta(0)$ の仮定のもとに (有界な古典解の枠内で) 適正である．また，その解は，Green 関数 $K(t,x,y)$ およびそれから導かれる関数 $B(t-s,x)$ を用いて (2.100) の形に積分表示される．

a,β がある程度不連続であったり，両立性の条件が成り立っていないような場合でも，境界条件や初期条件の解釈を然るべく (たとえば，平均収束の意味にとるなど) 寛大にすれば，(2.100) は (2.74)-(2.76) の解を与えている．例として，$a\equiv 0$, $\beta\equiv 1$ の場合を考えると，(2.100) と (2.98) とから

$$(2.102)\qquad u(t,x)=\frac{2}{\sqrt{\pi}}\int_{x/2\sqrt{t}}^\infty e^{-\zeta^2}d\zeta=1-\mathrm{erf}\left(\frac{x}{2\sqrt{t}}\right)$$

が得られる．ただし，erf (　) は Gauss の誤差関数である．(2.102) で x を固定して $t\to+\infty$ とすれば，$u\to 1$ となる．これは，最初 $t=0$ において全体が 0 度であった半無限の針金の端点をそれ以後一定温度に保ち続けると，針金のどの点もやがてはその一定温度に近づくということを表わしている．

さて，Neumann 境界条件の場合に移ろう．すなわち，

$$(2.103)\qquad u_t=u_{xx}\qquad (t>0,\ x>0),$$

$$(2.104)\qquad u_x|_{x=0}=-\beta(t)\qquad (t>0),$$

$$(2.105)\qquad u|_{t=0}=a(x)\qquad (x\geqq 0)$$

で与えられる問題である．ただし，境界条件 (2.104) の右辺に負号をつけたのは，

$x=0$ では $-\partial/\partial x$ が外向き法線方向の微分になるからである．解としては，Dirichlet 境界条件の場合と同様な有界性をもつ古典解を考える．a, β についても同様である．ただし，解の $Q=[0, \infty)\times[0, \infty)$ における連続性のためには，いまの場合の両立性の条件 $a'(0)=-\beta(0)$ は必要でない．

Neumann 境界条件のもとでの初期値問題 (2.103)-(2.105) の適正さを示すのに，Dirichlet 境界条件の場合と同様に，まず最大値の原理を示し，解の一意性，解の存在，Green 関数の表示を導くことも可能である．しかしここでは，解の存在を示し，そのあと，解の存在から解の一意性を導く．その際の論法は教訓的である．

話がくどくなり気味であるので，計算の詳細はときに割愛することにする．

まず，$\beta\equiv 0$ である場合の解の存在を示すのに，a を $\boldsymbol{R}$ 全体の上へ偶関数 $\bar{a}$ として拡張する．すなわち，

$$\text{(2.106)}\qquad \begin{cases} \bar{a}(x)=a(x) & (x\geqq 0), \\ \bar{a}(x)=a(-x) & (x\leqq 0). \end{cases}$$

$\bar{a}$ は有界連続である．これを初期値とする Cauchy 問題の解を $\bar{u}=\bar{u}(t, x)$ とする．すなわち，

$$\bar{u}=H(t, \cdot)*\bar{a}.$$

$\bar{u}(t, x)$ は x の偶関数であり，$t>0$ では滑らかな関数であるから，$\bar{u}_x(t, 0)=0$ $(t>0)$ が成り立つ．よって $\bar{u}$ を $x\geqq 0$ に制限したものが $\beta\equiv 0$ の場合の (2.103)-(2.105) の解である．すなわち，

$$\begin{aligned} \text{(2.107)}\qquad u(t, x) &= \int_{-\infty}^{\infty} H(t, x-y)\bar{a}(y)dy \\ &= \int_0^{\infty}\{H(t, x-y)+H(t, x+y)\}a(y)dy \\ &= \int_0^{\infty} N(t, x, y)a(y)dy. \end{aligned}$$

ただし，$N(t, x, y)$ は次式で与えられ，Neumann の境界条件のもとでの半直線 $[0, \infty)$ における熱方程式の Green 関数とよばれる：

$$\begin{aligned} \text{(2.108)}\qquad N(t, x, y) &= H(t, x-y)+H(t, x+y) \\ &= \frac{1}{2\sqrt{\pi t}}\{e^{-(x-y)^2/4t}+e^{-(x+y)^2/4t}\}. \end{aligned}$$

$N(t, x, y)$ は $t>0,\ x\geqq 0,\ y\geqq 0$ に対して定義されるが，x と y に関して対称であり，t と x の関数としても，また t と y の関数としても熱方程式を満足している．また，

$$N(t, x, y) > 0 \qquad (t>0,\ x\geqq 0,\ y\geqq 0) \tag{2.109}$$

であるが，とくに

$$\int_0^\infty N(t, x, y)\,dy = 1 \tag{2.110}$$

が成り立つ．$N(t, x, y)$ の物理的イメージ ($y>0$ のとき) は，端点を断熱の状態に保った半無限の針金の 1 点 $x=y$ に，初期時刻に単位熱量をおいたときの温度分布であるから，熱量の保存則からいって (2.110) が成り立つのは当然である．

初期値問題 (2.103)-(2.105) の解の一意性を示そう．それには，$\alpha\equiv 0,\ \beta\equiv 0$ を仮定したとき，$u\equiv 0$ であることを示せばよい．いま，台が $(0, \infty)$ に含まれる有界閉区間である連続な関数 $\varphi=\varphi(x)$ をとり，しばらく固定しておく．さらに，正数 $T>0$ を固定する．そして

$$v(t, x) = \int_0^\infty N(T-t, x, y)\varphi(y)\,dy \tag{2.111}$$

とおく．$x\in[0, \infty)$ であるが，t は $0<t<T$ に限る．v は，$0<t<T,\ x>0$ において

$$-v_t = v_{xx}$$

を満足し，$x=0$ では境界条件 $v_x(t, 0)=0\ (0<t<T)$ を満たしている．また，t が下から T に近づくとき v は φ に一様収束する．したがって，部分積分を用いた計算を行なえば，

$$\begin{aligned}\frac{d}{dt}\int_0^\infty u(t, x)v(t, x)\,dx &= \int_0^\infty (u_t v+uv_t)\,dx \\ &= \int_0^\infty (u_{xx}v-uv_{xx})\,dx = [u_x v-uv_x]_0^\infty = 0\end{aligned} \tag{2.112}$$

となる．u, v の遠方におけるふるまいを N の性質を用いて吟味すれば，上の計算の正当化も容易である．(2.112) を t に関して ε から $T-\varepsilon$ まで積分したあと，正数 ε を 0 に近づければ，$u(\varepsilon, x)\to 0,\ v(T-\varepsilon, x)\to\varphi$ を用いて

$$\int_0^\infty u(T, x)\varphi(x)\,dx = 0$$

が導かれる．ここで，φ の任意性を用いれば，変分法の基本補題("解析入門" 参照)により $u(T,x)=0\ (x>0)$ となる．T も実は任意であったから，結局 $u\equiv 0$ $(t>0,\ x>0)$ となる．

まだ，境界条件が非同次のときの初期値問題(2.103)-(2.105)の解の存在の証明が残されている．初期値 a が0ならば，(2.103)-(2.105)の解は，$N(t,x,0)=2H(t,x)$ を用いると

$$u(t,x)=\int_0^t N(t-s,x,0)\beta(s)ds \tag{2.113}$$

で与えられることを検算によって確かめることはむずかしくない．とくに，

$$-\frac{\partial}{\partial x}N(t-s,x,0)=-2\frac{\partial}{\partial x}H(t-s,x)=\frac{xe^{-x^2/4(t-s)}}{2\sqrt{\pi}\,(t-s)^{3/2}}$$

が(2.94)の $B(t-s,x)$ と一致することから，(2.113)の u が境界条件(2.104)を満足することを(2.99)の場合と全く同様にして検証することができる．

このようにして，(2.103)-(2.105)の解 u の存在と一意性が示された．同時に，u を表わす表式

$$u(t,x)=\int_0^\infty N(t,x,y)a(y)dy+\int_0^t N(t-s,x,0)\beta(s)ds \tag{2.114}$$

を吟味すれば，解の安定性を示すこともできる．したがって，半直線 $[0,\infty)$ における熱方程式の初期値問題は，境界条件が Neumann の境界条件である場合も適正である．

§2.6　第1,2章への補足[1)]

前章および本章で意図したことは，針金の熱伝導という物理現象と1次元の熱方程式の初期値問題という数学モデルとの絡みを，(古典的)数理物理における偏微分方程式の役割を数学寄りの立場から納得する目的で，いろいろな角度から眺めることであった．熱方程式を代表として放物型方程式の一般論を紹介しようとしたわけではない．しかし，紙数の限られた本講では，放物型方程式をとくに論ずる機会があるとは思われないので，この機会に，熱方程式の周辺にある数学的な，あるいは数理物理的な基礎事項のいくつかに言及しておきたい．証明などは

1)　とくに興味のない読者は，とばされるのがよい．

いままでの章の行間を読んで悟っていただくか，本講末尾の文献などによって自習していただきたい．

a) 多次元の熱方程式

Ω を m 次元空間 $\boldsymbol{R}^m$ の有界領域とする．Ω が有界で，その境界 $\partial\Omega$ が滑らかならば，$\boldsymbol{R}_t\times\boldsymbol{R}^m$ 内の柱状領域 (cylindrical domain) $[0,\infty)\times\Omega$ における初期値・境界値問題

$$(2.115)\qquad \begin{cases} u_t=\triangle u & (t>0,\ \ x\in\Omega), \\ u|_{\partial\Omega}=0 & (t>0,\ \ x\in\partial\Omega), \\ u|_{t=0}=a(x) & (x\in\bar{\Omega}=\Omega\cup\partial\Omega) \end{cases}$$

は，古典解の枠内で適正である．すなわち，a が連続ならば，古典解が一意に存在し，安定である．境界条件を Neumann の境界条件 $\partial u/\partial n=0$ でおきかえても同様である．

一意性，安定性は，最大値の原理の帰結であるが，1次元の場合の最大値の原理を述べた定理1.2を多次元の場合に拡張して述べ，かつ証明することは容易であろう．これに反し，変数分離法 (Fourier の方法) による解の構成は，Ω が球や直方体といった特別の場合にしか成功しない．(その場合ですら，いわゆる特殊関数の知識が必要である.) 一般の Ω に対する解の存在は，パラメトリックス (parametrix，準基本解) を用いて積分方程式に帰着させる Levi の方法や，半群理論に帰着させる関数解析的方法などの方が有力である．このことは，$\triangle$ のかわりに変数係数の，あるいは，低階の項が付加された一般の楕円型作用素が登場した場合に顕著である．

Ω の境界 $\partial\Omega$ が滑らかでないときには，古典解よりも $L_2(\Omega)$ の枠で扱われる広義解の方が理論が簡明である．そして，それは関数解析の主題の一つでもある (本講座“関数解析 II”参照)．

Ω が無限領域のときは，やはり，遠方でのふるまいをある程度規制しないと解は一意にならない．

$\Omega=\boldsymbol{R}^m$ のときは，Cauchy 問題

$$(2.116)\qquad \begin{cases} u_t=\triangle u & (t>0,\ \ x\in\boldsymbol{R}^m), \\ u|_{t=0}=a(x) & (x\in\boldsymbol{R}^m) \end{cases}$$

の解が，やはり，

$$u(t,x)=\int_{R^m}H(t,x-y)a(y)dy \tag{2.117}$$

によって与えられる．ただし，Green 関数 $H(t,x-y)$ は m 次元のときは

$$H(t,x)=\frac{1}{(2\sqrt{\pi t})^m}e^{-|x-y|^2/4t} \qquad (t>0,\ x\in\boldsymbol{R}^m) \tag{2.118}$$

によって与えられる．(2.117)を具体的に導くことは，Fourier 変換(m 次元)を用いれば，§2.4のときと全く同様である．

Ω が一般の領域であるときも，初期値・境界値問題(2.115)の Green 関数 $K(t,x,y)$ が，$t>0$, $x\in\Omega$, $y\in\Omega$ に対して正値かつ無限回微分可能な関数として定義され，(2.115)の解 u を

$$u(t,x)=\int_\Omega K(t,x,y)a(y)dy$$

によって与える．また，$K(t,x,y)$ は x,y に関して対称であるが，これは，境界条件 $u|_{\partial\Omega}=0$ のもとでの微分作用素 $\triangle$ の自己共役性

$$(\triangle u,v)_{L_2(\Omega)}=(u,\triangle v)_{L_2(\Omega)}$$

の帰結である．

境界条件を Neumann の境界条件，すなわち $\partial u/\partial n=0$ とした問題の Green 関数 $N(t,x,y)$ も，1次元の場合と同様に，正値かつ x,y に関して対称である．また，$K(t,x,y)$ が

$$0<\int_\Omega K(t,x,y)dy\leqq 1 \tag{2.119}$$

を満足するのに対して，$N(t,x,y)$ は

$$\int_\Omega N(t,x,y)dy=1 \tag{2.120}$$

を満足する．後者は，Neumann 境界条件のもとでは，初期値が定数関数1ならば，初期値・境界値問題の解が t,x に関して恒等的に1であることに対応している．

b) 拡散方程式

たとえば，水の中にアルコールが混入すると，時間がたつにつれて濃度が一様分布に近づく．このような静止した媒質の中でおこる拡散(diffusion)に関しては，“拡散流量は濃度の勾配に比例する”という Fick の法則が成り立つ．すなわ

ち，C を拡散物質の濃度，q を単位面積を通って単位時間に運ばれる拡散物質の量，$\partial/\partial n$ をその単位面積の法線に沿っての微分とすれば，

$$q = -D\frac{\partial C}{\partial n} \tag{2.121}$$

という関係がある．ここで，D は拡散係数とよばれる正の定数である．

(2.121) を用いると，媒質の占める領域 Ω における濃度変化が微分方程式

$$\frac{\partial C}{\partial t} = D\triangle C \tag{2.122}$$

に従うことが，Fourier の法則から熱方程式を導くときと同じ考察によって得られる．この意味で，熱方程式のことを拡散方程式ともよぶ．

拡散方程式 (2.122) に対して，Dirichlet の境界条件 $C=0$ を課すことは，拡散物質が境界で完全に吸収される場合 (吸収壁) に対応している．一方，Neumann の境界条件 $\partial C/\partial n=0$ は，拡散物質が境界で完全にはね返される場合 (反射壁) に対応している．

拡散は，物理的には構成粒子の熱運動によっておこるものであり，数学的にも確率過程として考察されることが多い (本講座"確率論"参照)．(2.122) で記述される拡散に関しては，たとえば，Neumann 境界条件のもとでの Green 関数を $N(t, x, y)$ とおけば[1]，Ω の任意の部分領域 V に対して

$$\int_V N(t, x, y)dy$$

は，初期時刻に点 x を出発した粒子が時刻 t において V の中に存在する確率を表わす．このとき等式 (2.120) の意味は明らかであろう．境界条件が Dirichlet 条件のときも，初期時刻に点 x を出発した粒子が時刻 t において V の中に存在する確率は，Green 関数 $K(t, x, y)$ を用いて

$$\int_V K(t, x, y)dy$$

で与えられる．さらに，この場合

$$1-\int_\Omega K(t, x, y)dy$$

---

1) 既出の N は $D=1$ の方程式の Green 関数であるが，t を Dt でおきかえることにより一般の D に対する N が得られる．K についても同様である．

は，点 x を出発した粒子が時刻 t までに壁面に吸収されている確率であると解釈される．

問　　題

1　条件(2.23)が成立していないときには，針金内の熱の総量 Q が限りなく大きく(小さく)なっていくことを，式を用いて証明せよ．

2　熱方程式の Cauchy 問題の Green 関数(2.48)は，$t\downarrow 0$ のとき超関数の意味で Dirac の超関数 $\delta(x)$ に収束することを証明せよ．

3　式(2.92)で定義された W について，$\lim_{\varepsilon\downarrow 0} W(t-\varepsilon)=w(t,x)$ であることを，Green 関数 K の性質を用いて証明せよ．

4　温度0の半無限の針金($x\leqq 0$)と温度1の半無限の針金($x\geqq 0$)の端と端を $t=0$ に接触させた．$t>0$ における温度分布は

$$\frac{1}{2}\left\{1+\operatorname{erf}\left(\frac{x}{2\sqrt{t}}\right)\right\}$$

で与えられることを示せ．

5　半無限の針金($x\geqq 0$)の温度を，$x\to+\infty$ では0に保ち，$x=0$ では $\cos\omega t$ に従って周期的に変動させる．針金内の温度分布は，$t\to+\infty$ で $e^{-\sqrt{\omega/2}\,x}\cos(\omega t-\sqrt{\omega/2}\,x)$ に漸近することを示せ．

第3章　定常状態と Laplace の方程式

§3.1 Laplace の方程式の境界値問題

空間の領域 Ω を占める熱の導体における温度分布 v が，導体に関するいくつかの仮定(一様性，等方性など)および適当な単位のとり方のもとに，熱方程式

$$v_t = \triangle v \qquad (t>0,\ x\in\Omega)$$

に従うことは§1.2で示した．いま，Ω は有界とし，Ω の境界 $\partial\Omega$ においては，境界条件

$$v|_{\partial\Omega} = \beta(x) \qquad (x\in\partial\Omega)$$

が課せられているものとする．β が t によらないことは，導体の壁面の温度が t によらず一定に保たれることであるから，$v(t,x)$ は t が大きくなるにつれ，t によらない極限 $u(x)$ に収束することが予想される．1次元の場合にはこの予想が正しいことを§2.2で証明した．多次元の場合にも，この予想は一般に正しいのであるが，その証明はさておき，定常状態の温度分布 u の満足すべき条件に着目しよう：

(3.1)　$$\triangle u = 0 \qquad (x\in\Omega),$$

(3.2)　$$u|_{\partial\Omega} = \beta \qquad (x\in\partial\Omega).$$

方程式(3.1)は，**Laplace の方程式**あるいは**ポテンシャル方程式**とよばれる．(3.2)は境界値 β を指定する Dirichlet の境界条件である．(3.1), (3.2)は，$\bar{\Omega}=\Omega\cup\partial\Omega$ で定義された未知関数 u に対する境界値問題であるが，**Dirichlet 問題**とよばれ，古典的な数理物理学における最も重要な境界値問題である．われわれは，Dirichlet 問題の解としては，とくに断らないかぎり，古典解，すなわち，

(3.3)　$$u\in C^2(\Omega)\cap C(\bar{\Omega})$$

という微分可能性および連続性をそなえた解を考えることにする．$\partial\Omega$ についても，とくに断らないかぎり，滑らかな単純閉曲面(球面と C^2 微分同相)であると仮定しよう．β は $\partial\Omega$ 上で与えられた連続関数である．

熱の導体の各点において時間 t によらない熱の発生あるいは吸収が行なわれる

ときには，温度分布を支配する方程式は

$$v_t = \triangle v + f(x) \qquad (x \in \Omega)$$

の形をとる．この場合の定常状態の温度分布は

$$\triangle u = -f(x) \qquad (x \in \Omega) \tag{3.4}$$

を満足する．(3.4) は，**Poisson の方程式**とよばれる．

さらに，熱の導体の境界における境界条件が流入する熱流を指定する形になっているときには，(3.1) あるいは (3.4) に付加すべき境界条件は

$$\frac{\partial u}{\partial n} = \gamma(x) \qquad (x \in \partial\Omega) \tag{3.5}$$

となる．$\partial/\partial n$ は§1.2のときと同様に外向きの単位法線ベクトル $\boldsymbol{n}$ に沿っての微分を表わす．(3.5) は Neumann の境界条件であって，境界値問題

$$\triangle u = 0 \qquad (x \in \Omega), \tag{3.1}$$

$$\frac{\partial u}{\partial n} = \gamma(x) \qquad (x \in \partial\Omega) \tag{3.5}$$

は **Neumann 問題**とよばれる．

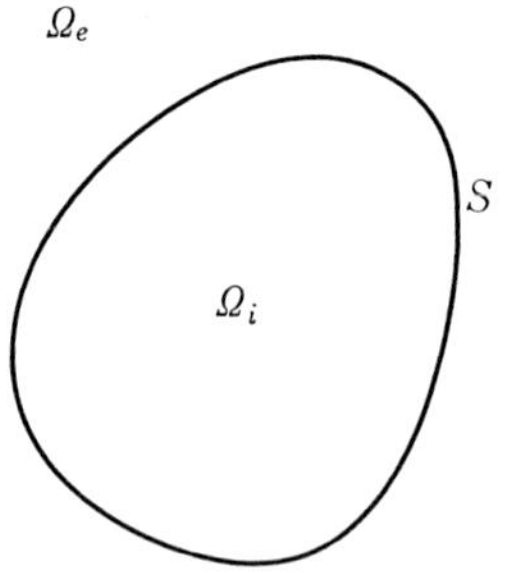

図 3.1

Dirichlet 問題や Neumann 問題は，温度の定常分布にかぎらず，たとえば，あとで見るように静電場のポテンシャルを定める問題など多くの現象の数学モデルとして登場する．そして，場合によっては Ω を無限領域にとらなくてはならない．とくに，図3.1のように単純閉曲面 S がまず与えられて，その外部 Ω_e における境界値問題を考える場合が多く，これを**外部問題** (exterior problem) とよび，S の内部 Ω_i における**内部問題** (interior problem) と対比して考察される．

外部問題では，外部 Dirichlet 問題，外部 Neumann 問題のいずれについて

も，無限遠における境界条件

$$u(x) \longrightarrow 0 \quad (|x| \to +\infty) \tag{3.6}$$

が課されることが多い．

以上の用語は，Ω が3次元空間の領域とはかぎらず，m 次元空間 $\boldsymbol{R}^m$ の領域である場合にも，$\triangle$ として $\boldsymbol{R}^m$ のそれをとれば同様である．

一般に，$\Omega \subset \boldsymbol{R}^m$ において Laplace の方程式 $\triangle u=0$ を満足する u を，Ω における**調和関数**という．たとえば，1次関数は任意の領域において調和関数である．

微分作用素 $\triangle$ が座標系の平行移動

$$\begin{cases} x \longmapsto x' = x+a, \\ (x_j \longmapsto x_j' = x_j+a_j \qquad (j=1, 2, \cdots, m)) \end{cases} \tag{3.7}$$

に関して不変であることは，ただちにわかる．これは，熱伝導の場合についていえば，導体の一様性に対応している．さらに，$\triangle$ が座標の広義回転（回転および反転）

$$x \longmapsto x' = Ux \qquad (U \text{ は直交行列}) \tag{3.8}$$

に関して不変であることも容易にわかる．（読者の演習とする．）これは，熱伝導の場合についていえば，導体の等方性に対応している．

ここで，引用の便宜をかねて，このあとしばしば用いる Green の積分公式（本講座“解析入門”参照）を復習しておこう．すなわち，V を滑らかな境界 S で囲まれた有界領域，u, v を $V \cup S$ において滑らか（C^2 級ならば十分）な関数とするとき，つぎの積分恒等式が成り立つ：

$$\int_V \nabla u \cdot \nabla v dV = -\int_V v \triangle u dV + \int_S v \frac{\partial u}{\partial n} dS, \tag{3.9}$$

$$\int_V (u \triangle v - v \triangle u) dV = \int_S \left(u \frac{\partial v}{\partial n} - v \frac{\partial u}{\partial n} \right) dS. \tag{3.10}$$

(3.10) において，$V=\Omega$，$S=\partial\Omega$ と書き，かつ u を調和関数，$v \equiv 1$ にとった場合を補題として書いておこう．

補題 3.1 u を有界領域 Ω において境界までこめて C^1 級の調和関数とすれば，

$$\int_{\partial\Omega} \frac{\partial u}{\partial n} dS = 0 \tag{3.11}$$

が成り立つ．

§3.2　調和関数の例

1次元の Laplace の方程式は単に $d^2u/dx^2=0$ であるから，1次元の調和関数は1次関数にほかならない．重要なのは，2次元および3次元の調和関数である．これらのうち，とくに簡単なもの，あるいは，とくに重要なものをいくつか挙げておこう．

a) 2次元の調和関数

2次元の直角座標を x, y で表わすことにすれば，

$$\triangle = \frac{\partial^2}{\partial x^2}+\frac{\partial^2}{\partial y^2}$$

である．この x, y 平面を対応 $z=x+iy\ (i=\sqrt{-1})$ によって複素平面 $\boldsymbol{C}$ と同一視しよう．x, y 平面の領域 Ω もこの同一視によって $\boldsymbol{C}$ の領域とみなされる．いま，$\boldsymbol{C}$ のある領域 Ω において z の**正則関数** $w=f(z)$ が与えられたとする．本講座"複素解析"で学んだように，w の実数部分 u，虚数部分 v は x, y の関数として，Ω において **Cauchy-Riemann の微分方程式**

$$\begin{cases} u_x = v_y, \\ u_y = -v_x \end{cases} \tag{3.12}$$

を満足する．これから，$\triangle u=0$ および $\triangle v=0$ が成り立つことがただちにわかる．すなわち，$z=x+iy$ の正則関数の実数部分および虚数部分は x, y の調和関数である．

たとえば，$\mathrm{Re}\, z^2=x^2-y^2$，$\mathrm{Im}\, z^2=2xy$，$\mathrm{Re}\, e^z=e^x\cos y$，$\mathrm{Im}\, e^z=e^x\sin y$ などは，全平面で調和である．一般に，多項式で表わされる調和関数を**調和多項式**というが，2次元の調和多項式は

$$\begin{cases} p_n = \mathrm{Re}\, z^n = \mathrm{Re}\,(x+iy)^n, \\ q_n = \mathrm{Im}\, z^n = \mathrm{Im}\,(x+iy)^n \end{cases} \qquad (n=0, 1, 2, \cdots) \tag{3.13}$$

の線型結合である．

x, y 平面に，極座標 r, θ を

$$x = r\cos\theta, \qquad y = r\sin\theta \tag{3.14}$$

によって導入すれば，

$$r = |z|, \qquad \theta = \arg z$$

である．このとき，上の n 次の調和多項式 p_n, q_n は

$$p_n = r^n \cos n\theta, \qquad q_n = r^n \sin n\theta$$

で表わされる．同様に，

$$r^{-n} \cos n\theta, \qquad r^{-n} \sin n\theta \qquad (n=1, 2, \cdots)$$

は，z^{-n} の実数部分，虚数部分に対応し，全平面から原点を除いた領域で調和である．さらに，$\log z$ の実数部分として，

$$\log r$$

も，原点のみを除いた平面で調和である．したがって，2次元の Laplace の方程式の**基本解**としてあとで登場する

$$\frac{1}{2\pi} \log \frac{1}{r} = -\frac{1}{2\pi} \log r$$

も $r \neq 0$ において調和である．以上の r, θ で表わされた調和関数が Laplace の方程式を満足することを直接検証するのには，$\triangle$ の極座標による表示（"解析入門"参照）

$$\begin{aligned} \triangle &= \frac{\partial^2}{\partial r^2} + \frac{1}{r}\frac{\partial}{\partial r} + \frac{1}{r^2}\frac{\partial^2}{\partial \theta^2} \\ &= \frac{1}{r}\frac{\partial}{\partial r}\left(r\frac{\partial}{\partial r}\right) + \frac{1}{r^2}\Lambda \end{aligned} \tag{3.15}$$

を用いればよい．Λ は $\partial^2/\partial\theta^2$ にすぎないが，S^1，すなわち，単位円周に対する **Laplace-Beltrami の微分作用素**になっている．

u が与えられた調和関数であるとき，v が (3.12) を満たすならば，v は u に**共役な調和関数**であるという．u に共役な調和関数 v は，(3.12) によって $\operatorname{grad} v$ が指定されるのであるから，局所的には付加定数を除いて定まる．また，たとえば，Ω が単連結であれば v は Ω 全体で付加定数を除いて定まる．その場合，$P_0 \in \Omega$ における v の値が指定されたとすれば，$P \in \Omega$ における v の値は

$$\begin{aligned} v(P) &= v(P_0) + \int_{P_0}^{P} (v_x dx + v_y dy) \\ &= v(P_0) + \int_{P_0}^{P} (-u_y dx + u_x dy) \end{aligned} \tag{3.16}$$

で与えられる．ただし，(3.16) における積分は Ω の中を通って P_0 から P にいたる任意の道に沿っての線積分である．

ここで，2次元の速度場に関係して，(3.16) の運動学的な意味を説明してお こ

う.

たとえば，容器の中の流体の運動を考えると，(ある瞬間において)容器内の各点での流体の速度がきまる．このように，ある領域 Ω の各点で速度ベクトル $\boldsymbol{q}$ が指定されたとき，Ω における**速度場** $\boldsymbol{q}$ が与えられたという．さらに，

$$\boldsymbol{q} = \operatorname{grad} \Phi \tag{3.17}$$

となるスカラー関数 Φ が存在するとき，Φ を $\boldsymbol{q}$ の**速度ポテンシャル**という．スカラー・ポテンシャルをもつ速度場は渦なしである．すなわち $\operatorname{rot} \boldsymbol{q}=0$ が成り立つ．これは $\operatorname{rot} \operatorname{grad}=0$ から明らかである．また，Φ が調和関数ならば，$\boldsymbol{q}$ は $\operatorname{div} \boldsymbol{q}=0$ を満足する．ここまでは，実は2次元でなく3次元の速度場に対しても成り立つ.

さて，2次元の速度場 $\boldsymbol{q}=(q_1, q_2)$ に対して

$$\frac{\partial \Psi}{\partial x} = -q_2, \qquad \frac{\partial \Psi}{\partial y} = q_1 \tag{3.18}$$

を満足するスカラー関数 Ψ を速度場 $\boldsymbol{q}$ の**流れの関数**という．Ψ が存在するためには，$\operatorname{div} \boldsymbol{q}=0$ が必要であることは明らかである．また，$\operatorname{div} \boldsymbol{q}=0$ ならば，少なくとも局所的には Ψ が定義できる．いま，Ω において与えられた速度場 $\boldsymbol{q}$ の流れの関数 Ψ が存在したとする．このとき，Ω の2点 P, P_0 における Ψ の値の差を Ω の中を通って P_0 から P にいたる道 $\widehat{P_0P}$ に沿っての線積分で表わすと (図3.2),

$$\Psi(P) - \Psi(P_0) = \int_{P_0}^{P} \left(\frac{\partial \Psi}{\partial x} dx + \frac{\partial \Psi}{\partial y} dy \right)$$
$$= \int_{P_0}^{P} (-q_2 dx + q_1 dy).$$

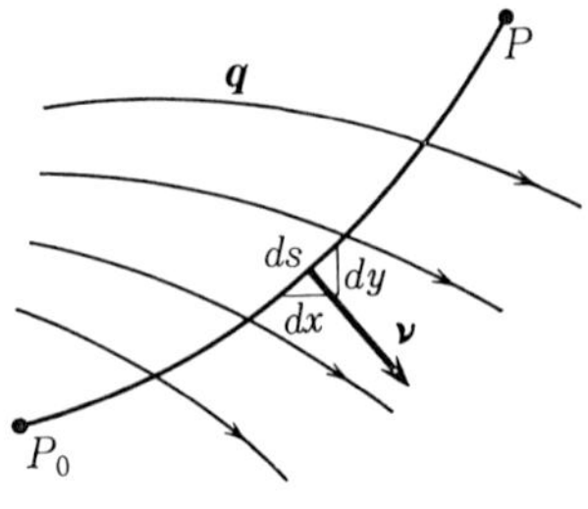

図3.2

ところで，P_0 から測った道 $\widehat{P_0P}$ の弧長を s，道の各点で進行方向の右側にとった単位法線ベクトルを $\boldsymbol{\nu}=(\nu_1, \nu_2)$ とすれば，

$$dy = \nu_1 ds, \qquad dx = -\nu_2 ds$$

が成り立つから

$$\Psi(P)-\Psi(P_0) = \int_{P_0}^{P}(q_1\nu_1+q_2\nu_2)\,ds = \int_{P_0}^{P}\boldsymbol{q}\cdot\boldsymbol{\nu}\,ds$$

が得られる．最後の積分を見ると，$\Psi(P)-\Psi(P_0)$ は，道 $\widehat{P_0P_1}$ を横切って流れる流量に等しいことがわかる．

結局，調和関数 u に共役な調和関数 v は，u を速度ポテンシャルとする速度場 $\mathrm{grad}\,u$ の流れの関数であって，

$$v(P)-v(P_0) = \int_{P_0}^{P}(\mathrm{grad}\,u)\cdot\boldsymbol{\nu}\,ds \tag{3.19}$$

が成り立つ．

b) 3次元の調和関数

空間の直角座標を $x=(x_1, x_2, x_3)$ で表わす．まず，

$$\frac{1}{|x|} = \frac{1}{\sqrt{x_1{}^2+x_2{}^2+x_3{}^2}} \tag{3.20}$$

が，$x\neq 0$ において調和であることを検証しよう．実は，この目的だけのためならば，

$$x_1 = r\sin\theta\cos\varphi, \qquad x_2 = r\sin\theta\sin\varphi, \qquad x_3 = r\cos\theta$$

で定められる極座標 r, θ, φ を導入し，これらによって $\triangle$ を表示する公式（"解析入門" 参照）

$$\triangle = \frac{1}{r^2}\frac{\partial}{\partial r}\left(r^2\frac{\partial}{\partial r}\right)+\frac{1}{r^2}\Lambda \tag{3.21}$$

を用いれば簡単である．ただし，$\Lambda=\Lambda_{\theta,\varphi}$ は単位球面 S^2 の Laplace-Beltrami の微分作用素で，

$$\Lambda_{\theta,\varphi} = \frac{1}{\sin\theta}\frac{\partial}{\partial\theta}\left(\sin\theta\frac{\partial}{\partial\theta}\right)+\frac{1}{\sin^2\theta}\frac{\partial^2}{\partial\varphi^2} \tag{3.22}$$

で与えられる．実際，$|x|=r$ であるから

$$\triangle\frac{1}{|x|} = \frac{1}{r^2}\frac{\partial}{\partial r}\left(r^2\frac{\partial}{\partial r}\frac{1}{r}\right) = \frac{1}{r^2}\frac{\partial}{\partial r}(-1) = 0$$

がただちに出る．しかし，あとで必要になるので，直角座標についての計算を実行しておこう．$x \neq 0$ では

$$\frac{\partial}{\partial x_j}\frac{1}{|x|} = -\frac{x_j}{|x|^3} \qquad (j=1,2,3), \tag{3.23}$$

$$\frac{\partial^2}{\partial x_k \partial x_j}\frac{1}{|x|} = -\frac{\delta_{jk}}{|x|^3}+3\frac{x_j x_k}{|x|^5} \qquad (j,k=1,2,3) \tag{3.24}$$

が成り立つ．ただし，δ_{jk} は Kronecker のデルタ記号である ($\delta_{jk}=0$ $(j \neq k)$, $\delta_{jk}=1$ $(j=k)$)．よって

$$\triangle\frac{1}{|x|} = -\frac{1}{|x|^3}\sum_{j=1}^{3}1+3\frac{1}{|x|^5}\sum_{j=1}^{3}{x_j}^2 = 0$$

が確かめられた．

同様に，$a \in \boldsymbol{R}^3$ を固定するとき

$$\frac{1}{r_a} = \frac{1}{|x-a|}$$

は，$x \neq a$ において調和である．

ここで，**点電荷**による**静電ポテンシャル**にふれておこう．

いま点電荷 q_0 が原点におかれているとする．Coulomb の法則によれば，単位系を適当にとるとき，この点電荷がまわりにつくる静電場 $\boldsymbol{E}$ は

$$\boldsymbol{E} = \frac{q_0}{|x|^2}\frac{x}{|x|}$$

である (逆自乗の法則)．この $\boldsymbol{E}$ は，スカラー関数

$$\varphi_0 = \frac{q_0}{|x|}$$

を用いると，$\boldsymbol{E}=-\mathrm{grad}\,\varphi_0$ で与えられる．そうして φ_0 は静電場 $\boldsymbol{E}$ のポテンシャルとよばれる．$\varphi_0(x)$ の直接的な意味は，静電場 $\boldsymbol{E}$ に抗して，単位電荷を無限遠から点 x まで移動させるのに要する仕事である．

空間の点 a_i $(i=1,2,\cdots,l)$ に点電荷 q_i がそれぞれおかれている場合の静電場のポテンシャルは

$$\varphi = \sum_{i=1}^{l}\frac{q_i}{|x-a_i|}$$

で与えられる．このポテンシャル φ は電荷の存在する点 $a_1,\cdots,a_l$ を除いた全空

間で調和である．

さらに，電荷が空間のある領域 V に密度 $f(x)$ で分布しているときの静電ポテンシャルは

$$\int_V \frac{1}{|x-\xi|} f(\xi)\, d\xi$$

で与えられる．このポテンシャルは，（f が可積分ならば），V から離れた点では調和である．

また，領域 V を導体が占め，そのまわりが真空であるとき，導体に電荷 Q を与えてしばらく待てば，定常状態となって静電場ができる．このとき，V の内部には電荷は存在しない．なぜならば，導体内では電荷は自由に動き得るので，中和できるかぎりの電荷は中和してしまい，残りの電荷は同符号であるために互いの斥力によって導体の表面に押しつけられてしまうからである．このように，ある曲面上にのみ電荷が薄い層をなして分布する場合がある．一般に，曲面 S の上に面密度 ρ_1 で電荷が分布した場合の静電ポテンシャルは

$$\int_S \frac{\rho_1(\xi)}{|x-\xi|} dS_\xi$$

で与えられ，**1重層ポテンシャル**とよばれる．1重層ポテンシャルはその**台** S を除いた領域で調和である．

さて，$1/|x|$ が $x \neq 0$ で調和であるから，

$$\psi_1(x) = -\frac{\partial}{\partial x_1}\frac{1}{|x|} \tag{3.25}$$

も $x \neq 0$ で調和である．ψ_1 は2点 $(-\varepsilon, 0, 0)$，$(\varepsilon, 0, 0)$ にそれぞれ点電荷 $-1/2\varepsilon$，$1/2\varepsilon$ をおいたときの静電ポテンシャル

$$\varphi_\varepsilon = \frac{1}{2\varepsilon}\left(\frac{1}{|x-\varepsilon \boldsymbol{e}_1|} - \frac{1}{|x+\varepsilon \boldsymbol{e}_1|}\right)$$

（ただし $\boldsymbol{e}_1 = (1, 0, 0)$）の $\varepsilon \downarrow 0$ に際しての極限とみなすことができる（図3.3）．この意味で，ψ_1 は x_1 軸を軸として原点におかれた**2重極**（**双極子**，dipole）のポテンシャルとよばれる．一般に，$\boldsymbol{\nu}$ を単位ベクトル，m を定数とするとき，

$$-m\frac{\partial}{\partial \boldsymbol{\nu}}\frac{1}{|x|} = -m \,\mathrm{grad}\left(\frac{1}{|x|}\right)\cdot \boldsymbol{\nu}$$

は，原点におかれた2重極のポテンシャルで，$\boldsymbol{\nu}$ の方向の**軸**をもち，**モーメント**

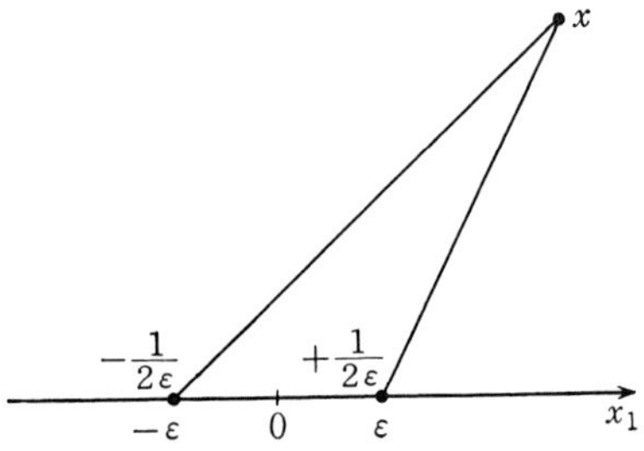

図 3.3

が $\boldsymbol{m}$ であるという.

場合によっては，ある曲面 S 上に2重極が分布することがある．たとえば，

$$\int_S \frac{\partial}{\partial n_\xi}\left(\frac{1}{|x-\xi|}\right)\rho_2(\xi)\,dS_\xi$$

は，S 上に密度 ρ_2 で分布した**2重層ポテンシャル**とよばれる．これは S 上の各点 ξ に法線 $\boldsymbol{n}$ を軸とする2重極がモーメントについての密度 ρ_2 で分布した場合の静電ポテンシャルを表わしている．2重層ポテンシャルも，その台 S を除いた領域で調和である．

3次元の場合の調和多項式などについては，長くなったので別の節で扱うことにする．

§3.3　境界値問題の解の一意性

Ω を有界領域とする．Ω における内部 Dirichlet 問題 (3.1), (3.2) の解の一意性を示そう．それには

$$\triangle w = 0 \qquad (x \in \Omega), \tag{3.26}$$

$$w|_{\partial\Omega} = 0 \tag{3.27}$$

の解が $w\equiv 0$ に限ることを示せば十分である．やや形式的には，(3.26) の両辺と w との内積 (L_2 内積) をつくり，(3.27) を考慮しながら Green の公式を用いると，

$$(\triangle w, w) = -\int_\Omega |\nabla w|^2 dx = 0$$

となる．これから $\nabla w\equiv 0$, したがって $w=$定数 である．ここでもう一度 (3.27)

を考慮すれば，$w\equiv 0$ が得られる．この論法の正当化も Sobolev 空間の概念を用いて解を定義しなおすこと（本講座“関数解析 I”参照）により可能であるが，ここでは熱方程式の場合と同様に，最大値の原理による証明法を採用することにする．

定理 3.1（調和関数の最大値の原理） Ω を有界領域とし，$S=\partial\Omega$ とおく．$u\in C^2(\Omega)\cap C(\bar{\Omega})$ が Ω で調和ならば，

$$\max_{x\in\bar{\Omega}} u(x) = \max_{x\in S} u(x), \tag{3.28}$$

$$\min_{x\in\bar{\Omega}} u(x) = \min_{x\in S} u(x). \tag{3.29}$$

すなわち，有界閉領域における調和関数の最大値と最小値は，その境界値によって到達される．——

この定理の数学的な証明に入るまえに，定理の直観的な意味を，温度の定常分布にあてはめて解釈しておこう．すなわち，調和関数 u は，境界の温度を時間的に不変に保ったとき現われる定常状態の温度分布であるとみなすことができる．そうだとすれば，導体の内部のある 1 点における温度が境界のどの点の温度より高いということは考えにくい．熱は“高きより低きに流れる”はずであって，その窮極的な状態である定常状態では，内点において（強い意味での）最高温度が実現していることはないからである．

なお，定理 3.1 は u の $\bar{\Omega}$ での最大値・最小値が境界上だけに現われるとまでは主張していない．実際は，u が定数の場合を除けば，最大値も最小値も境界上においてのみ到達されるのである．この事実を数学的に述べたものが**強い意味の最大値の原理**であって，§4.2 において証明される．

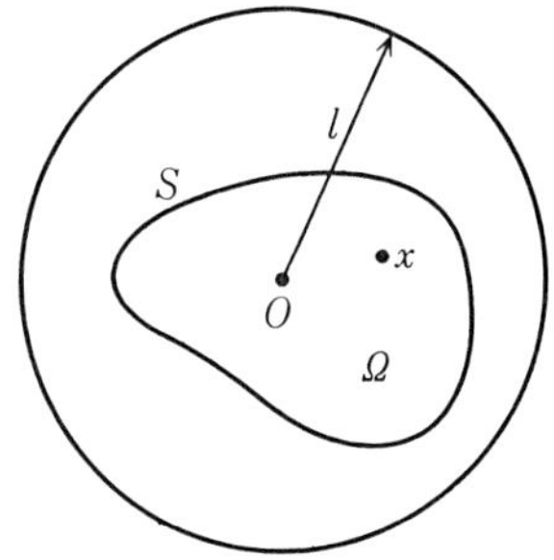

図 3.4

定理 3.1 の証明　u のかわりに $-u$ を考えることにより (3.29) は (3.28) に帰着する．それゆえ，(3.28) を証明する．一般性を失うことなく，原点 O が Ω に属すると仮定してよい．正数 l を十分大きくとり，原点を中心とし半径が l の球の内部に Ω が含まれるようにする (図 3.4)．また，次元が 3 の場合についての計算を示すことにする．

さて，ε を任意の正数として，補助関数 v を

$$v = u-\max_{x\in S} u(x)+\varepsilon(|x|^2-l^2) \tag{3.30}$$

によって定義する．$x\in\bar{\Omega}$ に対しては，$|x|\leqq l$ であるから，(3.30) の右辺の第 3 項は正にならない．したがって，v は境界 S 上で正にならない．よって，もし v が $\bar{\Omega}$ で正の値をとり得るものとすれば，それは Ω の点においてのみである．しかし，このことは不可能である．なぜならば，v が正の値をとり得るとすれば，v は Ω のある点 P_0 において正の最大値をとる．このとき，P_0 においては

$$\triangle v \leqq 0 \tag{3.31}$$

が成り立つはずである．ところが，(3.30) から $\triangle v$ を計算すれば

$$\triangle v = \triangle u+\varepsilon\triangle|x|^2 = 0+6\varepsilon = 6\varepsilon > 0 \tag{3.32}$$

となり，(3.31) と矛盾する．

こうして，$v(x)\leqq 0$ $(x\in\bar{\Omega})$ が示された．ゆえに

$$u(x) \leqq -\varepsilon(|x|^2-l^2)+\max_{x\in S} u(x). \tag{3.33}$$

ここで $\varepsilon\downarrow 0$ ならしめれば，

$$u(x) \leqq \max_{x\in S} u(x) \qquad (x\in\bar{\Omega})$$

が得られるから，(3.28) が成り立つ．∎

定理 3.1 の系として，目標とした解の一意性が得られる．

定理 3.2 (内部 Dirichlet 問題の解の一意性)　Laplace の方程式あるいは Poisson の方程式の内部 Dirichlet 問題の解は一意である．——

外部 Dirichlet 問題についても，無限遠の境界条件が，たとえば (3.6) の形で課されているならば，解は一意である．実際，図 3.5 の S の外部問題において

$$\begin{cases} \triangle w = 0, \\ w|_S = 0, \\ w(x) \longrightarrow 0 \quad (|x|\to+\infty) \end{cases}$$

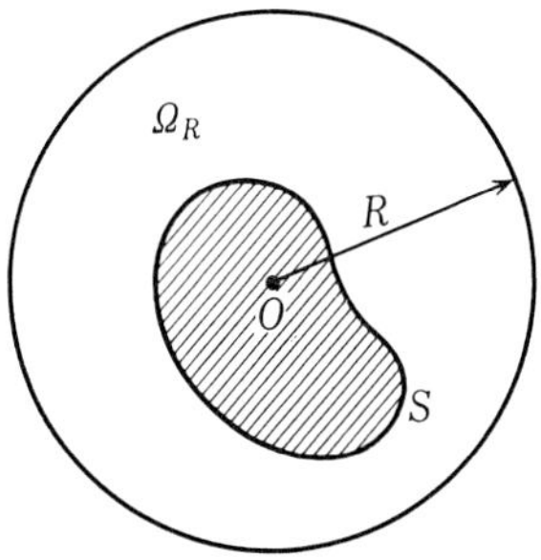

図 3.5

が成り立つならば $w(x)\equiv 0$ であることがつぎのようにして示される．R を十分大きな正のパラメータとして

$$\Omega_R = \{x \in \Omega \mid |x| \leqq R\},$$
$$\gamma_R = \max_{|x|=R} |w(x)|$$

とおけば，Ω_R に最大値の原理（定理 3.1）を適用することにより，

$$|w(x)| \leqq \gamma_R \qquad (x \in \Omega_R) \tag{3.34}$$

が得られる．(3.34) で x を固定し $R\to+\infty$ ならしめれば，(3.6) によって $\gamma_R\to 0$ であるから，$w(x)=0$ が得られる．

こうしてつぎの定理が成り立つ．

定理 3.3（外部 Dirichlet 問題の解の一意性）　Laplace の方程式，あるいは Poisson の方程式の外部 Dirichlet 問題の解は一意である．——

最大値の原理から，解の一意性のみならず解の**安定性**あるいは解のデータに対する**連続依存性**が導かれることも，熱方程式の初期値問題の場合と同様である．たとえば，Ω を有界領域とするとき，

$$\begin{cases} \triangle u = 0 & (x \in \Omega), \\ u|_{\partial\Omega} = \beta(x) & (x \in S=\partial\Omega) \end{cases}$$

の解 u が

$$\|u\|_{C(\bar{\Omega})} \leqq \|\beta\|_{C(S)}$$

の意味で安定であることは定理 3.1 から明らかである．ただし，

$$\|u\|_{C(\bar{\Omega})} = \max_{x\in\bar{\Omega}} |u(x)|, \qquad \|\beta\|_{C(S)} = \max_{x\in S} |\beta(x)|$$

である．さらに，上の境界値問題において，β を二つの異なる関数 β_1, β_2 にとっ

たときの解をそれぞれ u_1, u_2 とすれば,

$$\|u_1-u_2\|_{C(\bar{\Omega})} \leqq \|\beta_1-\beta_2\|_{C(S)}$$

が成り立つ. この意味で, Dirichlet 問題の解は与えられたデータに連続に依存している.

さらに, Dirichlet 問題の解について**正値保存性**と**順序保存性**が得られることも熱方程式の場合と同様である(章末の問題1).

Neumann 問題(3.1), (3.5)の解の一意性は微妙である. まず Ω を有界領域, S をその境界としよう. すなわち,

$$(3.35)\qquad \begin{cases} \triangle u = 0 & (u \in \Omega), \\ \dfrac{\partial u}{\partial n} = \gamma(x) & (x \in S = \partial\Omega) \end{cases}$$

を考え, 解 u の微分可能性に関しては $u \in C^2(\Omega) \cap C^1(\bar{\Omega})$ を仮定する. このような解 u が存在したとすれば, 補題3.1により

$$(3.36)\qquad \int_S \gamma(x)\, dS = 0$$

でなければならない. すなわち, (3.36)は Neumann 問題(3.35)の解が存在するための必要条件である. S や γ のある程度の滑らかさの仮定のもとでは, この条件(3.36)は解 u が存在するための十分条件なのであるが, いまはそこまでは立ち入らない. ただつぎのことを注意しておこう. 温度分布のモデルで考えれば, 1次元の場合について§2.2で述べたことであるが, 条件(3.36)の左辺の積分は単位時間に境界を通じて Ω に流入する熱量に比例している. したがって, たとえば(3.36)の左辺が正ならば, Ω の温度はかぎりなく上昇してしまい, 定常状態に到達しない. このように, Neumann 問題の解が存在するための条件として(3.36)が課されることは, 温度分布のモデルから考えて自然なことである.

つぎに, Neumann 問題(3.35)の解の一意性を吟味しよう. 解が一意でないことは, u が解であるとしたときそれに任意の定数を付加してもやはり解になっていることから明らかである. また, 解の不定さが付加定数のみであることは, つぎのようにしてわかる. いま, 同じ γ に対する二つの解 u_1, u_2 があったとして, その差を w とおけば

$$\begin{cases} \triangle w = 0, \\ \dfrac{\partial w}{\partial n} = 0. \end{cases}$$

これから，やや形式的な計算により

$$0 = -\int_\Omega \triangle w \cdot w dx = -\int_S \frac{\partial w}{\partial n} w dS + \int_\Omega |\nabla w|^2 dx = \int_\Omega |\nabla w|^2 dx$$

が得られる．厳密には，Ω を内部へ縮めた領域についてこの計算を行なっておいてから極限をとればよい．こうして

$$\|\nabla w\|_{L_2(\Omega)} = 0.$$

したがって $\nabla w(x) \equiv 0$，すなわち $w(x) =$ 定数 となり，解の不定さは付加定数のみであることがわかる．

Ω が有界領域の外部である場合，すなわち，外部 Neumann 問題の解の存在に対しては，(3.36) は必要ではない．たとえば，図 3.6 のように $\Omega = \{x \mid |x| > 1\}$，$S = \{x \mid |x| = 1\}$ の場合に

$$u(x) = \frac{1}{|x|} \qquad (x \in \Omega)$$

とおけば，u は Ω において調和であり，S 上においては

$$\frac{\partial}{\partial n} u = -\frac{\partial}{\partial r}\frac{1}{r} = \frac{1}{r^2} = 1$$

が成り立つ．ただし，$r = |x|$．すなわち，u は $\gamma \equiv 1$ とした境界条件を満足している．

実は，無限遠での境界条件が

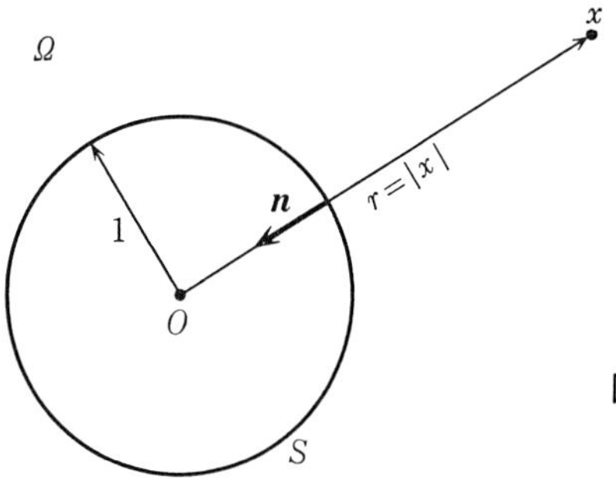

図 3.6

$$u(x) \longrightarrow 0 \quad (|x| \to +\infty)$$

の形で課されるならば，外部 Neumann 問題の解は一意に存在するのである．これらの証明に関してはあとでふれることにして，結果だけを書いておこう．

定理 3.4 (Neumann 問題の解の一意性)　Laplace の方程式の内部 Neumann 問題の解は付加定数を除いて一意である．一方，Laplace の方程式の外部 Neumann 問題の解は一意である．——

最後に，Laplace の方程式をやや一般化した **2 階楕円型方程式**

$$Lu = 0 \qquad (x \in \Omega \subset \boldsymbol{R}^m), \tag{3.37}$$

ただし

$$Lu = \sum_{i,j=1}^{m} a_{ij}(x)\frac{\partial^2 u}{\partial x_i \partial x_j} + \sum_{j=1}^{m} b_j(x)\frac{\partial u}{\partial x_j} + c(x)u, \tag{3.38}$$

に関する最大値の原理についてふれておこう．微分作用素 L の実係数 a_{ij}, b_j, c は考える有界閉領域 $\bar{\Omega}$ において連続であると仮定する．さらに，各点 $x \in \bar{\Omega}$ において $m \times m$ 行列 $(a_{ij}(x))$ は正値な対称行列であるとする．これが L に関する楕円型の仮定である (本講座 "定数係数線型偏微分方程式" 参照)．(3.37) の解としては，Laplace の方程式の場合と同様に $u \in C^2(\Omega) \cap C^1(\bar{\Omega})$ を満たすものを考える．そうすると，解の正値性に関するつぎの定理が成り立つ．

定理 3.5　上記の L に関して，さらに

$$c(x) < 0 \qquad (x \in \Omega) \tag{3.39}$$

を仮定する．Ω は有界であって，u は (3.37) の解であるとする．このとき，もし

$$u|_{\partial\Omega} \geqq 0$$

ならば，

$$u(x) \geqq 0 \qquad (x \in \bar{\Omega})$$

である．すなわち，境界値の正値性が Ω の内部での解の正値性を保証する．

証明　背理法によって証明する．u が負になり得るものとすれば，u は Ω のある点 $x = x_0$ において負の最小値をとる．いま (3.37) を

$$\sum_{i,j=1}^{m} a_{ij}(x)\frac{\partial^2 u}{\partial x_i \partial x_j} + \sum_{j=1}^{m} b_j(x)\frac{\partial u}{\partial x_j} = -c(x)u \tag{3.40}$$

と書き，点 x_0 における両辺の値を考える．右辺は (3.39) により負である．左辺

は，最小値をとる点 x_0 において

$$\left.\frac{\partial u}{\partial x_j}\right|_{x=x_0}=0 \qquad (j=1,2,\cdots,m)$$

が成り立つことにより

$$J\equiv\sum_{i,j=1}^{m}a_{ij}(x_0)\left.\frac{\partial^2 u}{\partial x_i\partial x_j}\right|_{x=x_0}$$

に等しい．ところが，$J\geqq 0$ であることがつぎのようにしてわかる．$A=(a_{ij}(x_0))$ が正値の $m\times m$ 行列であることにより，A の固有値を $\lambda_1,\lambda_2,\cdots,\lambda_m$ とおけば，こちらはすべて正であって，適当な直交行列 $T=(\gamma_{ij})$ を用いると，A は

$$T'AT=(\lambda_i\delta_{ij})$$

のように対角化される．ただし，T' は T の転置行列，δ_{ij} は Kronecker の記号である．さて，座標変換 $x\mapsto\xi$ を，$x=T\xi$，すなわち $\xi=T'x$ によって行なう：

$$\xi_k=\sum_{i=1}^{m}t_{ik}x_i.$$

そうすると

$$\frac{\partial u}{\partial x_i}=\sum_{k=1}^{m}\frac{\partial u}{\partial\xi_k}\frac{\partial\xi_k}{\partial x_i}=\sum_{k=1}^{m}t_{ik}\frac{\partial u}{\partial\xi_k},$$

$$\frac{\partial^2 u}{\partial x_j\partial x_i}=\sum_{k=1}^{m}t_{ik}\left(\sum_{l=1}^{m}\frac{\partial^2 u}{\partial\xi_l\partial\xi_k}\frac{\partial\xi_l}{\partial x_j}\right)$$

$$=\sum_{k,l=1}^{m}t_{ik}t_{jl}\frac{\partial^2 u}{\partial\xi_l\partial\xi_k},$$

$$\therefore\quad J=\sum_{i,j,k,l=1}^{m}a_{ij}(x_0)t_{ik}t_{jl}\left.\frac{\partial^2 u}{\partial\xi_l\partial\xi_k}\right|_{x=x_0}=\sum_{k,l=1}^{m}(T'AT)_{lk}\left.\frac{\partial^2 u}{\partial\xi_l\partial\xi_k}\right|_{x=x_0}$$

$$=\sum_{k=1}^{m}\lambda_k\left.\frac{\partial^2 u}{\partial{\xi_k}^2}\right|_{x=x_0}$$

ところが，最小値をとる点 x_0 では，$\partial^2 u/\partial{\xi_k}^2\geqq 0$ が成り立つ．よって，$J\geqq 0$．こうして，点 x_0 において (3.40) の右辺は負，左辺は非負となり矛盾である．

ゆえに，$u(x)\geqq 0$ $(x\in\Omega)$ である．▮

上の定理 3.5 は仮定 (3.39) を弱めて

(3.41) $$c(x)\leqq 0$$

としても成り立つ．しかし，その証明は，やや手のこんだ補助関数の導入を必要

とするので，ここでは割愛する．(とくに興味のある読者は本講末尾の文献により理解されたい.)　また，$c(x)\equiv 0$ の場合には，正値性の保存だけでなく，最大値の原理を定理3.1の形に証明することができることを注意しておく．

なお，最大値の原理や正値性の保存は2階楕円型方程式特有のことであって，一般の高階の楕円型方程式では成り立たない．このことは，1次元の4階楕円型方程式

$$\frac{d^4}{dx^4}u=0$$

を区間 $|x|<1$ で考えたとき，$u=x^3-x$ は境界で0となる解であるが，内部で正の最大値および負の最小値をとることからも納得されよう．

§3.4 Laplaceの方程式の基本解

3次元空間 $\boldsymbol{R}^3$ における Laplace の方程式の解，すなわち，調和関数の例として

$$e_a(x)=\frac{1}{|x-a|}\qquad (x\neq a,\ a\in \boldsymbol{R}^3) \tag{3.42}$$

が重要であることは§3.2の説明から明らかであろう．たとえば，$\boldsymbol{R}^3$ のある領域 Ω における調和関数 u が静電ポテンシャルとして実現するものであるならば，u は Ω の境界あるいは外部に分布した電荷の重ね合せ(のある極限)によってつくられるはずである．実際，2重極をもそのような極限の一種と考えるならば，この予想は正しいのである．いいかえれば，(3.42) の e_a を a に関して適当な重みで重ね合せる(積分する)ことにより u を表示することができるのである．このような事情を数学的に検討していこう．

超関数の言葉(本講座“解析入門”または“定数係数線型偏微分方程式”参照)を用いれば，上の $e_a(x)$ の最も重要な性質は

$$\triangle_x\frac{1}{|x-a|}=-4\pi\delta(x-a) \tag{3.43}$$

で表わされる．ここでは，(3.43) に相当した事実を初等的に導いていくことにする．

後の便宜のため，$x, y\in \boldsymbol{R}^3$ に対して

$$r_{xy} = |x-y|$$

と書くことにする．以下ではしばらく r_{xy} をむしろ y の関数として計算することが多い．たとえば

$$\triangle_y \frac{1}{r_{xy}} = 0 \qquad (y \neq x)$$

である．

さて，S を $\boldsymbol{R}^3$ の中の滑らかな単純閉曲面とする (図 3.7)．S の内部を Ω で表わす．u を $\bar{\Omega}=\Omega\cup S$ における C^2 級の関数，x を Ω の点とすれば，つぎの公式が成り立つ：

$$(3.44) \qquad 4\pi u(x) = -\int_\Omega \frac{1}{r_{xy}} \triangle u(y)\,dy + \int_S \frac{1}{r_{xy}} \frac{\partial u(y)}{\partial n_y} dS_y - \int_S \frac{\partial}{\partial n_y}\left(\frac{1}{r_{xy}}\right) u(y)\,dS_y.$$

もし $x \in S$ ならば，(3.44) の左辺を $2\pi u(x)$ でおきかえた式が成立し，さらにまた x が S の外部の点ならば，(3.44) の左辺を 0 でおきかえた式が成り立つ．

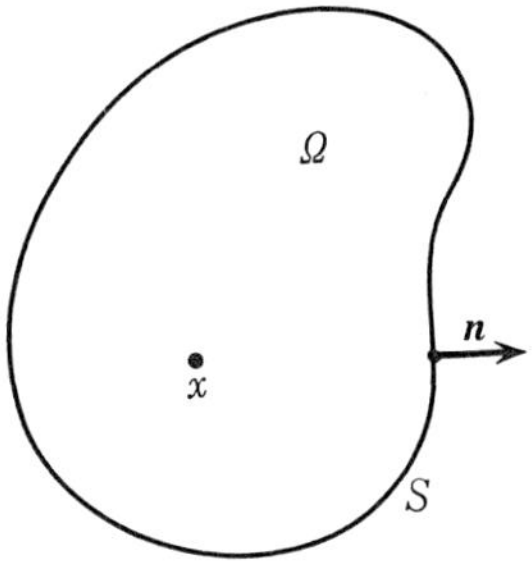

図 3.7

とくに，u が Ω で調和ならば

$$(3.45) \qquad 4\pi u(x) = \int_S \frac{1}{r_{xy}} \frac{\partial u(y)}{\partial n_y} dS_y - \int_S \frac{\partial}{\partial n_y}\left(\frac{1}{r_{xy}}\right) u(y)\,dS_y$$

が成り立つ．

(3.44) を証明しよう．一般性を失うことなく，$x=0$ と仮定することができる．そして，$r_{xy}=r_{0y}=|y|$ を単に r と書くことにする．ε を十分小さな正数とし，球面

$$\sigma_\varepsilon = \{y \mid |y|=\varepsilon\}$$

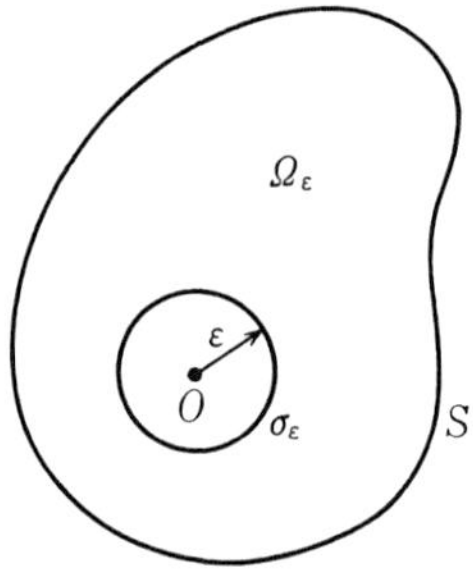

図 3.8

およびその内部を Ω から取り去った領域を Ω_ε とおく (図 3.8). すなわち, $\Omega_\varepsilon = \{y \in \Omega \mid |y| > \varepsilon\}$.

Green の積分公式 (3.10) を $V = \Omega_\varepsilon$, $u = u$, $v = 1/r$ に対して適用すれば, Ω_ε では v は調和であるから

$$-\int_{\Omega_\varepsilon} \frac{1}{r} \triangle u dy = \int_{S \cup \sigma_\varepsilon} \left\{ u \frac{\partial}{\partial n_y}\left(\frac{1}{r}\right) - \frac{1}{r} \frac{\partial u}{\partial n_y} \right\} dS_y \tag{3.46}$$

が成り立つ. $\varepsilon \downarrow 0$ ならしめると, (3.46) の左辺は明らかに

$$-\int_{\Omega} \frac{1}{r} \triangle u dy$$

に収束する. 右辺の面積分のうちで, 積分が S 上で実行されているものは ε によらない. σ_ε 上での積分

$$I_\varepsilon = \int_{\sigma_\varepsilon} u \frac{\partial}{\partial n_y}\left(\frac{1}{r}\right) dS_y, \qquad J_\varepsilon = \int_{\sigma_\varepsilon} \frac{1}{r} \frac{\partial u}{\partial n_y} dS_y$$

を吟味する. まず σ_ε 上では

$$\frac{\partial}{\partial n_y} = -\frac{\partial}{\partial |y|} = -\frac{\partial}{\partial r}$$

であることと, $|y| = \varepsilon$ であることから

$$I_\varepsilon = \int_{\sigma_\varepsilon} u(y)\left(-\frac{\partial}{\partial r}\frac{1}{r}\right) dS_y = \int_{\sigma_\varepsilon} u(y) \frac{1}{\varepsilon^2} dS_y$$

$$= 4\pi \left(\frac{1}{4\pi\varepsilon^2} \int_{\sigma_\varepsilon} u(y) dS_y \right)$$

と書ける. 上式最右辺の ( ) 内は球面 σ_ε 上における u の平均値になっている. したがって, u の連続性により ( ) 内の積分は $\varepsilon \downarrow 0$ のとき $u(0)$ に収束する. す

なわち,

(3.47) $$I_\varepsilon \longrightarrow 4\pi u(0) \quad (\varepsilon \downarrow 0).$$

一方,

(3.48) $$J_\varepsilon \longrightarrow 0 \quad (\varepsilon \downarrow 0)$$

であることがつぎのようにしてわかる. u の1階導関数は原点の近傍で有界である. すなわち, $\varepsilon_0>0$ を固定すれば, $\varepsilon<\varepsilon_0$ であるかぎり

$$\left|\frac{\partial u}{\partial n_y}\right| \leqq M \qquad (\sigma_\varepsilon \text{ 上で})$$

が成り立つような, ε によらない定数 M が存在する. この M を用いれば

$$|J_\varepsilon| = \frac{1}{\varepsilon}\left|\int_{\sigma_\varepsilon}\frac{\partial u}{\partial n_y}dS_y\right| \leqq \frac{1}{\varepsilon}M\cdot 4\pi\varepsilon^2 = 4\pi M\varepsilon$$

が得られ, (3.48) がわかる. こうして (3.46) から

$$-\int_\Omega \frac{1}{r}\triangle u dy = \int_S\left\{u\frac{\partial}{\partial n_y}\left(\frac{1}{r}\right)-\frac{1}{r}\frac{\partial u}{\partial n_y}\right\}dS_y+4\pi u(0)$$

が得られるが, これが (3.44) の $x=0$ の場合と同値であることは明らかである.

$x\notin\bar{\Omega}$ のときに (3.44) が左辺を 0 として成立することを見るには, Ω 自体に直接 Green の公式を適用し, (3.46) の左辺の Ω_ε を Ω で, 右辺の $S\cup\sigma_\varepsilon$ を S でおきかえた式が成立することを見ればよい.

$x\in S$ のときに (3.44) が左辺を $2\pi u(x)$ として成立することを示そう. やはり $x=0$ と仮定する. 0 が内点であったときと同じ計算を実行するわけであるが,

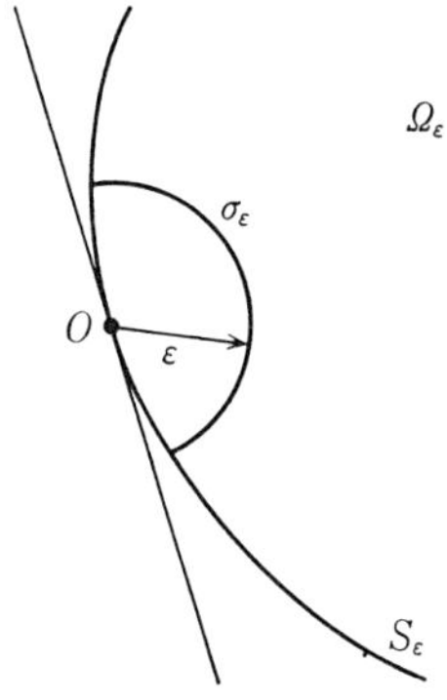

図 3.9

今回は

$$\sigma_\varepsilon = \{y \mid |y|=\varepsilon,\ y \in \bar{\Omega}\}$$

と修正し，かつ

$$S_\varepsilon = \{y \in S \mid |y| \geqq \varepsilon\}$$

と記号を定める(図3.9)．そうすると，Ω_ε の定義は以前と同じであるとして

$$(3.49) \qquad -\int_{\Omega_\varepsilon} \frac{1}{r} \triangle u dy = \int_{S_\varepsilon \cup \sigma_\varepsilon} \left\{ u \frac{\partial}{\partial n_y}\left(\frac{1}{r}\right) - \frac{1}{r} \frac{\partial u}{\partial n_y} \right\} dS_y$$

が成り立つ．この両辺で $\varepsilon \downarrow 0$ としたときの極限値の計算は容易である．ただ，こんどは(3.47)のかわりに

$$I_\varepsilon \longrightarrow 2\pi u(0) \quad (\varepsilon \downarrow 0)$$

が得られる．これは，$|\sigma_\varepsilon|$ で σ_ε の表面積を表わすとき，

$$I_\varepsilon = \frac{1}{\varepsilon^2} \int_{\sigma_\varepsilon} u(y) dy = 2\pi \frac{|\sigma_\varepsilon|}{2\pi\varepsilon^2} \left(\frac{1}{|\sigma_\varepsilon|} \int_{\sigma_\varepsilon} u(y) dy \right)$$

と書けること，さらに，この最右辺の( )内は σ_ε 上の u の平均値を表わすことに注意すれば明らかである．実際，u の連続性により，( )内は $u(0)$ に収束し，かつ，$S=\partial\Omega$ の滑らかさの仮定のもとに σ_ε は0における接平面の片側(Ω 側)の半球に近づき，

$$\frac{|\sigma_\varepsilon|}{2\pi\varepsilon^2} \longrightarrow 1 \quad (\varepsilon \downarrow 0)$$

が成り立つからである．

(3.44)からただちに得られるいくつかの事実を指摘しておこう．まず，(3.44)における u として，とくに

$$\varphi \in C_0^\infty(\Omega)$$

をとる．($\varphi \in C_0^2(\Omega)$ としても同様である．) 念のためにいえば，$C_0^\infty(\Omega)$ は Ω で無限回微分可能な関数で，その台が Ω の中の有界閉集合になるものの全体である．すなわち，φ は Ω で滑らかであり，Ω の境界の近くでは恒等的に0である．したがって，(3.44)において $u=\varphi$ とおけば

$$(3.50) \qquad \varphi(x) = -\frac{1}{4\pi} \int_\Omega \frac{1}{r_{xy}} \triangle_y \varphi dy \qquad (\varphi \in C_0^\infty(\Omega))$$

が得られる．この事実は，超関数の意味で

$$(3.51)\qquad -\triangle_y \frac{1}{4\pi}\frac{1}{|x-y|} = \delta(x-y)$$

が成り立つことを示している．x, y に関する対称性により，(3.51) のかわりに

$$(3.52)\qquad -\triangle_x \frac{1}{4\pi}\frac{1}{|x-y|} = \delta(x-y)$$

としてもよい．さらに，(3.51), (3.52) は

$$(3.53)\qquad -\triangle \frac{1}{4\pi}\frac{1}{|x|} = \delta(x)$$

と同値でもある．

一般に，x を変数とする偏微分作用素 $L=L_x$ に対し

$$L_x e(x, y) = \delta(x-y)$$

を満足する x, y の関数 $e(x, y)$ を，**点 $\boldsymbol{y}$ を特異点とする $\boldsymbol{L}$ の基本解**，あるいは単に L の基本解という．L が定数係数のときは，

$$Le_0(x) = \delta(x)$$

を満足する $e_0(x)$ のことを **$\boldsymbol{L}$ の基本解**とよぶこともある．このときには，$e_0(x-y)$ が点 y を特異点とする L の基本解になっている．

上の用語法に従えば，つぎの定理が成り立つ．

定理 3.6 (Laplace の演算子の基本解)　3次元空間において

$$e_0(x) = \frac{1}{4\pi}\frac{1}{|x|}$$

は $-\triangle$ の基本解である．——

基本解は関数として一意にきまるわけではない．たとえば，上の $e_0(x)$ に任意の1次式をつけ加えたものも $-\triangle$ の基本解である．もっとも，無限遠における

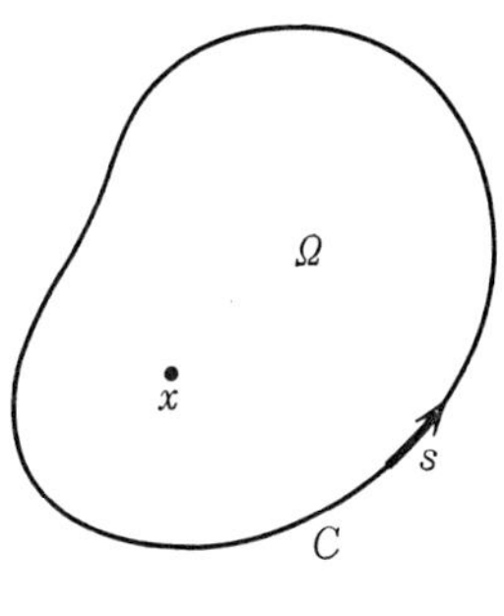

図 3.10

条件“$|x|\to+\infty$ のとき0になる”を課せば一意にきまる．

2次元の場合は，$(1/2\pi)\log(1/|x|)$ が $-\triangle$ の基本解である．このことの基礎となるつぎの積分表示も3次元の場合と同様にして証明される．Ω を2次元の有界領域とし，その境界 $C=\partial\Omega$ は滑らかな閉曲線をなしているものとする(図3.10)．このとき，$u\in C^2(\bar{\Omega})$ なる任意の関数 u に対して

$$R(x)=-\int_\Omega e_0(x-y)\triangle u(y)dy+\int_C e_0(x-y)\frac{\partial u(y)}{\partial n_y}ds_y-\int_C u(y)\frac{\partial}{\partial n_y}e_0(x-y)ds_y \tag{3.54}$$

とおく．ただし，

$$e_0(x)=\frac{1}{2\pi}\log\frac{1}{|x|} \tag{3.55}$$

であり，s は C に沿っての弧長である．そうすると

$$R(x)=\begin{cases} u(x) & (x\in\Omega), \\ u(x)/2 & (x\in\partial\Omega=C), \\ 0 & (x\notin\bar{\Omega}) \end{cases} \tag{3.56}$$

が成り立つ．(証明は読者の演習としよう．)

なお，$m\geqq 3$ である m 次元空間においては，$-\triangle$ の基本解として

$$\frac{1}{(m-2)|S^{m-1}|}\frac{1}{|x|^{m-2}} \tag{3.57}$$

をとることができるという事実だけを述べておこう．ただし，(3.57)において $|S^{m-1}|$ は m 次元空間内の単位球面 S^{m-1} の表面積である．

さて，3次元の場合にもどろう．積分表示(3.45)からただちにつぎの定理が得られる．

定理 3.7(調和関数の正則性)　任意の領域 Ω における調和関数 u は，Ω において無限回微分可能である．

証明　Ω における調和関数 u の微分可能性については，$u\in C^2(\Omega)$ は最初から仮定されている．Ω が有界でその境界が滑らかであり，さらに $u\in C^2(\bar{\Omega})$ が成り立っているときには，積分表示(3.45)を直接用いて考察する．このときには，

$$\frac{\partial}{\partial x_j}\int_{\partial\Omega}\frac{1}{r_{xy}}\frac{\partial u}{\partial n_y}dS_y=\int_{\partial\Omega}\frac{\partial}{\partial x_j}\left(\frac{1}{r_{xy}}\right)\frac{\partial u}{\partial n_y}dS_y$$

のように x についての微分を積分記号の内部で実行しても一向差支えがない. x が Ω の内部の閉集合にとどまり, $y \in \partial\Omega$ であるかぎり, r_{xy} は微分されたあとでも十分な連続性をもっているからである. もっと高階の微分についても同様である. また (3.45) の右辺の, 2 重層ポテンシャルで表わされる項についても同様である. こうして u が Ω において何回でも微分できることがわかる. Ω が有界でなかったり, u の境界までの C^2 性が保証されていないときは, Ω の内部に滑らかな境界で囲まれる有界な閉領域 K (たとえば閉球) をとり, その内部における C^∞ 性を上と同様にして証明し, そのあとで K の任意性に注意すればよい. ▮

なお, C^∞ 性よりさらにすすんでつぎの定理が成り立つことをつけ加えておこう (章末の問題 2).

定理 3.8 (調和関数の実解析性) 任意の領域 Ω における調和関数は Ω で実解析的である. ——

念のためにいえば, $u(x)$ が点 x_0 (の近傍) において実解析的であるとは, x_0 において u が $x-x_0$ の (多重) ベキ級数に展開されることである.

上の二つの定理は, 調和関数が極めて滑らかな関数であることを述べている. 調和関数のこの性質は, たとえば, 温度分布のモデルについていえば, "高きより低きに流れる" 熱流の平均化の結果として実現する定常状態においては, 温度分布は極めて滑らかな分布をもつはずであるという物理的な直観をうらづけるものである. また, 数学的な立場から見れば, この事実は L が滑らかな係数をもつ (たとえば定数係数の) 楕円型微分作用素であるとき, $Lu=0$ の解 u は滑らかな関数であるという楕円型微分方程式の解の正則性の定理の特別の場合である (本講座 "定数係数線型偏微分方程式" 参照).

さて, Ω を有界な領域, ρ を Ω で与えられた有界な連続関数として,

$$u(x) = \int_\Omega \frac{1}{r_{xy}} \rho(y)\, dy \qquad (x \in \boldsymbol{R}^3) \tag{3.58}$$

によって定義される関数 u の性質を調べよう. u は, 密度 ρ で Ω に分布した電荷のつくる静電場のポテンシャルであるとみなすこともできる. また, $\rho \geqq 0$ の場合には, 定数因数を除けば密度 ρ で Ω に分布した質量のつくる万有引力場のポテンシャルとみなすことができる. われわれは, ρ の符号の如何によらず, u

のことを密度 ρ をもつ Newton ポテンシャルとよぶことにしよう.

(3.58) で与えられる Newton ポテンシャル u の最も重要な性質は, ρ が然るべき連続性をそなえていれば, u が Poisson の方程式

$$\triangle u = -4\pi\rho \tag{3.59}$$

を満足するということである. ここで, 'ρ の然るべき連続性' の意味するところは, (3.59) の解釈次第である. たとえば, (3.59) を超関数の意味に解釈するのならば, ρ としてはコンパクトな台をもつ超関数であればよい (本講座 "解析入門" または "定数係数線型偏微分方程式" 参照).

ここでは, u が古典的な意味で (3.59) を満足する場合を考えよう. まず, つぎの定理を証明する.

定理 3.9 (Newton ポテンシャルと Poisson の方程式) Newton ポテンシャル (3.58) において, ρ が Ω で有界かつ C^1 級であるならば, $u \in C^2(\Omega)$ であって Poisson の方程式 (3.59) が成り立つ.

証明 まず, ρ の台が Ω の中のコンパクト集合になっている場合を考えれば十分であることを指摘しておこう. そうでない場合には, δ を十分小さな定数として, $\eta_\delta = \eta_\delta(x) \in C_0^\infty(\boldsymbol{R}^3)$ を

$$x \in K_{2\delta} = \{x \in \Omega \mid \mathrm{dis}(x, \partial\Omega) \geqq 2\delta\} \Longrightarrow \eta_\delta(x) \equiv 1,$$

$$x \notin K_\delta \Longrightarrow \eta_\delta(x) \equiv 0$$

を満足するようにつくる. そうして

$$\begin{aligned} u(x) &= \int_\Omega \frac{1}{r_{xy}} \eta_\delta(y)\rho(y)dy + \int_\Omega \frac{1}{r_{xy}}(1-\eta_\delta(y))\rho(y)dy \\ &\equiv u_\delta^1(x) + u_\delta^2(x) \end{aligned}$$

とおく. x が $K_{2\delta}$ に属するならば,

$$\triangle_x u_\delta^2(x) = \int_{\Omega \setminus K_{2\delta}} \triangle_x \frac{1}{r_{xy}}(1-\eta_\delta(y))\rho(y)dy = 0$$

という計算がゆるされることは明らかである. したがって, $\triangle u_\delta^1 = -4\pi\eta_\delta\rho$ が示されれば, $K_{2\delta}$ ではこれは $\triangle u_\delta^1(x) = -4\pi\rho(x)$ を意味し, したがって, $K_{2\delta}$ で $\triangle u = -4\pi\rho$ が成り立つ. δ の任意性に注意すれば, Ω において (3.59) が証明されたことになる. それゆえ, 以下では ρ の台は Ω の中のコンパクト集合であるとする. また, ρ は Ω の外にも 0 で延長されているものとしよう. すなわち,

$$u(x) = \int_{\Omega} \frac{1}{r_{xy}} \rho(y) dy = \int_{R^3} \frac{1}{r_{xy}} \rho(y) dy.$$

さて，u の x に関する1階偏導関数は積分記号のもとでの微分によって得られる：

(3.60) $$\frac{\partial}{\partial x_j} u(x) = \int_{\Omega} \frac{\partial}{\partial x_j} \left(\frac{1}{r_{xy}} \right) \rho(y) dy \qquad (j=1, 2, 3).$$

このことを示すには，積分核 $1/r$ (今後 $r_{xy}=|x-y|$ のかわりに単に r と書く)を修正した

$$e_\varepsilon = e_\varepsilon(x-y) = \begin{cases} \dfrac{1}{r} & (r \geqq \varepsilon), \\ \dfrac{1}{\varepsilon} + \dfrac{1}{2\varepsilon}\left(1 - \dfrac{r^2}{\varepsilon^2}\right) & (r \leqq \varepsilon) \end{cases}$$

を用いて(図3.11)，u を

(3.61) $$u_\varepsilon(x) = \int_{\Omega} e_\varepsilon(x-y) \rho(y) dy$$

によって近似する．ただし，ε は十分小さな正数である．e_ε は x, y に関し C^1 級

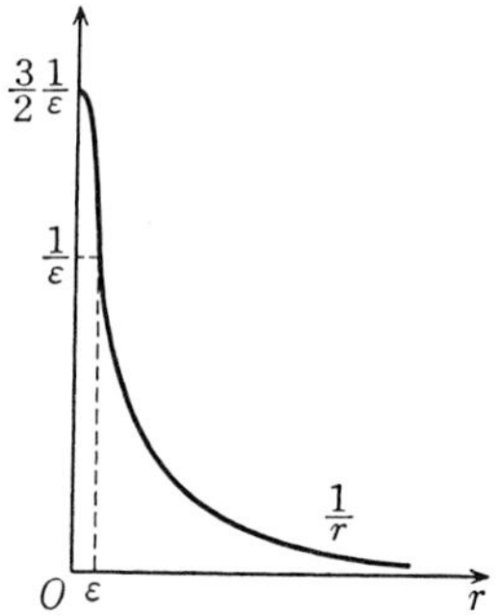

図3.11

であることを注意しておこう．したがって，u_ε が x の連続関数であることは明らかである．また

(3.62) $$|\rho(x)| \leqq M \qquad (x \in \Omega)$$

が成り立つような定数 M を用いれば，

$$|u(x) - u_\varepsilon(x)| \leqq \int_{\Omega} \left(\frac{1}{r} - e_\varepsilon \right) |\rho(y)| dy \leqq M \int_{|y-x| \leqq \varepsilon} \frac{1}{r} dy$$

$$= 2\pi M \varepsilon^2$$

が得られる．ゆえに，u_ε は u に（全空間において）一様収束する．なお，このことから，Newton ポテンシャル u は全空間で連続であることが得られる．一方，

$$\frac{\partial}{\partial x_j}u_\varepsilon(x) = \int_\Omega \frac{\partial}{\partial x_j}e_\varepsilon(x-y)\rho(y)dy$$

という計算がゆるされることと，右辺が x の連続関数を表わすこととは，右辺の被積分関数の連続性から明らかである．つぎに，$\varepsilon\downarrow 0$ に際して，$(\partial/\partial x_j)u_\varepsilon$ が

$$v_j(x) = \int_\Omega \frac{\partial}{\partial x_j}\left(\frac{1}{r}\right)\rho(y)dy$$

に一様収束することは，

$$\begin{cases} \dfrac{\partial}{\partial x_j}\dfrac{1}{r} = -\dfrac{x_j-y_j}{|x-y|^3}, \qquad \text{ゆえに} \quad \left|\dfrac{\partial}{\partial x_j}\dfrac{1}{r}\right| \leqq \dfrac{1}{r^2}, \\ \dfrac{\partial}{\partial x_j}e_\varepsilon(x-y) = \begin{cases} \dfrac{\partial}{\partial x_j}\dfrac{1}{r} & (r>\varepsilon), \\ -\dfrac{1}{\varepsilon^3}(x_j-y_j) & (r<\varepsilon), \end{cases} \\ \text{ゆえに} \quad \left|\dfrac{\partial}{\partial x_j}e_\varepsilon(x-y)\right| \leqq \dfrac{1}{r^2} \end{cases}$$

などの関係から容易に示される．実際，(3.62) を用いると，

$$\begin{aligned} \left|v_j(x)-\frac{\partial}{\partial x_j}u_\varepsilon(x)\right| &\leqq M\int_\Omega \left|\frac{\partial}{\partial x_j}\frac{1}{r}-\frac{\partial}{\partial x_j}e_\varepsilon\right|dy \\ &\leqq M\int_{|y-x|<\varepsilon}\left(\frac{1}{r^2}+\frac{1}{r^2}\right)dy = 8\pi M\varepsilon \end{aligned}$$

となるから，望む一様収束性が示された．こうして，一様収束と微分についての定理（"解析入門" 参照）により (3.60) が成立すること，および，(3.60) の両辺が x に関し全空間で連続であることが示された．なお，この段階までは，ρ に対する仮定として (3.62) しか用いていない．したがって，密度 ρ が有界（可測）な関数で，Ω が有界領域であるならば，Newton ポテンシャルは全空間で C^1 級である．

さて，$\rho\in C_0^1(\Omega)$ であることを用い，(3.60) の右辺をつぎのように変形しよう：

$$\text{(3.63)} \qquad \frac{\partial}{\partial x_j}u(x) = \int_\Omega -\frac{\partial}{\partial y_j}\left(\frac{1}{r}\right)\rho(y)dy = \int_\Omega \frac{1}{r}\frac{\partial}{\partial y_j}\rho(y)dy.$$

この最右辺は，$(\partial/\partial y_j)\rho$ を密度とする Newton ポテンシャルにほかならない．

よって，上記の議論が適用できて，

(3.64) $$\frac{\partial^2}{\partial x_i \partial x_j}u(x) = \int_\Omega \frac{\partial}{\partial x_i}\left(\frac{1}{r}\right)\frac{\partial}{\partial y_j}\rho(y)\,dy$$

が成り立つこと，および，$\partial^2 u/\partial x_i \partial x_j$ が連続であることが得られる（ただし，$i, j=1, 2, 3$）．すなわち，u は C^2 級の関数である．

最後に，u が (3.59) を満たすことを示そう．まず，つぎのように書ける：

$$\begin{aligned}\triangle u(x) &= -\int_\Omega \sum_{j=1}^{3} \frac{\partial}{\partial y_j}\left(\frac{1}{r}\right)\frac{\partial}{\partial y_j}\rho(y)\,dy \\ &= -\lim_{\varepsilon\downarrow 0} I_\varepsilon(x).\end{aligned}$$

ここで，$\Omega_\varepsilon = \Omega_\varepsilon(x) = \{y \mid y \in \Omega,\ |x-y|>\varepsilon\}$ として

$$I_\varepsilon(x) = \int_{\Omega_\varepsilon} \nabla_y\left(\frac{1}{r}\right)\cdot\nabla\rho\,dy$$

である．Green の公式を用いて I_ε を変形すれば

$$\begin{aligned}I_\varepsilon(x) &= -\int_{\Omega_\varepsilon} \triangle_y\left(\frac{1}{r}\right)\rho\,dy + \int_{\sigma_\varepsilon} \rho\frac{\partial}{\partial n_y}\left(\frac{1}{r}\right)dS \\ &= \frac{1}{\varepsilon^2}\int_{\sigma_\varepsilon} \rho(y)\,dS\end{aligned}$$

となる．ただし，σ_ε は小球面 $|y-x|=\varepsilon$ であって，上の変形では $1/r$ が Ω_ε で調和であることを用いている．ここで (3.47) を導いたときの論法を用いれば $I_\varepsilon \to 4\pi\rho(x)$ $(\varepsilon\downarrow 0)$ であることが導かれる．すなわち，(3.59) の成り立つことが示された．∎

実は，Newton ポテンシャル (3.58) が C^2 級となって，Poisson の方程式 (3.59) を満足するためには，ρ が C^1 級でなくても，Hölder 連続であれば十分である．すなわち，つぎの定理が成り立つ．

定理 3.10（定理 3.9 の精密化） (3.58) において密度 ρ が，ある θ $(0<\theta<1)$ に関し，C^θ 級の関数であるとする．すなわち，

(3.65) $$|\rho(x)-\rho(y)| \leqq K|x-y|^\theta \qquad (x, y \in \Omega)$$

が成立するような定数 K が存在するものとする．このとき，(3.58) の Newton ポテンシャル u は C^2 級となり，Poisson の方程式 (3.59) を満足する．——

さらに細かいことをいえば，(3.65) の仮定のもとでは u は $C^{2+\theta}$ 級になるので

ある．定理3.10は連続関数の枠組で(L_2 空間あるいは Sobolev 空間の枠組ではなくて) Poisson の方程式を扱うときの最も精密な結果の一つであるけれども，その古典的な証明は煩雑なので，ここでは述べない．ただ，(3.65)の仮定のもっともらしさを，つぎのように説明するのにとどめる．すなわち，ρ が $C_0^1(\Omega)$ の関数であるとして，(3.64)からつぎのような変形を行なう：

$$\begin{aligned}\frac{\partial^2}{\partial x_i \partial x_j}u(x) &= -\int_\Omega \frac{\partial}{\partial y_i}\left(\frac{1}{r}\right)\frac{\partial}{\partial y_j}(\rho(y)-\rho(x))\,dy \\ &= -\lim_{\varepsilon\downarrow 0} J_\varepsilon(x),\end{aligned}$$

ただし，

$$J_\varepsilon(x) = J_\varepsilon^{ij}(x) = \int_{\Omega_\varepsilon}\frac{\partial}{\partial y_i}\left(\frac{1}{r}\right)\frac{\partial}{\partial y_j}(\rho(y)-\rho(x))\,dy. \tag{3.66}$$

この最右辺を計算するのに，十分大きな正数 R をとり，積分領域 Ω_ε を球殻

$$E_{\varepsilon,R} = \{y \mid \varepsilon < |y-x| < R\}$$

でおきかえることができる．なぜならば，ρ の台がコンパクトであり，

$$\frac{\partial}{\partial y_j}(\rho(y)-\rho(x)) = \frac{\partial}{\partial y_j}\rho(y)$$

の台はそれに含まれるからである．ところが，Green の公式を用いれば

$$\begin{aligned}J_\varepsilon(x) &= \int_{E_{\varepsilon,R}}\frac{\partial}{\partial y_i}\left(\frac{1}{r}\right)\frac{\partial}{\partial y_j}(\rho(y)-\rho(x))\,dy \\ &= -\int_{E_{\varepsilon,R}}\frac{\partial^2}{\partial y_j \partial y_i}\left(\frac{1}{r}\right)\cdot(\rho(y)-\rho(x))\,dy \\ &\quad +\int_{|y-x|=R} n_j\frac{\partial}{\partial y_i}\left(\frac{1}{r}\right)\cdot(\rho(y)-\rho(x))\,dS_y \\ &\quad +\int_{|y-x|=\varepsilon} n_j\frac{\partial}{\partial y_i}\left(\frac{1}{r}\right)\cdot(\rho(y)-\rho(x))\,dS_y \\ &\equiv T_1+T_2+T_3\end{aligned}$$

が得られる．$\varepsilon\downarrow 0$ ならしめるとき，第1項 T_1 は，

$$-\int_{|y-x|<R}\frac{\partial^2}{\partial y_j \partial y_i}\left(\frac{1}{r}\right)\cdot(\rho(y)-\rho(x))\,dy$$

に収束する．これは，ρ が C^1 級でなくても C^θ 級であればよい．実際

$$\frac{\partial^2}{\partial y_j \partial y_i}\left(\frac{1}{r}\right) = O\left(\frac{1}{r^3}\right), \qquad |\rho(y)-\rho(x)| = O(r^\theta) \tag{3.67}$$

から，被積分関数が $y=x$ の近傍で可積分になるからである．第3項については，同様に，ρ が C^θ 級であれば，$\varepsilon \downarrow 0$ のときに $T_3 \to 0$ となる．なぜならば，球面 $|y-x|=\varepsilon$ の上では

$$\frac{\partial}{\partial y_i}\left(\frac{1}{r}\right) = O\left(\frac{1}{r^2}\right) = O\left(\frac{1}{\varepsilon^2}\right), \qquad |\rho(y)-\rho(x)| = O(r^\theta) = O(\varepsilon^\theta)$$

であり，したがって

$$T_3 = O(\varepsilon^{-2+\theta+2}) = O(\varepsilon^\theta)$$

だからである．最後に，R を十分大きくとることにより $\rho(y)=0$ にすることができるから，

$$T_2 = -\int_{|y-x|=R} n_j \frac{\partial}{\partial y_i}\left(\frac{1}{r}\right)\rho(x)\,dS_y = \rho(x)\int_{|y-x|=R} n_j n_i \frac{1}{R^2}\,dS_y$$
$$= \rho(x)\int_{|y|=1} y_j y_i\,d\omega_y$$

として計算できる．ただし最後の積分は，単位球面上での積分である．極座標を用いて計算すれば

$$\int_{|y|=1} y_j y_i\,d\omega_y = \frac{4\pi}{3}\delta_{ji} = \begin{cases} \dfrac{4\pi}{3} & (i=j), \\ 0 & (i \neq j) \end{cases}$$

であることが容易に示される．こうして，関係式

$$\frac{\partial^2}{\partial x_i \partial x_j}u(x) = \int_{|y-x|<R} \frac{\partial^2}{\partial y_i \partial y_j}\left(\frac{1}{r}\right)\cdot(\rho(y)-\rho(x))\,dy - \frac{4\pi}{3}\rho(x)\delta_{ij} \tag{3.68}$$
$$(i, j=1, 2, 3)$$

が成り立つ．(3.68) の右辺は，C^θ 級の関数 ρ に対して意味をもち，x の連続関数となる．これから，ρ が C^θ 級の関数であれば，ρ の台が有界であって R が十分大きいという補助的な仮定のもとに，Newton ポテンシャル u が (3.68) を満足する C^2 級の関数となり，したがって，Poisson の方程式 (3.59) を満足することが十分期待できるであろう．実際，そのとおりなのである．

話が大分細かくなってきたので，ここで章を改めることにする．

問 題

1 最大値の原理を用いて，Laplace の方程式の Dirichlet 問題の解について，正値保存性と順序保存性を示せ (§1.4 参照).

2 調和関数の実解析性 (§3.4，定理 3.8) を証明せよ.

［ヒント］ 点 x_0 において実解析的であることを示すのに，$1/r_{xy}$, $(\partial/\partial n_y)(1/r_{xy})$ を x_0 の近傍でベキ級数に展開し，項別積分を行なえ.

3 2 次元の調和多項式 (次数 $n=0, 1, 2, 3, 4, 5$) を具体的に書いてみよ.

4 立方体領域における Laplace の方程式の Dirichlet 問題

$$\begin{cases} \triangle u = 0 & (0<x_1<1,\ 0<x_2<1,\ 0<x_3<1), \\ u(x_1, x_2, 0) = f(x_1, x_2), & \\ \text{他の境界上:} \quad u = 0 & \end{cases}$$

を Fourier の方法を用いて解け.

5 Dirichlet 問題

$$\begin{cases} \dfrac{\partial^2 u}{\partial r^2}+\dfrac{1}{r}\dfrac{\partial u}{\partial r}+\dfrac{1}{r^2}\dfrac{\partial^2 u}{\partial \theta^2} = 0 & (0<r<1,\ 0\leqq\theta\leqq 2\pi), \\ u(1, \theta) = \sin^3 \theta, & \\ u\text{: 有界} & \end{cases}$$

を解け.

6 正方形領域における第3種境界値問題

$$\begin{cases} \triangle u = 0 & (0<x_1<1,\ 0<x_2<1), \\ \dfrac{\partial u}{\partial \nu}+hu = \begin{cases} f(x_1) & (x_2=0), \\ 0 & (x_1=0,\ x_1=1,\ x_2=1) \end{cases} & \end{cases}$$

を解け. ただし，h は正の定数で，$\partial/\partial\nu$ は境界の外向き法線方向の微分を表わす.

第4章　定常状態と Laplace の方程式(つづき)

§4.1　外部領域における調和関数

まず，関数論における Liouville の定理に相当するつぎの定理を証明しよう．

定理 4.1 (調和関数に対する Liouville の定理)　$u=u(x)$ を，3次元全空間で有界な調和な関数であるとする．このとき，実は u は定数関数である．

証明　$\triangle u=0$ $(x\in \boldsymbol{R}^3)$，かつ

$$|u(x)|\leqq M \qquad (x\in \boldsymbol{R}^3) \tag{4.1}$$

とする．いま，1変数の C^∞ 級関数 $\eta=\eta(t)$ で，条件

$$\eta(t)=\begin{cases}1 & (0\leqq t\leqq 1),\\ 0 & (t\geqq 2)\end{cases}$$

を満足するものを一つ定める．一方，R を正数として

$$e_R=e_R(x-y)=\eta\left(\frac{|x-y|}{R}\right)\frac{1}{|x-y|}$$

とおく．いま，積分

$$I_R(x)=\int_{\boldsymbol{R}^3}e_R(x-y)\triangle_y u(y)dy$$

を考えよう．x を固定するかぎり，被積分関数の台は有界である．このことに注意し，かつ $y=x$ における扱いを (3.44) を導いたときと同様にすれば，Green の積分公式により

$$I_R(x)=-4\pi u(x)+\int_{\boldsymbol{R}^3}\left(2\nabla_y\chi_R(x-y)\cdot\nabla_y\frac{1}{r}+\triangle_y\chi_R(x-y)\cdot\frac{1}{r}\right)u(y)dy$$

が得られる．ただし

$$\chi_R(x-y)=\eta\left(\frac{|x-y|}{R}\right),\qquad r=|x-y|.$$

ここで，$\triangle u=0$ により $I_R=0$ であることを用いると

$$4\pi u(x)=\int_{\boldsymbol{R}^3}\left(2\nabla_y\chi_R\cdot\nabla_y\frac{1}{r}+\triangle_y\chi_R\cdot\frac{1}{r}\right)u(y)dy.$$

この右辺の積分は積分領域を球殻 $E_R=\{y \mid R\leqq|y-x|\leqq 2R\}$ に制限しても変わりがない．また，項別微分がゆるされて

$$(4.2)\qquad 4\pi\frac{\partial}{\partial x_j}u(x)=\int_{E_R}\frac{\partial}{\partial x_j}\left(2\nabla_y\chi_R\cdot\nabla_y\frac{1}{r}+\triangle_y\chi_R\cdot\frac{1}{r}\right)u(y)\,dy$$

が成り立つ．いまから，$R\to+\infty$ の極限を考えるのであるが，$y\in E_R$ に対しては

$$\frac{\partial}{\partial y_i}\frac{1}{r}=O\left(\frac{1}{r^2}\right)=O\left(\frac{1}{R^2}\right),$$

$$\frac{\partial^2}{\partial y_i\partial y_k}\frac{1}{r}=O\left(\frac{1}{r^3}\right)=O\left(\frac{1}{R^3}\right),$$

$$\frac{\partial}{\partial x_j}\frac{\partial^2}{\partial y_i\partial y_k}\frac{1}{r}=-\frac{\partial^3}{\partial y_i\partial y_j\partial y_k}\frac{1}{r}=O\left(\frac{1}{r^4}\right)=O\left(\frac{1}{R^4}\right),$$

$$\frac{\partial}{\partial y_i}\chi_R=\frac{1}{R}\frac{\partial}{\partial \xi_i}\eta(|\xi|)\Big|_{\xi=(y-x)/R}=O\left(\frac{1}{R}\right),$$

$$\frac{\partial^2}{\partial y_i\partial y_k}\chi_R=O\left(\frac{1}{R^2}\right),$$

$$\frac{\partial^3}{\partial x_j\partial y_i\partial y_k}\chi_R=O\left(\frac{1}{R^3}\right)$$

が成り立つ．したがって (4.2) から，R によらない定数 C_j を用いて，不等式

$$\left|4\pi\frac{\partial}{\partial x_j}u(x)\right|\leqq C_j\frac{1}{R^4}\int_{E_R}|u(y)|\,dy$$

が得られる．ここで，仮定 (4.1)，および E_R の体積が $O(R^3)$ であることに注意すれば，

$$\left|\frac{\partial}{\partial x_j}u(x)\right|=O\left(\frac{1}{R}\right)$$

であることがわかる．したがって，$R\to+\infty$ とすれば

$$(4.3)\qquad \frac{\partial}{\partial x_j}u(x)=0\qquad (j=1,2,3).$$

(4.3) が任意の x に対して成り立つことは，u が定数であることを意味している．∎

同様な論法により，つぎの定理を証明することもできる(章末の問題1)．

定理 4.2 (定理 4.1 の一般化)　$u=u(x)$ が3次元全空間で調和な関数であり，

かつ，ある自然数 l_0 に対して

$$|u(x)| = O(|x|^{l_0}) \quad (|x|\to+\infty) \tag{4.4}$$

が成り立つものとする．このとき，実は u は l_0 次以下の多項式である．——

つぎに，定理 4.1 の系として，外部問題における調和関数 u の無限遠における正則性を導こう．

定理 4.3　$u=u(x)$ は，有界な閉曲面 S の外部領域 Ω_e において調和であり，かつ，無限遠における境界条件

$$u(x) \longrightarrow 0 \quad (|x|\to+\infty) \tag{4.5}$$

を満足するものとする．このとき，$|x|\to+\infty$ に際し

$$u(x) = O\left(\frac{1}{|x|}\right), \qquad \frac{\partial u}{\partial x_j} = O\left(\frac{1}{|x|^2}\right) \tag{4.6}$$

である．さらに，極限値

$$\lim_{|x|\to+\infty} |x|u(x) = q_0 \tag{4.7}$$

が存在する．

証明　正数 R_1 を十分大きくとり，閉曲面 S が球 $\{x\,|\,|x|<R_1\}$ の内部に含まれるようにする（図 4.1）．また，1 変数の C^∞ 級の関数 $\eta(t)$ で，条件

$$\eta(t) = \begin{cases} 0 & (0\leqq t\leqq R_1), \\ 1 & (R_1+1\leqq t) \end{cases} \tag{4.8}$$

を満足するものを一つ定める（図 4.2）．そして

$$v(x) = \eta(|x|)u(x) \tag{4.9}$$

によって関数 v を定義する．v は，$|x|\geqq R_1+1$ では u と一致する．また閉球

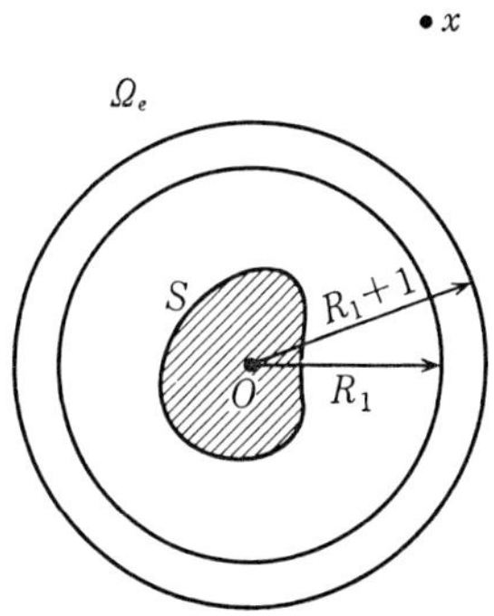

図 4.1

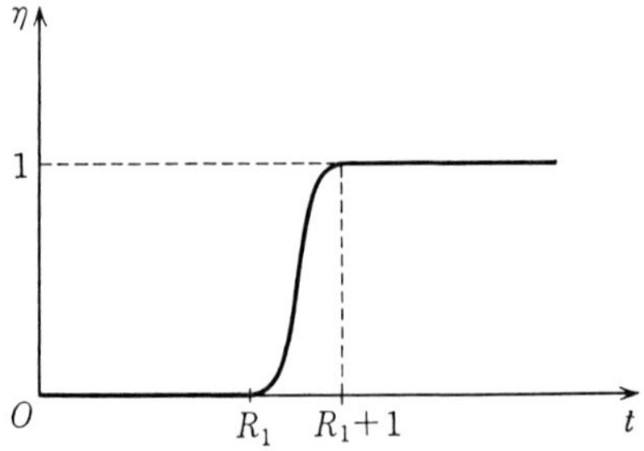

図4.2

$|x|\leqq R_1$ では0であるとおくことにより，v は全空間で定義された C^∞ 級の関数とみなすことができる．

さて，$\triangle u=0$ が Ω_e において成り立つことに注意すれば

(4.10)
$$\triangle v = -f \qquad (x\in \boldsymbol{R}^3),$$

ただし

$$f=-(\triangle\eta(|x|))u-2\nabla\eta(|x|)\cdot\nabla u.$$

上の f は，$|x|\leqq R_1$ あるいは $|x|\geqq R_1+1$ に対して0となる．したがって，f の台は有界である．また，f は C^∞ 級の関数でもある．つぎに，

(4.11)
$$w(x)=\frac{1}{4\pi}\int_{\boldsymbol{R}^3}\frac{1}{|x-y|}f(y)dy$$

とおけば，定理3.9により，C^2 級の関数 w は

$$\triangle w = -f \qquad (x\in\boldsymbol{R}^3)$$

を満足する．したがって，$v-w$ は全空間で調和である．一方，$v(x)\to 0$ ($|x|\to +\infty$) は仮定(4.5)から明らかであり，$w(x)\to 0$ ($|x|\to+\infty$) は，f の台が有界であることに注意すれば(4.11)から明らかである．したがって，

(4.12)
$$v(x)-w(x)\longrightarrow 0 \quad (|x|\to+\infty).$$

(4.12)から，とくに $v-w$ の有界性が出る．したがって，定理4.1により $v-w$ は定数関数である．この定数値は(4.12)により0である．すなわち

$$v(x)\equiv w(x) \qquad (x\in\boldsymbol{R}^3).$$

したがって

$$u(x)\equiv w(x) \qquad (|x|\geqq R_1+1).$$

f は台が有界な滑らかな関数であるから，$|x|\to+\infty$ に際して

$$u(x)=w(x)=O\left(\frac{1}{|x|}\right),$$

$$\frac{\partial}{\partial x_j}u(x)=\frac{1}{4\pi}\int_{R^3}\frac{\partial}{\partial x_j}\frac{1}{|x-y|}f(y)dy=O\left(\frac{1}{|x|^2}\right)$$

が成り立つことは明らかである．こうして，(4.6) が得られた．また，

$$\lim_{|x|\to+\infty}|x|u(x)=\frac{1}{4\pi}\int_{R^3}f(y)dy=q_0$$

も明らかである．∎

静電場のモデルを用いると，(4.7) の意味するところは，外部領域における調和関数(真空中の静電ポテンシャル！)のうち遠方で 0 になるものは，原点におかれた点電荷による静電ポテンシャルに $|x|\to+\infty$ で漸近的に等しい，ということである．

定理 4.3 を用いれば，外部 Neumann 問題

(4.13)　$$\triangle u=-f(x)\qquad (x\in\Omega_e),$$

(4.14)　$$\left.\frac{\partial u}{\partial n}\right|_S=\gamma(x)\qquad (x\in S),$$

(4.15)　$$u(x)\longrightarrow 0\qquad (|x|\to+\infty)$$

の解が一意であることを証明することができる．簡単のために，解 u は Ω_e で C^2 級であり，$\bar{\Omega}_e=\Omega_e\cup S$ で C^1 級であるとする．

さて，(4.13)-(4.15) の解が一意であることを示すには，$f\equiv0$，$\gamma\equiv0$ としたときの解 u が恒等的に 0 になることを示せばよい．まず，u が $\bar{\Omega}_e$ で C^2 級である場合から考えよう．このときには，Green の公式により

(4.16)　$$\int_{E_R}|\nabla u|^2dx=-\int_{E_R}\triangle u\cdot udx+\int_S u\frac{\partial u}{\partial n}dS+\int_{|x|=R}u\frac{\partial u}{\partial n}dS$$

が成り立つ．ただし，R は十分大きな正数で，

$$E_R=\{x\mid x\in\Omega_e,\ \ |x|<R\}$$

とする(図 4.3)．(4.16) の右辺の第 1 項は，$\triangle u=0$ により 0 である．第 2 項は $(\partial u/\partial n)|_S=0$ により 0 である．また，第 3 項の被積分関数は，定理 4.3 により

$$u\frac{\partial u}{\partial n}=O\left(\frac{1}{|x|^3}\right)=O\left(\frac{1}{R^3}\right)$$

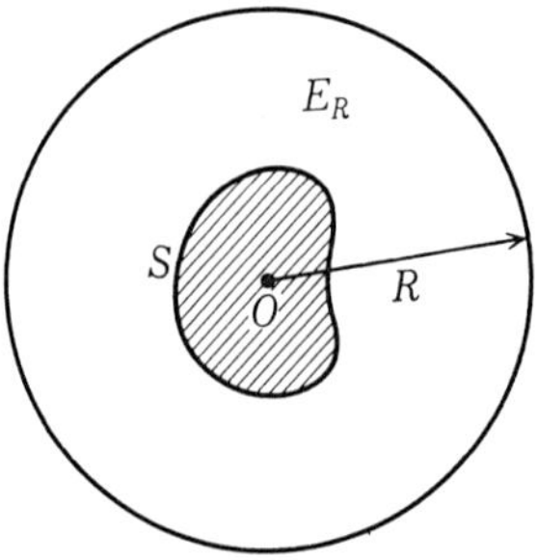

図 4.3

である．したがって，第3項は

$$O\left(\frac{1}{R^3}\right)\times 4\pi R^2 = O\left(\frac{1}{R}\right)$$

の大きさとなり，$R\to+\infty$ のとき0に収束する．こうして，(4.16)から

$$\int_{\Omega_e}|\nabla u|^2 dx = 0.$$

それゆえ Ω_e において $\nabla u\equiv 0$，すなわち u は定数である．ここでもう一度(4.15)を用いれば，$u\equiv 0$ となり求める一意性が得られる．u が必ずしも $\bar{\Omega}_e$ で C^2 級ではない一般の場合には，(4.16)を適用するとき E_R を $E_{\varepsilon,R}=\{x\in\Omega_e \mid \mathrm{dis}(x,S)\geqq\varepsilon,\ |x|\leqq R\}$ でおきかえ，その上で $\varepsilon\downarrow 0$，$R\to+\infty$ にすればよい．こうして，既出の定理3.4の後半の証明が得られる．

§4.2　調和関数の球面平均の定理

調和関数の基本的な性質の一つは，その球面上での平均値に関するつぎの定理である．

定理 4.4 (調和関数の**球面平均の定理**)　K を球 $\{x \mid |x-a|\leqq R\}$ とし，S をその境界(すなわち，球面 $\{x \mid |x-a|=R\}$)とする．もし関数 u が K で連続であって，K の内部で調和であるならば，K の中心 a における u の値は，S 上における u の平均値に等しい．すなわち

$$u(a)=\frac{1}{4\pi R^2}\int_{|x-a|=R}u(x)\,dS = \frac{1}{4\pi}\int_{|\omega|=1}u(a+R\omega)\,d\omega. \tag{4.17}$$

ただし，ω は単位球面上の点を表わすベクトルである．すなわち，極座標で表わせば $\omega=(1,\theta,\varphi)$，$d\omega=\sin\theta d\theta d\varphi$ である．

証明 まず，u が S を含めて C^2 級であるとする．また，一般性を失わずに $a=0$ と仮定してよい．そうすると，積分表示 (3.45) により

$$4\pi u(0)=\int_S \frac{1}{r}\frac{\partial u}{\partial n}dS_y-\int_S \frac{\partial}{\partial n}\left(\frac{1}{r}\right)u(y)\,dS_y$$

が成り立つ．ただし $r=|y|$．S の上では

$$\frac{1}{r}=\frac{1}{R},\qquad \frac{\partial}{\partial n}\left(\frac{1}{r}\right)=\frac{\partial}{\partial r}\left(\frac{1}{r}\right)=-\frac{1}{r^2}=-\frac{1}{R^2}$$

であるから，上式より

$$4\pi u(0)=\frac{1}{R}\int_S \frac{\partial u}{\partial n}dS_y+\frac{1}{R^2}\int_S u(y)\,dS_y \tag{4.18}$$

が得られる．ところが，調和関数に対しては (3.11) が成り立つから，(4.18) の右辺の第1項は 0 である．したがって (4.17) が成り立つ．u が S の上まで C^2 級であるとはかぎらない一般の場合には，K の半径を ε だけ縮めた球について (4.17) を証明しておき，そのあとで $\varepsilon\downarrow 0$ ならしめればよい．∎

定理 4.4 は，あとに述べる定理 4.5，定理 4.6 とともに，実は次元によらず成り立つ．ただし，$\boldsymbol{R}^m$ $(m\geqq 2)$ 内の球における平均をとるときには，(4.17) における因数 4π を m 次元内の単位球面 S^{m-1} の表面積でおきかえなければならない (章末の問題 4)．

定理 4.4 を用いると，調和関数に関する最大値の原理 (定理 3.1) をつぎの形に強めることができる．

定理 4.5 (強い意味の最大値の原理) Ω を，境界 S によって囲まれる $\boldsymbol{R}^3$ の有界領域とする．関数 $u=u(x)$ が Ω で調和であり，$\bar{\Omega}=\Omega\cup S$ において連続であるならば，u は，定数関数である場合を除き，S 上の点においてのみ $\max_{x\in\bar{\Omega}} u(x)$，$\min_{x\in\bar{\Omega}} u(x)$ に到達する．

証明 $M=\max_{x\in\bar{\Omega}} u(x)$ とおく．Ω の点 (すなわち内点) a で $u(a)=M$ となれば，実は u は Ω において恒等的に M である，ということを証明しよう．いま，a を中心として半径が R である球 K が Ω 内に含まれるとする (図 4.4)．K の表面を Γ とすれば

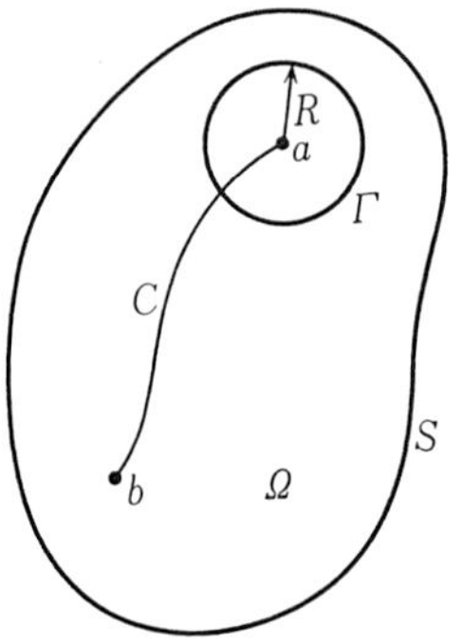

図 4.4

$$u(a)=\frac{1}{4\pi R^2}\int_\Gamma u(x)\,dS$$

であるから，

$$\frac{1}{4\pi R^2}\int_\Gamma \{u(a)-u(x)\}\,dS=0. \tag{4.19}$$

ところが，$u(a)=M\geqq u(x)$ が $\bar{\Omega}$ において成り立ち，当然 Γ 上でも成り立つ．この事実と (4.19) とから

$$u(x)=M \qquad (|x-a|=R). \tag{4.20}$$

いま，$\delta(a)=\mathrm{dis}\,(a,S)$ とおけば，(4.20) における R は，$0<R<\delta(a)$ であるかぎり任意である．したがって，

$$u(x)\equiv M \qquad (|x-a|\leqq\delta(a)) \tag{4.21}$$

が得られる．

つぎに，Ω 内の任意の点 b において $u(b)=M$ であることを示そう．それには，b と a を Ω 内を通る滑らかな曲線 C で結び，C と S の間の距離を δ_0 とおく．C は Ω 内のコンパクト集合であるから，$\delta_0>0$ である．やはり C のコンパクト性を用いると，C 上に有限個の点

$$a=x_0,\ x_1,\ x_2,\ \cdots,\ x_n=b$$

を取り，x_j を中心とし半径が δ_0 である球 K_j の内部に x_{j+1} が属するようにすることができる $(j=0,1,\cdots,n-1)$．そうすると，(4.21) の結果から K_0 内で $u(x)\equiv M$，したがってとくに $u(x_1)=M$．(4.21) の a のかわりに x_1 を用いた結果から K_1 内で $u(x)\equiv M$，したがってとくに $u(x_2)=M$．この論法をくりかえし

ていけば，$u(x_n)=u(b)=M$ が得られる．最小値についても同様に証明できる．▮

つぎに，定理 4.4 の逆を述べよう．

定理 4.6（球面平均の定理の逆）　Ω を $\boldsymbol{R}^3$ の任意の領域とする．u は Ω で連続であり，かつ，Ω の中に含まれる任意の球 $K=\{x\,|\,|x-a|\leqq R\}$ に対して，

$$u(a)=\frac{1}{4\pi R^2}\int_{|x-a|=R}u(x)\,dS=\frac{1}{4\pi}\int_{|\omega|=1}u(a+R\omega)\,d\omega \tag{4.22}$$

が成り立つとする．このとき，u は Ω 内で C^∞ 級であり，かつ調和関数である．

証明　いま，$\boldsymbol{R}^3$ において C^∞ 級の球対称な関数 $\eta(x)=\eta(|x|)$ を

$$\eta(x)=0\qquad(|x|\geqq 1),$$
$$\int_{\boldsymbol{R}^3}\eta(x)\,dx=\int_{|x|\leqq 1}\eta(x)\,dx=1$$

を満たすように選ぶ．つぎに，$\delta>0$ を十分小さな正数とし，$\Omega_\delta=\{x\,|\,x\in\Omega,$ $\mathrm{dis}\,(x,\partial\Omega)>\delta\}$ とおく．さらに

$$\eta_\delta(x)=\frac{1}{\delta^3}\eta\left(\frac{x}{\delta}\right)$$

とおけば，η_δ の台は球 $\{x\,|\,|x|\leqq\delta\}$ に含まれ，かつ

$$\int_{\boldsymbol{R}^3}\eta_\delta(x)\,dx=\int_{|x|\leqq\delta}\eta_\delta(x)\,dx=1$$

が成り立つ．この球対称な η_δ を用いて，Friedrichs の軟化作用素の意味で u を正則化するのである．つまり，$x\in\Omega_\delta$ に対して

$$u_\delta(x)=\int_{\Omega}\eta_\delta(x-y)u(y)\,dy=\int_{|y-x|\leqq\delta}\eta_\delta(x-y)u(y)\,dy \tag{4.23}$$

とおく．実は $u_\delta(x)=u(x)$ であるということを示そう．点 x を原点とする極座標を用いて計算すると，

$$u_\delta(x)=\int_0^\delta\eta_\delta(r)r^2\left\{\int_{|\omega|=1}u(x+r\omega)\,d\omega\right\}dr.$$

上式の右辺の｛　｝の中は半径 r の球面上の積分であって，仮定 (4.22) により $4\pi u(x)$ に等しい．それゆえ，

$$u_\delta(x)=u(x)\cdot 4\pi\int_0^\delta\eta_\delta(r)r^2dr=u(x)\int_{|y|\leqq\delta}\eta_\delta(y)\,dy=u(x).$$

(4.23) から明らかなように，u_δ は Ω_δ において C^∞ 級である．したがって，u も

Ω_δ で C^∞ 級である．δ はいくら小さくてもよいのであるから，u は領域 Ω において C^∞ 級である．

さて，Ω において $\triangle u=0$ であることを証明することが残っている．いま，定理における球 $K=\{x\,|\,|x-a|\leqq R\}$ を固定し，その表面を Γ とする．K において u は C^∞ 級であるから，積分表示(3.44)により

$$4\pi u(a) = -\int_K \frac{1}{r}\triangle u(y)\,dy + \int_\Gamma \frac{1}{r}\frac{\partial u(y)}{\partial n}dS - \int_\Gamma \frac{\partial}{\partial n}\left(\frac{1}{r}\right)u(y)\,dS \tag{4.24}$$

が成り立つ．ただし，$r=|y-a|$ である．Γ 上では

$$r = R, \qquad \frac{\partial}{\partial n}\left(\frac{1}{r}\right) = \frac{\partial}{\partial r}\left(\frac{1}{r}\right) = -\frac{1}{r^2} = -\frac{1}{R^2}$$

であるから，(4.24)の右辺に関し

$$\int_\Gamma \frac{1}{r}\frac{\partial u}{\partial n}dS = \frac{1}{R}\int_\Gamma \frac{\partial u}{\partial n}dS, \tag{4.25}$$

$$-\int_\Gamma \frac{\partial}{\partial n}\left(\frac{1}{r}\right)u(y)\,dS = \frac{1}{R^2}\int_\Gamma u(y)\,dS \tag{4.26}$$

が成り立つ．ところが，(3.10)で $v\equiv 1$, $V=K$, $S=\Gamma$ とおいて得られる関係

$$\int_\Gamma \frac{\partial u}{\partial n}dS = \int_K \triangle u\,dy \tag{4.27}$$

を用いれば，(4.25)から

$$\int_\Gamma \frac{1}{r}\frac{\partial u}{\partial n}dS = \frac{1}{R}\int_K \triangle u\,dy.$$

また，(4.26)の右辺は，仮定により $4\pi u(a)$ に等しい．したがって，(4.24)から

$$0 = \int_K \left(\frac{1}{R} - \frac{1}{r}\right)\triangle u\,dy \tag{4.28}$$

が得られる．ところが，K の内部 $\mathring{K}=\{y\,|\,|y-a|<R\}$ においては

$$\frac{1}{R} - \frac{1}{r} < 0$$

である．したがって，(4.28)から連続関数 $\triangle u$ は $\mathring{K}$ 内の少なくとも1点 ξ_R $(|\xi_R-a|<R)$ において0となる．つぎに，$R\downarrow 0$ ならしめれば，$\triangle u$ の連続性に再び注意して，

$$(\triangle u)(a) = \lim_{R\downarrow 0}(\triangle u)(\xi_R) = 0.$$

ここで，K の任意性，したがって $a \in \Omega$ の任意性を用いれば，

$$(\triangle u)(a) = 0 \qquad (a \in \Omega)$$

が得られる．∎

さらに，定理 4.6 を用いれば，調和関数の（一様収束）極限もまた調和関数であることを保証するつぎの定理が導かれる．

定理 4.7（**Harnack の第 1 定理**） 任意の領域 Ω における調和関数の列 $\{u_n\}_{n=1}^{\infty}$ が Ω で広義一様収束するならば，極限関数 u^* も Ω で調和である．

証明 球 $K=\{x \mid |x-a| \leqq R\}$ が Ω に含まれるならば，

$$u_n(a) = \frac{1}{4\pi R^2}\int_{|x-a|=R} u_n(x)\,dS$$

が成り立つ．ここで $n\to\infty$ ならしめれば，u^* に対して定理 4.6 の仮定が成り立つことがわかる．∎

系 Ω を有界領域とする．u_n $(n=1, 2, \cdots)$ は $\bar{\Omega}=\Omega \cup \partial\Omega$ で連続，かつ Ω で調和な関数とする．$\{u_n\}$ の境界値が $\partial\Omega$ 上で一様収束するならば，$\{u_n\}$ は $\bar{\Omega}$ で一様収束し，極限関数 u^* も $\bar{\Omega}$ で連続，かつ Ω で調和である．

証明 $\{u_n\}$ の $\bar{\Omega}$ での一様収束性は最大値の原理（定理 3.1）から出る．極限関数 u^* が Ω で調和であることは定理 4.7 による．∎

さて，話が前後してしまったが，定理 4.4 の帰結の一つであるつぎの事実を，あとでの引用の便利のために記しておこう（章末の問題 5）．

定理 4.8 u_1 と u_2 を，有界領域 Ω で調和であり，$\bar{\Omega}$ で連続な関数とする．u_1, u_2 のそれぞれの境界値 β_1, β_2 が，境界 $S=\partial\Omega$ 上で条件

(4.29)
$$\begin{cases} \beta_1(x) \leqq \beta_2(x) \qquad (x \in S), \\ \text{ただし，少なくとも 1 点においては不等号が成立,} \end{cases}$$

を満たすならば，

(4.30)
$$u_1(x) < u_2(x) \qquad (x \in \Omega)$$

である．

§4.3 鏡像の方法と球の Green 関数

いま，真空の**半空間**

$$\Omega_+ = \{x=(x_1, x_2, x_3) \mid x_3>0\}$$

の1点 a に点電荷 q_a をおいたときの静電場を考える．ただし，Ω_+ の境界の平面 S は金属板であり，接地されているものとする．あるいは，S 自体が水平な地表であると考えてもよい．要するに，この場合の静電ポテンシャル v は S の上では0になっている．このような静電場は，全空間が真空であるときに，a に点電荷 q_a をおくと同時に，a の S に関する対称点 a^* に反対符号の点電荷 $-q_a$ をおくことによって実現される(図4.5)．すなわち，

$$v(x, a) = \frac{q_a}{|x-a|} - \frac{q_a}{|x-a^*|} \qquad (x \in \Omega_+). \tag{4.31}$$

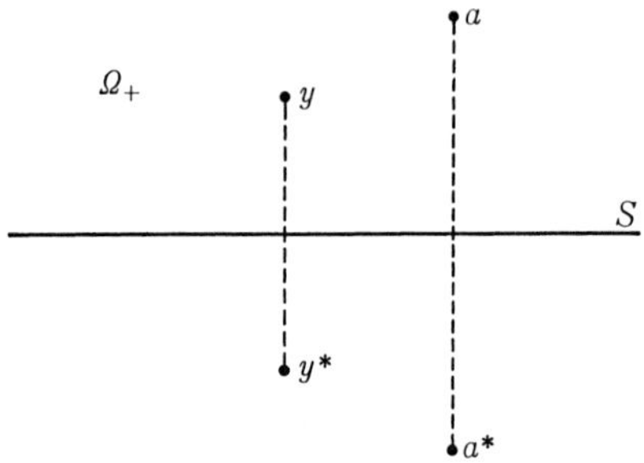

図4.5

(4.31)の v が，Ω_+ において $x=a$ を除き調和であること，境界条件 $v|_S=0$ を満足することは明らかであろう．いま，台が有界で Ω_+ に含まれる C^1 級の関数 ρ をとり，

$$u(x) = \int_{\Omega_+}\left(\frac{1}{|x-y|} - \frac{1}{|x-y^*|}\right)\rho(y)dy \qquad (x \in \Omega_+) \tag{4.32}$$

とおけば，これは Ω_+ 内の電荷密度 ρ の分布と，それとちょうど対称の位置にある符号を反対にした分布による静電ポテンシャルを重ね合せたものである．ただし，その結果を Ω_+ に制限して考察することになる．u が

$$\triangle u = -4\pi\rho \qquad (x \in \Omega_+) \tag{4.33}$$

を満足することは，Newton ポテンシャルに関する定理3.9と，$1/|x-y^*|$ が Ω_+ の中には特異性をもたない x の調和関数であることから明らかである．さらに，u が境界条件

$$u|_S = 0 \tag{4.34}$$

を満足していることは，(4.32) の形から明らかである．いいかえれば，与えられた ρ に対して，半空間における Dirichlet 問題 (4.33), (4.34) の解が (4.32) によって与えられるわけである．

つぎに，同様なことを，Ω_+ を**球**，たとえば $\Omega=\{x\mid |x|<R\}$ でおきかえて試みたい．すなわち

$$S=\{x\mid |x|=R\}$$

とし，Dirichlet 問題

$$-\triangle u=f \qquad (x\in\Omega), \tag{4.35}$$

$$u|_S=0 \tag{4.36}$$

の解 u を

$$u(x)=\int_\Omega G(x,y)f(y)dy \tag{4.37}$$

の形に与えるような積分核 $G(x,y)$ を構成したい．それには，点 $a\in\Omega$ に単位の点電荷をおいたとき，Ω の外のどのような点 a^* にどのような電荷 $q_a{}^*$ をおぎなえば S 上の電位が 0 になるかを見るのが第一歩である (図 4.6)．結果を述べてしまうと，点

$$a^*=\frac{R^2}{|a|^2}a \tag{4.38}$$

に電荷 $-R/|a|$ をおぎなえばよいのである．2 点 a と a^* においた電荷による静電ポテンシャルは

$$v(x,a)=\frac{1}{|x-a|}-\frac{R}{|a|}\frac{1}{|x-a^*|} \tag{4.39}$$

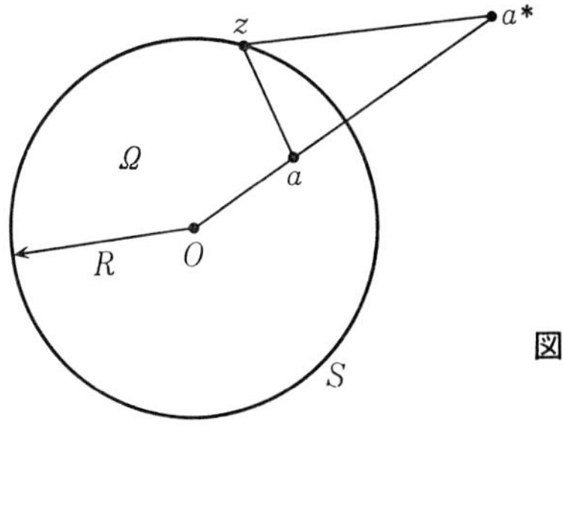

図 4.6

で与えられる.

なお, (4.38) の関係で結ばれる2点 a と a^* は, 球面 S に関して互いに**鏡像**になっているという. いまは $a\in\Omega$ としているが, a の鏡像 a^* の定義自体は任意の $a\in\boldsymbol{R}^3\ (a\neq 0)$ に対して (4.38) で与えられる. なお, 中心 O の鏡像は無限遠であり, 無限遠の鏡像は O であると約束する. (4.38) によれば, a, a^* が0でないときには, a^* は条件

$$(4.40)\qquad \begin{cases} a^* \text{ と } a \text{ はベクトルとして同じ方向をもつ,} \\ |a^*|\cdot|a| = R^2 \end{cases}$$

によって特徴づけられる.

さて, (4.39) の v が $x\in S$ に対して0になることを検証しよう. S 上に任意の点 z をとり, 二つの単位ベクトル

$$(4.41)\qquad e=\frac{a}{|a|},\qquad \omega=\frac{z}{R}$$

を導入する. そうすると

$$|z-a|^2=|R\omega-|a|e|^2=R^2+|a|^2-2R|a|(\omega\cdot e),$$

ただし(・)はベクトルの内積を表わす. 一方

$$|z-a^*|^2=\left|R\omega-\frac{R^2}{|a|}e\right|^2=R^2+\frac{R^4}{|a|^2}-2\frac{R^3}{|a|}(\omega\cdot e)$$
$$=\frac{R^2}{|a|^2}(|a|^2+R^2-2R|a|(\omega\cdot e)).$$

したがって

$$(4.42)\qquad |z-a^*|=\frac{R}{|a|}|z-a| \qquad (|z|=R).$$

こうして, たしかに (4.39) の v は $x\in S$ に対して0となる.

いま, (4.39) の v を a について重ね合せた形のつぎの関数を考えよう:

$$(4.43)\qquad u(x)=\int_\Omega G(x,y)f(y)dy,$$

ただし

$$(4.44)\qquad G(x,y)=\frac{1}{4\pi}\left(\frac{1}{|x-y|}-\frac{R}{|y|}\frac{1}{|x-y^*|}\right)$$

である. この G を球 $\Omega=\{x\,|\,|x|<R\}$ に対する Dirichlet 問題の **Green 関数**と

よぶ.（一般の領域についての Green 関数についてはあとでふれる.）

なお,（4.44）の右辺の（ ）内の第2項は $y=0$ で特異性があるように見えるが, それは見かけだけのことである. 実際, $|y|=\rho$ とおけば

$$|x-y^*|^2 = \left|x-\frac{R^2}{\rho^2}y\right|^2 = |x|^2+\frac{R^4}{\rho^2}-2\frac{R^2}{\rho^2}(x\cdot y)$$

であるから,

$$|y||x-y^*| = \sqrt{|x|^2|y|^2+R^4-2R^2(x\cdot y)}$$

となるのである. ゆえに,

$$G(x,y) = \frac{1}{4\pi}\frac{1}{|x-y|}-g(x,y) \tag{4.45}$$

とおけば,

$$g(x,y) = \frac{1}{4\pi}\frac{R}{|y|}\frac{1}{|x-y^*|} = \frac{1}{4\pi}\frac{R}{\sqrt{R^4-2R^2(x\cdot y)+|x|^2|y|^2}} \tag{4.46}$$

であって, これは $|x|<R$, $|y|\leqq R$ において正則であることがわかる. $g(x,y)$ を Green 関数 $G(x,y)$ における**補正関数**という.

さて, いま f を Ω で C^1 級かつ Ω では有界な関数とすれば,（4.43）が Dirichlet 問題（4.35）,（4.36）の解であることを検証しよう. まず

$$u(x) = \frac{1}{4\pi}\int_\Omega \frac{1}{|x-y|}f(y)\,dy-\int_\Omega g(x,y)f(y)\,dy$$

である. 右辺の第1項が Ω で C^2 級であり, $-\triangle$ をほどこせば f となることは, 定理3.9からわかる. 右辺第2項が Ω で C^2 級であり, $-\triangle$ をほどこせば

$$-\triangle\int_\Omega g(x,y)f(y)\,dy = -\int \triangle_x g(x,y)f(y)\,dy = 0$$

になることは, $x\in\Omega$ に対して g が特異性をもたず, かつ g が x について調和であることから明らかである. したがって,（4.43）の u は Ω において C^2 級であり, Poisson の方程式（4.35）を満足する.

つぎに, u が $\bar{\Omega}$ で連続であり, S において境界値が0になることを確かめよう. そのために, まず

$$0 < G(x,y) < \frac{1}{4\pi}\frac{1}{|x-y|} \qquad (x\neq y) \tag{4.47}$$

であることを示す.（4.47）の右の不等号は $g(x,y)>0$ から明らかである. 一方,

$y \in \Omega$ を固定し，十分小さな正数 ε に対して領域 $\Omega_\varepsilon = \{x \mid x \in \Omega,\ |x-y| > \varepsilon\}$ を定義すれば，外側の境界 S では $G(x, y) = 0$，内側の境界 $|x-y| = \varepsilon$ では $G(x, y) > 0$ となる．また，Ω_ε では $G(x, y)$ は x の調和関数である．したがって，定理 4.8 により，Ω_ε で (4.47) の左の不等号が成り立つ．ε の任意性から，(4.47) の左の不等号が任意の $x \neq y$ に対して成り立つ．

さて，境界上の1点 x_0 を固定し，任意の $\varepsilon > 0$ に対して，つぎのような正数 δ が存在することを示そう：

(4.48)　　$|x-x_0| < \delta, \quad x \in \Omega$　ならば　$|u(x)| < \varepsilon.$

まず，正数 δ_1 を小さく選んで

$$U(\delta_1) = \{x \mid x \in \Omega,\ |x-x_0| < \delta_1\}$$

とおけば (図 4.7)，

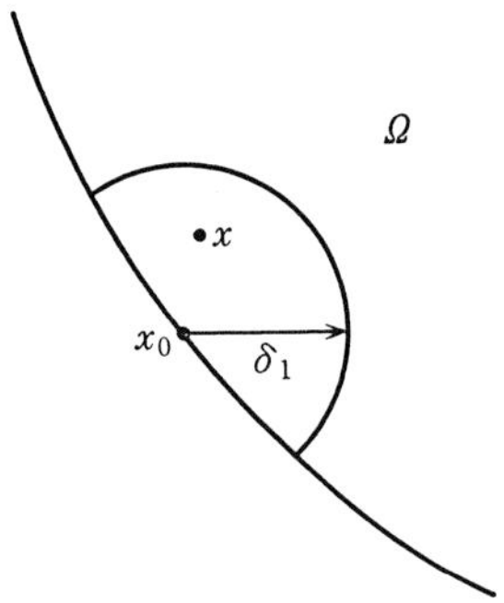

図 4.7

(4.49)
$$\left| \int_{U(\delta_1)} G(x, y) f(y) dy \right| \leqq \frac{M}{4\pi} \int_{U(\delta_1)} \frac{dy}{|x-y|}$$
$$\leqq \frac{M}{4\pi} \int_{|x-y|<\delta_1} \frac{dy}{|x-y|} = \frac{M}{2} {\delta_1}^2$$

が成り立つ．ただし，$M = \sup_{y \in \Omega} |f(y)|$ である．したがって，

$$u_1(x) = \int_{U(\delta_1)} G(x, y) f(y) dy \qquad (x \in \Omega)$$

に対して

$$|u_1(x)| < \frac{\varepsilon}{2} \qquad (x \in \Omega)$$

が成り立つように δ_1 を選ぶことができる．この δ_1 を固定して $u_2=u-u_1$ を考察すると，

$$u_2(x) = \int_{\Omega\setminus U(\delta_1)} G(x, y)f(y)dy$$

であるが，$x\to x_0$ としたとき，$G(x, y)f(y)$ は，$y\in\Omega\setminus U(\delta_1)$ に関して一様に，$G(x_0, y)f(y)=0$ に収束する．したがって $u_2(x)\to 0$ $(x\to x_0)$ であるから，

$$|u_2(x)| < \frac{\varepsilon}{2} \qquad (|x-x_0|<\delta,\ x\in\Omega)$$

が成り立つように δ_1 より小さな正数 δ を選ぶことが可能である．こうして，つぎの定理が得られた．

定理 4.9 3 次元の球 $\Omega=\{x\,|\,|x|<R\}$ における同次境界条件のもとでの Dirichlet 問題 (4.35), (4.36) の解 u は，f が Ω で有界かつ C^1 級ならば，(4.44) の Green 関数 $G(x, y)$ を用いて (4.43) の形に与えられる．——

Newton ポテンシャルの 2 回微分可能性に関する精密な定理 3.10 を用いれば，上の定理の f に対する条件をゆるめて，f は Ω で有界かつ C^θ 級 $(0<\theta\leqq 1)$ であるとしてもよい．

定理 4.9 のつぎには，当然，境界条件が非同次の場合が問題となるが，それは次節で扱うこととし，2 次元の場合にふれておこう．

Ω を 2 次元の円板 $\{x\,|\,|x|<R\}$ とし，S をその境界の円 $\{x\,|\,|x|=R\}$ とする．この円に関する点 a の鏡像 a^* は，やはり (4.38) によって定義される．等式 (4.42) は次元に関係なく成り立つから，

$$G_2(x, y) = \frac{1}{2\pi}\left(\log\frac{2R}{|x-y|} - \log\frac{2R^2}{|y||x-y^*|}\right) \tag{4.50}$$

とおけば，$G_2(x, y)$ は $x\in S$ のとき 0 となる．また，

$$e_2(x, y) = \frac{1}{2\pi}\log\frac{2R}{|x-y|}, \qquad g_2(x, y) = \frac{1}{2\pi}\log\frac{2R^2}{|y||x-y^*|}$$

とおけば，e_2 は $\Omega\setminus\{y\}$ で，g_2 は Ω で，それぞれ x に関して調和である．さらに，$x, y\in\Omega$ ならば $|x-y|<2R$ であるから $e_2>0$．また，

$$\begin{aligned}|y||x-y^*| &= \sqrt{R^4-2R^2(x\cdot y)+|x|^2|y|^2} \\ &\leqq R^2+|x||y| < 2R^2\end{aligned}$$

であるから，g_2 は

$$g_2(x, y) > \frac{1}{2\pi}\log\frac{2R^2}{2R^2} = 0$$

を満足する．したがって，とくに

$$0 < G_2(x, y) < e_2(x, y)$$

が成り立つ．これらの性質を用い，3次元の場合に使った論法と，定理3.9を2次元に適用できるように修正したものとを用いれば，つぎの定理を証明することができる．

定理4.10　2次元の円板 $\Omega=\{x \mid |x|<R\}$ における同次境界条件のもとでの Dirichlet 問題(4.35), (4.36)の解 u は，f が Ω で有界かつ C^1 級ならば，(4.50)の $G_2(x, y)$ を用いて

$$u(x) = \int_\Omega G_2(x, y) f(y) dy \tag{4.51}$$

によって与えられる．——

なお，G_2 を円板 $\{x \mid |x|<R\}$ における Dirichlet 問題の Green 関数とよぶ．

一般の有界領域 Ω に対する **Green 関数の定義**を述べておこう．Ω における Dirichlet 問題に関し，$\bar{\Omega}\times\bar{\Omega}\setminus\{(x, y) \mid x=y\}$ で定義された $G(x, y)$ が Green 関数であるとは，つぎの条件(i)-(iii)が満足されることである．ただし，簡単のため，3次元の場合について記す．

(i)　$G(x, y)$ は $\bar{\Omega}\times\bar{\Omega}\setminus\Delta$ で連続である．ただし

$$\Delta = \{(x, y) \in \boldsymbol{R}^3\times\boldsymbol{R}^3 \mid x=y\}.$$

(ii)　$G(x, y)$ は $x \in S=\partial\Omega$ において0となる．

(iii)　$G(x, y)-(1/4\pi)(1/|x-y|)=-g(x, y)$ とおけば g は $\partial g/\partial x_j$, $\partial^2 g/\partial x_i\partial x_j$ とともに $\Omega\times\bar{\Omega}$ で連続であって x に関して Ω で調和である．さらに，ある定数 M_1 に対して

$$|g(x, y)| \leqq \frac{M_1}{|x-y|} \qquad (x, y \in \Omega)$$

が成り立つ．

上の(i)-(iii)の条件のもとでは，ある定数 M に対して

$$0 < G(x, y) < \frac{M}{|x-y|} \qquad (x, y \in \Omega)$$

が成り立つ．左の不等号は最大値の原理を用い，右の不等号は**補正関数** g の性質を用いて示される．もちろん，$G(x,y)$ は x に関して，$x\in\Omega$, $x\neq y$ において調和である．

与えられた領域 Ω に対して Green 関数 $G(x,y)$ が存在すれば，同次境界条件のもとでの Dirichlet 問題

$$\begin{cases} -\triangle u = f & (x\in\Omega), \\ u|_S = 0 & (x\in S=\partial\Omega) \end{cases} \tag{4.52}$$

の解 u は，f に関する滑らかさ (Ω で有界かつ C^1 級) を仮定しておけば，

$$u(x) = \int_\Omega G(x,y)f(y)dy \tag{4.53}$$

で与えられる．もし証明に興味があれば，球の場合にならって試みられるとよい．

つぎに，Green 関数の**対称性**

$$G(x,y) = G(y,x) \qquad (x, y\in\Omega,\ x\neq y) \tag{4.54}$$

を証明しよう．

そのために，Ω の中に台をもつ C^1 級の関数 φ, ψ を任意に選んで

$$u(x) = \int_\Omega G(x,y)\varphi(y)dy, \qquad v(x) = \int_\Omega G(x,y)\psi(y)dy$$

とおけば，u と v はどちらも Ω で C^2 級であり，かつ境界で 0 となるから，

$$-(\triangle u, v) = -(u, \triangle v) \tag{4.55}$$

が成り立つ．ただし，$(\ ,\ )$ は $L_2(\Omega)$ における内積を表わす．ところが，$-\triangle u=\varphi$, $-\triangle v=\psi$ であるから $(\varphi, v)=(u,\psi)$ である．これを 2 重積分の形で書けば

$$\iint_{\Omega\times\Omega}\varphi(x)G(x,y)\psi(y)dxdy = \iint_{\Omega\times\Omega}\psi(x)G(x,y)\varphi(y)dxdy.$$

それゆえ右辺の積分の x, y を入れかえて

$$\iint_{\Omega\times\Omega}\{G(x,y)-G(y,x)\}\varphi(x)\psi(y)dxdy = 0.$$

これから φ と ψ の任意性に注意すれば，変分法の基本補題（本講座“解析入門”参照）によって，求める等式 (4.54) が得られる．このように，Green 関数の対称性というのは，零境界条件をつけて考えた微分作用素 $-\triangle$ の対称性 (4.55) を反映した性質である．

一般の領域に対して Green 関数を構成するには，補正関数 g を構成すればよ

い. いま, $y\in\Omega$ を固定し, $v(x)=g(x,y)$ とおけば, v は

$$(4.56)\qquad \begin{cases} \triangle v=0 & (x\in\Omega), \\ v|_S=\beta_y(x) & (x\in S=\partial\Omega) \end{cases}$$

によって決定される. ただし, S 上の関数 β_y は

$$(4.57)\qquad \beta_y(x)=\frac{1}{4\pi}\frac{1}{|x-y|}\qquad (x\in S)$$

である. もちろん, $v=g(x,y)$ は, x,y に関して指定された連続性, 微分可能性の条件を満足しなければならないが, (4.56) の解が存在することが本質的な条件である. (4.56) は, Laplace の方程式に対する非同次な境界条件のもとでの Dirichlet 問題(これが本来の Dirichlet 問題)であるが, われわれは次節で, すでに Green 関数の構成されている球や円板の場合について, この問題の解の公式を導くことにする.

§4.4 球における Dirichlet 問題

Ω を3次元空間における球 $\{x\,|\,|x|<R\}$, S をその境界 $\{x\,|\,|x|=R\}$ とする. 前節末に述べたように, ここでの目的は, この球における Dirichlet 問題

$$(4.58)\qquad \triangle u=0\qquad (x\in\Omega),$$

$$(4.59)\qquad u|_S=\beta(x)\qquad (x\in S=\partial\Omega)$$

が, S 上で与えられた任意の連続関数 β に対して可解であることを示すことである. そのために, しばらく発見的な考察を行なう. すなわち, 前節で構成した Green 関数

$$(4.60)\qquad G(x,y)=\frac{1}{4\pi}\left(\frac{1}{|x-y|}-\frac{R}{\sqrt{R^4-2R^2(x\cdot y)+|x|^2|y|^2}}\right)$$

を用いて, 上の Dirichlet 問題の解 u が, もし存在したとすればどのように表わされるかを調べる. とりあえず, $x\in\Omega$ を固定する. 一般的に示したことであったが, (4.60) の具体形からもわかるように $G(x,y)$ は x,y に関して対称であり, したがって, y に関して $\Omega\setminus\{x\}$ において調和であり, かつ境界 S 上で0となる. また, 補正関数は $y=x$ においても正則であることに注意すれば, Green の積分公式 (3.10) から出発して (3.44) を導いたときと同じ論法により, 任意の $v\in C^2(\Omega)\cap C^1(\bar{\Omega})$ に対して積分表示

$$(4.61)\qquad v(x) = -\int_{\Omega} G(x,y)\triangle v(y)dy + \int_S G(x,y)\frac{\partial v(y)}{\partial n}dS_y - \int_S v(y)\frac{\partial}{\partial n_y}G(x,y)dS_y \qquad (x\in\Omega)$$

が導かれる．ここで，$v=u$ とおき (4.58), (4.59) を用いると，

$$(4.62)\qquad u(x) = -\int_S \beta(y)\frac{\partial}{\partial n_y}G(x,y)dS_y$$

が得られる．なお，(4.61) の右辺の第 2 項は $G(x,y)|_{y\in S}=0$ により，もともと 0 であった．(4.62) は，与えられた境界値 β と，すでに具体的に求められている Green 関数によって u を表わしている．解の存在証明の立場からは，ここまでが発見的な考察である．以下，u が (4.62) の右辺で定義されたものとし，その u が (4.58), (4.59) を満たすことを検証しよう．

まず，$(\partial/\partial n_y)G(x,y)$ は，$y\in S$ であるかぎり，x の関数として Ω において何回でも微分可能であり，かつ調和である．したがって

$$\triangle u(x) = -\int_S \triangle_x\frac{\partial}{\partial n_y}G(x,y)\beta(y)dS_y = 0 \qquad (x\in\Omega)$$

が成り立つ．すなわち，(4.62) の u は Laplace の方程式 (4.58) を満足する．

u が境界条件 (4.59) を満たすことを示そう．$(\partial/\partial n_y)G(x,y)$ を計算するために，

$$(4.63)\qquad r=|x|,\qquad \rho=|y|,\qquad \gamma=(x, y\text{ の間の角})$$

とおく (図 4.8)．$\partial/\partial n_y$ が $\partial/\partial\rho$ であることに注意すると，

$$\frac{\partial}{\partial n_y}\left(\frac{1}{|x-y|}\right) = \frac{\partial}{\partial\rho}\left\{\frac{1}{(r^2+\rho^2-2r\rho\cos\gamma)^{1/2}}\right\}$$

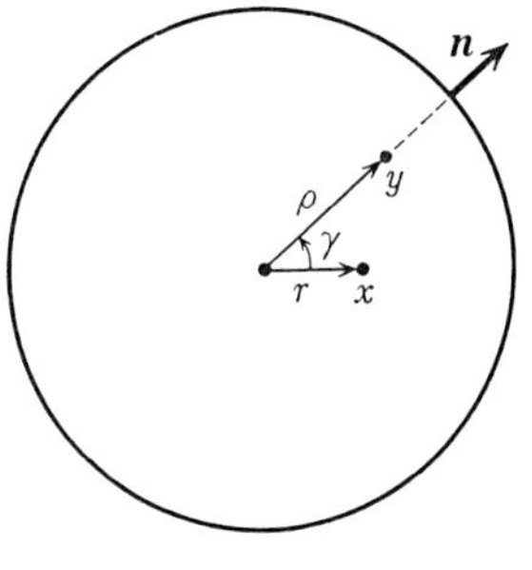

図 4.8

$$= -\frac{\rho - r\cos\gamma}{(r^2+\rho^2-2r\rho\cos\gamma)^{3/2}},$$

ゆえに

$$\frac{\partial}{\partial n_y}\left(\frac{1}{|x-y|}\right)\Bigg|_{y\in S} = -\frac{R-r\cos\gamma}{(R^2+r^2-2Rr\cos\gamma)^{3/2}}.$$

一方，Green 関数 G における補正関数を $g(x, y)$ で表わせば

$$4\pi\frac{\partial}{\partial n_y}g(x, y) = \frac{\partial}{\partial\rho}\left\{\frac{R}{(R^4-2R^2r\rho\cos\gamma+r^2\rho^2)^{1/2}}\right\}$$

$$= -\frac{Rr^2\rho - R^3r\cos\gamma}{(R^4-2K^2r\rho\cos\gamma+r^2\rho^2)^{3/2}},$$

ゆえに

$$4\pi\frac{\partial}{\partial n_y}g(x, y)\Bigg|_{y\in S} = -\frac{R^2r^2-R^3r\cos\gamma}{(R^4-2R^3r\cos\gamma+R^2r^2)^{3/2}}$$

$$= -\frac{\dfrac{r^2}{R}-r\cos\gamma}{(R^2+r^2-2Rr\cos\gamma)^{3/2}}.$$

これらの結果を用いると

$$-\frac{\partial}{\partial n_y}G(x, y)\Bigg|_{y\in S} = \frac{1}{4\pi}\frac{1}{R}\frac{R^2-r^2}{(R^2+r^2-2Rr\cos\gamma)^{3/2}} \tag{4.64}$$

が得られる．右辺は $x\in\Omega$, $y\in S$ に対して定義された関数であるが，これを $K(x, y)$ と書くことにする．すなわち，

$$K(x, y) = \frac{1}{4\pi}\frac{1}{|y|}\frac{R^2-|x|^2}{|y-x|^3} = \frac{1}{4\pi}\frac{1}{R}\frac{R^2-r^2}{(R^2+r^2-2Rr\cos\gamma)^{3/2}}. \tag{4.65}$$

$K(x, y)$ は Dirichlet 問題に対する **Poisson 核**とよばれる．これを用いると，(4.62) は

$$u(x) = \int_S K(x, y)\beta(y)\,dS_y \tag{4.66}$$

と書ける．この u に対して，

$$u(x) \longrightarrow \beta(x_0) \qquad (x\to x_0,\ x\in\Omega) \tag{4.67}$$

が $x_0\in S$ に関して一様に成り立つことを証明しよう．まず，$K(x, y)$ がつぎの2条件を満足することを示す：

$$K(x, y) > 0 \qquad (x\in\Omega,\ y\in S), \tag{4.68}$$

$$\int_S K(x, y)\,dS_y = 1 \qquad (x \in \Omega). \tag{4.69}$$

実際, (4.68) は (4.65) における K の具体形と, $|x|<R$ とから明らかである. 一方, (4.69) は, (4.62) が $u\equiv1$, $\beta\equiv1$ として成り立つこと, ひいては, (4.66) が $u\equiv1$, $\beta\equiv1$ として成り立つことにほかならない.

さて $x_0 \in S$ を固定する. (4.69) を用いると

$$u(x)-\beta(x_0) = \int_S K(x, y)\{\beta(y)-\beta(x_0)\}\,dS_y$$

である. さらに, 小さな正数 δ を選んで, S をつぎの $\sigma(\delta)$, $\Sigma(\delta)$ に分割する (図 4.9):

$$\sigma(\delta) = \{x \in S \mid |x-x_0|<\delta\}, \qquad \Sigma(\delta) = S \setminus \sigma(\delta).$$

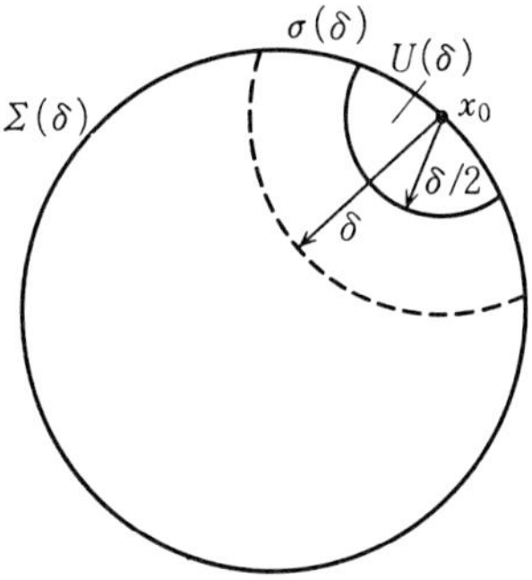

図 4.9

これに応じて,

$$I_\delta = I_\delta(x) = \int_{\sigma(\delta)} K(x, y)\{\beta(y)-\beta(x_0)\}\,dS_y,$$

$$J_\delta = J_\delta(x) = \int_{\Sigma(\delta)} K(x, y)\{\beta(y)-\beta(x_0)\}\,dS_y$$

とおく. (4.68), (4.69) を用いれば, I_δ をつぎのように評価することができる:

$$|I_\delta| \leqq \omega(x_0\,;\delta)\int_{\sigma(\delta)} K(x, y)\,dS_y \leqq \omega(x_0\,;\delta)\int_S K(x, y)\,dS_y = \omega(x_0\,;\delta),$$

ただし

$$\omega(x_0\,;\delta) = \sup_{\substack{y \in S \\ |y-x_0|<\delta}} |\beta(y)-\beta(x_0)|.$$

$\delta\to 0$ のとき $\omega(x_0;\delta)\to 0$ となることは，β の点 x_0 における連続性から明らかである．さらに，β はコンパクトな集合 S の上の連続関数であり，したがって S 上で一様連続であるから，上の収束 $\omega(x_0;\delta)\to 0$ は x_0 に関して一様である．すなわち，ε を任意に与えられた正数とするとき，

$$|I_\delta(x)| < \frac{\varepsilon}{2} \qquad (x\in\Omega)$$

が成立するような $\delta>0$ を x_0 に関係なく選ぶことができる．そのような δ を一つ定めよう．そうして，

$$U(\delta) = \left\{x\in\Omega \,\middle|\, |x-x_0|<\frac{\delta}{2}\right\}$$

とおけば，$y\in\Sigma(\delta)$，$x\in U(\delta)$ のとき $|y-x|\geqq\delta/2$ である．したがって K の具体形 (4.65) を用いると，

$$|J_\delta(x)| \leqq 2M\int_{\Sigma(\delta)} K(x,y)\,dS_y < \frac{2M}{4\pi}\cdot\frac{R^2-|x|^2}{R}\cdot\frac{8}{\delta^3}\cdot 4\pi R^2$$
$$= CM(R^2-|x|^2)$$

が得られる．ただし，$M=\max_{y\in S}|\beta(y)|$ であり，C は x_0 にもよらないある定数である．したがって，$x\to x_0$ のとき $J_\delta(x)\to 0$ となること，およびこの収束が x_0 に関して一様であることがわかる．すなわち

$$|J_\delta(x)| < \frac{\varepsilon}{2} \qquad (|x-x_0|<\delta_1)$$

となるような $\delta/2$ よりも小さな δ_1 を x_0 に関係なく選ぶことができる．こうして，

$$|u(x)-\beta(x_0)| \leqq |I_\delta+J_\delta| < \varepsilon \qquad (|x-x_0|<\delta_1)$$

が成立するような正数 δ_1 を選ぶことができた．すなわち，(4.67) が $x_0\in S$ に関して一様に成り立つ．

以上の結果を定理として書いておこう．

定理 4.11 (Poisson の公式) 球 $|x|<R$ における Laplace の方程式の Dirichlet 問題 (4.58), (4.59) は，(4.63) の記号を用いると，S 上の任意の連続関数 β に対して，

$$u(x) = \frac{1}{4\pi}\frac{1}{R}\int_S \frac{R^2-r^2}{(R^2+r^2-2Rr\cos\gamma)^{3/2}}\beta(y)\,dS_y \qquad (|x|<R) \tag{4.70}$$

で与えられる一意の解 $u\in C^2(\Omega)\cap C(\bar{\Omega})$ をもつ．——

上の定理における解の一意性は定理 3.2 によるものである．また，定理 3.7 によれば，上の解 u は Ω で C^∞ 級(さらに，実解析的)でもある．(4.70) を，球における Dirichlet 問題に対する **Poisson の公式**という．

2 次元の場合も，(4.50) の円板に対する Green 関数 $G_2(x, y)$ を用いれば同様に扱うことができる．結果だけを述べておこう．

定理 4.12 (2 次元における Poisson の公式)　円板 $\Omega=\{x\in \boldsymbol{R}^2 \mid |x|<R\}$ における Dirichlet 問題

$$\begin{cases} \triangle u = 0 & (x\in\Omega), \\ u|_S = \beta(x) & (x\in S=\partial\Omega) \end{cases}$$

は，S 上の任意の連続関数 β に対して一意の解 u をもつ．その解 u は，(4.63) の記号を用いれば，

$$u(x) = \frac{1}{2\pi R}\int_S \frac{R^2-r^2}{R^2+r^2-2Rr\cos\gamma}\beta(y)\,dS_y \tag{4.71}$$

と表わされる．——

さらに Poisson の公式からつぎの定理が導かれる．

定理 4.13 (**Harnack の第 2 定理**)　Ω を任意の領域とする．Ω における調和関数の列 $\{u_n\}$ があって，この関数列は

$$u_1(x) \geqq u_2(x) \geqq \cdots \geqq u_n(x) \geqq \cdots \qquad (x\in\Omega)$$

の意味で単調であるとする．このとき，Ω の 1 点 x_0 において $\{u_n(x_0)\}$ が収束するならば，$\{u_n\}$ は Ω において広義一様収束する．——

上の定理における $\{u_n\}$ の極限関数は，定理 4.7 により Ω で調和である．また，単調増加の場合についても定理は成り立つ．(u_n のかわりに $-u_n$ を考えることにすればよい.) 定理の x_0 は Ω の境界の点であってはならない．たとえば，1 次元の調和関数 $u_n=-nx$ を $\Omega=(0, 1)$ で考えれば，$\{u_n(0)\}$ は収束するけれども，$\{u_n(x)\}$ $(x\neq 0)$ は収束しない．

定理 4.13 の証明　3 次元の場合について証明する．

[第 1 段]　いま，x_0 を中心とする球

$$V = \{x \mid |x-x_0|<R\}$$

を，V およびその表面 $S=\{x \mid |x-x_0|=R\}$ が Ω に含まれるようにとる(図 4.10)．

つぎに，v を Ω で非負な調和関数とする．そうすると，Poisson の公式(原点

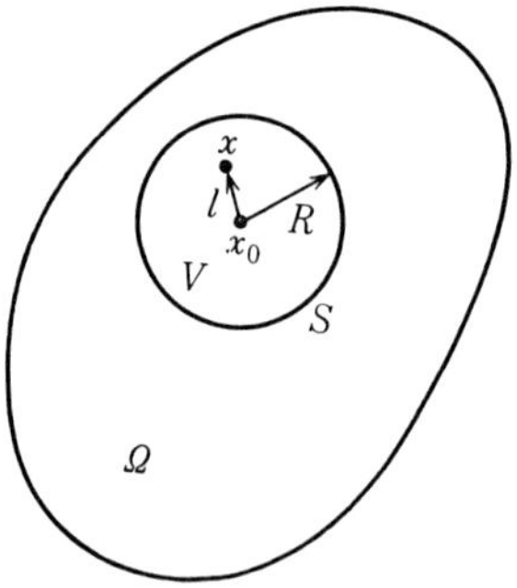

図 4.10

を x_0 まで平行移動したもの)により

$$v(x) = \int_S K(x, y) v(y) dS_y \tag{4.72}$$

が成り立つ．ただし

$$K(x, y) = \frac{1}{4\pi}\frac{1}{R}\frac{R^2-|x-x_0|^2}{|y-x|^3} \qquad (x \in V,\ \ y \in S) \tag{4.73}$$

である．いま，x が $V_l = \{x \mid |x-x_0| \leqq l\}$，ただし $0<l<R$，に制限されたとすれば

$$4\pi RK(x, y) \leqq \frac{R^2-|x-x_0|^2}{(R-|x-x_0|)^3} = \frac{R+|x-x_0|}{(R-|x-x_0|)^2} \leqq \frac{R+l}{(R-l)^2}.$$

したがって，(4.72) と v の非負性から

$$v(x) \leqq \frac{1}{4\pi R}\frac{R+l}{(R-l)^2}\int_S v(y) dS_y.$$

ところが，調和関数の球面平均の定理により

$$\int_S v(y) dS_y = 4\pi R^2 v(x_0)$$

であるから，

$$0 \leqq v(x) \leqq \frac{R(R+l)}{(R-l)^2} v(x_0) \qquad (x \in V_l) \tag{4.74}$$

が成り立つ．

［第2段］ 定理の $\{u_n\}$ に対して

$$v = u_m - u_n \qquad (m<n)$$

とおけば，v は Ω で調和であり，かつ非負である．この v を (4.74) に代入すれば，

$$(4.75) \qquad 0 \leqq u_m(x)-u_n(x) \leqq \frac{R(R+l)}{(R-l)^2}(u_m(x_0)-u_n(x_0)) \qquad (x \in V_l)$$

が得られる．したがって，$\{u_n(x_0)\}$ が収束すれば，V_l において一様に，$u_m(x)-u_n(x)\to 0$ $(m, n\to\infty)$ となる．すなわち，$\{u_n\}$ は V_l において一様収束する．

［第3段］ $\{u_n\}$ が一様収束する範囲を広げる論法は，定理4.5の証明の後半において，$u(x)=M$ となる範囲を広げていったときの論法と同様である．こんどの場合は，たとえば上の V_l 内での $\{u_n\}$ の一様収束が証明できたならば，つぎには，V_l の任意の点 x_1 を中心とし Ω 内に含まれるような任意の閉球において $\{u_n\}$ が一様収束することに注意すればよい．▌

§4.5 Kelvin 変換と球面調和関数

この節では3次元の場合だけを考える．3次元空間における球面 $S=\{x \mid |x|=R\}$ の内部を Ω_i，外部を Ω_e で表わす (図4.11)．点 x に S に関する鏡像の点 x^* を対応させる写像を Φ と書くことにすれば，§4.3で説明したように

$$x^* = \Phi x = \frac{R^2}{|x|^2}x$$

である．x と同方向をもつ単位ベクトル ω を用いて，$x=|x|\omega$ と書いたとすれば

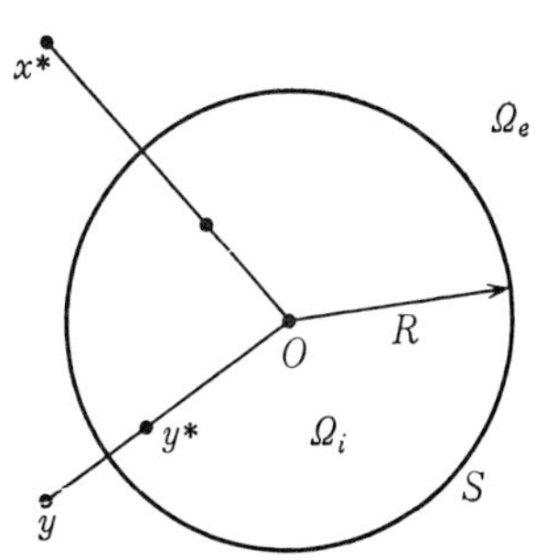

図4.11

$$x = |x|\omega \overset{\Phi}{\rightleftarrows} \frac{R^2}{|x|}\omega = x^*$$

である．また，極座標 (r, θ, φ) を用いて点を表わすときには

$$(r, \theta, \varphi) \overset{\Phi}{\rightleftarrows} \left(\frac{R^2}{r}, \theta, \varphi\right)$$

である．写像 Φ は，$\Phi = \Phi^{-1}$，$\Phi^2 = I$ (恒等写像) という性質をもっている．また，Φ は Ω_i を Ω_e に，Ω_e を Ω_i に写す．

さて，与えられた関数 u に対して

$$v(x) = \frac{R}{|x|}u(x^*) \tag{4.76}$$

で定義される関数 v を u の **Kelvin 変換**という．ここでは，u の Kelvin 変換を $\mathcal{K}u$ と書くことにする．すなわち

$$(\mathcal{K}u)(x) = \frac{R}{|x|}u(x^*). \tag{4.77}$$

$\mathcal{K}u$ の定義域は，とくに断らないかぎり u の定義域の Φ による像である．Kelvin 変換は，関数が調和であるという性質を保存する．すなわち，つぎの定理が成り立つ．

定理 4.14　u がある領域 Ω で調和ならば，$v = \mathcal{K}u$ は Ω の Φ による像 Ω^* において調和である．

証明　極座標を用いて計算する．Ω の任意の点 x の極座標を (r, θ, φ)，Ω^* の任意の点 y の極座標を (ρ, θ, φ) で表わす．u が調和であることにより ((3.21) 参照)，

$$\triangle_x u = \frac{1}{r^2}\frac{\partial}{\partial r}\left(r^2\frac{\partial}{\partial r}\right)u + \frac{1}{r^2}\Lambda_{\theta,\varphi}u = 0 \tag{4.78}$$

が成り立つ．一方，

$$v(\rho, \theta, \varphi) = \frac{R}{\rho}u\left(\frac{R^2}{\rho}, \theta, \varphi\right)$$

である．ここで

$$\triangle_y v = \frac{1}{\rho^2}\frac{\partial}{\partial \rho}\left(\rho^2\frac{\partial}{\partial \rho}\right)v + \frac{1}{\rho^2}\Lambda_{\theta,\varphi}v$$

をつぎのように正直に計算する．ただし $r = R^2/\rho$ と関係づける．

$$\frac{1}{\rho^2}\frac{\partial}{\partial\rho}\left(\rho^2\frac{\partial}{\partial\rho}v\right)=\frac{1}{\rho^2}\frac{\partial}{\partial\rho}\left\{\rho^2\frac{\partial}{\partial\rho}\left(\frac{R}{\rho}u(r,\theta,\varphi)\right)\right\}$$
$$=\frac{R}{\rho^2}\frac{\partial}{\partial\rho}\left\{\rho^2\left(-\frac{1}{\rho^2}u-\frac{R^2}{\rho^3}u_r\right)\right\}=\frac{R}{\rho^2}\left(\frac{R^2}{\rho^2}u_r+\frac{R^2}{\rho^2}u_r+\frac{R^4}{\rho^3}u_{rr}\right)$$
$$=\frac{R^5}{\rho^5}\left(u_{rr}+\frac{2}{r}u_r\right),$$
$$\frac{1}{\rho^2}\Lambda_{\theta,\varphi}v=\frac{R}{\rho^3}\Lambda_{\theta,\varphi}u=\frac{R^5}{\rho^5}\frac{1}{r^2}\Lambda_{\theta,\varphi}u.$$

したがって

$$\triangle_y v=\frac{R^5}{\rho^5}\triangle_x u=0 \qquad (y=x^*). \quad ∎$$

Kelvin 変換は，とくに球内(外)の調和関数を球外(内)の調和関数にうつす．また，Kelvin 変換は，原点が中心でない球面に関しても定義される．原点が中心になるように座標軸をとりなおせばよいわけである．なお，鏡像をとる球面自体の上での関数値は Kelvin 変換により不変であることを注意しておこう．

定理 4.14 の応用として，球の外部領域での Dirichlet 問題の可解性が示される．

定理 4.15 (球の外部領域での Dirichlet 問題) 球面 $S=\{x\mid |x|=R\}$ の外部領域 $\Omega_e=\{x\mid |x|>R\}$ における Dirichlet 問題

$$(4.79)\qquad \begin{cases} \triangle u=0 & (x\in\Omega_e), \\ u|_S=\beta(x) & (x\in S=\partial\Omega_e), \\ u(x)\longrightarrow 0 & (|x|\to+\infty) \end{cases}$$

は，S 上の任意の連続関数 β に対して一意の解をもつ．

証明 同じ境界値 β を用いた内部領域 $\Omega_i=\{x\mid |x|<R\}$ での Dirichlet 問題の解を v で表わす．定理 4.11 によって v の存在は保証されている．v の Kelvin 変換 $\mathcal{K}v$ を u とおけば，u が求める解となる．円 S の上では v と $\mathcal{K}v$ は一致することを注意しておく．(4.79) の解の一意性はすでに証明ずみである．∎

つぎの定理は，関数論における，除去可能な特異点に関する Riemann の定理に対応するものである．

定理 4.16 (調和関数の除き得る特異点) a を領域 Ω の 1 点とする．関数 u が $\Omega\setminus\{a\}$ で調和であり，かつ，a の近傍で

$$|u(x)| \leqq \frac{M}{|x-a|^{\alpha}} \qquad (0<|x-a|<\delta) \tag{4.80}$$

が，正の定数 M と δ，および $0\leqq\alpha<1$ を満足する定数 α に対して成り立つならば，$u(a)$ の値を適当に定める(修正する)ことにより，u が Ω で調和となるようにすることができる．

証明　一般性を失うことなく，$a=0$ と仮定することができる．そのうえで，R を十分小さな正数とし，球面 $|x|=R$ に関する Kelvin 変換 $\mathcal{K}$ を考える．$v=\mathcal{K}u$ とおけば，v は $|x|\geqq R$ で調和であり，かつ

$$|v(x)| = \left|\frac{R}{|x|}u(x^*)\right| \leqq \frac{R}{|x|}\frac{M}{|x^*|^{\alpha}} = C\frac{1}{|x|^{1-\alpha}} \tag{4.81}$$

が，$|x|>R^2/\delta$ に対して成り立つ．ただし，C は M と R のみによる定数である．$0\leqq\alpha<1$ であるから，(4.81) から $v(x)\to 0$ ($|x|\to+\infty$) がいえる．したがって，定理 4.3 によれば，極限値

$$\lim_{|x|\to+\infty} |x|v(x) = q_0 \tag{4.82}$$

が存在している．ところが，$v=\mathcal{K}u$ の Kelvin 変換は u 自身である．ゆえに，

$$u(x) = \frac{R}{|x|}v(x^*) = \frac{1}{R}|x^*|v(x^*). \tag{4.83}$$

ここで $|x|\to 0$ ならしめれば，$|x^*|\to+\infty$ であるから，(4.82) により，

$$\lim_{|x|\to 0} u(x) = \frac{q_0}{R} \tag{4.84}$$

が成り立つ．したがって，$u(0)=q_0/R$ と定義すれば，u は $x=0$ において連続，したがって Ω で連続となる．このようにして拡張された u が球面平均の定理の逆である定理 4.6 の仮定を満たしていることは容易に確かめられる．したがって u は Ω で調和である．▌

さて，調和多項式および球面調和関数の考察に入ろう．“解析入門”をはじめ本講座のいろいろな場所で用いられる記号であるが，**多重指数**(multi-index)に関する記号を定めておこう．(ただし，3次元の場合について述べる．) $\alpha_1, \alpha_2, \alpha_3$ を 0 または自然数とするとき，$\alpha=(\alpha_1, \alpha_2, \alpha_3)$ を多重指数，$|\alpha|=\alpha_1+\alpha_2+\alpha_3$ をその長さという．また

$$D^\alpha = D_x{}^\alpha = \left(\frac{\partial}{\partial x_1}\right)^{\alpha_1}\left(\frac{\partial}{\partial x_2}\right)^{\alpha_2}\left(\frac{\partial}{\partial x_3}\right)^{\alpha_3},$$

$$x^\alpha = x_1{}^{\alpha_1}x_2{}^{\alpha_2}x_3{}^{\alpha_3} \qquad (x \in \boldsymbol{R}^3)$$

と書く．D^α の階数，x^α の次数はともに $|\alpha|$ である．また

$$\alpha! = \alpha_1!\alpha_2!\alpha_3!$$

と定める．

つぎの定理を証明しよう．

定理 4.17（多重極ポテンシャルと調和多項式）

(4.85) $$D_x{}^\alpha\frac{1}{|x|} = \frac{P^{(\alpha)}(x)}{|x|^{2|\alpha|+1}} \qquad (x \neq 0)$$

とおけば，任意の多重指数に対して，$P^{(\alpha)}(x)$ は $|\alpha|$ 次の同次多項式であり，かつ調和関数である．

証明 $|\alpha|=0$，したがって $\alpha=(0,0,0)=0$ のときは

$$P^{(0)}(x) \equiv 1$$

であるから，定理は成り立っている．つぎに，$\alpha \neq 0$ のとき，$P^{(\alpha)}$ が $|\alpha|$ 次の同次多項式であることを数学的帰納法で証明する．それには，α の j 成分を 1 だけ増した多重指数を β とするとき，

(4.86) $$P^{(\beta)}(x) = |x|^2\frac{\partial}{\partial x_j}P^{(\alpha)}(x) - (2|\alpha|+1)x_jP^{(\alpha)}(x)$$

が成り立つことを用いればよい．(4.86) 自身は (4.85) の両辺を x_j で偏微分することによって得られる．

$P^{(\alpha)}$ が $|\alpha|$ 次の同次多項式であることがわかったから，

(4.87) $$P^{(\alpha)}(x) = |x|^{|\alpha|}Y^{(\alpha)} = |x|^{|\alpha|}Y^{(\alpha)}(\theta, \varphi)$$

とおくことができる．ここで，θ と φ は $x=0$ を原点とする極座標の角変数である．もちろん $Y^{(\alpha)}$ は，単位球面

(4.88) $$S^2 = \{\omega \mid |\omega|=1\}$$

上で定義された関数 $Y^{(\alpha)}(\omega)$ であると考えてもよい．実際，$x=|x|\omega$ とおけば

$$Y^{(\alpha)} = P^{(\alpha)}(\omega)$$

にほかならない．よって

$$Y^{(\alpha)}(\theta, \varphi) = P^{(\alpha)}(\sin\theta\cos\varphi, \sin\theta\sin\varphi, \cos\theta)$$

である．

$Y^{(\alpha)}$ を用いると，(4.85) の両辺を $u^{(\alpha)}(x)$ とおくとき

$$u^{(\alpha)}(x) = D_x{}^{\alpha}\frac{1}{|x|} = \frac{|x|^{|\alpha|}Y^{(\alpha)}}{|x|^{2|\alpha|+1}} = \frac{Y^{(\alpha)}(\omega)}{|x|^{|\alpha|+1}}$$

となる．$u^{(\alpha)}(x)$ は $x \neq 0$ で調和である．したがって，S^2 に関する Kelvin 変換を $\mathscr{K}$ とするとき，$\mathscr{K}u^{(\alpha)}$ は全空間で調和である．ところが $\mathscr{K}$ の定義により

$$(\mathscr{K}u^{(\alpha)})(x) = \frac{1}{|x|}u^{(\alpha)}(x^*) = \frac{1}{|x|}\frac{Y^{(\alpha)}(\omega)}{|x^*|^{|\alpha|+1}}$$
$$= |x|^{|\alpha|}Y^{(\alpha)}(\omega) = P^{(\alpha)}(x).$$

すなわち $P^{(\alpha)} = \mathscr{K}u^{(\alpha)}$ である．したがって $P^{(\alpha)}$ は全空間で調和である．▌

上の $D^{\alpha}(1/|x|)$ を多重指数 α に対応する**多重極ポテンシャル**，また，$P^{(\alpha)}$ を多重指数 α に対応する**調和多項式**とよぶことにしよう．実際に計算してみると，0次の調和多項式は上のように定数であり，1次の調和多項式は $-x_1, -x_2, -x_3$ の3個である．また，2次の調和多項式は，

$$2x_1{}^2 - x_2{}^2 - x_3{}^2, \quad 2x_2{}^2 - x_3{}^2 - x_1{}^2, \quad 2x_3{}^2 - x_1{}^2 - x_2{}^2,$$
$$3x_2x_3, \quad 3x_3x_1, \quad 3x_1x_2$$

の6個である．しかし，この最初の三つの和が0となるので，すべてが線型独立であるわけではない．このことは，$\triangle(1/|x|) = 0$ ($|x| \neq 0$) から当然予期されるところである．したがって，$Y^{(\alpha)}(\omega)$ もすべてが独立であるわけではない．しかし，$|\alpha| \neq |\beta|$ ならば，$Y^{(\alpha)}$ と $Y^{(\beta)}$ は S^2 上で直交している．このことを確かめよう．

$u = r^{|\alpha|}Y^{(\alpha)}$, $v = r^{|\beta|}Y^{(\beta)}$ $(r = |x|)$ とおき，単位球 $V = \{x \mid |x| < 1\}$ に対する Green の積分公式

$$\int_V (u\triangle v - v\triangle u)\,dx = \int_S \left(u\frac{\partial v}{\partial n} - v\frac{\partial u}{\partial n}\right)dS$$

に代入する．ただし，$S = \partial V = S^2$ であり，S 上の $\partial/\partial n$ は $\partial/\partial r$ に等しい．したがって

$$0 = \int_{|\omega|=1} (|\beta| - |\alpha|)\,Y^{(\alpha)}(\omega)\,Y^{(\beta)}(\omega)\,d\omega.$$

すなわち

(4.89)
$$\int_{|\omega|=1} Y^{(\alpha)}(\omega)\,Y^{(\beta)}(\omega)\,d\omega = 0 \qquad (|\alpha| \neq |\beta|).$$

なお，$Y^{(\alpha)}=Y^{(\alpha)}(\omega)$ を多重指数 α に対応する**球面調和関数**という．

$Y^{(\alpha)}$ と球面上の Laplace-Beltrami の作用素 $\Lambda=\Lambda_{\theta,\varphi}$ ((3.22) 参照) との関係を見ておこう．$|\alpha|=n$ とおく．$u^{(\alpha)}=r^n Y^{(\alpha)}$ が $\triangle u^{(\alpha)}=0$ を満足するという条件を極座標で書き表わすと，

$$n(n+1)r^{n-2}Y^{(\alpha)}+r^{n-2}\Lambda Y^{(\alpha)}=0$$

となる．$r=1$ とおけば，

$$\Lambda Y^{(\alpha)}=-n(n+1)\,Y^{(\alpha)}. \tag{4.90}$$

すなわち，$Y^{(\alpha)}$ は，Λ の固有値 $\lambda_n=-n(n+1)$ に対応する固有関数であることがわかる．したがって，(4.89) の直交性は，自己共役な作用素 Λ の異なる固有値に対応する固有関数は直交するという，一般論からも明らかな事実を表わしている．

$|\alpha|$ が等しい $Y^{(\alpha)}$ 同士が必ずしも線型独立でないことは上に注意したが，いま，n を指定し，

$$\mathscr{L}_n=\{|\alpha|=n \text{ であるような } Y^{(\alpha)} \text{ の線型結合}\} \tag{4.91}$$

とおく．あとで，$\mathscr{L}_n$ が固有値 λ_n に対する Λ の固有空間 $\mathscr{E}_n$ と一致することを示すのであるが，いまのところは，$\mathscr{L}_n\subset\mathscr{E}_n$ だけがわかっている．$\mathscr{L}_n$ の次元を調べよう．つぎの定理を証明するが，緩増加超関数の Fourier 変換を用いる (本講座“解析入門”または“定数係数線型偏微分方程式”参照)．初読の際は，証明をとばされても困ることはない．

定理 4.18 $\mathscr{L}_n$ の次元は $2n+1$ である．

証明 u の Fourier 変換を $\hat{u}=\mathscr{F}u$ で，v の Fourier 逆変換を $\check{v}=\mathscr{F}^{-1}v$ で表わす．形式的には

$$\hat{u}(\xi)=\int_{R^3}e^{-i(\xi\cdot x)}u(x)\,dx,\qquad \check{v}(x)=\frac{1}{(2\pi)^3}\int_{R^3}e^{i(x\cdot\xi)}v(\xi)\,d\xi$$

である．さて，

$$Q_n=\{\xi \text{ の } n \text{ 次同次多項式}\}$$

とおく．Q_n の次元 $\dim Q_n$ は

$$\dim Q_n={}_3H_n={}_{n+2}C_n=\frac{(n+2)(n+1)}{2} \tag{4.92}$$

で与えられる．いま，写像 $\Psi: Q_n\to\mathscr{L}_n$ をつぎのように定義する．すなわち，q

$=q(\xi)\in Q_n$ に対し，$Y=\Psi q$ を，

(4.93) $$Y=r^{n+1}u \quad (r=|x|), \qquad \text{ただし}\quad u=\mathscr{F}^{-1}\left(\frac{q(i\xi)}{|\xi|^2}\right),$$

で定義する．ここで，$q=\sum_{|\alpha|=n} C_\alpha \xi^\alpha$ とおけば，

$$\begin{aligned}\frac{q(i\xi)}{|\xi|^2} &= \frac{1}{|\xi|^2}\sum C_\alpha (i\xi)^\alpha = \mathscr{F}\left(\mathscr{F}^{-1}\left(\sum C_\alpha (i\xi)^\alpha \frac{1}{|\xi|^2}\right)\right) \\ &= \mathscr{F}\left(\sum C_\alpha D_x{}^\alpha \mathscr{F}^{-1}\frac{1}{|\xi|^2}\right) = \mathscr{F}\left(\sum C_\alpha D^\alpha\left(\frac{1}{4\pi}\frac{1}{r}\right)\right)\end{aligned}$$

となることに注意しよう．ただし，微分と Fourier 変換の関係，および $\mathscr{F}(1/r)=4\pi/|\xi|^2$ という事実を用いた．したがって，

(4.94) $$\begin{cases} u = \dfrac{1}{4\pi}\sum C_\alpha D^\alpha \dfrac{1}{r} = \dfrac{1}{4\pi}\sum C_\alpha \dfrac{Y^{(\alpha)}}{r^{n+1}}, \\ Y = \Psi q = r^{n+1}u = \dfrac{1}{4\pi}\sum C_\alpha Y^{(\alpha)}. \end{cases}$$

これから，線型写像 Ψ は Q_n から $\mathscr{L}_n$ の上への写像であることがわかる．したがって，

(4.95) $$\mathfrak{N}_n = \{q\in Q_n \mid \Psi q=0\} \quad (=\mathrm{Ker}\,\Psi)$$

とおけば，$\dim \mathscr{L}_n=\dim Q_n-\dim \mathfrak{N}_n$ となる．

一方，$q\in\mathfrak{N}_n$ となる条件は，(4.94) の u が条件 $r^{n+1}u=0$ を満たすことである．そのためには，$q(i\xi)$ が $|\xi|^2$ で割りきれ，$n-2$ 次の同次多項式 $q_1(\xi)$ を用いて，

(4.96) $$q(i\xi) = |\xi|^2 q_1(i\xi)$$

と表わされることが必要十分である．実際，$r^{n+1}u=0$ であるとすれば，u の台は原点のみとなり，u は δ 超関数の偏導関数の線型結合である．したがって，$\hat{u}$ は ξ の多項式でなくてはならない．よって (4.96) が必要である．逆に，(4.96) が成り立てば，u は $q_1(D_x)\delta$ となる．$r^{n+1}q_1(D_x)\delta=0$ であることは，$q_1(D_x)$ の階数 $n-2$ が n より小であることに注意すればわかる．

(4.96) における q_1 の全体の次元は，

$$_3H_{n-2} = {}_nC_{n-2} = \frac{n(n-1)}{2},$$

したがって $\dim\mathfrak{N}_n=n(n-1)/2$ である．結局，

$$\dim \mathcal{L}_n = \frac{(n+2)(n+1)}{2} - \frac{n(n-1)}{2} = 2n+1. \qquad \blacksquare$$

最後に，$S^2=\{\omega \mid |\omega|=1\}$ 上の連続関数は $Y^{(\alpha)}$ の線型結合で一様近似できることを示そう．まず，それ自体重要なつぎの定理を証明する．

定理 4.19 (Newton ポテンシャルの展開)　R を与えられた正数とし，f を閉球 $K=\{x \mid |x|\leqq R\}$ の中に台をもつ連続関数とする．このとき，Newton ポテンシャル

$$v(x) = \int_{\boldsymbol{R}^3} \frac{1}{|x-y|} f(y)\,dy = \int_{|y|\leqq R} \frac{1}{|x-y|} f(y)\,dy \tag{4.97}$$

は，K の外部 $\Omega_e=\Omega_{e,R}$ において，x に関し広義一様に

$$v(x) = \sum_{n=0}^{\infty} \frac{Y_n(\omega)}{|x|^{n+1}} \qquad \left(\omega=\frac{x}{|x|}\right) \tag{4.98}$$

と展開できる．ここに，Y_n は (4.91) の $\mathcal{L}_n$ の中のある関数である．

証明　$r=|x|$，$\rho=|y|$，$\eta=y/|y|$ とおき，$1/|x-y|$ を $y=0$ のまわりで形式的に展開すれば，

$$\frac{1}{|x-y|} = \sum_{\alpha} \frac{1}{\alpha!} y^{\alpha} \left(D_y{}^{\alpha} \frac{1}{|x-y|}\right)_{y=0} = \sum_{\alpha} \frac{(-1)^{|\alpha|}}{\alpha!} y^{\alpha} \frac{P^{(\alpha)}(x)}{r^{2|\alpha|+1}}$$
$$= \frac{1}{r} \sum_{n=0}^{\infty} (-1)^n \left(\frac{\rho}{r}\right)^n \sum_{|\alpha|=n} \frac{\eta^{\alpha} Y^{(\alpha)}(\omega)}{\alpha!}.$$

したがって，

$$a_n = a_n(x, y) = (-1)^n \sum_{|\alpha|=n} \frac{\eta^{\alpha} Y^{(\alpha)}(\omega)}{\alpha!} \tag{4.99}$$

とおけば

$$\frac{1}{|x-y|} = \frac{1}{r} \sum_{n=0}^{\infty} a_n(x, y) t^n, \tag{4.100}$$

ただし $t=\rho/r=|y|/|x|$．これから，(4.100) の収束を吟味しよう．$\cos\gamma=(\omega\cdot\eta)$，すなわち $\gamma=(x, y$ のなす角) とおけば

$$\frac{|x|}{|x-y|} = \frac{1}{\sqrt{1-2t\cos\gamma+t^2}}.$$

ところで，独立な変数 $z\in \boldsymbol{C}$ を導入して

$$g(z)=\frac{1}{\sqrt{1-2z\cos\gamma+z^2}}$$

とおけば，g は $z=0$ の近傍で正則である．より詳しくいうと，$1-2z\cos\gamma+z^2=(z-e^{i\gamma})(z-e^{-i\gamma})$ に注意すれば，$|z|<1$ において $g(z)$ は正則であって，

(4.101) $$g(z)=\sum_{n=0}^{\infty}b_n(\cos\gamma)z^n \qquad (|z|<1)$$

という展開が成り立つ(本講座"複素解析"参照)．係数 b_n は複素積分を用いると

(4.102) $$b_n=b_n(\cos\gamma)=\frac{1}{2\pi i}\int_{C_\kappa}\frac{g(z)}{z^{n+1}}dz$$

と表わされる．ここで C_κ は，1より小さな任意の正数 κ を半径とし $z=0$ を中心とする円を正の向きに一周する積分路である(図4.12)．$z\in C_\kappa$ のとき，

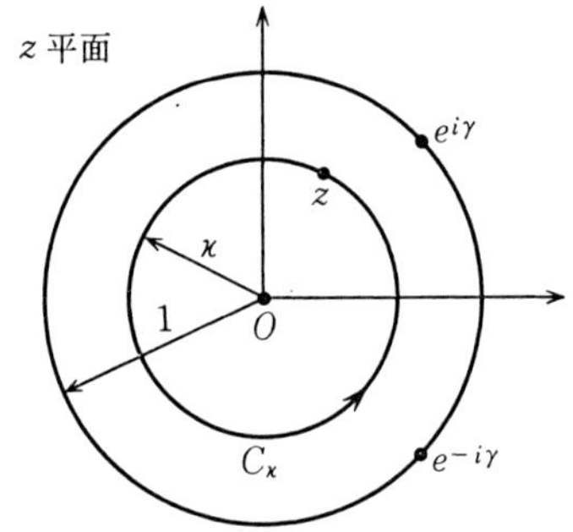

図4.12

$$|g(z)|\leqq\frac{1}{\sqrt{(1-\kappa)(1-\kappa)}}=\frac{1}{1-\kappa},$$

$$\left|\frac{1}{z}\right|=\frac{1}{\kappa}$$

であることを用いると，(4.102)から

$$|b_n|\leqq\frac{1}{2\pi}\frac{1}{\kappa^{n+1}}\frac{1}{1-\kappa}2\pi\kappa.$$

ゆえに

(4.103) $$|b_n|\leqq\frac{1}{1-\kappa}\frac{1}{\kappa^n} \qquad (n=0,1,\cdots).$$

この右辺の κ は $0<\kappa<1$ であるような任意の数であってよく，とくに，γ にはよ

らないことに注意しよう．したがって，κ_1 を 1 より小さな任意の正数とするとき，$0 \leqq t = |y|/|x| \leqq \kappa_1$ であるような x と y に関して一様に，展開

$$\frac{1}{\sqrt{1-2t\cos\gamma+t^2}} = \sum_{n=0}^{\infty} b_n(\cos\gamma)t^n \tag{4.104}$$

が成り立つ．$b_n(\cos\gamma)$ は $\cos\gamma$ の n 次多項式であって，n の偶奇にしたがって，$\cos\gamma$ の偶関数または奇関数になっている．このことを見るには，十分小さな z (たとえば $|z|<1/3$) に対して，2 項定理による展開

$$g(z) = \sum_{k=0}^{\infty} \begin{pmatrix} -\dfrac{1}{2} \\ k \end{pmatrix} (-1)^k (2z\cos\gamma - z^2)^k$$

を行ない，右辺の各項をさらに展開したうえで，z^n の係数を集めてみればよい．したがって，(4.104) の第 n 項 $b_n(\cos\gamma)t^n$ を x と y で表わせば，y の n 次同次式

$$\frac{|y|^{2m}}{|x|^{2n-2m}}(x\cdot y)^{n-2m} \qquad \left(m=0,1,\cdots,\left[\frac{n}{2}\right]\right)$$

の線型結合となる．これから，$1/|x-y|$ が $|y|<|x|$ のもとに y のベキ級数に展開可能であること，したがって (4.100) の展開が $|y|<|x|$ の条件のもとに収束することがわかった．また，その収束は，1 より小さい任意の正数 κ_1 をとったとき $|y|/|x| \leqq \kappa_1$ であるような x と y に関して一様である．

とくに，定理における R に対して，$R_1>R$ である正数 R_1 を任意に定めれば，(4.100) は，$|y| \leqq R$, $|x| \geqq R_1$ に対して一様収束である．したがって，両辺に $f(y)$ をかけ，y について K で積分した結果も $|x| \geqq R_1$ で一様収束である．R_1 の任意性から

$$Y_n(\omega) = (-1)^n \sum_{|\alpha|=n} \left(\int_K \frac{1}{\alpha!} y^\alpha f(y)\,dy \right) Y^{(\alpha)}(\omega)$$

として定理が証明された．▌

定理 4.20 (球面調和関数の完備性)　$S=\{x \mid |x|=1\}$ を 3 次元空間内の単位球面とする．また，$\beta=\beta(\omega)$ を S 上の任意の連続関数とすれば，球面調和関数の線型結合によって β を S 上で一様に近似することができる．

証明　S の内部を Ω_i，外部を Ω_e で表わす．u を Dirichlet 問題

$$\begin{cases} \triangle u = 0 & (x \in \Omega_i), \\ u|_S = \beta(x) & (x \in S) \end{cases}$$

の解とする．定理4.11により，解 $u \in C(\bar{\Omega}_i) \cap C^2(\Omega_i)$ がたしかに存在している．κ を1より小さい正数とするとき，

$$u_\kappa(\omega) = u(\kappa\omega) \qquad (\omega \in S) \tag{4.105}$$

とおけば，u の $\bar{\Omega}_i$ における一様連続性により

$$u_\kappa(\omega) \longrightarrow \beta(\omega) = u(\omega) \quad (\kappa \to 1) \tag{4.106}$$

が S 上で一様に成立する．

さて，u の S に関する Kelvin 変換を u^* で表わそう．また，$\kappa^* = 1/\kappa$ とおき，$1 < \kappa_1{}^* < \kappa_2{}^* < \kappa^*$ を満たす定数 $\kappa_1{}^*, \kappa_2{}^*$ を選ぶ．つぎに，C^∞ 級の関数 $\zeta_\kappa = \zeta_\kappa(x)$ を，条件

$$\zeta_\kappa(x) = \begin{cases} 0 & (|x| \leqq \kappa_1{}^*), \\ 1 & (|x| \geqq \kappa_2{}^*) \end{cases}$$

を満たすように選ぶ．そうして，$v_\kappa(x) = \zeta_\kappa(x) u^*(x)$ とおけば，S 内で $v_\kappa = 0$ とみなすことにより，$v_\kappa(x)$ は全空間で定義された C^∞ 級の関数となり，閉球 $K^* = \{x \mid |x| \leqq \kappa_2{}^*\}$ 内に台をもつ関数 f_κ を用いて

$$v_\kappa(x) = \int_{K^*} \frac{1}{|x-y|} f_\kappa(y) dy$$

と表わされる．これを示す論法は，定理4.3の証明において $v \equiv w$ を示したときと同様である．

v_κ に対して前定理の結果を適用すれば，

$$v_\kappa(x) = \sum_{n=0}^{\infty} \frac{Y_n(\omega)}{|x|^{n+1}} \qquad \left(\omega = \frac{x}{|x|}\right)$$

が $|x| = \kappa^*$ において一様に成り立つように，$Y_n = Y_{n,\kappa} \in \mathcal{L}_n$ を選ぶことができる．とくに，$|x| = \kappa^*$ では $u^*(x) = v_\kappa(x)$ であるから

$$u^*(x) = \sum_{n=0}^{\infty} \kappa^{n+1} Y_n(\omega) \qquad \left(|x| = \kappa^*,\ \ \omega = \frac{x}{|x|}\right) \tag{4.107}$$

が ω に関して一様に成り立つ．さて，Kelvin 変換の定義(4.76)により，$u(x) = |x^*| u^*(x^*)$ $(x \in \Omega_i)$．この x に $x = \kappa\omega$ を代入し，$x^* = \omega/\kappa = \kappa^*\omega$ であることに注意すれば，

$$u_\kappa(\omega) = u(\kappa\omega) = \frac{1}{\kappa}u^*(\kappa^*\omega) = \sum_{n=0}^{\infty}\kappa^n Y_n(\omega) \tag{4.108}$$

が ω に関して一様に成立することがいえる．最後に(4.106)と(4.108)とから容易に定理が導かれる．実際，任意の $\varepsilon>0$ が与えられたとき，(4.106)により

$$\max_{\omega\in S}|\beta(\omega)-u_\kappa(\omega)| < \frac{\varepsilon}{2}$$

となるように κ を選ぶことができる．その κ を固定したうえで N を十分大きくとれば，(4.108)により

$$\max_{\omega\in S}|u_\kappa(\omega)-S_N(\omega)| < \frac{\varepsilon}{2}$$

が成り立つ．ただし $S_N=\sum_{n=0}^{N}\kappa^n Y_n(\omega)$ である．これらから，

$$\max_{\omega\in S}|\beta(\omega)-S_N(\omega)| < \varepsilon$$

が得られることは明らかである．▮

上の定理の系として得られる簡単な定理を記しておこう．

定理 4.21 単位球面 $S=S^2$ 上の Laplace-Beltrami の作用素 Λ の固有値 $\lambda_n=-n(n+1)$ $(n=0, 1, \cdots)$ に属する固有空間 $\mathcal{E}_n$ は $\mathcal{L}_n$ と一致する．また，$\mathcal{L}_n$ $(n=0, 1, \cdots)$ 以外には Λ の固有空間はない．

証明 $\mathcal{L}_n\subset\mathcal{E}_n$ はすでにわかっている．いま，$\mathcal{E}_n\setminus\mathcal{L}_n$ に属する固有関数 φ があったとする．そうすると，一般性を失うことなく，

$$\begin{cases} (\varphi, Y_n)_{L_2(S)} = \displaystyle\int_S \varphi(\omega)Y_n(\omega)d\omega = 0 \qquad (\forall Y_n\in\mathcal{L}_n), \\ \|\varphi\|_{L_2(S)}{}^2 = (\varphi, \varphi)_{L_2(S)} = 1 \end{cases} \tag{4.109}$$

と仮定することができる．φ は S の上で連続である．また，$m\neq n$ ならば $(\varphi, Y_m)_{L_2(S)}=0$ $(Y_m\in\mathcal{L}_m)$ であることは，φ と Y_m に対応する固有値が異なることから明らかである．したがって，φ は $\mathcal{L}_k$ $(k=0, 1, \cdots)$ の任意の関数と直交している．ところが，φ に対し，

$$\begin{cases} \psi_j(\omega) = \displaystyle\sum_{k=1}^{N_j} Y_{j,k}(\omega) \qquad (Y_{j,k}\in\mathcal{L}_k), \\ \psi_j \longrightarrow \varphi \qquad (S\text{ 上の一様収束}) \end{cases}$$

となるような関数列 $\psi_j\,(j=1,2,\cdots)$ が存在する．そうすると

$$0=(\varphi,\psi_j)_{L_2(S)}\xrightarrow{j\to\infty}\|\varphi\|_{L_2(S)}{}^2=1 \tag{4.110}$$

となり矛盾である．ゆえに $\mathscr{L}_n=\mathscr{E}_n$．

上の証明は，すべての $\mathscr{L}_n$ に直交する連続関数 φ は0しかないことを示している．連続でなくても，任意の $\varphi\in L_2(S)$ が連続関数の列 $\{\varphi_j\}$ によって $L_2(S)$ の意味で近似できることを用いれば，φ_j を球面調和関数でさらに近似することにより

$$\varphi\perp\mathscr{L}_n\ (\forall n),\quad \varphi\in L_2(S)\implies\varphi=0$$

を証明することができる．定理の後半もこの事実からただちに導かれる．∎

当初のプランでは，このあと，一般の領域の Dirichlet 問題に関する解の存在定理，とくに最大値の原理にもとづく Perron の方法による存在定理の証明を解説することにしていた．実はそのために必要な準備は Harnack の第2定理を含めてすべて用意してあったのである．この存在定理を割愛したことは数学的な完結性の観点からは残念であるが，紙数の制限のためには仕方がない．第II分冊末尾の追記において，できるだけの補いをすることにしよう．

問　　題

1　調和関数 u に対する積分表示(p. 91)から u の高階導関数の積分表示を導き，定理4.1の証明と同様な論法を用いて定理4.2を証明せよ．

2　定理4.3の仮定のもとに，つぎの式が成り立つことを示せ：

$$\lim_{|x|\to+\infty}|x|^2\left(\frac{\partial u}{\partial x_j}+\frac{x_j}{|x|^3}q_0\right)=0.$$

［ヒント］ (4.11)の w に対して

$$|x|^2\left(\frac{\partial w}{\partial x_j}+\frac{x_j}{|x|^3}q_0\right)=\frac{1}{4\pi}\int_{\boldsymbol{R}^3}|x|^2\left(-\frac{x_j-y_j}{|x-y|^3}+\frac{x_j}{|x|^3}\right)f(y)\,dy$$
$$\longrightarrow 0\quad(|x|\to+\infty)$$

が成り立つことを，Lebesgue の有界収束の定理を用いて示せ．

3　§4.1の諸定理は，適当な修正をほどこせば2次元の場合にも成立する．この修正を行なって定理を述べよ．

4　定理 4.4 (§4.2) を 2 次元の場合について述べ，それを証明せよ．

5　定理 4.8 (§4.2) を証明せよ．

［ヒント］ 差 $w=u_1-u_2$ に対して最大値の原理を適用せよ．

6　n 次の同次調和多項式は $P^{(\alpha)}(x)$ $(|\alpha|=n)$ の線型結合として表わされることを示せ．

［ヒント］ この多項式を $P(x)$ とすれば，$Y(\omega)\equiv P(\omega)=P(x)/|x|^n$ は Λ の固有関数である．

第5章　弦の振動と波動方程式

この章では，弦の振動の方程式——(空間) 1次元の波動方程式——の導出およびそれに関する若干の基本的な問題の取り扱いについて述べる．有限の長さの弦に対しては Fourier の方法を，無限に長い弦に対しては Riemann の方法[1]を，古典的な解法として例示する．

§5.1　固定端をもつ弦の波動方程式

両端を固定した弦を考えよう．たとえばヴァイオリンの弦のようなものを考えればよい．静止の状態における弦の位置を x 軸とし，弦は x 軸の近くで微小振動を行なっているものとする．'微小' の意味はこれからの議論の中で明らかになるであろう．弦の各点は x 軸を含む平面内で x 軸に垂直な変位を行なうものとする．図5.1に示すような弦の微小部分 (MM') の運動を考えよう．座標 x における変位を $u(x)$ で表わす．M, M' の x 座標を $x, x+\Delta x$，(MM') に働く張力を M, M' において $T(x), T(x+\Delta x)$ とする．M, M' における弦の接線が x 軸となす角をそれぞれ α, α' とすれば，部分 (MM') に働く力の u 成分は

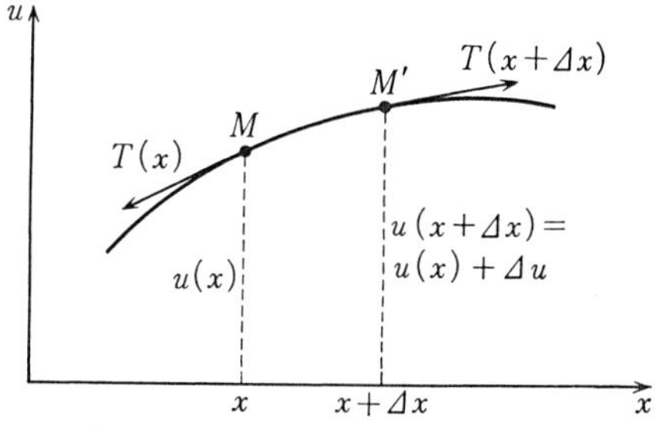

図5.1

1) 特性曲線の方法とよぶこともある．

$$T(x+\Delta x)\sin\alpha' - T(x)\sin\alpha \doteqdot T(x+\Delta x)\frac{\partial u}{\partial x}(x+\Delta x) - T(x)\frac{\partial u}{\partial x}(x)$$
$$\doteqdot \frac{\partial}{\partial x}\left\{T(x)\frac{\partial u}{\partial x}(x)\right\}\Delta x$$

となる．ここで $\partial u/\partial x$ が十分小さく $\sin\alpha \doteqdot \partial u/\partial x$ が成り立つことを用いた．いまの場合，x 軸に垂直な変位，すなわち横振動だけを考えているので，微小部分 (MM') に働く力の x 成分は0としてよい．したがって

$$T(x)\cos\alpha = T(x+\Delta x)\cos\alpha'$$

であるが，$\partial u/\partial x$ が小さいという近似においては，$\cos\alpha \doteqdot 1 \doteqdot \cos\alpha'$ であるから

$$T(x) \doteqdot T(x+\Delta x),$$

すなわち，張力は一定:

$$T(x) = \mathrm{const} = T$$

としてよい．Newton の運動法則により，上で求めた u 成分は，外力がなければ，質量×加速度に等しくなければならない．弦の線密度を $\rho(x)$ とすれば，これは

$$\rho(x)\frac{\partial^2 u}{\partial t^2}\Delta x$$

である．したがって

$$\rho(x)\frac{\partial^2 u}{\partial t^2} = T\frac{\partial^2 u}{\partial x^2} \tag{5.1}$$

を得る．これが弦の振動を記述する**波動方程式** (wave equation) である．固定端の条件は，弦の両端の座標を $0, l$ とすると，

$$u(0) = u(l) = 0 \tag{5.2}$$

である．(5.2) は Dirichlet の境界条件または第1種境界条件とよばれる．

弦の運動を決定するには，方程式 (5.1) と条件 (5.2) だけでは足りない．ある時刻——これを $t=0$ としよう——における運動の状態を指定する必要がある．これが初期条件であって，初期時刻における弦の位置と速度を指定するのである:

$$u|_{t=0} = f(x), \qquad \left.\frac{\partial u}{\partial t}\right|_{t=0} = g(x). \tag{5.3}$$

問題 (5.1)-(5.3) が，弦の振動に対する**初期値・境界値問題** (initial-boundary (value) problem) または**混合問題** (mixed problem) とよばれているものである．

以上では，外力のない場合を考えたが，外力が存在する場合には，(5.1) の右

辺に非同次項がつけ加わって，波動方程式は

$$\rho(x)\frac{\partial^2 u}{\partial t^2}=\frac{\partial}{\partial x}\left\{T(x)\frac{\partial u}{\partial x}\right\}+f(t,x)$$

となる．$f(t,x)$ は時刻 t における外力（x 軸に垂直とする）の線密度である．しかしこの章では以後主として同次方程式 (5.1) を扱う．

一様な弦を考えると $\rho(x)=\text{const}=\rho$ である．この場合，波動方程式は

$$\frac{1}{c^2}\frac{\partial^2 u}{\partial t^2}=\frac{\partial^2 u}{\partial x^2},\qquad c=\sqrt{\frac{T}{\rho}}$$

となる．c は速度の次元をもつ定数で，弦を伝わる波の伝播速度である．長さあるいは時間の単位を適当に選ぶことによって，$c=1$ と仮定しても議論の一般性は失われない．そうすると，両端が固定された一様な弦の振動は

$$\frac{\partial^2 u}{\partial t^2}=\frac{\partial^2 u}{\partial x^2}\qquad (t>0,\ \ 0<x<l),$$

$$u(t,0)=0,\qquad u(t,l)=0\qquad (t>0),$$

$$u(0,x)=f(x),\qquad \frac{\partial u}{\partial t}(0,x)=g(x)\qquad (0\leqq x\leqq l)$$

で記述されることになる．

§5.2 弦の振動のエネルギー

点 x における弦の微小部分 dx の運動エネルギーは $(1/2)\rho(x)(\partial u/\partial t)^2dx$ であるから，弦全体の運動エネルギーは

$$E_{\text{kin}}=\frac{1}{2}\int_0^l \rho(x)\left(\frac{\partial u}{\partial t}\right)^2 dx$$

で与えられる．

位置エネルギー E_{pot} はつぎのようにして計算される．上記の微小部分 dx（静止状態での）は，変位を行なった結果

$$\sqrt{1+\left(\frac{\partial u}{\partial x}\right)^2}\,dx-dx.$$

だけ伸びている．上の式は $\partial u/\partial x$ が小さいという仮定のもとでは，ほぼ $(1/2)\cdot(\partial u/\partial x)^2dx$ に等しい．したがって，E_{pot} は，張力に抗してこの伸びを与えるべくなされた仕事であるから，

$$E_{\text{pot}} = \frac{1}{2}\int_0^l T\left(\frac{\partial u}{\partial x}\right)^2 dx$$

で表わされる．

E_{kin} と E_{pot} の和が全エネルギー E を与える：

$$E = \frac{1}{2}\int_0^l \left\{\rho(x)\left(\frac{\partial u}{\partial t}\right)^2 + T\left(\frac{\partial u}{\partial x}\right)^2\right\} dx. \tag{5.4}$$

このままでは，E は時間 t の関数のように見えるが，実は t によらない．

しかし，それを証明する前に，問題(5.1)-(5.3)のどのような解を問題にするかをはっきりさせておこう．われわれがここで考えるのは**古典的な解**(classical solution) $u(t, x)$ である．すなわち，

$$\begin{cases} u \in C^2((0, \infty) \times (0, l)), \\ u, u_x, u_t \in C([0, \infty) \times [0, l]) \end{cases} \tag{5.5}$$

を満たす(5.1)-(5.3)の解である．さらに係数 $\rho(x)$ に関してはつぎのように仮定する：

$$\rho(x) \text{ は } [0, l] \text{ で滑らか，　かつ } \rho(x) > 0 \quad (x \in [0, l]). \tag{5.6}$$

定理 5.1　$u(t, x)$ を問題(5.1)-(5.3)の古典的な解とする．このとき，解 $u(t, x)$ の全エネルギーは時間 t によらない．すなわち，次式が成立する：

$$\begin{aligned} E(t) &\equiv \frac{1}{2}\int_0^l \left\{\rho(x)\left(\frac{\partial u(t,x)}{\partial t}\right)^2 + T\left(\frac{\partial u(t,x)}{\partial x}\right)^2\right\} dx \\ &= E(0) \equiv \frac{1}{2}\int_0^l (\rho(x) g(x)^2 + T f'(x)^2) dx. \end{aligned} \tag{5.7}$$

ただし，$g \in C[0, l]$，$f \in C^1[0, l]$ とする．

証明　$dE(t)/dt$ を計算してみよう．この際，u が古典的な解であるという仮定によって，微分演算を積分記号下で行なってもよい．方程式(5.1)を用いることによって

$$\begin{aligned} \frac{dE(t)}{dt} &= \frac{1}{2}\int_0^l \frac{\partial}{\partial t}\left\{\rho(x)\left(\frac{\partial u(t,x)}{\partial t}\right)^2 + T\left(\frac{\partial u(t,x)}{\partial x}\right)^2\right\} dx \\ &= \int_0^l \left(\rho(x)\frac{\partial u}{\partial t}\frac{\partial^2 u}{\partial t^2} + T\frac{\partial u}{\partial x}\frac{\partial^2 u}{\partial t \partial x}\right) dx \\ &= \int_0^l \left(T\frac{\partial u}{\partial t}\frac{\partial^2 u}{\partial x^2} + T\frac{\partial u}{\partial x}\frac{\partial^2 u}{\partial t \partial x}\right) dx \end{aligned} \tag{5.8}$$

を得るが，部分積分と境界条件 (5.2) から得られる

$$\frac{\partial u}{\partial t}(t,0)=\frac{\partial u}{\partial t}(t,l)=0$$

によって

$$\int_0^l T\frac{\partial u}{\partial t}\frac{\partial^2 u}{\partial x^2}dx = T\left[\frac{\partial u}{\partial t}\frac{\partial u}{\partial x}\right]_0^l - T\int_0^l \frac{\partial u}{\partial x}\frac{\partial^2 u}{\partial t\partial x}dx = -T\int_0^l \frac{\partial u}{\partial x}\frac{\partial^2 u}{\partial t\partial x}dx \tag{5.9}$$

が得られる．(5.8), (5.9) から

$$\frac{dE(t)}{dt}=0.$$

初期条件 (5.3) によって，$E(t)$ が (5.7) の最後の辺のように表わされることは明らかであろう．∎

以上では暗黙のうちに $u(t,x)$, $f(x)$, $g(x)$ 等を実数値関数と仮定しているが，複素数値をとる関数としても事情は本質的には変わらない．もちろん，エネルギーの式における $(\partial u/\partial t)^2$ 等は $|\partial u/\partial t|^2=(\partial u/\partial t)(\overline{\partial u/\partial t})$ 等におきかえなければならない．弦の振動を考えるかぎりでは，現われる量はすべて実数値である．この章では実数値の量だけを扱うが，複素数値の場合に拡張することは容易である．

§5.3 解の一意性

エネルギーの保存を表わす定理 5.1 を用いれば，波動方程式の解の一意性を示すことができる．

解の一意性とは，同じ初期条件を満たす二つの解 u_1, u_2 があったとき，$u_1(t,x)=u_2(t,x)$，$(t,x)\in(0,\infty)\times(0,l)$ となることである．u_1 と u_2 との差 $v(t,x)=u_1(t,x)-u_2(t,x)$ を考えれば，波動方程式は**線型**であるから，$v(t,x)$ は同じ波動方程式の解であって，零初期条件を満足する：

$$\rho(x)\frac{\partial^2 v}{\partial t^2}=T\frac{\partial^2 v}{\partial x^2} \qquad (t>0,\ 0<x<l), \tag{5.10}$$

$$v(0,x)=0, \qquad \frac{\partial v}{\partial t}(0,x)=0 \qquad (0\leqq x\leqq l), \tag{5.11}$$

$$v(t,0)=0, \qquad v(t,l)=0 \qquad (t>0). \tag{5.12}$$

この $v(t,x)$ が恒等的に 0 に等しいことを示せば，解の一意性が証明できたことになる．

定理 5.2 (一意性) $v(t,x)$ を (5.10)-(5.12) の古典解とすれば，$v(t,x)\equiv 0$ である．

証明 $v(t,x)$ に対応するエネルギー $E(t)=E(t;v)$ は，(5.7) と零初期条件によって，任意の $t>0$ に対して

$$E(t)=\frac{1}{2}\int_0^l\left\{\rho(x)\left(\frac{\partial v(t,x)}{\partial t}\right)^2+T\left(\frac{\partial v(t,x)}{\partial x}\right)^2\right\}dx=0$$

である．$\rho(x)$, T はともに正であるから，これより

$$\frac{\partial v(t,x)}{\partial t}=0,\qquad \frac{\partial v(t,x)}{\partial x}=0 \tag{5.13}$$

である．平均値の定理によれば

$$\begin{cases} v(t_1,x_1)-v(t_2,x_2)=\dfrac{\partial v(t_2+\theta\tau,\,x_2+\theta\xi)}{\partial t}\tau+\dfrac{\partial v(t_2+\theta\tau,\,x_2+\theta\xi)}{\partial x}\xi, \\ \qquad\qquad \tau=t_1-t_2,\qquad \xi=x_1-x_2,\qquad 0<\theta<1 \end{cases} \tag{5.14}$$

が任意の $(t_i,x_i)\in(0,\infty)\times(0,l)$ $(i=1,2)$ について成り立つから，(5.13) によって (5.14) の右辺は 0 に等しい．したがって $v(t,x)$ は $(0,\infty)\times(0,l)$ で定数である．$v(t,x)$ は $[0,\infty)\times[0,l]$ で連続であるから，この定数は 0 である．▮

解の一意性が示されたところで，波動方程式の混合問題の解の構成に取りかかりたいが，ここでそのための若干の準備的な考察を行なおう．方程式 (5.1) の解 $u(t,x)$ が

$$u(t,x)=S(t)X(x) \tag{5.15}$$

のように変数分離の形に表わされたと仮定しよう．(5.15) を (5.1) に代入すると

$$\frac{S''(t)}{S(t)}=\frac{1}{\rho(x)X(x)}TX''(x) \tag{5.16}$$

が得られる．(5.16) の左辺は t のみの関数，右辺は x のみの関数であるから，両辺はある定数 $-\lambda$ に等しくなければならない．それゆえ，つぎの常微分方程式が得られる：

$$S''(t)+\lambda S(t)=0, \tag{5.17}$$

$$TX''(x)+\lambda\rho(x)X(x)=0. \tag{5.18}$$

ここで境界条件 (5.2) を念頭において，(5.18) を境界条件

(5.19) $$X(0)=X(l)=0$$

のもとで考えよう．この境界値問題(5.18), (5.19)に対してつぎの定理が成立する．

定理 5.3(固有関数展開定理)[1] 係数 ρ は条件(5.6)を満たすとする．このとき，問題(5.18), (5.19)の自明でない解が λ の離散的な値 λ_k $(k=1,2,\cdots)$:

(5.20) $$0<\lambda_1<\lambda_2<\cdots,\qquad \lim_{k\to\infty}\frac{\lambda_k}{k^2}=\text{const}\neq 0$$

に対して存在する(解は一意的ではない)．それらの解を，λ_k に対応して $\varphi_k(x)$ とすれば，φ_k はつぎの条件を満たすように選ぶことができる:

(5.21) $$\varphi_k\in C^2[0,l],\qquad \varphi_k \text{ は実数値関数},$$

かつ

(5.22) $$\left|\left(\frac{d}{dx}\right)^j\varphi_k(x)\right|\leqq Ck^j\qquad (x\in[0,l],\ j=0,1,2,\ C \text{ は定数})$$

であって，

(5.23) $$\|\varphi_k\|^2\equiv(\varphi_k,\varphi_k)\equiv\int_0^l|\varphi_k(x)|^2\rho(x)\,dx=1,$$

(5.24) $$(\varphi_k,\varphi_j)\equiv\int_0^l\varphi_k(x)\varphi_j(x)\rho(x)\,dx=0\qquad (k\neq j)$$

を満たす．λ_k を，**固有値問題**(eigenvalue problem) (5.18), (5.19)の**固有値**(eigenvalue)，φ_k を固有値 λ_k に属する**固有関数**という．$f,g\in L_2(0,l;\rho)$[2] とすると

(5.25) $$(f,g)=\sum_{k=1}^{\infty}a_kb_k\qquad (\text{Parseval の等式}),$$

ただし

(5.26) $$a_k=(f,\varphi_k)=\int_0^l f(x)\varphi_k(x)\rho(x)\,dx,\qquad b_k=(g,\varphi_k).$$

さらに

(5.27) $$\lim_{n\to\infty}\int_0^l\left|f(x)-\sum_{k=1}^{n}a_k\varphi_k(x)\right|^2\rho(x)\,dx=0$$[3].

---

1) 本講座“スペクトル理論”参照.

2) $L_2(0,l;\rho)=\{f\mid \|f\|<+\infty\}$.

3) この事実を $f=\text{l.i.m.}\sum a_k\varphi_k$ などとも書く．l.i.m. は L_2 平均収束(limit in the mean)の意.

$f\in C^1[0,l]$, $f(0)=f(l)=0$ であれば,

$$\sum_{k=1}^{\infty}\lambda_k|a_k|^2<+\infty \quad (5.28)$$[1]

であって, 級数 $\sum a_k\varphi_k(x)$ は $f(x)$ に一様かつ絶対収束する. さらに $f\in C^2[0,l]$, $f(0)=f(l)=0$ であれば

$$\sum_{k=1}^{\infty}\lambda_k^2|a_k|^2<+\infty, \quad (5.29)$$

$$-\frac{T}{\rho(x)}\frac{d^2f}{dx^2}=\underset{n\to\infty}{\mathrm{l.i.m.}}\sum_{k=1}^{n}\lambda_k a_k\varphi_k(x) \quad (5.30)$$

が成り立つ. ——

さて, $\lambda=\lambda_k$ に対する (5.17) の一般解は $\sin\sqrt{\lambda_k}t$ と $\cos\sqrt{\lambda_k}t$ の1次結合であるから, **形式的な**級数

$$u(t,x)=\sum_{k=1}^{\infty}(\alpha_k\cos\sqrt{\lambda_k}t+\beta_k\sin\sqrt{\lambda_k}t)\varphi_k(x) \quad (5.31)$$

が波動方程式 (5.1) の**形式的な**解であることは容易にわかる. (5.31) は境界条件 (5.2) をも**形式的に**満足している. 初期条件 (5.3) を満たすように定数 α_k, β_k を定めよう.

$$f(x)=u(0,x)=\sum_{k=1}^{\infty}\alpha_k\varphi_k(x),$$

$$g(x)=u_t(0,x)=\sum_{k=1}^{\infty}\sqrt{\lambda_k}\beta_k\varphi_k(x)$$

となるべきであるから, α_k, β_k は

$$\alpha_k=(f,\varphi_k)=\int_0^l f(x)\varphi_k(x)\rho(x)dx, \quad (5.32)$$

$$\sqrt{\lambda_k}\beta_k=(g,\varphi_k)=\int_0^l g(x)\varphi_k(x)\rho(x)dx \quad (5.33)$$

と定めればよかろう. 初期データに関してはすでに定理5.1で $f\in C^1$, $g\in C$ を仮定したが, さらに強い仮定のもとで (5.31) によって定義される $u(t,x)$ が混合問題 (5.1)-(5.3) の古典解を与えることは次節で見る.

---

1) 実は $\sum_k\lambda_k|a_k|^2=T\int_0^l|f'(x)|^2dx$ になることがわかる.

§5.4 古典解の存在 (Fourier の方法，固有関数展開法)

前節の終りに述べた発見的考察は，もし級数 (5.31) が有限級数であったならば，形式的な議論はすべて正当化されて古典的な解が得られることを示している．このことは当然 $f(x), g(x)$ の展開が $\varphi_k(x)$ の有限級数で得られることを要求している．この場合には収束の問題を気にしなくてよい．逆に考えれば，古典解を構成するには，前節に出てきた級数の収束を論じなければならないことになる．

級数 (5.31) を考えよう：

$$u(t,x)=\sum_{k=1}^{\infty}(\alpha_k\cos\sqrt{\lambda_k}t+\beta_k\sin\sqrt{\lambda_k}t)\varphi_k(x), \tag{5.31}$$

$$\alpha_k=\int_0^l f(x)\varphi_k(x)\rho(x)dx, \tag{5.32}$$

$$\beta_k=\frac{1}{\sqrt{\lambda_k}}\int_0^l g(x)\varphi_k(x)\rho(x)dx. \tag{5.33}$$

定理 5.3 に述べた固有関数 $\varphi_k(x)$ の性質により，(5.31) が一様かつ絶対収束するには $\sum|\alpha_k|, \sum|\beta_k|$ が収束すれば十分である．まず $\sum|\alpha_k|$ については，定理 5.3 により $f\in C^1[0,l]$，$f(0)=f(l)=0$ であれば十分である．$\sum|\beta_k|$ については

$$\sum_{k=1}^{\infty}|\beta_k|=\sum_{k=1}^{\infty}\sqrt{\lambda_k}|\beta_k|\cdot\frac{1}{\sqrt{\lambda_k}}\leqq\left(\sum_{k=1}^{\infty}\lambda_k|\beta_k|^2\right)^{1/2}\left(\sum_{k=1}^{\infty}\frac{1}{\lambda_k}\right)^{1/2}\qquad \text{(Schwarz の不等式)}$$

であり，また定理 5.3 の (5.20) により $\sum\lambda_k^{-1}<+\infty$ であることおよび $\sqrt{\lambda_k}\beta_k$ が $g(x)$ の展開係数であることに注意すると，$g\in C[0,l]$ であれば $\sum|\beta_k|<+\infty$ となることがいえる．以上の条件が満たされていれば，境界条件 (5.2) は常に満たされる．$\varphi_k(0)=\varphi_k(l)=0$ だからである．ただし，f に対するつぎの**両立条件**が満たされているとしてのことである：

$$f(0)=f(l)=0.$$

つぎに $\partial u/\partial t$ を考えよう．これを表わす級数は (5.31) を形式的に t について微分したものであるが，この級数が一様かつ絶対収束すれば項別微分も許される．そのためには $\sum\sqrt{\lambda_k}|\alpha_k|$，$\sum\sqrt{\lambda_k}|\beta_k|$ が収束すれば十分である．$\sum\sqrt{\lambda_k}|\alpha_k|<+\infty$ となるためには $f\in C^2[0,l]$，$f(0)=f(l)=0$ で十分である．なぜなら，定理 5.3 の (5.20) と Schwarz の不等式によって

$$\sum_{k=1}^{\infty}\sqrt{\lambda_k}|\alpha_k|\leqq\left(\sum_{k=1}^{\infty}\lambda_k^2|\alpha_k|^2\right)^{1/2}\left(\sum_{k=1}^{\infty}\frac{1}{\lambda_k}\right)^{1/2}<+\infty$$

となるからである．$\sum\sqrt{\lambda_k}|\beta_k|$ については，同様な理由によって $g\in C^1[0,l]$，$g(0)=g(l)=0$ を仮定すれば十分である．

$\partial u/\partial x$ について調べるために (5.31) を形式的に項別微分してみよう：

$$\frac{\partial u}{\partial x}(t,x)=\sum_{k=1}^{\infty}(\alpha_k\cos\sqrt{\lambda_k}t+\beta_k\sin\sqrt{\lambda_k}t)\varphi_k'(x).$$

定理5.3の (5.22) によって，$\varphi_k'(x)=O(k)=O(\sqrt{\lambda_k})$ であるから，$\sum\sqrt{\lambda_k}|\alpha_k|$，$\sum\sqrt{\lambda_k}|\beta_k|$ の収束性があれば，項別微分が正当化され，上記の級数の一様絶対収束も保証される．ところが，このことはすでに上で見たとおりである．

2階導関数についても同様の議論ができる．こんどは $\sum\lambda_k|\alpha_k|<+\infty$，$\sum\lambda_k|\beta_k|<+\infty$ があればよいが，これらを保証する十分条件として，定理5.3を用いて，$f\in C^3[0,l]$，$g\in C^2[0,l]$，$f(0)=f(l)=f''(0)=f''(l)=g(0)=g(l)=0$ が得られる[1)]．

2回までの項別微分可能性と級数の一様絶対収束性が得られれば，(5.31) で定義される $u(t,x)$ が混合問題 (5.1)-(5.3) の古典解を与えることになる．こうしてつぎの定理が得られる．

定理 5.4　$\rho(x)$ は条件 (5.6) を，初期データは

$$\text{(5.34)}\quad \begin{cases} f\in C^3[0,l], \quad g\in C^2[0,l], \\ f(0)=f(l)=f''(0)=f''(l)=g(0)=g(l)=0 \quad (\text{両立条件}) \end{cases}$$

を満たすとする．このとき，混合問題 (5.1)-(5.3) の古典解が一意に存在する[2)]．——

上の考察から，$\rho(x), f, g$ が十分滑らかな関数であれば，古典解 $u(t,x)$ も十分滑らかになることがわかるであろう．また，f, g が定理5.4の条件を満足していなくても，たとえば前に挙げた条件 $f\in C^1[0,l]$，$f(0)=f(l)=0$，$g\in C[0,l]$ を満足していれば，(5.31) は一様かつ絶対収束する級数であって，ある意味で混合問題の解を与える．これは広義解（一般化された解）の一種である．

広義解という言葉は古典解に対するものである．これは実際には，変数分離法などで陽に求められる厳密解として，超関数論などが完成されるより前から知られていたものであって，決して常識から縁遠い存在ではないが，この章では立ち

1)　(5.28) で f の代りに f'' を考える．
2)　(5.5) で定めた古典解よりも強い古典解である．

入った議論はしない.

これまでは，境界条件として Dirichlet 条件 (5.2) をもっぱら考えてきたが，他の境界条件も考えられる (熱方程式の場合を見よ). これらの境界条件は両端固定の弦の振動だけを考えていたのでは出てこないが，棒の振動や管の中の空気柱の振動などを扱う際に現われる.

§5.5 無限に長い弦の振動. Cauchy 問題

両側に無限に延びている弦では，方程式 (5.1) は変わりがないが，境界条件 (5.2) については少し考察を要する. (5.2) を形式的に書きかえれば

$$u(-\infty)=u(\infty)=0$$

ということになるが，ふつうはこのような条件をおかない. この辺の事情を説明しておこう.

問題は初期データ f, g にある. f, g の台が，たとえばコンパクトならば，方程式の解 $u(t,x)$ の x の関数としての台は t がどんなに大きくなってもコンパクトに留まっている (伝播速度の有限性). これに反して $u(t,x)=\sin(x-t)$ のような解 ($\rho(x)\equiv 1$, $T=1$ の場合) では台がコンパクトになることは決してない (初期データは $f=\sin x$, $g=-\cos x$ である). いずれの場合にも，境界条件を与えることなしに初期条件だけで解が決定される. とくに境界条件を課す必要はないし，へたに課すと解の存在そのものを損なうことになる. 空間が $\boldsymbol{R}=(-\infty,\infty)$ で初期条件だけが課されている問題を混合問題と区別して，波動方程式の **Cauchy 問題**または**初期値問題**とよんでいる.

とくに簡単な $\rho(x)\equiv 1$, $T=1$ の場合，すなわち方程式

$$\frac{\partial^2 u}{\partial t^2}=\frac{\partial^2 u}{\partial x^2} \tag{5.35}$$

を考えてみよう. φ, ψ を任意の (適当な微分可能性をもった) 関数とする. $\varphi(x-t)$, $\psi(x+t)$ が (5.35) を満足することは容易にわかる. (5.35) は線型であるから，これらの和

$$u(t,x)=\varphi(x-t)+\psi(x+t) \tag{5.36}$$

も (5.35) の解である. ここで初期条件

$$u(0,x)=f(x), \qquad u_t(0,x)=g(x) \tag{5.37}$$

を考えよう．(5.36)が(5.37)を満たすためには

(5.38) $$f(x)=\varphi(x)+\psi(x),$$

(5.39) $$g(x)=-\varphi'(x)+\psi'(x).$$

(5.38)を微分し，(5.39)と連立させて $\varphi'(x), \psi'(x)$ について解けば

(5.40) $$\varphi'(x)=\frac{1}{2}(f'(x)-g(x)),\qquad \psi'(x)=\frac{1}{2}(f'(x)+g(x)).$$

$g(x)$ の原始関数の一つを $G(x)$ とすると，(5.40)を積分して

$$\varphi(x)=\frac{1}{2}(f(x)-G(x))+C_1,$$

$$\psi(x)=\frac{1}{2}(f(x)+G(x))+C_2$$

を得るが，(5.38)を考慮すれば，積分定数 C_1, C_2 は

$$C_1+C_2=0$$

を満たさなければならないことがわかる．したがって，(5.36)に戻れば，1次元波動方程式の Cauchy 問題(5.35), (5.37)の解として

(5.41) $$u(t,x)=\frac{f(x+t)+f(x-t)}{2}+\frac{1}{2}\int_{x-t}^{x+t}g(y)\,dy$$

を得る．これを **d'Alembert の公式**とよぶ．(5.41)が古典解，すなわち

$$\begin{cases} u\in C^2((0,\infty)\times\boldsymbol{R}), \\ u, u_t, u_x\in C([0,\infty)\times\boldsymbol{R}) \end{cases}$$

であるためには

(5.42) $$f\in C^2(\boldsymbol{R}),\qquad g\in C^1(\boldsymbol{R})$$

であればよい．実は，後に§5.6で示すように，Cauchy 問題の解についても一意性が成立するので，つぎの定理が得られる．

定理 5.5　初期データ f, g が条件(5.42)を満たすとき，Cauchy 問題(5.35), (5.37)の一意的な古典解は d'Alembert の公式(5.41)によって与えられる．——

さて，もとの変数係数の波動方程式(5.1)に戻って，解の不連続性について考える．ただし境界条件は考えない．解の不連続性が $\varphi(t,x)=0$ という曲線に沿って現われるものとし，それ以外では解は滑らかであるとする．いま，図5.2に示すような曲線座標

$$\varphi=\varphi(t,x),\qquad \psi=\psi(t,x)$$

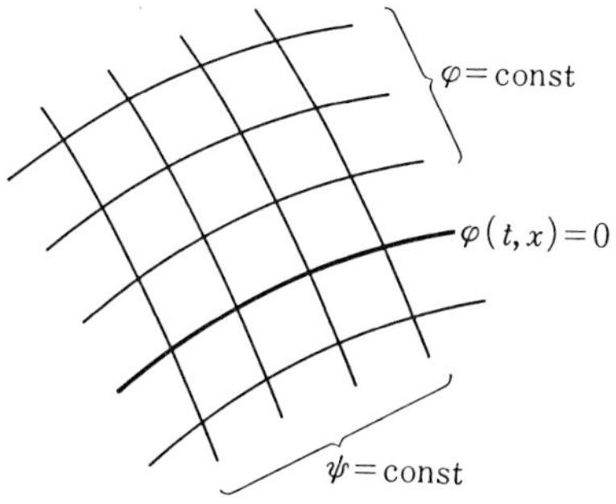

図 5.2

を導入して方程式(5.1)を書きかえてみよう. $\varphi(t,x)=0$ を除いた部分では

$$(5.43)\quad Q(\varphi,\varphi)\frac{\partial^2 u}{\partial\varphi^2}+2Q(\varphi,\psi)\frac{\partial^2 u}{\partial\varphi\partial\psi}+Q(\psi,\psi)\frac{\partial^2 u}{\partial\psi^2}+L(\varphi)\frac{\partial u}{\partial\varphi}+L(\psi)\frac{\partial u}{\partial\psi}=0$$

が得られる. ただし Q, L はそれぞれつぎの2次形式および線型形式である:

$$Q(\varphi,\psi)=\rho(x)\frac{\partial\varphi}{\partial t}\frac{\partial\psi}{\partial t}-T\frac{\partial\varphi}{\partial x}\frac{\partial\psi}{\partial x},$$

$$L(\varphi)=\rho(x)\frac{\partial^2\varphi}{\partial t^2}-T\frac{\partial^2\varphi}{\partial x^2}.$$

いま, $u\in C^1(\boldsymbol{R}^2)$, $\partial u/\partial\psi\in C^1(\boldsymbol{R}^2)$ であって, 曲線 $\varphi(t,x)=0$ を横切るときに $\partial u/\partial\varphi$ が不連続をもつとしよう. そうすると(5.43)の第2項以下は $\varphi(t,x)=0$ で連続, $\partial^2 u/\partial\varphi^2$ が δ 関数的なふるまいを示すことになる. したがって, (5.43)が成立するためには, 曲線 $\varphi=0$ の上で

$$(5.44)\qquad Q(\varphi,\varphi)=0$$

が満たされていなければならない. (5.44)は φ に関する非線型偏微分方程式であって, **特性方程式**(characteristic equation)とよばれる. 曲線 $\varphi(t,x)=\mathrm{const}$ を**特性曲線**(characteristic (curve))とよぶ. とくに方程式(5.35)の場合には, $Q(\varphi,\varphi)\equiv\varphi_t{}^2-\varphi_x{}^2$ であって, $Q(\varphi,\varphi)=0$ の解として $\varphi(t,x)=t\pm x$ が得られ, これはさらに $L(\varphi)=0$ をも満たしている. このために事情が簡単だったのである.

いま, $t=0$ において解の不連続があったとしよう. 不連続点を P とする(図5.3). この不連続は時間がたつにつれて特性曲線上を移動していくと考えられる.

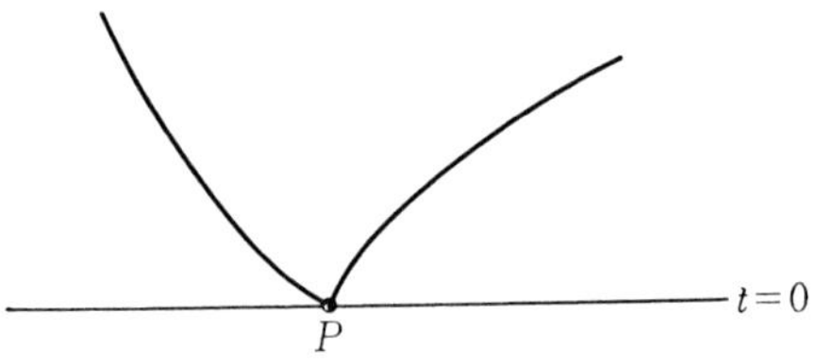

図 5.3

$Q(\varphi, \varphi)$ は φ の導関数に関して2次であるから，一般に P を通る特性曲線は2本ある．不連続点はこれらの特性曲線上に束縛されていて，その移動の速度は，$Q(\varphi, \varphi)=0$ により

$$(5.45)\qquad \left|\frac{dx}{dt}\right| = \left|\frac{\partial\varphi(x,t)}{\partial t}\Big/\frac{\partial\varphi(x,t)}{\partial x}\right| = c(x), \qquad c(x) = \sqrt{\frac{T}{\rho(x)}}$$

で与えられる．上式の右辺はたしかに速度の次元をもっていて，これを**伝播速度** (propagation velocity (speed)) という．一般に，伝播速度は場所の関数である．また，特性方程式 (5.44) を解くことは常微分方程式 (5.45) すなわち $dx/dt=\pm c(x)$ を解くことに帰着する．

上に述べた事情は，方程式 (5.35) の場合には，d'Alembert の公式 (5.41) を利用して (初期データ f, g として適当な関数を選ぶことによって) 直接的に了解されるであろう．

方程式 (5.45) の解は $dx/dt=c(x)>0$ となるものと $dx/dt<0$ となるものとの二つが考えられる．点 P を通る特性曲線の中で $dx/dt>0$ となるものを $\varphi_+(t,x)=0$, $dx/dt<0$ となるものを $\varphi_-(t,x)=0$ で表わすことにする (図 5.4).

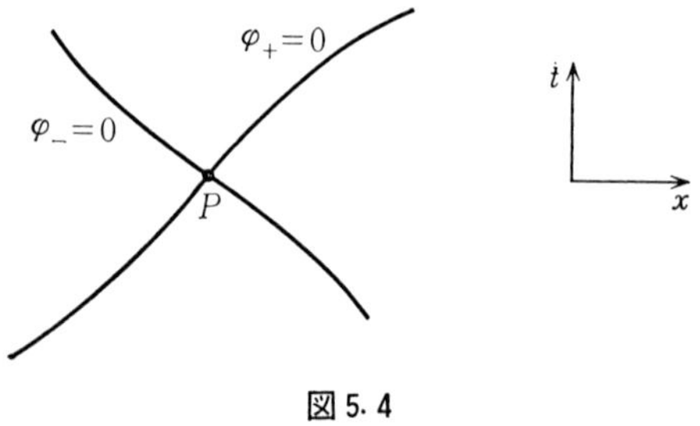

図 5.4

以後，係数 $\rho(x)$ に対しては

$$c_1 \leqq \frac{T}{\rho(x)} \leqq c_2 \tag{5.46}$$

を仮定する．ここで c_1 と c_2 は正の定数である．

§5.6　Cauchy 問題の解の一意性

ここでも §5.3 と同様に，一意性を考える際の鍵となるのはエネルギーである．$u(t,x)$ の領域 D におけるエネルギーを

$$E(t\,;D) \equiv E(u(t,\cdot)\,;D) = \frac{1}{2}\int_D \left\{\rho(x)\left(\frac{\partial u}{\partial t}\right)^2 + T\left(\frac{\partial u}{\partial x}\right)^2\right\}dx \tag{5.47}$$

で定義する．準備的な考察として上の積分の被積分関数を t で微分してみよう：

$$\begin{aligned}\frac{1}{2}\frac{\partial}{\partial t}\left\{\rho(x)\left(\frac{\partial u}{\partial t}\right)^2 + T\left(\frac{\partial u}{\partial x}\right)^2\right\} &= \rho(x)\frac{\partial u}{\partial t}\frac{\partial^2 u}{\partial t^2} + T\frac{\partial u}{\partial x}\frac{\partial^2 u}{\partial x \partial t} \\ &= \frac{\partial u}{\partial t}\left\{\rho(x)\frac{\partial^2 u}{\partial t^2} - T\frac{\partial^2 u}{\partial x^2}\right\} + T\frac{\partial u}{\partial x}\frac{\partial^2 u}{\partial x \partial t} + T\frac{\partial u}{\partial t}\frac{\partial^2 u}{\partial x^2} \\ &= T\frac{\partial}{\partial x}\left(\frac{\partial u}{\partial x}\frac{\partial u}{\partial t}\right).\end{aligned} \tag{5.48}$$

ここで (5.1) を用いた．(5.48) を書きなおせば

$$\frac{1}{2}\frac{\partial}{\partial t}\left\{\rho(x)\left(\frac{\partial u}{\partial t}\right)^2 + T\left(\frac{\partial u}{\partial x}\right)^2\right\} - \frac{\partial}{\partial x}\left(T\frac{\partial u}{\partial t}\frac{\partial u}{\partial x}\right) = 0 \tag{5.49}$$

となるが，これはある量の**発散** (divergence) が 0 に等しいという形になっている．

図 5.5 に示す領域 Ω を考えよう．P_1P_0 は P_1 を通る勾配が正の特性曲線 $\varphi_+(t,$

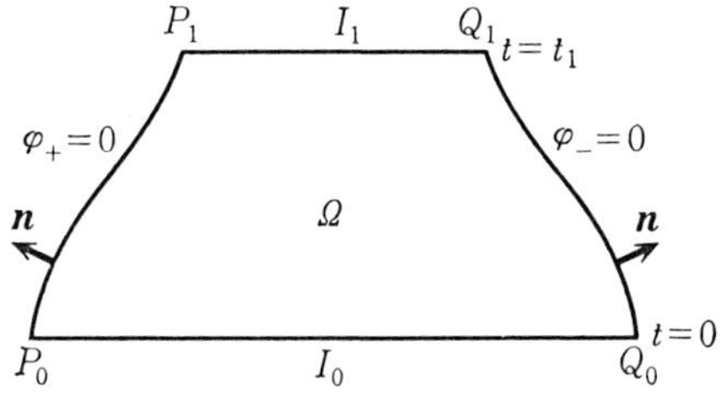

図 5.5

$x)=0$, Q_0Q_1 は Q_1 を通る勾配が負の特性曲線 $\varphi_-(t,x)=0$ である．(5. 49) を Ω で積分して Gauss-Stokes の公式を適用する．Ω の境界 $\partial\Omega$ の外向き単位法線ベクトルを $\boldsymbol{n}$ で表わすことにすれば，結果は

$$\int_{\partial\Omega} \boldsymbol{F}\cdot\boldsymbol{n}ds = 0 \qquad (\cdot \text{ は内積}) \tag{5.50}$$

である．ただし $\boldsymbol{F}$ は t 成分，x 成分がそれぞれ

$$F^t = \frac{1}{2}\left\{\rho(x)\left(\frac{\partial u}{\partial t}\right)^2 + T\left(\frac{\partial u}{\partial x}\right)^2\right\}, \qquad F^x = -T\frac{\partial u}{\partial t}\frac{\partial u}{\partial x}$$

で与えられるベクトル，ds は $\partial\Omega$ の線要素である．I_1, I_0 上の積分からは $t=t_1$ および $t=0$ におけるエネルギーが出てくることは明らかであろう．ただし I_0 からの寄与はエネルギーに負号をつけたものである．特性曲線の部分，たとえば，P_1P_0 $(\varphi_+(t,x)=0)$ からの寄与を考えよう．$\varphi_+=0$ 上では $dx/dt=\sqrt{T/\rho(x)}$ ((5. 45)) であることに注意すれば

$$n^t\sqrt{\rho(x)}+n^x\sqrt{T} = 0$$

という関係があることがわかる．この関係を用いると

$$\begin{aligned} \boldsymbol{F}\cdot\boldsymbol{n} &= F^t n^t + F^x n^x \\ &= \frac{\rho(x)}{2}\left(\frac{\partial u}{\partial t}\right)^2 n^t + \frac{T}{2}\left(\frac{\partial u}{\partial x}\right)^2 n^t - T\frac{\partial u}{\partial t}\frac{\partial u}{\partial x}n^x \\ &= \frac{n^t}{2}\left\{\rho(x)\left(\frac{\partial u}{\partial t}\right)^2 + T\left(\frac{\partial u}{\partial x}\right)^2 + 2\sqrt{\rho(x)\,T}\frac{\partial u}{\partial t}\frac{\partial u}{\partial x}\right\} \\ &= \frac{n^t}{2}\left\{\sqrt{\rho(x)}\frac{\partial u}{\partial t} + \sqrt{T}\frac{\partial u}{\partial x}\right\}^2 \geqq 0 \end{aligned} \tag{5.51}$$

が得られる．したがって，P_1P_0 からの寄与は非負である．曲線 Q_1Q_0 $(\varphi_-(t,x)=0)$ の上でも，(5. 51) と同様に $\boldsymbol{F}\cdot\boldsymbol{n}\geqq 0$ が得られ，したがって，Q_1Q_0 からの寄与も非負である．それゆえ

$$\int_{I_1\cup I_0} \boldsymbol{F}\cdot\boldsymbol{n}ds \leqq 0.$$

これは $t=t_1$ における I_1 内のエネルギーが $t=0$ における I_0 内のエネルギーでおさえられることを示す．すなわち，つぎの定理を得る．

定理 5.6　I を $\boldsymbol{R}$ の有限区間とする．$t>0$ とし，$I_1=\{(t,x)\,|\,x\in I\}$ とする．I_1 の左端を通る正勾配の特性曲線が $t=0$ と交わる点と，I_1 の右端を通る負勾配の

特性曲線が $t=0$ と交わる点とをそれぞれ左端，右端とする区間を I_0 とする．このとき，方程式(5.1)の古典解 $u(t,x)$ に対して**エネルギー不等式**(energy inequality)

$$E(u(t,\cdot)\,;I) \leqq E(u(0,\cdot)\,;I_0)$$

が成り立つ．——

注意　上の定理で I_0 が有限区間になることは，$\rho(x)$ に対する仮定(5.46)(2番目の不等式)から出る．

定理5.6の系としてつぎの定理が得られる．

定理 5.7(一意性)　方程式(5.1)の Cauchy 問題の古典解は一意である．

証明　任意の二つの解の差を考えることによって，零初期条件に対する解が恒等的に0となることを示せばよいことは明らかである．任意の点 $(t_0,x_0)(t_0>0)$ を選び，これを通る特性曲線 $\varphi_+=0$，$\varphi_-=0$ と x 軸とで囲まれた領域 Ω_0 を考える．$0<t_1<t_0$ なる任意の t_1 に対し図5.6のように I_1 をとり，I_0 も図のようにとる．I_0 に含まれるエネルギーは初期条件によって0であるから，定理5.6によって I_1 におけるエネルギーも0である．これは，I_1 上で

$$\frac{\partial u}{\partial t}=0, \qquad \frac{\partial u}{\partial x}=0 \tag{5.52}$$

が満たされていることを意味する．ところが t_1 は $0<t_1<t_0$ であれば任意であったから，結局(5.52)は Ω_0 全体で成り立つことになる．したがって，解は Ω_0 で定数に等しく，(t_0,x_0) における値も連続性によってこの定数に等しい．ところが，この定数は，再び連続性によって，I_0 上の値，すなわち0に等しい．(t_0,x_0)

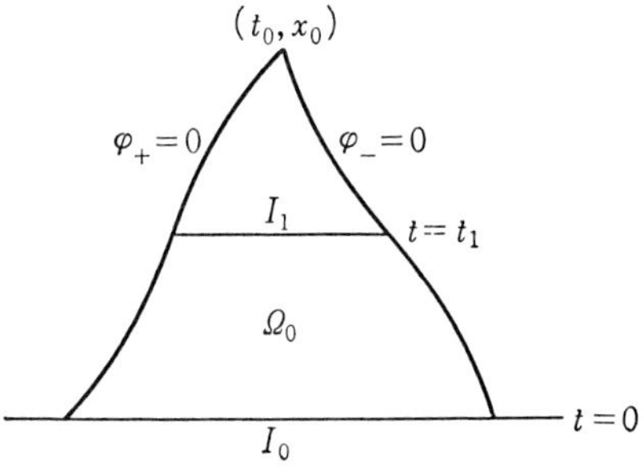

図 5.6

は任意であったから，解は $t>0$ で恒等的に 0 である．▌

上の証明から知られるように，(t_0, x_0) における解の値は，Ω_0 以外の点における解の値には関係しない．この意味で Ω_0 を点 (t_0, x_0) の**依存領域**(domain of dependence) という．われわれは $t>0$ の範囲だけでものをいっているが，$t<0$ まで考えても事情はたいして変わらない．そこで，特性曲線にはさまれた領域を $t<0$ の部分までも含めて依存領域というのがふつうである．つぎに，立場を変えて，(t_0, x_0) における解の値によって，値が影響を受けるような点の集まりを考えてみると，それは図5.7に示すように，特性曲線によってはさまれた $t>t_0$ の部分ということになる．この部分 Ω を (t_0, x_0) の**影響領域**(domain of influence) という．依存領域，影響領域は1点に対してだけでなく，一般に t, x 平面内の点集合に対しても考えられるが，それらの定義はほとんど明らかであろう．

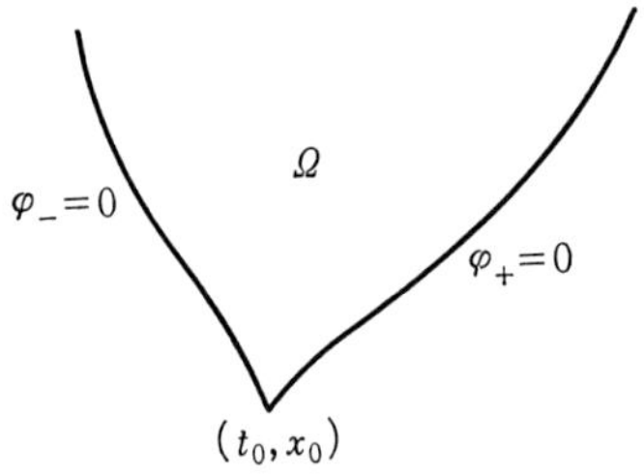

図5.7

§5.7　Cauchy 問題の解の構成 (Riemann の方法)

波動方程式

$$\rho(x)\frac{\partial^2 u}{\partial t^2} = T\frac{\partial^2 u}{\partial x^2} \tag{5.1}$$

の解の (t, x) における値 $u(t, x)$ はその依存領域内の点における値だけにしかよらないことをすでに見た．このことを念頭において Riemann による解法(解の表示)に取りかかろう．

線型微分作用素 L を

$$L(u) = \rho(x)\frac{\partial^2 u}{\partial t^2} - T\frac{\partial^2 u}{\partial x^2}$$

によって定義する．$L(u)v - uL(v)$ が

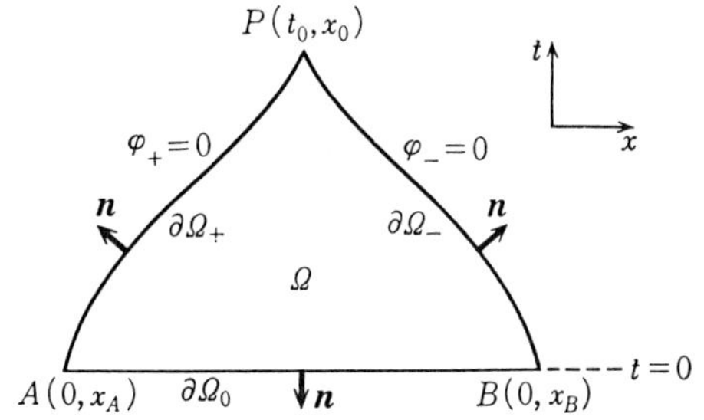

図 5.8

$$(5.53)\qquad L(u)v-uL(v)=\frac{\partial}{\partial t}\left(\rho(x)\frac{\partial u}{\partial t}v-\rho(x)u\frac{\partial v}{\partial t}\right)+\frac{\partial}{\partial x}\left(Tu\frac{\partial v}{\partial x}-T\frac{\partial u}{\partial x}v\right)$$

のように発散形式に書けることに注意する.

さて点 P の座標を (t_0, x_0) とし, 図 5.8 のように命名する. $\varphi_\pm=0$ は特性曲線である. (5.53) を Ω で積分すれば, Gauss-Stokes の公式によって

$$(5.54)\qquad \int_\Omega \{L(u)v-uL(v)\}\,dtdx=\int_{\partial\Omega}\left[\rho(x)\left(\frac{\partial u}{\partial t}v-u\frac{\partial v}{\partial t}\right)n^t\right.$$
$$\left.+T\left(u\frac{\partial v}{\partial x}-\frac{\partial u}{\partial x}v\right)n^x\right]ds$$

を得る. n^t, n^x は外向き単位法線ベクトル $\boldsymbol{n}$ の t 成分, x 成分を表わす. $\partial\Omega$ 上の積分は三つの部分に分かれるが, $\partial\Omega_0$ 上では $n^x=0$ であるから, (5.54) の右辺の [ ] に対して

$$(5.55)\qquad \int_{\partial\Omega_0}[\ \ ]\,ds=-\int_{x_A}^{x_B}\rho(x)\left(\frac{\partial u}{\partial t}v-u\frac{\partial v}{\partial t}\right)dx$$

である. つぎに $\partial\Omega_+$ 上の積分を考えよう. 弧長 s を P を起点として P から A の向きに増加するようにとる. n^t, n^x は, 前に見たように $n^t\sqrt{\rho(x)}+n^x\sqrt{T}=0$ という関係を満たしているから, PA 上の単位接線ベクトル τ の成分を τ^t, τ^x とすれば,

$$[\ \ ]=-\sqrt{\rho(x)T}\left(\frac{\partial u}{\partial t}v-u\frac{\partial v}{\partial t}\right)n^x+\sqrt{\rho(x)T}\left(\frac{\partial u}{\partial x}v-u\frac{\partial v}{\partial x}\right)n^t$$
$$=-\sqrt{\rho(x)T}\left(\frac{\partial u}{\partial t}v-u\frac{\partial v}{\partial t}\right)\tau^t-\sqrt{\rho(x)T}\left(\frac{\partial u}{\partial x}v-u\frac{\partial v}{\partial x}\right)\tau^x$$

$$= -\sqrt{\rho(x)T}\left(\frac{\partial u}{\partial s}v - u\frac{\partial v}{\partial s}\right)$$

$$= -\frac{\partial\sqrt{\rho(x)T}\,uv}{\partial s} + 2\sqrt{\rho(x)T}\,u\frac{\partial v}{\partial s} + \frac{\partial\sqrt{\rho(x)T}}{\partial s}uv$$

が得られる．したがって

$$(5.56)\qquad \int_{\partial\Omega_+}[\quad]ds = (\sqrt{\rho(x)T}\,uv)(P) - (\sqrt{\rho(x)T}\,uv)(A) + \int_P^A u\left(2\sqrt{\rho(x)T}\frac{\partial v}{\partial s} + \frac{\partial\sqrt{\rho(x)T}}{\partial s}v\right)ds$$

となる．$\partial\Omega_-$ 上の積分についても同様な議論が可能である：

$$(5.57)\qquad \int_{\partial\Omega_-}[\quad]ds = (\sqrt{\rho(x)T}\,uv)(P) - (\sqrt{\rho(x)T}\,uv)(B) + \int_P^B u\left(2\sqrt{\rho(x)T}\frac{\partial v}{\partial s} + \frac{\partial\sqrt{\rho(x)T}}{\partial s}v\right)ds.$$

ただし，ここでは，弧長は P から B の向きに増大するように測られている．

いま，関数 $v(t, x\,; t_0, x_0)$ で

$$(5.58)\qquad L(v) = 0 \qquad (\Omega\ で),$$

$$(5.59)\qquad v(t_0, x_0\,; t_0, x_0) = 1,$$

$$(5.60)\qquad 2\sqrt{\rho(x)T}\frac{\partial v}{\partial s} + \frac{\partial\sqrt{\rho(x)T}}{\partial s}v = 0 \qquad (\varphi_\pm = 0\ 上で)$$

を満たすものが存在すると仮定しよう．この関数を Cauchy 問題の **Riemann 関数**または**基本解** (Riemann function, fundamental solution) という．以上の考察により，Riemann 関数 $v(t, x\,; t_0, x_0)$ を用いて

$$(5.61)\qquad (\sqrt{\rho(x)T}\,u)(P) = \frac{(\sqrt{\rho(x)T}\,uv)(A) + (\sqrt{\rho(x)T}\,uv)(B)}{2} + \frac{1}{2}\int_{x_A}^{x_B}\rho(x)\left(\frac{\partial u}{\partial t}v - u\frac{\partial v}{\partial t}\right)dx$$

が得られる．$t=0$ 上での u と $\partial u/\partial t$ との値が与えられていれば，$u(P)$ が求められることは明らかであろう．

上述の方法で Cauchy 問題の解を書き下すためには Riemann 関数を確定する必要があるので，これについてふれておこう．(5.60) は特性曲線上の常微分方程式であり，(5.59) はそれに対する初期条件であるから，これを解いて P を通る

二つの特性曲線上での v の値を知ることができる．問題は P を通る特性曲線上で値が与えられているときに，これらにはさまれた領域で方程式 (5.58) $L(v)=0$ を満たす関数 v を求めよ，ということになる．このような問題を**特性境界値問題**または **Goursat 問題** (characteristic boundary value problem, Goursat problem) とよんでいる．(5.43) において $\varphi=\varphi_+$，$\psi=\varphi_-$ として，独立変数を φ_-, φ_+ に移して問題を書きかえてみると，つぎのようになる：

$$\text{(5.62)} \qquad \frac{\partial^2 v}{\partial\varphi_-\partial\varphi_+}-a(\varphi_-,\varphi_+)\frac{\partial v}{\partial\varphi_-}-b(\varphi_-,\varphi_+)\frac{\partial v}{\partial\varphi_+}=0 \qquad (v=v(\varphi_-,\varphi_+)),$$

$$\text{(5.63)} \qquad v(\varphi_-,0)=f_-(\varphi_-), \qquad v(0,\varphi_+)=f_+(\varphi_+) \qquad (f_-(0)=f_+(0)).$$

(図 5.9 を参照のこと.) $a, b, f_\pm$ は既知関数である．$\Psi_\pm$ を

$$\text{(5.64)} \qquad \Psi_-(\varphi_-,\varphi_+)=\frac{\partial v}{\partial\varphi_-}, \qquad \Psi_+(\varphi_-,\varphi_+)=\frac{\partial v}{\partial\varphi_+}$$

で定義する．問題 (5.62)-(5.64) はつぎの連立積分方程式の形に書き下せる．(図 5.9 で矢印に沿う積分を考えよ.)

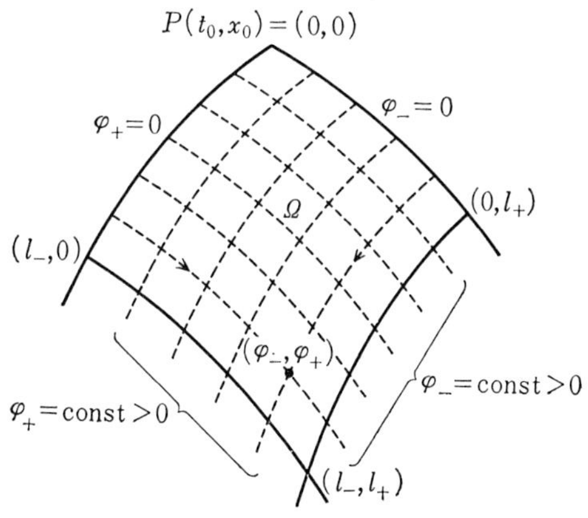

図 5.9

$$\text{(5.65)} \qquad v(\varphi_-,\varphi_+)=f_-(\varphi_-)+\int_0^{\varphi_+}\Psi_+(\varphi_-,\eta)\,d\eta$$

$$=f_+(\varphi_+)+\int_0^{\varphi_-}\Psi_-(\xi,\varphi_+)\,d\xi,$$

$$\Psi_-(\varphi_-,\varphi_+)=f_-{}'(\varphi_-)+\int_0^{\varphi_+}\{a(\varphi_-,\eta)\Psi_-(\varphi_-,\eta)+b(\varphi_-,\eta)\Psi_+(\varphi_-,\eta)\}d\eta, \tag{5.66}$$

$$\Psi_+(\varphi_-,\varphi_+)=f_+{}'(\varphi_+)+\int_0^{\varphi_-}\{a(\xi,\varphi_+)\Psi_-(\xi,\varphi_+)+b(\xi,\varphi_+)\Psi_+(\xi,\varphi_+)\}d\xi. \tag{5.67}$$

(5.66) と (5.67) を連立させて $\Psi_\pm$ を求め，これらを (5.65) に代入すれば $v(\varphi_-, \varphi_+)$ が得られる．積分方程式系 (5.66), (5.67) を解くには逐次近似を実行すればよい((5.66), (5.67) の右辺で定義される写像（の m 乗）が縮小写像であることを示せばよい——縮小写像の原理)．これを簡単に説明しておく．近似解の列を

$$\begin{cases}\Psi_-^{(n+1)}(\varphi_-,\varphi_+)=f_-{}'(\varphi_-)+\displaystyle\int_0^{\varphi_+}\{a(\varphi_-,\eta)\Psi_-^{(n)}(\varphi_-,\eta)+b(\varphi_-,\eta)\Psi_+^{(n)}(\varphi_-,\eta)\}d\eta,\\ \Psi_+^{(n+1)}(\varphi_-,\varphi_+)=f_+{}'(\varphi_+)+\displaystyle\int_0^{\varphi_-}\{a(\xi,\varphi_+)\Psi_-^{(n)}(\xi,\varphi_+)+b(\xi,\varphi_+)\Psi_+^{(n)}(\xi,\varphi_+)\}d\xi,\\ \qquad (n=0,1,2,\cdots),\\ \Psi_\pm^{(0)}=0\end{cases} \tag{5.68}$$

とおく．定数 C, K が存在して

$$|\Psi_\pm^{(n+1)}-\Psi_\pm^{(n)}|\leqq CK^n\frac{(\varphi_-+\varphi_+)^n}{n!}\qquad (n=1,2,\cdots) \tag{5.69}$$

が成り立つ．ただし，問題はある**四辺形** $0\leqq\varphi_-\leqq l_-$，$0\leqq\varphi_+\leqq l_+$ で考えられており，定数 C, K は $l_\pm$ およびこの四辺形内における $f_\pm$, $f_\pm'$, $a(\varphi_-, \varphi_+)$, $b(\varphi_-, \varphi_+)$ に依存している．級数

$$\Psi_\pm^{(1)}+\sum_{n=1}^{\infty}(\Psi_\pm^{(n+1)}-\Psi_\pm^{(n)})$$

の収束が (5.69) によって保証され，これらが問題の解を与える．解の一意性も困難なく検証される．

元の変数 t, x に戻れば Riemann 関数が求められて，(5.61) によって Cauchy 問題の解が表示される．(5.61) は **Riemann の公式**とよばれるが，前述の d'Alembert の公式 (5.41) はこれの特殊な場合である．この場合の Riemann 関

数は $v(t, x; t_0, x_0) \equiv 1$ である.

さて上で示されたのは，波動方程式の Cauchy 問題の解が存在するとして，それが Riemann の公式 (5.61) によって与えられるということである．したがって，解の一意性をも示しているのであるが，その存在はあらためて検討を必要とする事柄である．d'Alembert の公式の場合には，直接計算によって解であることが確かめられるが，(5.61) の場合には，あまり簡単ではなさそうである．ここでは，混合問題に対する存在定理 (§5.4) を利用して，解の存在を一応確かめておこう.

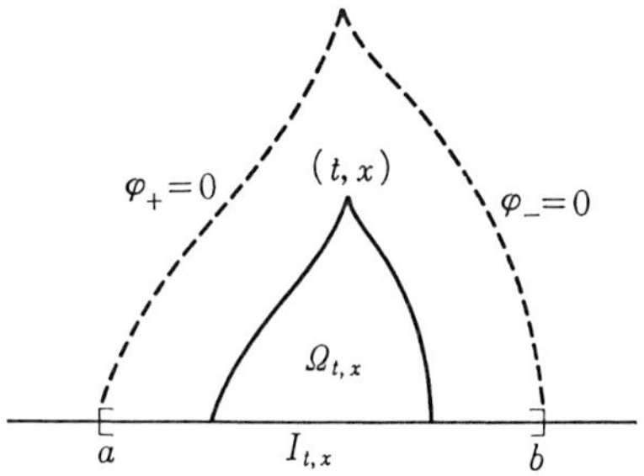

図 5.10

§5.4 では問題を考える領域を $[0, \infty) \times [0, l]$ としたが，ここで x の区間を任意の有限区間にとってよいことは問題の性質から明らかであろう．(t, x) を任意に選び，これの依存領域 $\Omega_{t,x}$ と x 軸 $(t=0)$ との共通部分 $I_{t,x}$ を内部に含む十分大きな区間 $[a, b]$ を考える (図 5.10)．点 (t, x) における解の値は $I_{t,x}$ 上の初期データのみに依存する．これは定理 5.7 の証明の中で示された事実である．それゆえ，図 5.10 の点線と x 軸とで囲まれる領域の内部に点 (t, x) があるかぎり，混合問題の解と Cauchy 問題の解とを区別する理由はどこにもない．ただし，点線 $\varphi_+=0$, $\varphi_-=0$ はそれぞれ点 a および b を通る特性曲線である．(また，初期データを端点 a, b で両立性を満たすように $I_{t,x}$ の外で適当に調整する必要がある.) 以上の考察によって，Cauchy 問題の解は，初期データが定理 5.4 に指定された滑らかさの条件: $f \in C^3$, $g \in C^2$ を満たすならば存在する．この際，両立性の条件などは気にする必要はない.

定数係数の場合の d'Alembert の公式から示唆されるように ($f \in C^2$, $g \in C^1$ ならば解は存在する)，上に述べた初期データに対する条件は実は強すぎる．しかし，ここではこの問題にはこれ以上立ち入らないことにする[1]．

§5.8　初期値問題の適正さ

第1,2章では熱方程式の初期値問題の適正さについて考察したが，同様のことを波動方程式についても考えよう．混合問題についても，Cauchy 問題についても，解の存在と一意性に関してはすでに見たとおりであるから，適正さの要件として検証すべきことは，解の初期値に対する連続性である．

最も簡単な場合は定数係数($\rho(x)\equiv 1,\ T=1$)の波動方程式に対する Cauchy 問題であろう．この場合の一意古典解は d'Alembert の公式(5.41)で表示される．初期データ f_i, g_i に対応する解を $u_i(t,x)$ $(i=1,2)$ で表わすことにすれば，

$$|u_1(t,x)-u_2(t,x)| \leqq \|f_1-f_2\|_{\max}+|t|\|g_1-g_2\|_{\max} \tag{5.70}$$

が得られることは明らかであろう．これは解の値が初期データに連続に依存していることを示している．(5.41)が Cauchy 問題の古典解を与えるための条件として，定理5.5では条件(5.42)すなわち $f\in C^2$, $g\in C^1$ を仮定しているが，初期データに関する解の連続性には初期データの導関数は関与していないことに注意しよう．このことは広義解(一般化された解)の範囲で Cauchy 問題を考えてもその適正さが得られることを示している．

変数係数の波動方程式の Cauchy 問題についても事情は本質的には変わらない．すなわち(5.70)と同様な不等式が成立する．このことは Riemann 関数が初期値には関係せず方程式だけによって決定されるという事実(§5.7参照)と Riemann の公式とから出てくる．

つぎに混合問題の場合の考察に移ろう．$u_i(t,x)$ $(i=1,2)$ を初期データ

$$u_i(0,x)=f_i(x), \qquad \frac{\partial u_i}{\partial t}(0,x)=g_i(x) \tag{5.71}$$

に対する零境界条件を満たす波動方程式の解とする．u_1 と u_2 との差

$$u(t,x)=u_1(t,x)-u_2(t,x)$$

を考えれば，問題の線型性により u はつぎの混合問題の解である：

---

1) やや退屈な計算を実行すれば，$f\in C^2$, $g\in C^1$ のとき(5.61)が解を与えることが直接確かめられる．うるさいことをいえば，Riemann 関数に対するもう少し立ち入った考察が必要になる．これらは読者の演習とする．

$$
(5.72)\qquad \begin{cases} \rho(x)\dfrac{\partial^2 u}{\partial t^2} = T\dfrac{\partial^2 u}{\partial x^2}, \\ u(0,x) = f(x), \qquad \dfrac{\partial u}{\partial t}(0,x) = g(x), \\ u(t,0) = 0, \qquad u(t,l) = 0. \end{cases}
$$

ただし

$$
f(x) = f_1(x) - f_2(x), \qquad g(x) = g_1(x) - g_2(x).
$$

定理 5.8　u を問題 (5.72) の解とし，f には両立性の条件 $f(0)=f(l)=0$ を仮定しよう．このとき，任意の $(t,x)\in[0,\infty)\times[0,l]$ に対して

$$
(5.73)\qquad |u(t,x)| \leqq \mathrm{const}\,(\|f'\|_{\max} + \|g\|_{\max})
$$

が成り立つ．ここで const は (t,x) によらない定数である．

証明　定理 5.3 で定義した固有関数の完全正規直交系 $\{\varphi_k(x)\}$ による $f(x)$, $g(x)$ の展開係数をそれぞれ α_k, $\sqrt{\lambda_k}\beta_k$ とする (§5.3 参照)．このとき，$u(t,x)$ は (5.31) すなわち

$$
u(t,x) = \sum_{k=1}^{\infty} (\alpha_k \cos\sqrt{\lambda_k}t + \beta_k \sin\sqrt{\lambda_k}t)\varphi_k(x)
$$

で与えられた．定理の結論 (5.73) を示すには，定理 5.3 の (5.22) を考慮すると，

$$
(5.74)\qquad \sum_{k=1}^{\infty} |\alpha_k| \leqq \mathrm{const}\,\|f'\|_{\max},
$$

$$
(5.75)\qquad \sum_{k=1}^{\infty} |\beta_k| \leqq \mathrm{const}\,\|g\|_{\max}
$$

を示せば十分である．

まず (5.75) であるが，これについては §5.4 で示したように

$$
(5.76)\qquad \sum_{k=1}^{\infty} |\beta_k| \leqq \mathrm{const}\left(\sum_{k=1}^{\infty} \lambda_k|\beta_k|^2\right)^{1/2}
$$

である．$\sqrt{\lambda_k}\beta_k$ が $g(x)$ の展開係数であるから，Parseval の等式 (5.25) により

$$
\sum_{k=1}^{\infty} \lambda_k|\beta_k|^2 = \|g\|^2 = \int_0^l |g(x)|^2 dx \leqq l\|g\|_{\max}{}^2
$$

である．以上の二つの不等式から (5.75) が得られる．

つぎに (5.74) を示そう．これについても (5.76) と同様な不等式が成立する

$$\sum_{k=1}^{\infty}|\alpha_k| \leqq \text{const}\left(\sum_{k=1}^{\infty}\lambda_k|\alpha_k|^2\right)^{1/2}. \tag{5.77}$$

ところで，α_k が $f(x)$ の展開係数であることおよび $\lambda_k\alpha_k$ が $-(T/\rho(x))f''(x)$ の展開係数であることを考慮すれば，Parseval の等式から

$$\sum_{k=1}^{\infty}\lambda_k\alpha_k\bar{\alpha}_k = -T\int_0^l \frac{1}{\rho(x)}f''(x)\overline{f(x)}\rho(x)dx = T\int_0^l |f'(x)|^2 dx \tag{5.78}$$
$$\leqq \text{const}\,\|f'\|_{\max}{}^2$$

が得られる．ここで $f(0)=f(l)=0$ を用いている(定理5.3の(5.29),(5.30)を参照せよ)．(5.77),(5.78)から(5.74)が得られる．

これで一応定理の証明は終った形になるが，一つ問題がある．それは(5.78)において f が2回連続微分可能であることを用いている点である．しかしこれはつぎのように考えればよいであろう．

$f\in C^1[0,l]$ $(f(0)=f(l)=0)$ に対しては，$C^2[0,l]$ の点列 $f_j(x)$ $(f_j(0)=f_j(l)=0)$ が存在して1階導関数までこめた最大値ノルムの意味で f に収束している：

$$\|f_j-f\|_{\max}+\|f_j'-f'\|_{\max}\longrightarrow 0 \quad (j\to\infty). \tag{5.79}$$

一方 $\alpha_k{}^{(j)}$ を $f_j(x)$ の展開係数とすれば，各 k を固定するごとに

$$\alpha_k{}^{(j)}\longrightarrow \alpha_k \quad (j\to\infty) \tag{5.80}$$

である．(5.78)は $\alpha_k{}^{(j)}, f_j$ に対して成り立っているから，任意の正整数 N に対して

$$\sum_{k=1}^{N}\lambda_k|\alpha_k{}^{(j)}|^2 \leqq \text{const}\,\|f_j'\|_{\max}{}^2.$$

ここで $j\to\infty$ とすれば(5.79),(5.80)によって

$$\sum_{k=1}^{N}\lambda_k|\alpha_k|^2 \leqq \text{const}\,\|f'\|_{\max}{}^2$$

である．N は任意であったから，$N\to\infty$ とすれば(5.78)が得られる．∎

定理5.8から混合問題の解の初期データに対する連続性がつぎの意味で得られる．解 u_i および $\partial u_i/\partial t$ の初期値を f_i および g_i とするとき $(i=1,2)$，$\|f_1'-f_2'\|_{\max}$ および $\|g_1-g_2\|_{\max}$ が十分小さければ，$|u_1(t,x)-u_2(t,x)|$ も任意の (t,x) に対して小さくなる．

ここで $\|f_1-f_2\|_{\max}$ が陽に現われていないことに注意しよう．しかし f_i が両立性の条件 $f_i(0)=f_i(l)=0$ を満たしているのだから，$f=f_1-f_2$ として，

$$\|f\|_{\max} \leqq \mathrm{const}\,\|f'\|_{\max}$$

が成り立っていることにも注意しよう．実際，f も両立性の条件を満たしているから

$$|f(x)| = \left|\int_0^x f'(x)\,dx\right| \leqq \int_0^l |f'(x)|dx \leqq \mathrm{const}\,\|f'\|_{\max}$$

である．

こんどはエネルギーの意味での適正さについて調べよう．やはり混合問題を考える．時刻 t におけるエネルギーは

$$E(u(t,\cdot)) \equiv \|u(t,\cdot)\|_E^2 = \frac{1}{2}\int_0^l \left\{\rho(x)\left(\frac{\partial u}{\partial t}\right)^2 + T\left(\frac{\partial u}{\partial x}\right)^2\right\}dx$$

であった．定理 5.1 によればエネルギーは保存される：

$$\|u(t,\cdot)\|_E = \|u(0,\cdot)\|_E = \left[\frac{1}{2}\int_0^l \{\rho(x)(g(x))^2 + T(f'(x))^2\}\,dx\right]^{1/2}.$$

したがってエネルギーノルム $\|\ \|_E$――これがノルムの性質を満たしていることは以下で見る――の意味で解の初期データに関する連続性が成り立つ．ここでも u の初期値 $u(0,x)=f(x)$ 自身ではなく $f'(x)$ が関係していることに注意しよう．

さて $\|\ \|_E$ がノルムであることを見よう．$\|\ \|_E$ では，一つの関数でなく，実は関数の対 $\{f,g\}$ が関係している．すなわち

$$\|\{f,g\}\|_E^2 = \frac{1}{2}(\|f'\|^2 + \|g\|^2).$$

ただし $\|\ \|$ はふつうの L_2 ノルムである．さらに，簡単のため $\rho(x)\equiv 1$, $T=1$ の場合を考えることにする．$\|\{f,g\}\|_E$ が

(5.81) $$\|\{f,g\}\|_E = 0 \Longrightarrow \{f,g\} = \{0,0\} = 0$$

という性質以外のノルムの性質を満たしていることは見やすい．(5.81)を示すのに，g については問題はないから，f の方について $f=0$ となることを示そう．もちろん，f は両立性の条件を満たす C^1 級の関数であるとする．さて $\|f'\|=0$ とすると，$f'(x)=0$ であるから $f(x)$ は定数であるが，この定数は両立性によって 0 である．それゆえ $f=0$ が得られ，$\|\ \|_E$ がノルムであることがわかった．エネルギー保存の関係を上で用いた記号を使って書けば

(5.82) $$\|\{u(t,\cdot),\,u_t(t,\cdot)\}\|_E = \|\{f,g\}\|_E.$$

上では混合問題を考えたが，Cauchy 問題においても，最初からエネルギー有

限の初期データだけを考えれば，(5.82) というエネルギー保存の関係が得られる．ただしこの場合のエネルギーは全直線 $\boldsymbol{R}$ 上での積分を用いて定義されるものである．(5.82) を確かめるには，定理 5.6 によって ($I \to \boldsymbol{R}$ とすることによって $I_0 \to \boldsymbol{R}$ となることに注意する)，まず

$$(5.83)\qquad \|\{u(t,\cdot),u_t(t,\cdot)\}\|_E \leqq \|\{f,g\}\|_E = \|\{u(0,\cdot),u_t(0,\cdot)\}\|_E$$

が得られる．ところが波動方程式は t を $-t$ でおきかえても変わらないから，時間の増加する向きを逆にして考えても，全く平行に議論を進めることができる．その結果，(5.83) において不等号の向きを逆にした不等式が得られる．これと (5.83) とによって (5.82) が得られるわけである．エネルギー等式 (5.82) あるいはエネルギー不等式 (5.83) から Cauchy 問題の適正さを導くためには，粗い意味で $f(x)\to 0$ $(x\to\pm\infty)$ となるような初期データを考える必要がある．詳しくは後に空間3次元の波動方程式について論ずる予定である．

問　題

1　$\rho(x)\equiv 1$，$T=1$ の場合に定理 5.3 (§5.3) の主張を確かめよ．

2　つぎのことを示せ：$\rho(x)\equiv 1$，$T=1$，$l=\pi$ の場合には定理 5.3 に述べた固有関数系として $\varphi_k(x)=\sqrt{2/\pi}\sin kx$ $(k=1,2,\cdots)$ をとることができる．$f(x)$ を

$$f(x)=\begin{cases}1 & (0<x<\pi),\\ 0 & (x=0,\ \ x=\pi)\end{cases}$$

で与えると，これに対する $\{\varphi_k(x)\}$ による展開の級数は正しく $f(x)$ に収束する．さらに $g=0$ とし，f,g を初期データとする混合問題の解 (5.31) を構成すれば，(5.31) は収束して境界条件も形式的には満たす．しかし収束は一様ではない．$x=0$ および $x=\pi$ で不連続である．$f(x)$ の展開係数は，実は関数

$$\tilde{f}(x)=\begin{cases}-1 & (-\pi<x<0),\\ \ \ 0 & (x=-\pi,0,\pi),\\ +1 & (0<x<\pi)\end{cases}$$

の $[-\pi,\pi]$ における Fourier 係数と一致する．

3　積分方程式系 (5.66), (5.67) の一意解の存在を示せ．

4　Riemann 関数の対称性 $v(t,x\,;t_0,x_0)=v(t_0,x_0\,;t,x)$ を示せ．

5　2点 $(0,x_1)$, $(0,x_2)$ $(x_1\neq x_2)$ を通る，方程式 (5.1) の正勾配の特性曲線は決して交わることがないことを示せ．負勾配のものについても同様である．(この事実は本文の各所において用いられてきた.)

第6章　3次元空間における波動方程式

この章では，空間3次元の場合の波動方程式を，全空間の場合(Cauchy 問題)と有界な障害物がある場合(外部混合問題)とについて議論する．第5章では混合問題としてはDirichlet 境界条件を考えたが，この章ではNeumann 条件の場合を扱う．解をユニタリ群を使って表示するという作用素論的手法も紹介する．

§6.1　波動方程式の導出(音波)

前章では弦の振動を考察して1次元の波動方程式を導いたが，ここでは気体——流体力学の法則に従う——の振動を考えて3次元の波動方程式を導くことにしよう．この際に議論の出発点となるのは，完全流体の運動を記述するEuler の運動方程式，連続の方程式および状態方程式である．これらについて簡単に述べておこう．

考えている完全流体(気体)中に勝手な部分Vをとる．Vは滑らかな曲面Sで囲まれているものとする．流体の圧力が$p=p(t, x, y, z)$である(tは時刻，(x, y, z)は考えている点の座標を表わす；pが考えている面の向きによらないことに注意)とすれば，Vにかかる圧力の総和は，Gauss-Stokes の定理を用いて

$$-\int_S p\boldsymbol{n}dS = -\int_V \mathrm{grad}\, p dV$$

で与えられる．ここに$\boldsymbol{n}$はS上の外向き単位法線ベクトルであり，dS, dVはそ

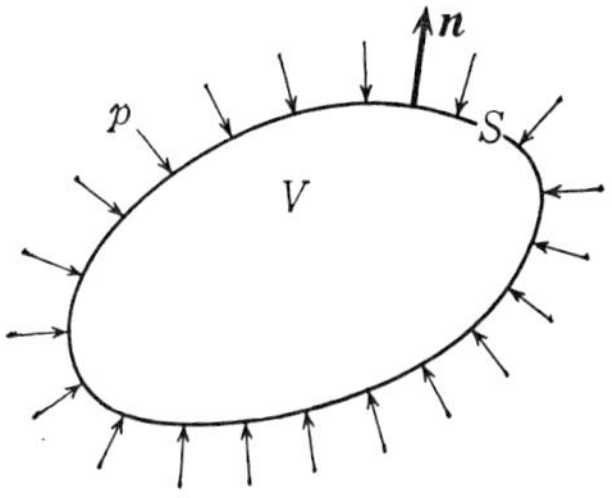

図6.1

れぞれ面積要素，体積要素を表わす．いま，簡単のために，外力が無い場合を考えることにすると，この力と V に働く慣性力

$$-\int_V \rho \frac{D\boldsymbol{v}}{Dt} dV$$

との和が0でなくてはならない．ただし，$\rho=\rho(t, x, y, z)$ は流体の密度，$\boldsymbol{v}=\boldsymbol{v}(t, x, y, z)$ は流体の速度ベクトルである．さらに D/Dt は，単なる時間変数 t による偏微分作用素ではなく，流体が速度 $\boldsymbol{v}$ で運動している効果をも考慮した時間微分作用素である：

$$\frac{D}{Dt} = \frac{\partial}{\partial t} + \boldsymbol{v}\cdot\nabla.$$

記号・は内積（スカラー積）を表わす：

$$\boldsymbol{v}\cdot\nabla = v_x\frac{\partial}{\partial x} + v_y\frac{\partial}{\partial y} + v_z\frac{\partial}{\partial z} \qquad (\boldsymbol{v}=(v_x, v_y, v_z)).$$

体積 V の任意性を考慮すれば，上の考察から

$$\frac{\partial \boldsymbol{v}}{\partial t} + (\boldsymbol{v}\cdot\nabla)\boldsymbol{v} = -\frac{1}{\rho}\,\mathrm{grad}\, p \tag{6.1}$$

が得られる．これが **Euler の運動方程式**である．

ふたたび，上で考えたような領域 V とその境界 S を考える．考えている流体中に湧き出し (source) も吸い込み (sink) もなければ，V 中の質量の時間変化率は S を通って流れ込む流量に等しい：

$$\frac{\partial}{\partial t}\int_V \rho dV = -\int_S \rho \boldsymbol{v}\cdot\boldsymbol{n} dS = -\int_V \mathrm{div}\,(\rho\boldsymbol{v})\, dV.$$

ここでも Gauss-Stokes の定理を用いた．V の任意性によって次の関係が得られる：

$$\frac{\partial \rho}{\partial t} + \mathrm{div}\,(\rho\boldsymbol{v}) = 0. \tag{6.2}$$

これが**連続の方程式**である．

さらに，流体の運動が断熱的であるとしよう[1]．この場合には，密度 ρ と圧力 p の間に関数関係がある：

1) 流体の運動が等温的であると仮定しても p と ρ の間に関数関係が得られる．断熱的とするのは，熱伝導や放射によるエネルギーの移動がないという立場である．状態変化が比較的はやくおこる場合には後者の方が実験とよくあう．

(6.3) $$p = f(\rho).$$

これが**状態方程式**である.

以上の三つ(6.1), (6.2), (6.3)が流体力学の基礎方程式である. ここで流体の微小振動を考えよう. 微小というのは速度 $\boldsymbol{v}$ が小さいという意味である. 流体の平衡状態における密度, 圧力をそれぞれ ρ_0, p_0 で表わし,

$$\rho = \rho_0 + \tilde{\rho}, \qquad p = p_0 + \tilde{p}$$

とする. $\tilde{\rho}, \tilde{p}$ は $\boldsymbol{v}$ と同様に微小量と考えられる. このことから, (6.1) および (6.2) において'2次の微小量'を無視すれば

$$\frac{\partial \boldsymbol{v}}{\partial t} = -\frac{1}{\rho_0}\operatorname{grad}\tilde{p}, \qquad \frac{\partial \tilde{\rho}}{\partial t} + \rho_0 \operatorname{div}\boldsymbol{v} = 0$$

が得られる. ここでさらに, (6.3)から導かれる近似的な関係式

$$\tilde{p} = f'(\rho_0)\tilde{\rho}$$

を用いれば, 上の方程式は

(6.4) $$\frac{\partial \boldsymbol{v}}{\partial t} = -\frac{1}{\rho_0}\operatorname{grad}\tilde{p}, \qquad \frac{1}{\rho_0}\frac{\partial \tilde{p}}{\partial t} = -f'(\rho_0)\operatorname{div}\boldsymbol{v}$$

となる. さて, $\operatorname{rot}\boldsymbol{v}=0$, すなわち渦なしの流れにおいては, $\boldsymbol{v}$ は速度ポテンシャル $u(t,x,y,z)$ によって

(6.5) $$\boldsymbol{v} = \operatorname{grad} u$$

と表わされる. (6.4)の第1式によれば, $\tilde{p}$ も速度ポテンシャルを用いて

(6.6) $$\tilde{p} = -\rho_0\frac{\partial u}{\partial t}$$

と表わされることがわかる(付加定数は適当に調整する). (6.5), (6.6)を(6.4)の第2式に用いると

(6.7) $$\frac{1}{c^2}\frac{\partial^2 u}{\partial t^2} = \triangle u, \qquad c = \sqrt{f'(\rho_0)} = \sqrt{\left(\frac{dp}{d\rho}\right)_{\rho=\rho_0}}$$

を得る. これがいま考えている流体(気体)の微小振動を記述する**波動方程式** (wave equation)である. c は速度の次元を持つ定数で, **音速**と呼ばれる.

気体が全空間 $\boldsymbol{R}^3$ をみたしている場合には, u に対する初期条件

(6.8) $$u(t,x)|_{t=0} = f(x), \qquad \frac{\partial u}{\partial t}(t,x)|_{t=0} = g(x)$$

を与えれば気体の運動が定まる. ここで x は $\boldsymbol{R}^3$ の位置ベクトル, すなわち, 今

まで座標で (x, y, z) と書いてきたものを表わす．今後もこの便法を用いる．

気体の中に物体——障害物——が置かれている場合を考えよう．物体を $\mathcal{O}$，その外部を $\mathcal{E}$，それぞれの境界を $\partial\mathcal{O}, \partial\mathcal{E}$ で表わそう．そうすると

$$\mathcal{E} = \boldsymbol{R}^3 - \mathcal{O}, \qquad \partial\mathcal{E} = \partial\mathcal{O} \qquad (\mathcal{O}\text{ は有界閉集合})$$

である．実際の問題では，角のある $\mathcal{O}$ なども出て来るであろうが，ここでは $\mathcal{O}$ は滑らか，すなわち $\partial\mathcal{O}$ が滑らかな閉曲面（の有限個の集合）ということを仮定して話を進める．さて，気体は物体中には侵入しない．ということは，$\partial\mathcal{E}$ における気体の法線速度が0になるということである．したがって，速度ポテンシャルに移って考えてみれば，$\boldsymbol{u}$ に対して Neumann 条件

$$\left.\frac{\partial u}{\partial n}\right|_{\partial\mathcal{E}} = 0 \tag{6.9}$$

が課せられることになる．障害物 $\mathcal{O}$ のある場合には，気体の運動は方程式 (6.7) と初期条件および境界条件 (6.8), (6.9) によって決定される．

速度ポテンシャルが決まれば，(6.5), (6.6) によって気体の速度および圧力（したがって (6.3) によって密度も）が決定されることに注意しよう．

上で見たように，扱うべき問題は，$\mathcal{E}=\boldsymbol{R}^3$ の場合には **Cauchy 問題** (6.7), (6.8)，$\mathcal{E}$ が外部領域の場合には**混合問題** (6.7)-(6.9) である．§6.2-§6.6 では主として Cauchy 問題を，§6.7-§6.9 では主として混合問題を取り扱う．内部領域に対する混合問題は特に取り立てて論ずることはしないが，これは一つにはすでに第5章で（空間1次元の場合であったが）その扱い方の方針を述べたからである．

§6.2　Cauchy 問題に対する Kirchhoff の公式

われわれは音波について次のことを経験上知っている．音源の分布があって，ある時刻 $t=0$ に各音源から音波が発せられたとしよう．時間 t が経過した後にある観測者が聴取しうるのは，観測者から距離 ct（c は音速）だけ離れた音源から発せられた音だけである．このことは音の伝播速度（音速）の有限なことと，後に述べる Huygens の原理とを示している．ただし，これはわれわれが住む3次元空間でのことであることに注意しよう．音波が従う方程式が先に導いた波動方程式であるかどうかは疑問なしとはしないが，一応上述の大雑把な経験的立場に

立って，次の球面積分を考えてみよう：

$$J(t,x;g)=J(t,x)=\frac{1}{4\pi c^2t}\int_{|y-x|=ct}g(y)\,dS_y.$$

g は初期攪乱を表わす関数，x は観測者の位置である．時刻 t は正としておく．$J(t,x)$ を t で割ったものは，中心 x，半径 ct の球面上での分布 $g(y)$ の球面平均である．$J(t,x)$ を表わす積分において，積分変数 y は $y=x+ct\omega$，$\omega\in S^2=\{x\in \boldsymbol{R}^3\,|\,|x|^2=1\}$ (2 次元単位球面)，面積要素 dS_y は $dS_y=c^2t^2d\omega$ ($d\omega$ は S^2 の面積要素) と表わされるから，積分 $J(t,x)$ は

$$J(t,x)=\frac{t}{4\pi}\int_{S^2}g(x+ct\omega)\,d\omega$$

と書き表わすことができる．

g を滑らかな関数としよう．上記の積分表示から明らかなように，$J(t,x)$ は $x\in\boldsymbol{R}^3$，$t\geqq 0$ の連続関数であって

$$J(0,x)=0$$

を満足する．さらに，以下に見るように $J(t,x)\in C^2((0,\infty)\times\boldsymbol{R}^3)$ であって，これは波動方程式 (6.7) の解を与える．

積分 $\displaystyle\int_{S^2}g(x+ct\omega)\,d\omega$ が t,x に関して微分可能なことは，g を滑らかと仮定したことから出てくる．積分記号下での微分を実行すると

$$\operatorname{grad}\int_{S^2}g(x+ct\omega)\,d\omega=\int_{S^2}(\operatorname{grad}g)(x+ct\omega)\,d\omega,$$

$$\begin{aligned}\frac{\partial}{\partial t}\int_{S^2}g(x+ct\omega)\,d\omega&=c\int_{S^2}\omega\cdot(\operatorname{grad}g)(x+ct\omega)\,d\omega\\&=c^2t\int_{|y|\leqq 1}(\triangle g)(x+cty)\,dy\\&=\frac{1}{ct^2}\int_{|y-x|\leqq ct}(\triangle g)(y)\,dy\end{aligned}$$

が得られる．ここで Gauss-Stokes の定理を用いている．右辺に現われる関数は t,x の連続関数である．すなわち，$\displaystyle\int_{S^2}g(x+ct\omega)\,d\omega$ は C^1 級である．これらの関数が，さらに t,x に関して連続的微分可能であることも上と同様な手続きで示されて，$J(t,x)$ は t,x に関して C^2 級であることがわかる．$\partial J/\partial t$，$\partial^2J/\partial t^2$，$\operatorname{grad}J$，$\triangle J=\operatorname{div}\operatorname{grad}J$ 等を求めてみると次の結果が得られる：

$$(6.10)\qquad \frac{\partial J}{\partial t}=\frac{1}{4\pi}\int_{S^2}g(x+ct\omega)\,d\omega+\frac{1}{4\pi ct}\int_{|y-x|\leq ct}(\triangle g)(y)\,dy,$$

$$(6.11)\qquad \frac{\partial^2 J}{\partial t^2}=\frac{1}{4\pi}\frac{\partial}{\partial t}\int_{S^2}g(x+ct\omega)\,d\omega-\frac{1}{4\pi ct^2}\int_{|y-x|\leq ct}(\triangle g)(y)\,dy$$

$$+\frac{1}{4\pi t}\int_{|y-x|=ct}(\triangle g)(y)\,dS_y$$

$$=\frac{1}{4\pi t}\int_{|y-x|=ct}(\triangle g)(y)\,dS_y$$

$$=\frac{c^2 t}{4\pi}\int_{S^2}(\triangle g)(x+ct\omega)\,d\omega,$$

$$(6.12)\qquad \operatorname{grad} J=\frac{t}{4\pi}\int_{S^2}(\operatorname{grad} g)(x+ct\omega)\,d\omega,$$

$$(6.13)\qquad \triangle J=\frac{t}{4\pi}\int_{S^2}(\triangle g)(x+ct\omega)\,d\omega.$$

(6.11), (6.13) から J が波動方程式 (6.7) をみたすこと，および，(6.10) から $\partial J/\partial t|_{t=0}=g$ となることがわかる．さらに，すでに見たように $J(0,x)=0$ であるから，結局次の結果に到達する：

$$(6.14)\qquad \begin{cases} \dfrac{\partial^2 J}{\partial t^2}=c^2\triangle J, \\ J(0,x)=0, \qquad \dfrac{\partial J}{\partial t}(0,x)=g(x). \end{cases}$$

以上の議論では，g が十分滑らかであることを仮定したが，内容を再検討してみればわかるように，$g\in C^2(\boldsymbol{R}^3)$ であれば十分であることを注意しておこう．

さて J が波動方程式の解であれば，これを t について微分したもの $\partial J/\partial t$ も波動方程式の解であることは容易にわかる．そこで $f\in C^3$ として

$$K(t,x\,;f)=K(t,x)=\frac{\partial}{\partial t}J(t,x\,;f)$$

と定義しよう．(6.11) および $\partial K/\partial t=\partial^2 J/\partial t^2$ に注意すれば，$\partial K/\partial t|_{t=0}=0$ となることがただちに確かめられるから，

$$(6.15)\qquad \begin{cases} \dfrac{\partial^2 K}{\partial t^2}=c^2\triangle K, \\ K(0,x)=f(x), \qquad \dfrac{\partial K}{\partial t}(0,x)=0. \end{cases}$$

(6.14) と (6.15) から，一般の初期条件をみたす波動方程式の解，すなわち問題 (6.7), (6.8) の解として

$$u(t, x) = K(t, x; f) + J(t, x; g) \tag{6.16}$$

が得られる．ここで，波動方程式 (6.7) が線型であること，したがって重ね合せの原理 (superposition principle) が成立することを用いているのはもちろんである．また f, g に関する十分条件として，$f \in C^3$，$g \in C^2$ があげられる．上に与えた解が初期条件をみたす唯一の解であるかどうかは，今の所は何とも言えない．しかし，後に §6.3 で見るように一意性が示されるので．(6.16) が Cauchy 問題 (6.7), (6.8) の一意解を与えることになる．(6.16) を **Kirchhoff の公式**という．

ここで少し見方を変えて，第5章でも用いた Fourier の方法による解の構成について考えることにしよう．そこで行なったように変数分離の立場から議論を進めてもよいのであるが，結局は同じことになるので，ここでは波動方程式(6.7) に直接 Fourier 変換をほどこすことから話を始めることにする．そのために，Fourier 変換に関する若干の基本的事実を想い出しておこう[1]．ここで，現われる関数はすべて十分に滑らかで，遠方では十分速く 0 に近づくものとしておく．

関数 $f(x)$ $(x \in \boldsymbol{R}^3)$ の Fourier 変換 $\hat{f}(\xi) = (\mathcal{F}f)(\xi)$ は

$$(\mathcal{F}f)(\xi) = \hat{f}(\xi) = (2\pi)^{-3/2} \int_{\boldsymbol{R}^3} e^{-i\xi\cdot x} f(x)\,dx \qquad (\xi \in \boldsymbol{R}^3)$$

によって定義される．$D_j = i^{-1}\partial/\partial x_j$ または $= i^{-1}\partial/\partial \xi_j$ (第 j 座標についての微分演算)，$D^\alpha = D_1^{\alpha_1} \cdots D_3^{\alpha_3}$ $(\alpha = (\alpha_1, \alpha_2, \alpha_3)$[2]で各 α_j は非負整数)，$x^\alpha = x_1^{\alpha_1} \cdots x_3^{\alpha_3}$ などのよく知られた記号を用いる．このとき，

$$[\mathcal{F}(D^\alpha f)](\xi) = \xi^\alpha \hat{f}(\xi),$$

$$[\mathcal{F}(x^\alpha f(x))](\xi) = (-1)^{|\alpha|} D^\alpha \hat{f}(\xi) \qquad (|\alpha| = \alpha_1 + \alpha_2 + \alpha_3),$$

$$(\mathcal{F}f_a)(\xi) = e^{-i\xi\cdot a} \hat{f}(\xi) \qquad (a \in \boldsymbol{R}^3,\ f_a(x) = f(x-a)),$$

$$[\mathcal{F}(e^{ia\cdot x} f(x))](\xi) = \hat{f}_a(\xi),$$

$$\left.\begin{aligned} &(f, g) \equiv \int_{\boldsymbol{R}^3} f(x)\overline{g(x)}\,dx = (\hat{f}, \hat{g}) \\ &\|f\|^2 = (f, f) = \|\hat{f}\|^2 \end{aligned}\right\} \quad \text{(Parseval の等式)},$$

1) Fourier 変換に関する詳細については本講座 "Fourier 解析" を参照されたい．

2) 多重添数 (multi-index) という．

$$f(x)=(\overline{\mathscr{F}}\hat{f})(x)\equiv(2\pi)^{-3/2}\int_{\boldsymbol{R}^3}e^{+i\xi\cdot x}\hat{f}(\xi)\,d\xi=(\overline{\mathscr{F}}\mathscr{F}f)(x)=(\mathscr{F}\overline{\mathscr{F}}f)(x)$$

(反転公式)

などの諸公式が成り立つ．Parseval の等式は Fourier 変換のいわゆる L_2 理論の基礎となるものである．f が遠方で十分速く 0 に近づく関数，例えば急減少の関数の族 $\mathscr{S}=\mathscr{S}(\boldsymbol{R}^3)$ 1) に属する関数ならば，f も $\mathscr{S}$ に属する関数となることにも注意しよう．

波動方程式

$$\frac{\partial^2 u}{\partial t^2}=c^2\triangle u,\qquad u=u(t,x)$$

に対して $x\in\boldsymbol{R}^3$ に関する Fourier 変換を適用しよう．いま

$$\tilde{u}(t,\xi)=[\mathscr{F}u(t,\cdot)](\xi)=(2\pi)^{-3/2}\int_{\boldsymbol{R}^3}e^{-i\xi\cdot x}u(t,x)\,dx$$

とおけば，

$$\frac{\partial^2\tilde{u}}{\partial t^2}=-c^2|\xi|^2\tilde{u} \tag{6.17}$$

という t に関する常微分方程式が得られる．また，初期条件

$$u(0,x)=f(x),\qquad \frac{\partial u}{\partial t}(0,x)=g(x)$$

については

$$\tilde{u}(0,\xi)=\hat{f}(\xi),\qquad \frac{\partial\tilde{u}}{\partial t}(0,\xi)=\hat{g}(\xi) \tag{6.18}$$

が得られる．初期値問題 (6.17), (6.18) の解は

$$\tilde{u}(t,\xi)=\hat{f}(\xi)\cos c|\xi|t+\frac{\hat{g}(\xi)}{c|\xi|}\sin c|\xi|t$$

である．これを ξ に関して逆(共役) Fourier 変換すれば，すなわち $\overline{\mathscr{F}}$ をほどこせば，反転公式によって，もとの Cauchy 問題 (6.7), (6.8) の解 $u(t,x)$ が表現される：

$$u(t,x)=[\overline{\mathscr{F}}\tilde{u}(t,\cdot)](x) \tag{6.19}$$

---

1) $f\in\mathscr{S}$ とは $f\in C^\infty(\boldsymbol{R}^3)$ であって，任意の多重添数 α,β に対して次の関係が成り立つことである：

$$|x^\alpha(D^\beta f)(x)|\longrightarrow 0\quad(|x|\to\infty).$$

$$= (2\pi)^{-3/2}\int_{\boldsymbol{R}^3} e^{i\xi\cdot x}\left(\hat{f}(\xi)\cos c|\xi|t + \frac{\hat{g}(\xi)}{c|\xi|}\sin c|\xi|t\right)d\xi.$$

前に求めた Kirchhoff の公式 (6.16) は (6.19) と一見異なっているようであるが実は同じである．以下で形式的な計算によってこのことを見ておこう．

(6.19) の右辺の積分の第1項

$$F(x) \equiv (2\pi)^{-3/2}\int_{\boldsymbol{R}^3} e^{i\xi\cdot x}\hat{f}(\xi)\cos c|\xi|td\xi$$
$$= (2\pi)^{-3}\int_{\boldsymbol{R}^3}\int_{\boldsymbol{R}^3} e^{i\xi\cdot x}e^{-i\xi\cdot y}f(y)\cos c|\xi|td\xi dy$$

を考察しよう．ξ に関する積分を先に実行する．$\xi=\rho\omega$ $(0\leqq\rho<\infty,\ \omega\in S^2)$ とおくと

$$I = (2\pi)^{-3}\int_{\boldsymbol{R}^3} e^{i\xi\cdot x-i\xi\cdot y}\cos c|\xi|td\xi$$
$$= (2\pi)^{-3}\int_0^\infty \cos(c\rho t)\rho^2 d\rho\int_{S^2} e^{i\xi\cdot(x-y)}d\omega$$

となるが，$\int_{S^2} e^{i\xi\cdot(x-y)}d\omega$ は極座標を導入することによって容易に計算されて，

$$\int_{S^2} e^{i\xi\cdot(x-y)}d\omega = \frac{4\pi}{\rho r}\sin\rho r, \qquad r = |x-y|$$

となる．これを代入すると，I は

$$I = \frac{1}{2\pi^2 r}\int_0^\infty \rho\cos c\rho t\sin\rho r d\rho$$
$$= \frac{1}{4\pi^2 r}\int_{-\infty}^\infty \rho\cos c\rho t\sin\rho r d\rho$$
$$= \frac{1}{16\pi^2 r}\int_{-\infty}^\infty i\rho\{e^{i(ct+r)\rho} - e^{-i(ct+r)\rho} - e^{i(ct-r)\rho} + e^{-i(ct-r)\rho}\}d\rho$$

となるが，ここで δ 関数について知られた関係

$$2\pi\delta'(x) = \int_{-\infty}^\infty \pm i\rho e^{\pm ix\rho}d\rho \quad (\text{複号同順})$$

を用いると

$$I = \frac{-1}{4\pi r}\{\delta'(ct-r) - \delta'(ct+r)\}$$

を得る．したがって $F(x)$ は，$t>0$ であることを考慮して，

$$
\begin{aligned}
F(x) &= \frac{-1}{4\pi}\int \frac{\delta'(ct-|x-y|)}{|x-y|}f(y)\,dy \\
&= \frac{1}{4\pi}\int_{S^2} f(x+ct\omega)\,d\omega + \frac{ct}{4\pi}\int_{S^2}\omega\cdot(\mathrm{grad}\,f)(x+ct\omega)\,d\omega \\
&= \frac{\partial}{\partial t}\left[\frac{t}{4\pi}\int_{S^2} f(x+ct\omega)\,d\omega\right]
\end{aligned}
$$

と計算される．これは前に定義した $K(t, x\,; f)$ にほかならない．(6.19)の右辺第2項についても同様な形式的計算が実行できて，$J(t, x\,; g)$ に等しいことがわかる．ここでは形式的な操作に終始したが，超関数論の立場から議論を正当化することは困難ではない．

§6.3 Cauchy問題の解の一意性

3次元の波動方程式に対するCauchy問題の解の一意性を考えるのであるが，その方法は本質的に1次元波動方程式の場合と変わらない．基礎となるのはエネルギーの考えである．波動方程式の解 $u(t, x)$ に対して，時刻 t，領域 D におけるエネルギーを

$$
E(u(t,\cdot)\,; D) = \frac{1}{2}\int_D\left(\frac{1}{c^2}\left|\frac{\partial u}{\partial t}\right|^2 + |\mathrm{grad}\,u|^2\right)dx
$$

で，また関数の対 $\{f, g\}$ に対しては，その D におけるエネルギーを

$$
E(\{f, g\}\,; D) = \frac{1}{2}\int_D\left(\frac{1}{c^2}|g|^2 + |\mathrm{grad}\,f|^2\right)dx
$$

で定義する．考える解は第5章と同じく古典解である．すなわち，$(0, \infty)\times\boldsymbol{R}^3$ において C^2 級であり，境界まで込めて C^1 級である解を問題にする．

さて $u(t, x)$ を波動方程式の古典解としよう．§5.6と同様な計算によって

$$
\begin{aligned}
&\frac{1}{2}\frac{\partial}{\partial t}\left\{\frac{1}{c^2}\left|\frac{\partial u}{\partial t}\right|^2 + |\mathrm{grad}\,u|^2\right\} - \mathrm{div}\left\{\mathrm{Re}\left(\frac{\partial u}{\partial t}\,\mathrm{grad}\,\bar{u}\right)\right\} \\
&\quad = \mathrm{Re}\left(\frac{1}{c^2}\frac{\partial^2 u}{\partial t^2}\frac{\partial \bar{u}}{\partial t} - \triangle u\frac{\partial \bar{u}}{\partial t}\right) = 0
\end{aligned}
$$

が得られる．この式の左辺は4次元の発散形式であることに注意する．ここで次の領域 Q を考える：$Q=\{(t, x)\,|\,t_0<t<t_1,\ |x-x_0|<R-c(t-t_0)\}$ ($x_0\in\boldsymbol{R}^3$，$0\leqq t_0<t_1$，$R>c(t_1-t_0)$) (図6.2，ただしこの図は空間2次元として描いてある)．Ω_0

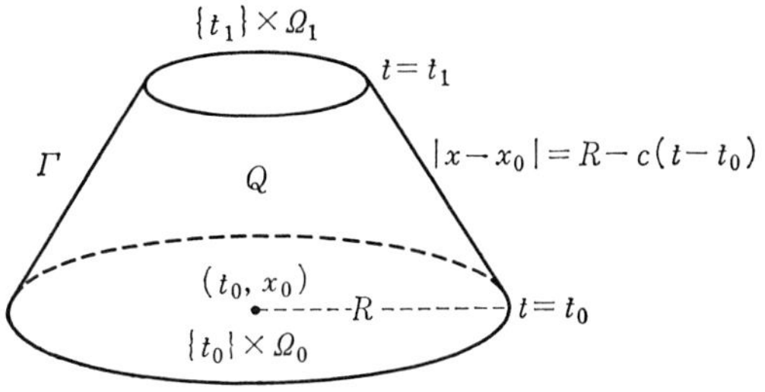

図 6.2

$=\{x \mid |x-x_0|=R\}$, $\Omega_1=\{x \mid |x-x_0|=R-c(t_1-t_0)\}$ とおけば, Q の境界 ∂Q は次の3部分から成る: $\{t_0\}\times\Omega_0$, $\{t_1\}\times\Omega_1$, $\Gamma=\{(t,x) \mid |x-x_0|=R-c(t-t_0), t_0 \leqq t \leqq t_1\}$. 上記の発散形式を Q で積分すれば, Gauss-Stokes の定理を用いることによって次の関係を得る:

$$0=\int_{\partial Q}\left[\left(\frac{1}{2}\frac{1}{c^2}\left|\frac{\partial u}{\partial t}\right|^2+\frac{1}{2}|\mathrm{grad}\, u|^2\right)n_t-\left\{\mathrm{Re}\left(\frac{\partial u}{\partial t}\,\mathrm{grad}\,\bar{u}\right)\right\}\cdot n_x\right]dS.$$

ここで n は $\partial\Omega$ 上の外向き単位法線ベクトルであって, n_t はその t 成分 (スカラー), n_x は空間成分 (3次元ベクトル) である. $\{t_1\}\times\Omega_1$ では $n_x=0$, $n_t=1$ であり, $\{t_0\}\times\Omega_0$ では $n_x=0$, $n_t=-1$ である. Γ 上では $n_t>0$, かつ $|n_x|=c^{-1}n_t$ である. それゆえ, Γ 上で

$$\begin{aligned}
&\frac{1}{2}\left(\frac{1}{c^2}\left|\frac{\partial u}{\partial t}\right|^2+|\mathrm{grad}\, u|^2\right)n_t-\left\{\mathrm{Re}\left(\frac{\partial u}{\partial t}\,\mathrm{grad}\,\bar{u}\right)\right\}\cdot n_x \\
&\quad=\frac{n_t}{2}\left[\frac{1}{c^2}\left|\frac{\partial u}{\partial t}\right|^2+|\mathrm{grad}\, u|^2-2\left\{\mathrm{Re}\left(\frac{\partial u}{\partial t}\,\mathrm{grad}\, u\right)\right\}\cdot\frac{n_x}{n_t}\right] \\
&\quad\geqq\frac{n_t}{2}\left\{\frac{1}{c^2}\left|\frac{\partial u}{\partial t}\right|^2+|\mathrm{grad}\, u|^2-2\frac{1}{c}\left|\frac{\partial u}{\partial t}\right||\mathrm{grad}\, u|\right\} \\
&\quad=\frac{n_t}{2}\left(\frac{1}{c}\left|\frac{\partial u}{\partial t}\right|-|\mathrm{grad}\, u|\right)^2\geqq 0
\end{aligned}$$

である. 以上の事実を考慮すれば

$$\frac{1}{2}\int_{\Omega_1}\left(\frac{1}{c^2}\left|\frac{\partial u}{\partial t}\right|^2+|\mathrm{grad}\, u|^2\right)\bigg|_{t=t_1}dx\leqq\frac{1}{2}\int_{\Omega_0}\left(\frac{1}{c^2}\left|\frac{\partial u}{\partial t}\right|^2+|\mathrm{grad}\, u|^2\right)\bigg|_{t=t_0}dx$$

が出る. これは, 波動方程式の解の時刻 t_1, 領域 Ω_1 におけるエネルギーが, 時

刻 t_0，領域 Ω_0 におけるエネルギーによっておさえられるという事実を表わす．

ここで二,三の注意を述べておく．上の議論で $t_1>t_0$ を仮定したが，これは本質的ではない．$t_1<t_0$ の場合，Ω_1 を $|x-x_0|=R-c(t_0-t_1)$ で定義することにすれば，領域 Q が図6.2において上下を反対にしたような領域となり，同様な議論が適用できる．ただし，Γ 上での表面積分を取り扱う際に $n_t<0$ となることに注意すべきである．結果は，やはり，t_1, Ω_1 におけるエネルギーが t_0, Ω_0 におけるエネルギーでおさえられるということになる．また，この結果は時間軸の向きを反転させることによっても得られる(この考え方は第5章でも用いた)．$t_1>t_0$ の場合に，最初に $\Omega_0:|x-x_0|\leqq R$ が与えられたとして，Ω_1 を定義する式において $R-c(t_1-t_0)$ が負となっても形式的には差支えない．実際，そのときには $\Omega_1=\phi$ となってエネルギー不等式が自明になるだけの話である．

以上の考察をまとめると次の結果が得られる．

定理6.1　$\Omega=\{x\,|\,|x-x_0|\leqq R\}$，$\Omega_T=\{x\,|\,|x-x_0|\leqq R+cT\}$ とする．ただし，$x_0\in\boldsymbol{R}^3$，$R>0$，$T>0$．このとき，u を波動方程式の古典解とすれば，**エネルギー不等式**

$$E(u(t,\cdot)\,;\Omega)\leqq E(u(t\pm T,\cdot)\,;\Omega_T)$$

が成り立つ．特に $t=T>0$ とすれば

$$E(u(t,\cdot)\,;\Omega)\leqq E(\{f,g\}\,;\Omega_t)$$

が成り立つ．ここで f,g は u に対する初期データである．すなわち，$u(0,x)=f(x)$，$(\partial u/\partial t)(0,x)=g(x)$．ただし，$f$ は C^1 級，g は C^0 級とする．——

上の定理の系として古典解の一意性が得られる．その証明は空間1次元の場合と変わるところがないので省略することにしよう．

定理6.2　波動方程式のCauchy問題(6.7), (6.8)に対する古典解は一意的である．——

次の定理も定理6.1からほとんど明らかであろう．証明を省略する．

定理6.3　f,g をエネルギー有限なデータとする：$E(\{f,g\})=E(\{f,g\}\,;\boldsymbol{R}^3)<\infty$．$u$ を f,g を初期データとするCauchy問題の古典解とすれば，u もエネルギー有限：$E(u(t,\cdot))=E(u(t,\cdot)\,;\boldsymbol{R}^3)<\infty$ であって，

$$E(u(t,\cdot))=E(\{f,g\})$$

が成り立つ(エネルギーの保存)．——

D を $\boldsymbol{R}^3$ の任意の有界閉領域とする．D の各点 x_0 で未来に向って開いている円錐 $|x-x_0|\leqq ct,\ t>0$ をたて，それらの合併 Q と平面 $t=T(>0)$ との交わりを D_T とする (D が球であれば D_T も球となるが，一般には，D と D_T とは相似ではない)．いま，初期データ f, g の台が D に含まれているとしよう：

$$\operatorname{supp} f \subset D, \qquad \operatorname{supp} g \subset D.$$

平面 $t=T$ 内に D_T と共通点を持たない球 Ω をとり，図6.3に示したように Ω_0 を定める (Ω_0 の作り方は図から明らかであろう)．Ω_0 は D と共通点を持たない．したがって，初期データ f, g は Ω_0 で 0 である．u を，f と g を初期データとする Cauchy 問題の古典解とすると，定理6.1からわかるように，$E(u(T,\cdot);\Omega)=0$ である．T は $0<T$ をみたす限り任意にとれる．このことから u が Q の外部で定数 0 に等しいことがわかる．これは，D 内に限定された攪乱が Q の外へは伝わらないことを示している．いいかえれば，攪乱の伝わる速度は音速 c を超えることはない．これを称して，音波は**有限伝播速度**を持つという．

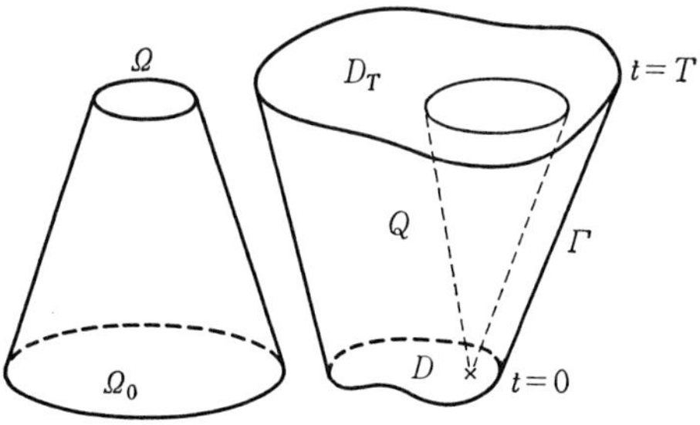

図6.3

波動方程式の解が有限な伝播速度を持つことは，§6.2で述べた Kirchhoff の公式からも出る．実は，Kirchhoff の公式からはこの事実以上のことが導かれるのであるが，それについては次節で述べる (Huygens の原理)．

ここでは Cauchy 問題の一意解の存在を確認しておく．解の存在については Kirchhoff の公式が，一意性については定理6.2があるので，次のことがいえる：

定理 6.4 f, g を $f\in C^3(\boldsymbol{R}^3)$，$g\in C^2(\boldsymbol{R}^3)$ なる関数とするとき，Cauchy 問題 (6.7), (6.8) の一意解が存在する．特に $\{f, g\}$ が有限なエネルギーを持てば，任意の時刻において解も有限なエネルギーを持ち，エネルギーは保存される．——

§5.5では解の不連続線の考察から波動方程式の特性曲線の概念を導いたが，同様な考え方でいま考えている空間3次元の場合にも**特性曲面**(characteristic surface)または**特性多様体**(characteristic manifold)を定義することができる．4次元時空 $\boldsymbol{R}^4$ の中の曲面

$$\varphi(t, x) \equiv \varphi(t, x_1, x_2, x_3) = 0$$

が解の不連続面，すなわち特性曲面であるとすると

$$\frac{1}{c^2}\left(\frac{\partial \varphi}{\partial t}\right)^2 - (\operatorname{grad}\varphi)^2 = 0$$

が出る．これが**特性方程式**である．図6.2および図6.3に示されている'側面' Γ は特性曲面の例である．また，1点 (t_0, x_0) を通る円錐面

$$c^2(t-t_0)^2-(x-x_0)\cdot(x-x_0) = 0$$

も特性曲面である(図6.3を見よ)．

ここで波動方程式に対する**陪(従)特性曲線**(bicharacteristic)または**特性射線**(characteristic ray)について触れておこう．

特性方程式から知られるように，特性曲面上ではベクトル $((1/c^2)(\partial\varphi/\partial t), -\operatorname{grad}\varphi)$ は特性曲面に接している．そこで接線ベクトルが常にこのベクトルで与えられる曲線 $t=t(s)$，$x=x(s)$ を考える．これが陪特性曲線である．いま考えている波動方程式に対しては，これは直線となる．実際，曲線上での $\partial\varphi/\partial t$, $\operatorname{grad}\varphi$ をそれぞれ $\lambda(s), p(s)$ とパラメータ表示すれば，

$$\frac{\lambda^2}{c^2}-p^2 = 0, \qquad \frac{dt}{ds} = \frac{\lambda}{c^2}\left(=\frac{1}{c^2}\frac{\partial\varphi}{\partial t}\right), \qquad \frac{dx}{ds} = -p\ (=-\operatorname{grad}\varphi)$$

である．一方，特性方程式を t, x に関して微分して得られる関係

$$\frac{\lambda}{c^2}\frac{\partial^2\varphi}{\partial t^2}-p\cdot\operatorname{grad}\frac{\partial\varphi}{\partial t} = 0, \qquad \frac{\lambda}{c^2}\frac{\partial^2\varphi}{\partial t\partial x^j}-\sum_{k=1}^{3}p_k\frac{\partial^2\varphi}{\partial x^j\partial x^k} = 0 \quad (j=1, 2, 3)$$

に注意すれば，

$$\frac{d\lambda}{ds} = \frac{\partial\lambda}{\partial t}\frac{dt}{ds}+(\operatorname{grad}\lambda)\cdot\frac{dx}{ds} = \frac{\partial^2\varphi}{\partial t^2}\frac{\lambda}{c^2}-\left(\operatorname{grad}\frac{\partial\varphi}{\partial t}\right)\cdot p = 0,$$

$$\frac{dp_j}{ds} = \frac{\partial p_i}{\partial t}\frac{dt}{ds}+\sum_{k=1}^{3}\frac{\partial p_j}{\partial x^k}\frac{dx^k}{ds} = \frac{\partial^2\varphi}{\partial t\partial x^j}\frac{\lambda}{c^2}-\sum_{k=1}^{3}\frac{\partial^2\varphi}{\partial x^j\partial x^k}p_k = 0 \qquad (j=1, 2, 3)$$

が得られる．したがって，陪特性曲線 $t=t(s)$，$x=x(s)$ 上では λ, p は定数となる．これは陪特性曲線が直線であることを示している．(t_0, x_0) を通る陪特性曲

線は錐面 $c^2(t-t_0)^2-(x-x_0)\cdot(x-x_0)=0$ の母線にほかならない.

この節を終るにあたって，波動方程式の**基本解**(または Riemann 関数)に触れておく．形式的には，これは次の Cauchy 問題の解であるといってよい:

$$\frac{1}{c^2}\frac{\partial^2 u}{\partial t^2}=\triangle u,\qquad u(0,x)=0,\qquad u_t(0,x)=\delta(x-y).$$

ここで y はパラメータで，$\triangle$ は変数 x に作用している．$\delta(x-y)$ (y を固定して x を変数と考える) は y に集中した単位質量を持つ Dirac の δ 関数で，上の問題は超関数の意味で理解してもよい．この問題の解は Kirchhoff の公式，特に §6.2 で導入した $J(t,x)$ を見れば簡単に書き下せる．すなわち

$$R(t,x\,;y)=\frac{1}{4\pi c^2 t}\delta_{S_{ct}}(x-y)=\frac{1}{2\pi c}\delta(c^2t^2-|x-y|^2)$$

が基本解である．これは $|x-y|^2=c^2t^2$ という特性多様体上に特異性を持つ．その特異性が速さ c で伝播して行くことも上の表式から明らかであろう．上式の第2の等号は変数変換を用いて簡単に示せる．Riemann 関数を直接求めるには，Fourier 変換および Fourier 逆変換によるのが簡明であろう．その際，$\delta(x)$ の Fourier 変換が $(2\pi)^{-3/2}$ になることに注意する．いろいろな δ 関数が出ているが，その適切な解釈を読者に委ねたい.

§5.7 でも Riemann 関数を導入したが (空間1次元の場合)，同じ Riemann 関数という言葉がここでも出て来たので，両者の関係について述べておこう．空間1次元で $c=1$ の場合のこの節で述べた意味での Riemann 関数は，Fourier 変換を用いて計算するか，あるいは d'Alembert の公式を眺めるかによって，

$$R(t,x\,;y)=\frac{1}{2}\theta(t-|x-y|)$$

となることがわかる．ここで θ はいわゆる Heaviside の関数

$$\theta(x)=\begin{cases}1 & (x\geqq 0),\\ 0 & (x<0)\end{cases}$$

である．そこで $R(t-s,x\,;y)$ $(0\leqq s\leqq t)$ を考えると，これは，s,y の関数として (t,x を固定して考える)，$|x-y|\leqq t-s,\ 0\leqq s\leqq t$ という三角形の中で恒等的に 1/2 に等しいことがわかる．§5.7 で求めた Riemann 関数 $v(s,y\,;t,x)$ はこの三角形内で恒等的に 1 であった．すなわち，両者は本質的に等しい．1/2 という因

子の違いは，§5.7ではこの因子を常に積分の前に出して議論していたことによる．前の Riemann 関数は三角形の中で，ここでの Riemann 関数は $\{t\,|\,t\geqq 0\}\times \boldsymbol{R}^1$ という広い所で考えているのである．

§6.4 Huygens の原理

滑らかな初期データに対する Cauchy 問題の解が Kirchhoff の公式

$$u(t,x)=\frac{t}{4\pi}\int_{S^2}g(x+ct\omega)\,d\omega+\frac{\partial}{\partial t}\left\{\frac{t}{4\pi}\int_{S^2}f(x+ct\omega)\,d\omega\right\} \tag{6.20}$$

$$(u(0,x)=f(x),\ \ u_t(0,x)=g(x))$$

で与えられることは，§6.2で見た通りである．この公式からは，前節でエネルギー不等式から導いた有限伝播速度の性質以上の情報が得られる．点 (t_0, x_0) における解 $u(t_0, x_0)$ は初期データの $x_0+ct_0\omega$, $\omega\in S^2$, における値 $f(x_0+ct_0\omega)$, $g(x_0+ct_0\omega)$ $(\omega\in S^2)$ だけに依存している．このことは，図6.4(空間2次元で描かれている)に示すように，$u(t_0, x_0)$ は (t_0, x_0) を通る**過去錐面** $|x-x_0|=c(t_0-t)$ $(t<t_0)$ 上の u および $\partial u/\partial t$ の値だけにしかよらないことを示している．この意味で，この過去錐面が (t_0, x_0) の**依存領域**である．これに対して，(t_0, x_0) を通る**未来錐面** $|x-x_0|=c(t-t_0)$ $(t>t_0)$ が (t_0, x_0) の**影響領域**となる．いいかえれば，(t_0, x_0) から出る未来向きおよび過去向きの陪特性曲線の全体が影響領域および依存領域である．

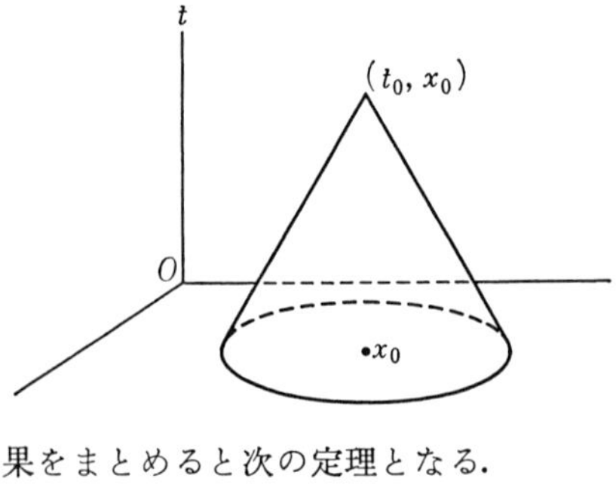

図6.4

上で考察した結果をまとめると次の定理となる．

定理6.5 (**Huygens の原理**)　u を波動方程式の古典解とする．$t_1<t_2$ とするとき，(t_2, x_2) $(x_2\in\boldsymbol{R}^3)$ におけるデータ $\{u(t_2, x_2), (\partial u/\partial t)(t_2, x_2)\}$ は，超平面 $t=t_1$ に含まれる球面 $|x-x_2|=c(t_2-t_1)$ 上におけるデータのみに依存する．特に，$t=$

0 におけるデータ $\{f, g\}$ の台が球 $|x-x_0|\leqq R$ に含まれているならば，時刻 $T>0$ において球 $|x-x_0|\leqq CT-R$ 内での u の値は 0 である．——

Huygens の原理が成り立つのは空間が 3 次元であることに密接に関係している．(一般的には，空間の次元を n とするとき，n が 3 以上の奇数ならば，Huygens の原理が成立することが知られている.) 空間が 2 次元，1 次元の場合にはこの原理は成り立たない．このことを以下に示そう．そのために，まず Kirchhoff の公式から空間 2 次元の場合の波動方程式の解を表わす公式を求めよう．ここに用いられる方法は Hadamard の次元逓減法 (method of descent) と呼ばれる．

空間 2 次元の場合の波動方程式に対する Cauchy 問題も形式的には 3 次元の場合と同じである：

$$\frac{1}{c^2}\frac{\partial v}{\partial t} = \triangle v, \tag{6.21}$$

$$v(0, x) = \varphi(x), \qquad v_t(0, x) = \psi(x). \tag{6.22}$$

ただし x は 2 次元の位置ベクトル (x_1, x_2)，$\triangle$ は 2 次元のラプラシアン $\triangle=\partial^2/\partial x_1{}^2+\partial^2/\partial x_2{}^2$ である．いま，関数 $u(t, x_1, x_2, x_3)$，$f(x_1, x_2, x_3)$，$g(x_1, x_2, x_3)$ を

$$u(t, x_1, x_2, x_3) = v(t, x_1, x_2),$$
$$f(x_1, x_2, x_3) = \varphi(x_1, x_2), \qquad g(x_1, x_2, x_3) = \psi(x_1, x_2)$$

で定義すると，$u(t, x)$ は f, g を初期データとする Cauchy 問題 (6.7), (6.8) の解になっている．解の一意性によって，これは Kirchhoff の公式 (6.20) によって表現されるべきである．ゆえに

$$\begin{aligned}
v(t, x_1, x_2) &= u(t, x_1, x_2, x_3) = u(t, x_1, x_2, 0) \\
&= \frac{t}{4\pi}\int_{S^2} g(x_1+ct\omega_1, x_2+ct\omega_2, 0)\,d\omega \\
&\quad +\frac{\partial}{\partial t}\left\{\frac{t}{4\pi}\int_{S^2} f(x_1+ct\omega_1, x_2+ct\omega_2, 0)\,d\omega\right\} \\
&= \frac{1}{4\pi c^2 t}\int_{(y_1-x_1)^2+(y_2-x_2)^2+y_3{}^2=c^2t^2} \psi(y_1, y_2)\,dS \\
&\quad +\frac{1}{4\pi c^2}\frac{\partial}{\partial t}\left\{\frac{1}{t}\int_{(y_1-x_1)^2+(y_2-x_2)^2+y_3{}^2=c^2t^2} \varphi(y_1, y_2)\,dS\right\}
\end{aligned}$$

球面 $(y_1-x_1)^2+(y_2-x_2)^2+y_3{}^2=c^2t^2$ 上の面積要素 dS は，y_1y_2 面上への射影を

dy_1dy_2 とすれば,

$$dS=\frac{\pm dy_1dy_2}{\cos(\boldsymbol{n},\,y_3)}$$

と表わされる(図6.5). ただし $\cos(\boldsymbol{n},\,y_3)$ は, 考えている点 $(y_1,\,y_2,\,y_3)$ における法線ベクトル $\boldsymbol{n}$ と y_3 軸の正方向とがなす角の余弦であって ($y_3<0$ の場合にはこれは負の値をとる), 複号 ± は $y_3\gtrless0$ にそれぞれ対応する.

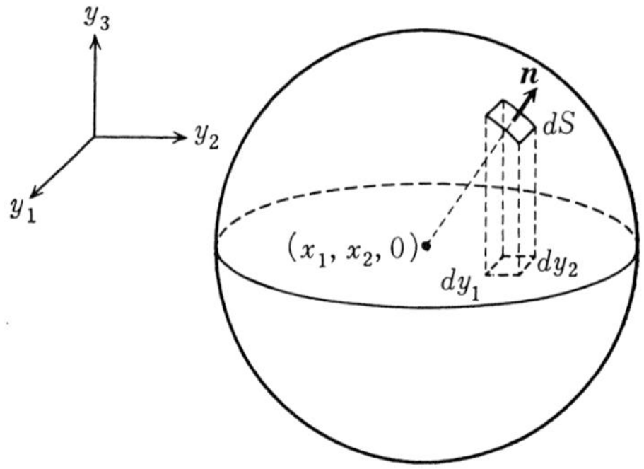

図6.5

さて

$$\cos(\boldsymbol{n},\,y_3)=\frac{y_3}{ct}=\frac{\pm\sqrt{c^2t^2-r^2}}{ct}\qquad(r=(y_1-x_1)^2+(y_2-x_2)^2)$$

であるから,

$$dS=\frac{ct}{\sqrt{c^2t^2-r^2}}dy_1dy_2$$

と書ける. $y_1,\,y_2$ の範囲は円 $(y_1-x_1)^2+(y_2-x_2)^2\leqq c^2t^2$ である. したがって

$$v(t,\,x_1,\,x_2)=\frac{1}{2\pi c}\int_{r\leqq ct}\frac{\psi(y_1,\,y_2)}{\sqrt{c^2t^2-r^2}}dy+\frac{1}{2\pi c}\frac{\partial}{\partial t}\int_{r\leqq ct}\frac{\varphi(y_1,\,y_2)}{\sqrt{c^2t^2-r^2}}dy \tag{6.23}$$

となる. これが空間2次元の場合の Cauchy 問題(6.21), (6.22)の解を与える公式で, **Poisson の公式**と呼ばれている.

同様な考え方によって, (6.23)から第5章で述べた d'Alembert の公式を導くことができる(問題6.2).

Poisson の公式(6.23)および d'Alembert の公式(5.41)からわかるように, 空間1次元および2次元の場合には Huygens の原理は成立しない. もっとも, 空間1次元の場合には, 初速が0ならば Huygens の原理が成り立つが.

上の事実は直観的にも考え得ることである．すなわち，空間2次元の波動方程式に従う音波の初期データは，2次元的には台が有界でも，3次元的には無限の拡がりを持っていると見るべきである．いま，図6.6に示すように，初期データの台が x_1x_2 平面による切口が有界な柱状領域であったとしよう．そうすると，部分 D_1 から発せられた音波が x_1 軸上の A にいる観測者を通過した後にも，やがて D_2 からの音波が観測者に到達するという具合に，観測者は永久に音を聴き続けることになるであろう．これは Huygens の原理が成り立っていないことを示している．空間1次元の場合も同様である．今度は初期データが無限に広い壁に分布していることになるのである．

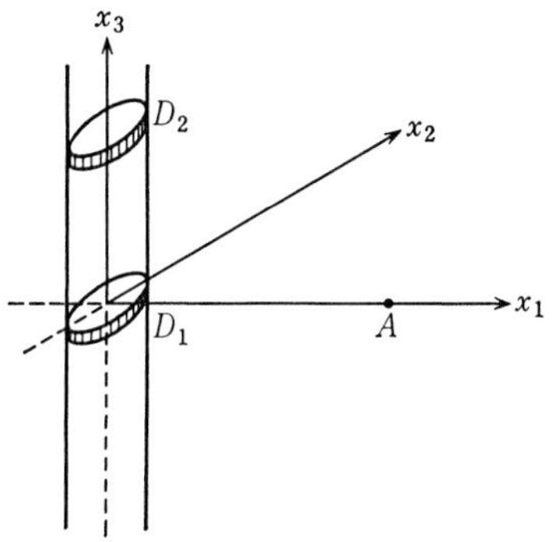

図6.6

§6.5 非同次方程式，Duhamel の方法

外力の場がある場合の波動方程式は，外力が保存力である場合，すなわちポテンシャルを持っている場合には，次の非同次方程式の形をとる：

$$\frac{1}{c^2}\frac{\partial^2 u}{\partial t^2} = \triangle u + q(t, x). \tag{6.24}$$

$q(t, x)$ は外場のポテンシャルであって，一般に時刻と位置の関数である．この節では，初期条件

$$u(0, x) = f(x), \qquad u_t(0, x) = g(x) \tag{6.25}$$

のもとでの方程式 (6.24) の解，すなわち Cauchy 問題 (6.24), (6.25) の解の求め方を，古典的な Duhamel の方法に従って解説する．

Cauchy 問題 (6.24), (6.25) の解の一意性については，同次方程式の場合と同

じであるから，問題は解の構成法を与えることである．また次のことに注意するのは有用である．同次方程式の初期条件(6.25)のもとでの解と，非同次方程式(6.24)の同次(零)初期条件((6.25)で $f=g=0$ としたもの)のもとでの解とを加えたものはCauchy問題(6.24), (6.25)の解を与える．前者はすでにKirchhoffの公式で解決済みであるから，後者のみを考えればよい．したがって，これから考えるのは，方程式(6.24)と零初期条件

$$u(0,x)=0, \qquad u_t(0,x)=0 \tag{6.26}$$

に対するCauchy問題である．

Duhamelの考え方の骨子は，問題(6.24), (6.26)の解を，時刻 s における初期条件を適当に与えた際の同次方程式の解 $v(t,x\,;s)$ を s に関して重ね合せることによって得ようという点にある．$t=s$ における初期条件としては，いささか天降りではあるが次の(6.28)を考える．同次波動方程式もあわせて述べると，考えるCauchy問題は

$$\frac{1}{c^2}\frac{\partial^2 v}{\partial t^2}=\triangle v, \tag{6.27}$$

$$v(s,x\,;s)=0, \qquad v_t(s,x\,;s)=c^2q(s,x) \tag{6.28}$$

である．$v(t,x\,;s)$ を重ね合せて

$$w(t,x)=\int_0^t v(t,x\,;s)ds \tag{6.29}$$

を考えよう．重ね合せができるか，上の s についての積分は意味があるか，などの問題があるが，発見的考察の現段階では気にしない．そうすると，(6.29)は初期条件(6.26)の第1条件を‘明らかに’みたす．第2の条件については，$w(t,x)$ を t について微分してみると

$$w_t(t,x)=v(t,x\,;t)+\int_0^t v_t(t,x\,;s)ds$$

を得るが，(6.28)によって $v(t,x\,;t)=0$ であるから

$$w_t(t,x)=\int_0^t v_t(t,x\,;s)ds \tag{6.30}$$

である．(6.30)で $t=0$ とおけば(6.26)の第2式もみたされていることがわかる．$w(t,x)$ が非同次方程式の解であるかどうかを見るために，(6.30)を t について もう一度微分してみる：

$$w_{tt}(t, x) = v_t(t, x\,; t) + \int_0^t v_{tt}(t, x\,; s)\,ds$$
$$= c^2 q(t, x) + \int_0^t c^2 \triangle v(t, x\,; s)\,ds$$
$$= c^2 q(t, x) + c^2 \triangle w(t, x).$$

ここで (6.28), (6.27) および (6.29) を用いた. 上式を c^2 で割れば, $w(t, x)$ が求める非同次方程式の Cauchy 問題 (6.24), (6.26) の解であることがわかる. $v(t, x\,; s)$ は問題 (6.27), (6.28) の解であるから, Kirchhoff の公式 (6.20) を用いれば (ただし時間の原点を 0 から s にずらして)

$$v(t, x\,; s) = \frac{t-s}{4\pi}\int_{S^2} c^2 q(s, x+c(t-s)\omega)\,d\omega.$$

これを (6.29) に代入して簡単な変数変換を実行すると, 次の結果が得られる:

(6.31)
$$w(t, x) = \frac{c^2}{4\pi}\int_0^t \tau d\tau \int_{S^2} q(t-\tau, x+c\tau\omega)\,d\omega$$
$$= \frac{1}{4\pi}\int_0^t \frac{d\tau}{\tau}\int_{|y-x|=c\tau} q(t-\tau, y)\,dS$$
$$= \frac{1}{4\pi}\int_{|y-x|\leqq ct} \frac{q\left(t-\dfrac{|y-x|}{c}, y\right)}{|y-x|}\,dy.$$

非同次項 $q(t, x)$ が滑らかな関数であれば, (6.31) は滑らかな関数であって, 問題 (6.24), (6.26) の解であることが確かめられる (問題 6.3). (6.31) は **Duhamel の公式**とも呼ばれている.

$q(t, x)$ は時刻 t における外力場のポテンシャルという意味を持っているのであるが, これを, 例えば, 時刻 t での質量密度分布と考えることにすれば,

$$\frac{1}{4\pi}\int_{|y-x|\leqq ct} \frac{q(t, y)}{|y-x|}\,dy$$

は x を中心とする半径 ct の球内にある質量による Newton ポテンシャルと考えられる. ところが (6.31) では $q(t, y)$ が $q(t-(|y-x|)/c, y)$ でおきかえられているのであるから, これは y から x まで作用が伝達されるのに要する時間の遅れを考慮に入れた Newton ポテンシャルと見ることができる. この意味で (6.31) を**遅延ポテンシャル** (retarded potential) と呼んでいる.

非同次波動方程式の Cauchy 問題 (6.24), (6.25) の一意解は, 上で考察したこ

とにより，Kirchhoff の公式(6.20)と遅延ポテンシャル(6.31)の重ね合せによって得られる．この結果を用いて Cauchy 問題の適正さ，すなわち解の安定性について少し考えよう．ただし，変動させるデータとしては，$f(x)$, $g(x)$, $q(t,x)$ を考える．

さて，Cauchy 問題の解は

$$(6.32)\quad u(t,x)=\frac{t}{4\pi}\int_{S^2}g(x+ct\omega)\,d\omega+\frac{\partial}{\partial t}\left\{\frac{t}{4\pi}\int_{S^2}f(x+ct\omega)\,d\omega\right\}$$
$$+\frac{1}{4\pi}\int_{|y-x|\leqq ct}\frac{q\left(t-\dfrac{|y-x|}{c},\,y\right)}{|y-x|}dy\equiv J_1+J_2+J_3$$

であって，これは f, g, q に関して線型である．したがって，$|u(t,x)|$ が f, g, q それぞれの適当なノルムの線型結合でおさえられることがわかれば，解の安定性が得られる．ただし，ここでは簡単のために (t,x) を固定して考えるが，得られる結果を見れば，多少の拡張は直ちに可能であることがわかる．

(6.32)の第1項 J_1 は，(t,x) が

$$\Omega_{T,K}=[0,T]\times K$$

(T は正数，K は $\boldsymbol{R}^3$ のコンパクト集合)にあるものとすれば，

$$(6.33)\qquad |J_1|\leqq T\sup_{x\in K+cTD^3}|g(x)|\equiv T\|g\|_{K+cTD^3}$$

で評価される．ここで D^3 は $\boldsymbol{R}^3$ の単位球 $\{x\in\boldsymbol{R}^3\mid |x|\leqq 1\}$，$cTD^3=\{cTx\mid x\in D^3\}=$(半径 cT，中心0の球)，$K+cTD^3=\{x+y\mid x\in K,\ y\in cTD^3\}$ の意味である．(6.32)の第2項 J_2 は

$$(6.34)\qquad |J_2|\leqq \|f\|_{K+cTD^3}+T\|\mathrm{grad}\,f\|_{K+cTD^3}$$

でおさえられる．第3項 J_3 に対しては

$$(6.35)\qquad |J_3|\leqq\frac{1}{4\pi}\int_{|y|\leqq cT}\frac{\|q\|_{\Omega_{T,K+cTD^3}}}{|y|}dy=\frac{c^2T^2}{2}\|q\|_{\Omega_{T,K+cTD^3}}$$

という評価が得られる．(6.33), (6.34), (6.35)を加え合せれば求める $|u(t,x)|$ に対する評価が得られる．

上で見られるように，解の安定性をいうには，$f(x)$, $g(x)$, $q(t,x)$ の滑らかさに関して，解の存在をいうよりも弱い仮定で済むことに注意しよう．

§6.6 エネルギー有限の波

無限回連続微分可能で台がコンパクトな関数の全体を C_0^∞, あるいは定義域を明示して $C_0^\infty(\boldsymbol{R}^3)$ と表わす. データ $F=\{f, g\}={}^T(f, g)$ 1) が C_0^∞ に属するとき, すなわち f も g も C_0^∞ に属する関数であるとき, その $\boldsymbol{R}^3$ におけるエネルギー

$$E(F)=\|F\|_E{}^2=\frac{1}{2}\int_{\boldsymbol{R}^3}\{|\mathrm{grad}\, f|^2+|g|^2\}\,dx$$

はもちろん有限であるが, さらに Kirchhoff の公式(6.20)を用いることによって次のことがいえる. F を初期データとする Cauchy 問題(6.7), (6.8)の解 $u(t, x)$ およびその時間導関数 $u_t(t, x)$ は x の関数として C_0^∞ に属する. いいかえれば, 時刻 t におけるデータ $U(t)={}^T(u(t, \cdot), u_t(t, \cdot))$ が C_0^∞ に属する. したがってもちろん $\|U(t)\|_E$ は有限であるが, そればかりではなく, エネルギー保存則(定理6.4)によって $\|U(t)\|_E=\|F\|_E$ となる.

ここで一つ断りを述べておく. 以後現われる関数はすべて複素数値関数とし, ベクトル空間はすべて複素ベクトル空間とする. このことは絶対必要というわけではないが, 場合に応じていちいち‘複素化’を考える手間を省くことができる.

この節では, 上で用いた F, U の代りに f, u を用い, 今までの $f, g, u, \partial u/\partial t=u_t$ は必要に応じて f_1, f_2, u_1, u_2 と書くことにする. すなわち, ベクトル u に対してその第1成分, 第2成分を u_1, u_2 とする. この記法に従えば, Cauchy 問題は次のように書かれる(簡単のため $c=1$ とする):

$$\frac{\partial u}{\partial t}=Au, \qquad A=\begin{bmatrix}0 & 1\\ \triangle & 0\end{bmatrix}, \qquad u(0)=f. \tag{6.36}$$

第5章でもちょっと触れたが, 波動方程式は, 熱方程式とは異なり, 時間に関して**可逆的**である. すなわち, 問題(6.36)は $t\geqq 0$ の場合でばかりでなく, $t\leqq 0$ の場合にも同じようにして解くことができる. このことは, $t=-\tau\ (\tau\geqq 0)$ という変換を行なって $\tau\geqq 0$ の場合の問題に帰着させるか, Kirchhoff の公式(6.20)をそのまま $t<0$ の場合に流用するかして, 確かめることができる. $t=0$ を初期時刻としたのは単に便宜上のことであるから, 初期時刻の選び方は全く任意である. いま, 例えば, $t>0$ をとり(6.36)を解いて $u(t)=u(t, \cdot)$ を得たとしよう. 次に初期時刻を $t=t$ にとり, 初期データを $u(t)$ として, 時間に関して逆向きに

1) 行列 A に対してその転置行列を ${}^TA$ で表わす. ${}^T(f, g)$ は列ベクトル $\begin{bmatrix}f\\ g\end{bmatrix}$ のことである.

Cauchy 問題を解いて，時間 $-t$ だけ経った時刻におけるデータ v を得たとしよう．このとき $v=f$ (f はもとの初期データ：$u(0)=f$) がいえる．これが可逆的に解けるという意味である．これは当然のことと思えるかもしれないが，証明を要する事柄ではある．しかし，このことは次に述べる命題の特別な場合に過ぎない．命題を述べる前に一つの記号を導入しよう．時刻 r におけるデータ $f\in C_0^\infty$ を時刻 s におけるデータ $g\in C_0^\infty$ に移す (時間の正または負の向きに Cauchy 問題を解くことによって，このことは常に可能である) 作用素を $T(s,r)$ で表わす：

$$g=T(s,r)f \qquad (f,g\in C_0^\infty).$$

さらに g が時刻 t におけるデータ $h\in C_0^\infty$ に移されるときには $h=T(t,s)g$ であるが，この場合，積 $T(t,s)T(s,r)$ が

$$T(t,s)T(s,r)f=T(t,s)g$$

によって定義される (これは普通の積の定義である)[1].

命題 6.1 r,s,t を任意の実数とする．このとき，$T(t,s)$ は線型：

$$T(t,s)(\alpha f+\beta g)=\alpha T(t,s)f+\beta T(t,s)g \qquad (\alpha,\beta\in \boldsymbol{C};\ f,g\in C_0^\infty)$$

であって，次の関係が成り立つ：

$$T(t,s)T(s,r)=T(t,r)=T(t-r,0)=T(0,r-t),$$
$$T(t,t)=1^{2)}.$$

証明 Kirchhoff の公式 (6.20) を眺めれば明らかである．(この公式が $t<0$ でも使えることはすでに確認している．少なくともその心づもりである.) ▌

注意 解の一意性があるから，$T(t,0)$ は，例えば $t>0$ の場合，1対1対応であって，逆作用素 $T(t,0)^{-1}$ が存在することはわかるが，これが $T(-t,0)=T(0,t)$ に等しいかどうかは上の命題によるか，直接の計算によるかしなければわからない．

さて，$T(t,0)$ を単に $T(t)$ と書くことにしよう：

$$T(t)\equiv T(t,0).$$

そうすると，命題 6.1 によって

$$(6.37)\qquad \begin{cases} T(t+s)=T(t)T(s) & (t,s\in \boldsymbol{R}),\\ T(0)=1 \end{cases}$$

が成り立つ．このような性質を持った作用素の族 $\{T(t)\mid -\infty<t<\infty\}$ を (**作用素**

---

1) $T(t,s)T(r,p)$ は $s=r$ でないと定義されない．

2) 1 で恒等作用素を表わす．

の)1パラメータ群という．熱方程式の場合に1パラメータ半群が定義されたことと対比していただきたい．

最初に述べたことによれば，$T(t)$はエネルギーを保存する：

$$\|T(t)f\|_E = \|f\|_E, \qquad f \in C_0^\infty. \tag{6.38}$$

このことから，$T(t)$はエネルギー・ノルムに関して連続な写像であることが出る．実際，$T(t)$の線型性によって$\|T(t)f-T(t)g\|_E=\|f-g\|_E$となるからである．さらに，$T(t)$は$t$の関数として**強連続**(strongly continuous)である：

$$\|T(t)f-T(s)f\|_E \longrightarrow 0 \quad (t\to s) \qquad \forall f \in C_0^\infty. \tag{6.39}$$

これを示すには，命題6.1または(6.37)によって$\|T(t)f-T(s)f\|_E=\|(T(t-s)-1)T(s)f\|_E$であるから，$s=0$として(6.39)を示せばよい．しかしこれは，Kirchhoffの公式($u={}^T(u_1, u_2)$，$f={}^T(f_1, f_2)$)

$$u_1(t, x) = \frac{t}{4\pi}\int_{S^2} f_2(x+ct\omega)\,d\omega + \frac{\partial}{\partial t}\left\{\frac{t}{4\pi}\int_{S^2} f_1(x+ct\omega)\,d\omega\right\},$$

$$\begin{aligned} u_2(t, x) &= \frac{\partial u_1}{\partial t}(t, x) \\ &= \frac{1}{4\pi}\int_{S^2} t_2(x+ct\omega)\,d\omega + \frac{ct}{4\pi}\int_{S^2} \omega\cdot(\mathrm{grad}\, f_2)(x+ct\omega)\,d\omega \\ &\quad + \frac{c^2t}{4\pi}\int_{S^2} (\triangle f_1)(x+ct\omega)\,d\omega \end{aligned}$$

(§6.2における計算を参照のこと)から，$t\to 0$に際しての$u_1(t, x), u_2(t, x)$の$f_1(x), f_2(x)$への一様収束が従うから明らかであろう[1]．

以上の結果をまとめておく．

補題6.1 C_0^∞の初期データfにCauchy問題の解の$t(\in \boldsymbol{R})$におけるデータ$\boldsymbol{u}(t)$を対応させる作用素$T(t)$が$T(t)f=\boldsymbol{u}(t)$によって定義されるが，$T(t)$は次の性質を持つ．(i) $\{T(t), t\in \boldsymbol{R}\}$は1パラメータ群をなす．すなわち(6.37)が成立する．(ii) $T(t)$はエネルギーを保存する．すなわち(6.38)が成立する．(iii) $T(t)$はtの作用素値関数として(6.39)の意味でtに関して強連続である．——

さて，ここでC_0^∞のエネルギー・ノルムによる完備化(本講座"関数解析"を参照)を考えよう．そのために次の命題を用意する．

---

1) 一般には広義一様収束であるが，ここではコンパクトな台を持つデータを扱っているので，一様収束となる．

命題6.2　$f\in C_0^\infty$ (スカラー関数としてよい) とするとき，任意の $R>0$ に対して

$$\int_{|x|\leqq R}|f(x)|^2dx \leqq C_R\|\mathrm{grad}\,f\|^2 \equiv C_R\int_{R^3}|\mathrm{grad}\,f(x)|^2dx$$

が成り立つ．ここで C_R は R のみにより，f にはよらない定数である．

証明　x を極座標表示して $x=r\omega$ と書こう．

$$f(r\omega)=-\int_r^\infty \frac{\partial f}{\partial r}(s\omega)\,ds=-\int_r^\infty \frac{1}{s}\frac{\partial f}{\partial r}(s\omega)\,sds$$

と表わされるから，Schwarz の不等式によって

$$|f(t\omega)|^2 \leqq \int_r^\infty \frac{ds}{s^2}\int_r^\infty\left|\frac{\partial f}{\partial r}(s\omega)\right|^2 s^2ds=\frac{1}{r}\int_r^\infty\left|\frac{\partial f}{\partial r}(s\omega)\right|^2 s^2ds$$

が得られる．これを ω に関して S^2 で積分すると

$$\int_{S^2}|f(r\omega)|^2d\omega \leqq \frac{1}{r}\int_{|x|\geqq r}|\mathrm{grad}\,f|^2dx \leqq \frac{1}{r}\|\mathrm{grad}\,f\|^2.$$

上式に r^2 を掛けて，r に関して0から R まで積分すれば，求める不等式が得られる ($C_R=R^2/2$)．▌

スカラー関数から成る C_0^∞ をノルム $\|\mathrm{grad}\,f\|$ によって完備化したものを $\tilde{H}^1$ で表わすことにする．$\tilde{H}^1$ は，内積

$$(\mathrm{grad}\,f, \mathrm{grad}\,g)=\int_{R^3}(\mathrm{grad}\,f)\cdot\overline{(\mathrm{grad}\,g)}\,dx$$

をもった内積空間 C_0^∞ の完備化として，もちろん，Hilbert 空間になるのであるが，'関数' 空間になるかどうかは自明ではない．ところが，今の場合にはそうなる．すなわち，C_0^∞ の $\|\mathrm{grad}\,f\|$ による完備化の要素は関数と考えてよい．実際，命題6.2によって Cauchy 列 $\{f_n\}\subset C_0^\infty : \|\mathrm{grad}\,(f_m-f_n)\|\to 0$ $(m, n\to\infty)$ は，任意の有界領域 $G\subset \boldsymbol{R}^3$ に対して，$L_2(G)$ の Cauchy 列にもなる：

$$\int_G|f_m-f_n|^2dx \longrightarrow 0 \quad (m, n\to\infty).$$

言いかえれば，$\{f_n\}$ は局所2乗可積分関数のつくる空間 $L_{2,\mathrm{loc}}(\boldsymbol{R}^3)$ のトポロジーで Cauchy 列をなしている．したがってその極限は局所2乗可積分な '関数' である．

今までは，データ $f={}^T(f_1, f_2)$ を C_0^∞ で考えて来たが，これからはエネルギー

有限のデータの全体として $\tilde{H}^1\times L_2=\mathfrak{H}$ を考えることにする．$\mathfrak{H}$ は Hilbert 空間 $\tilde{H}^1, L_2$ の直積として再び Hilbert 空間となるが，その内積とノルムは次の通りである．すなわち，$f={}^T(f_1,f_2)\in\mathfrak{H}$，$g={}^T(g_1,g_2)\in\mathfrak{H}$ に対して

$$(f,g)_E=\frac{1}{2}(\operatorname{grad} f_1, \operatorname{grad} g_1)+\frac{1}{2}(f_2,g_2),$$

$$\|f\|_E=\sqrt{(f,f)_E}.$$

さて，補題6.1でいう1パラメータ群 $T(t)$ は $\mathfrak{H}$ に拡張される．このことは補題6.1と $\mathfrak{H}$ の定義（$\mathfrak{H}$ は C_0^∞ (実は $C_0^\infty\times C_0^\infty$) のエネルギー・ノルムによる完備化である）からほとんど明らかである．$T(t)$ の $\mathfrak{H}$ への拡張を再び $T(t)$ で表わすことにする．$\mathfrak{H}$ で働く線型作用素の族 $\{T(t)\,|\,t\in\boldsymbol{R}\}$ が補題6.1をみたすことも明らかであろう．さらに $T(t)$ がユニタリであること，すなわち，$T(t)$ が $\mathfrak{H}$ から $\mathfrak{H}$ の上への1対1の線型作用素（したがって逆が存在する）であって，

$$(6.40)\qquad (T(t)f, T(t)g)_E=(f,g)_E \qquad \forall t\in\boldsymbol{R},\ \forall f,g\in\mathfrak{H}$$

をみたすこともわかる．実際，(6.40) は補題6.1(ii) からいわゆる極化操作 (polarization) によって得られる：

$$\begin{aligned}(T(t)f, T(t)g)_E&=\frac{1}{4}\{\|T(t)(f+g)\|_E{}^2-\|T(t)(f-g)\|_E{}^2\\&\qquad+i\|T(t)(f+ig)\|_E{}^2-i\|T(t)(f-ig)\|_E{}^2\}\\&=\frac{1}{4}\{\|f+g\|_E{}^2-\|f-g\|_E{}^2+i\|f+ig\|_E{}^2-i\|f-ig\|_E{}^2\}\\&=(f,g)_E.\end{aligned}$$

$T(t)$ が1対1であることは (6.40) から直ちに出る．$T(t)$ が $\mathfrak{H}$ の上への写像であることは，$T(t)$ の逆が $T(-t)$ であって $T(t)T(-t)=T(-t)T(t)=1$ となることから従う．

一般にユニタリ作用素 $U(t)$, $t\in\boldsymbol{R}$, の族が1パラメータ群をなし，t に関して強連続であるとき，$\{U(t)\}$ を**ユニタリ群**と呼ぶことにしよう．そうすると，上述のことは次のことを意味している．

定理 6.6　上で構成された線型作用素 $T(t)$ の全体 $\{T(t)\,|\,t\in\boldsymbol{R}\}$ は $\mathfrak{H}$ 上の**ユニタリ群**をなす．——

次に述べる定理は，Stone の定理として知られる著名な結果で，ユニタリ群と

自己共役作用素との基本的な対応関係を与えるものである[1]．証明については本講座"関数解析"を参照されたい．

定理 6.7 (Stone)　$T(t)$ を抽象 Hilbert 空間におけるユニタリ群とすれば，自己共役作用素 H が一意的に存在して

$$T(t) = e^{-itH} = \int_{-\infty}^{\infty} e^{-it\lambda} dE(\lambda) \tag{6.41}$$

と表わされる．ここに $E(\cdot)$ は H に付随するスペクトル測度である．逆に自己共役作用素 H が与えられれば，歪自己共役作用素 (skew selfadjoint operator) $-iH$ は (6.41) によってユニタリ群 $T(t)$ を生成する．——

有界な自己共役作用素 E は，べキ等：$E^2=E$ であるとき射影作用素と呼ばれる．実直線 $\boldsymbol{R}$ の Borel 集合に対して定義され，射影作用素を値としてとる関数 $E(\cdot)$ は次の条件をみたすとき，スペクトル測度と呼ばれる：

(i)　$E(\boldsymbol{R}) = 1$，$E(\phi) = 0$，

(ii)　$E(B_1)E(B_2) = E(B_1 \cap B_2)$，

(iii)　$E(B_1 \cup B_2 \cup \cdots) = E(B_1) + E(B_2) + \cdots \quad (B_j \cap B_k = \phi)$.

ただし B_1, B_2 等は $\boldsymbol{R}$ の Borel 集合であり，(iii) における収束は作用素の強収束の意味においてである．

A を自己共役作用素とすると，これに付随するスペクトル測度 $E(\cdot)$ が一意的に存在して，つぎのように書くことができる (スペクトル分解定理)：

$$A = \int_{\boldsymbol{R}} \lambda dE(\lambda). \tag{$*$}$$

($*$) の意味は次の通り：任意の $x, y \in \mathfrak{H}$ に対して $m(B) = (E(B)x, y)$ は一般に複素測度となる．$x \in D(A)$，$y \in \mathfrak{H}$ のとき

$$(Ax, y) = \int_{\boldsymbol{R}} \lambda dm(\lambda)$$

---

1)　Stone の定理を含め Hilbert 空間の作用素に関して詳しくは本講座"関数解析"を参照してほしいが，ここで一応の言葉の説明を与えておく．A をその定義域 $D(A)$ が Hilbert 空間 $\mathfrak{H}$ で稠密な線型作用素とする：$\overline{D(A)} = \mathfrak{H}$．このとき A の共役作用素 A^* が次のように定義される．$D = \{x \in \mathfrak{H} \mid \exists x^* \in \mathfrak{H},\ (x^*, y) = (x, Ay),\ \forall y \in D(A)\}$ とする．x^* は x によって決定される．A^* は $D(A^*) = D$ として $A^*x = x^*$ と定義される．$A = A^*$ のとき，A は自己共役であるという．$A \subset A^*$ (A は A^* の縮小) のとき，A は対称であるというが，これは $(Ax, y) = (x, Ay)$，$\forall x, y \in D(A)$ と同値である．A が歪自己共役というのは，自己共役作用素 S を用いて $A = iS$ と表わされることである．

となることを簡略に(＊)のように表わしたのである．逆にスペクトル測度 $E(\cdot)$ が与えられれば(＊)の右辺は自己共役作用素 A を定義する．また，$\boldsymbol{R}$ 上の有界関数 $f(\lambda)$ に対して A の‘関数’$f(A)$ を

$$f(A) = \int_{\boldsymbol{R}} f(\lambda)\, dE(\lambda)$$

によって定義することができる．このとき $f(A)$ は有界作用素となり，その作用素ノルム $\|f(A)\|$ は $\sup_{\lambda\in\boldsymbol{R}} |f(\lambda)|$ でおさえられる．

定理6.6と6.7により，われわれのCauchy問題に関連するユニタリ群 $\{T(t)\}$ に対して自己共役作用素 H が定まって，$T(t)=e^{-itH}$ と表現される．

定理 6.8　H は iA の自己共役拡張である．ただし A は(6.36)に定められた $D(A)=C_0^\infty$ なる作用素である．

証明　$f\in C_0^\infty$ とする．f を初期データとするCauchy問題(6.36)の解は $T(t)f=e^{-itH}f$ である．したがって $de^{-itH}f/dt=Ae^{-itH}f$ であり，$t\to 0$ とすることによって

$$\lim_{t\to 0} \frac{d}{dt} e^{-itH} f = Af \tag{6.42}$$

が得られる(Kirchhoffの公式(6.20)に $\triangle$ を作用させてみればよい)．一方，ユニタリ群の理論によれば，極限(6.42)が存在する場合には

$$\lim_{t\to 0} \frac{e^{-itH}f - f}{t}$$

が存在して(6.42)に等しく，かつ f は $D(H)$ に属し，上記の極限は $-iHf$ にも等しい．このことから定理の主張は明らかである．▌

上の定理では述べなかったが，実は，H は iA の一意的な自己共役拡張である．Cauchy問題の場合には，C_0^∞ のデータに対しては解の存在がすでにわかっていたので，この事実は重大な影響を持たないが，自己共役作用素を確定することは解の存在と深いかかわりを持つ(§6.9参照)．

$f\in\mathfrak{H}$ に対して $T(t)f=e^{-itH}f$ は次の関係をみたす．任意の $\varphi\in C_0^\infty\subset\mathfrak{H}$ に対して

$$\frac{d}{dt}(T(t)f, \varphi)_E = -i(T(t)f, H\varphi)_E = (T(t)f, -A\varphi)_E \qquad (t\in\boldsymbol{R}). \tag{6.43}$$

広義の(超関数の意味での)微分作用素 $\tilde{A}$ を

$$(\tilde{A}g, \varphi)_E = (g, -A\varphi)_E \qquad (\forall\varphi \in C_0^\infty)$$

で定義し，さらに $(d/dt)\,T(t)f$ を

$$\left(\frac{d}{dt}T(t)f, \varphi\right)_E = \frac{d}{dt}(T(t)f, \varphi)_E = \frac{d}{dt}(f, T(t)\varphi) \qquad (\forall\varphi \in C_0^\infty)$$

の意味に解釈すれば，(6.43) は

(6.44) $$\frac{d}{dt}T(t)f = \tilde{A}T(t)f$$

と書ける．$T(0)f=f$ であるから，これは $T(t)f$ が初期データ $f \in \mathfrak{H}$ (すなわちエネルギーが有限の f) に対して Cauchy 問題の**広義の解**を与えていることを意味している．ここで注意しておくが，(6.44) は $\mathfrak{H}$ における方程式には必ずしもならない．$\tilde{A}g$ $(g \in \mathfrak{H})$ は一般に $\mathfrak{H}$ からはみ出す．$f \in D(H)$ ならば，(6.44) は $\mathfrak{H}$ における方程式となる．実際，$f \in D(H)$ ならば，スペクトル表示によって $e^{-itH}f \in D(H)$ となるからである．

ここで述べた事柄は，残念ながら，そのままでは1次元および2次元空間の場合には成り立たない．このことについては§6.9の最後で述べる予定である．

§6.7 外部混合問題の解の一意性

§6.1で見たように，われわれが問題とする波動方程式の初期値・境界値混合問題はつぎのものである：

(6.45) $$u_{tt} = \triangle u \qquad (x \in \mathcal{E}),$$

(6.46) $$\frac{\partial u}{\partial n} = 0 \qquad (x \in \partial\mathcal{E}),$$

(6.47) $$u(0, x) = f(x), \qquad u_t(0, x) = g(x).$$

以後音速 c は1とする．物体(障害物) $\mathcal{O} = \boldsymbol{R}^3 - \mathcal{E}$ は滑らかな閉曲面 $\partial\mathcal{O} = \partial\mathcal{E}$ を持つコンパクト集合(したがって $\mathcal{E}$ は外部領域(開集合))とする．問題(6.45)-(6.47) の $[0, T] \times \overline{\mathcal{E}}$ ($\overline{\mathcal{E}}$ は $\mathcal{E}$ の閉包：$\overline{\mathcal{E}} = \mathcal{E} \cup \partial\mathcal{E}$) における古典解とは[1]，

$$u \in C^2((0, T) \times \mathcal{E}), \qquad u, u_t, \operatorname{grad} u \in C([0, T] \times \overline{\mathcal{E}})$$

であって (6.45)-(6.47) をみたすものであるとしよう．(当然 $f \in C^1(\overline{\mathcal{E}})$，$g \in$

---

1) $T>0$ の場合を考えている．$T<0$ のときは $[0, T]$, $(0, T)$ を $[T, 0]$, $(T, 0)$ でおきかえればよい．

$C(\bar{\mathscr{E}})$ なるデータを考えることになる.)

解の一意性の問題は§5.3, §5.6, §6.3で扱って来たのでここでは詳しい証明を述べることはやめにして，結果のみを若干のヒントと共に述べておく．前と同様に，$u(t,x)$ の時刻 t，領域 $D\subset\mathscr{E}$ におけるエネルギーを

$$E(u(t,\cdot)\,;D)=\frac{1}{2}\int_D\left\{\left|\frac{\partial u(t,x)}{\partial t}\right|^2+|\mathrm{grad}\,u(t,x)|^2\right\}dx$$

で，またデータ $\{f,g\}$ に対して，D におけるエネルギーを

$$E(\{f,g\}\,;D)=\frac{1}{2}\int_D(|g|^2+|\mathrm{grad}\,f|^2)\,dx$$

で定義する.

定理 6.9 $u(t,x)$ を外部問題の古典解とする．Ω として球 $\{x\in\boldsymbol{R}^3\,|\,|x-x_0|=R\}$ と $\mathscr{E}$ との交りをとり，Ω_0 を $\{x\in\boldsymbol{R}^3\,|\,|x-x_0|=R+|t|\}\cap\mathscr{E}$ とする．このとき

$$E(u(t,\cdot)\,;\Omega)\leqq E(\{f,g\}\,;\Omega_0)$$

が成り立つ．ここで f,g は解 $u(t,x)$ の初期データである．——

この定理の証明は定理6.1の場合と本質的に変わらないので，ここで述べることは控える．要は，エネルギー形式と関連したある発散形式(§6.3の場合と同じ)を，$\{t\}\times\Omega$ の依存領域と $[0,t]\times\mathscr{E}$ との交りの領域 Q で積分することにある．この際，定理6.1の場合と異なるのは，Q の境界の中で‘側面’となる Γ が円錐面 Γ' だけでなく柱面 Γ'' を含む可能性があることである(図6.7)．計算の途中で現われる面積分(といっても3次元の積分であるが)の処理には Neumann 境界条件を用いる.

定理6.9が得られれば，解の一意性とエネルギー保存則が得られるのは§6.3

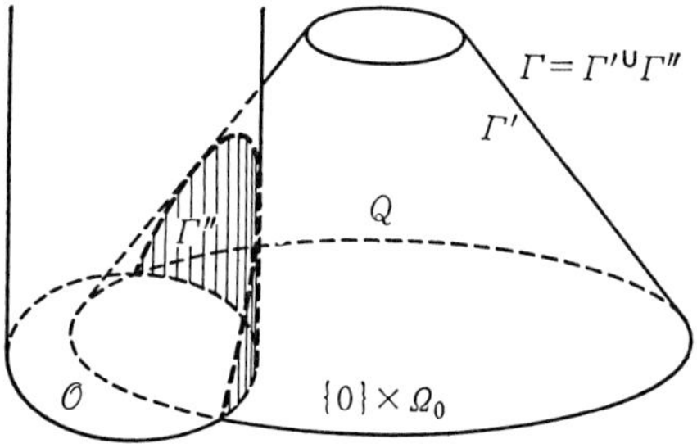

図6.7

と同様である.

定理 6.10　混合問題 (6.45)-(6.47) に対する古典解は一意的である.

定理 6.11　$\{f, g\}$ をエネルギー有限の初期データとし，$u(t, x)$ を混合問題 (6.45)-(6.47) の古典解とする．このとき

$$E(u(t, \cdot)\,;\mathcal{E}) = E(\{f, g\}\,;\mathcal{E}). \qquad \text{——}$$

外部混合問題の解の存在についてはまだ何も言っていないが，それを仮定すれば，解の安定性，すなわち，初期値に対する連続性をエネルギー評価を用いて論ずることができる．ただし，初期データの台はコンパクトであるとする．つまり，ある球の外では，(6.47) の f, g はともに恒等的に 0 であると仮定する．この仮定と定理 6.9 から $u(t, x), u_t(t, x)$ ともに台がコンパクトであることが従うことに注意しよう.

コンパクトな台を持つデータ $\{f, g\}$ ($f \in C^1(\overline{\mathcal{E}})$, $g \in C(\overline{\mathcal{E}})$) に対しては，エネルギー $E(\{f, g\}\,;\mathcal{E})$ はたしかにノルムである．このことを示す議論は §5.8 で行なったのと本質的に同じであるからここでは繰り返さない．そうすると，エネルギーの意味での解の安定性は定理 6.11 そのものになる.

エネルギーが適当な'関数'空間——Hilbert 空間である——においてノルムになることは後に見ることになろう.

§6.8　Helmholtz の方程式

混合問題 (6.45)-(6.47) の解を求める方法としてすぐに考えつくのは，§5.3 および §5.4 で扱った Fourier の方法，すなわち変数分離による方法である．変数分離法に従えば，空間部分の方程式および境界条件として次のものが得られるのはほとんど明らかであろう:

$$\text{(6.48)} \qquad \triangle\varphi + k^2\varphi = 0 \qquad (\mathcal{E} \text{ において}),$$

$$\text{(6.49)} \qquad \frac{\partial\varphi}{\partial n} = 0 \qquad (\partial\mathcal{E} \text{ 上で}).$$

ここで k は変数分離のパラメータである (したがって時間部分の解として $e^{\pm ikt}$ の形のものを考えていることになる)．定理 5.3 のような固有関数展開定理が得られれば，§5.4 と同様な手続きで解を構成することができるであろう．あるいは，§6.2 で触れたように，混合問題 (6.45)-(6.47) に固有関数による変換——

Fourier 変換に相当する——を直接ほどこすことによって解を表示することができるであろう．全空間 $\mathcal{E}=\boldsymbol{R}^3$ の場合，すなわち Cauchy 問題の解に対しては Fourier 変換が有効であったということは示唆的である．'外部領域' $\mathcal{E}$ はある意味で'全空間' $\boldsymbol{R}^3$ に近いのである．このことを念頭に置いて，この節では問題 (6.48), (6.49) の取扱いについて述べよう．

方程式 (6.48) は **Helmholtz の方程式**と呼ばれている．これは第3,4章で扱った Laplace の方程式と多くの類似点があるが，相違点もある．

(6.48), (6.49) の解が $e^{i\xi\cdot x}$ ($|\xi|=k$) に'近い'であろうこと (これは $\mathcal{E}$ が $\boldsymbol{R}^3$ に近いことを意味する) を考慮して

$$\varphi = e^{i\xi\cdot x}+w \qquad (\xi \in \boldsymbol{R}^3) \tag{6.50}$$

と置いてみると，次の関係が得られる：

$$\triangle w+k^2 w = 0 \qquad (x \in \mathcal{E}), \tag{6.51}$$

$$\left.\frac{\partial w}{\partial n}\right|_{\partial\mathcal{E}} = -\left.\frac{\partial}{\partial n}e^{i\xi\cdot x}\right|_{\partial\mathcal{E}} = -ie^{i\xi\cdot x}\xi\cdot n|_{\partial\mathcal{E}}. \tag{6.52}$$

上の問題は一意解を持ちそうにもない．というのは，もし解が一意的ならば，$w=-e^{i\xi\cdot x}$ がそれであり，このことは (6.48), (6.49) が $\varphi=0$ のみを解として持つことを意味することになって，われわれの期待とはかけ離れたものとなるからである．問題の解の一意性を保証するための条件として Sommerfeld によって導入されたのが**放射条件** (radiation condition)

$$w(x) = O\left(\frac{1}{r}\right), \qquad \frac{\partial w}{\partial r}-ikw = o\left(\frac{1}{r}\right) \qquad (r=|x|\to\infty) \tag{6.53}$$

である．これは球面波 $r^{-1}e^{ikr}$ によってみたされる条件であることに注意しよう[1]．問題 (6.51), (6.52) の解の一意性を示すのには次の定理を示せばよい．

定理 6.12 $v \in C^2(\mathcal{E}) \cap C^1(\bar{\mathcal{E}})$ が

$$\triangle v+k^2 v = 0 \quad (k>0), \qquad \left.\frac{\partial v}{\partial n}\right|_{\partial\mathcal{E}} = 0,$$

$$v = O\left(\frac{1}{r}\right), \qquad \frac{\partial v}{\partial r}-ikv = o\left(\frac{1}{r}\right) \qquad (r\to\infty)$$

1) 時間を含んだ球面波としては $r^{-1}e^{ik(r-t)}$ を考えている．

をみたすならば，$v\equiv 0$ である．

証明　$\bar{v}$ $(\bar{v}(x)=\overline{v(x)})$ が方程式 $\triangle\bar{v}+k^2\bar{v}=0$ をみたすことに注意すれば，$(\triangle v)\bar{v}-v\triangle\bar{v}=0$ である．R を十分大きくとり，この式を $\mathcal{E}_R=\{x\in\mathcal{E}\mid |x|\leqq R\}$ で積分する：

$$0=\int_{\mathcal{E}_R}\{(\triangle v)\bar{v}-v\triangle\bar{v}\}\,dx.$$

Green の公式を用いて右辺を変形し，境界条件 $\partial v/\partial n|_S=\partial\bar{v}/\partial n|_S=0$ を用いれば，

$$\begin{aligned}0&=\int_{r=R}\left(\frac{\partial v}{\partial r}\bar{v}-v\frac{\partial\bar{v}}{\partial r}\right)dS\\&=\int_{r=R}\left(\frac{\partial v}{\partial r}-ikv\right)\bar{v}dS-\int_{r=R}v\left(\frac{\partial\bar{v}}{\partial r}+ik\bar{v}\right)dS+2ik\int_{r=R}|v|^2dS\end{aligned}$$

が得られる．ここで放射条件（およびその複素共役形）を考慮して $R\to\infty$ とすれば，上式右辺の最初の2項は

$$\int_{r=R}o\left(\frac{1}{r}\right)O\left(\frac{1}{r}\right)dS=o\left(\frac{1}{R^2}\right)O(R^2)=o(1)$$

となり，したがって

$$\lim_{R\to\infty}\int_{r=R}|v|^2dS=0. \tag{6.54}$$

さて，ここで§4.5で議論した球面調和関数 $Y_{l,m}(\theta,\varphi)$ $(l=0,1,2,\cdots,\ m=-l,-l+1,\cdots,l-1,l)$ を想いおこそう．記法は§4.5と少し異なるが，l を固定したとき $Y_{l,m}$ は§4.5の $\mathcal{E}_l=\mathcal{L}_l$ の正規直交系であり，l,m を動かせば球面上の連続関数全体で完備正規直交系をなす．$v(x)=v(r,\theta,\varphi)$ を，r を十分大として $Y_{l,m}$ で展開すれば

$$v(r,\theta,\varphi)=\sum_{l,m}v_{l,m}(r)\,Y_{l,m}(\theta,\varphi),$$

$$v_{l,m}(r)=\int_0^{\pi}\int_0^{2\pi}v(r,\theta,\varphi)\,\overline{Y_{l,m}}(\theta,\varphi)\sin\theta d\theta d\varphi$$

となり，展開係数 $v_{l,m}(r)$ は微分方程式

$$\frac{d^2v_{l,m}}{dr^2}+\frac{2}{r}\frac{dv_{l,m}}{dr}-\frac{l(l+1)}{r^2}v_{l,m}+k^2v_{l,m}=0 \tag{6.55}$$

をみたすことがわかる．ここで $Y_{l,m}$ が球面上の Laplace-Beltrami 作用素の $l(l$

$+1)$ を固有値とする固有関数であることを用いた．方程式 (6.55) の解は Bessel 関数を用いて表わされることが知られているが[1]，ここで必要なのは，(6.55) が

$$v(r)=\frac{\text{const}}{r}\cos\left(r-\frac{l}{2}\pi-\frac{\pi}{2}\right)+O\left(\frac{1}{r^2}\right)\qquad(\text{const}\neq 0),$$

$$v(r)=\frac{\text{const}}{r}\sin\left(r-\frac{l}{2}-\frac{\pi}{2}\right)+O\left(\frac{1}{r^2}\right)\qquad(\text{const}\neq 0)$$

という漸近形を持った独立な解を有することである．したがって，(6.55) がある l_0, m_0 に対して自明でない解を持つとすれば，

$$v_{l_0,m_0}(r)=\frac{\text{const}}{r}\cos(r-\alpha)+O\left(\frac{1}{r^2}\right)\qquad(\text{const}\neq 0)$$

という漸近形をもつはずである．ただし α は l_0 に依存する定数である．一方，Parseval の等式によれば

$$\int_0^{\pi}\int_0^{2\pi}|v(r,\theta,\varphi)|^2\sin\theta d\theta d\varphi=\sum_{l,m}|v_{l,m}(r)|^2\geqq|v_{l_0,m_0}(r)|^2$$

であって，これは

$$\int_{r=R}|v|^2dS\geqq\text{const}\cdot\cos^2(R-\alpha)+o(1)$$

を意味する．しかしこれは明らかに (6.54) と矛盾する．それゆえ，十分大きな R に対して

$$v_{l,m}(r)=0\qquad(r\geqq R,\ l=0,1,2,\cdots,\ m=-l,\cdots,l),$$

すなわち

$$v(x)=0\qquad(|x|\geqq R)$$

となる．ここで Helmholtz の方程式に対する一意接続性定理 (unique continuation theorem)[2] (連結領域における方程式の解がある開部分集合で 0 になるならば領域全体で 0 になる) を用いれば，$v(x)\equiv 0\ (x\in\mathcal{E})$ が得られる．▌

注意 上の証明の最後の部分で一意接続性定理を用いたが，この部分は内部 Neumann 固有値問題に関する結果を用いて議論することができる．しかし，Laplace および Poisson の方程式に対する境界値問題の解の一意性を論じた §3.3 の方法はそのまま適用

1) 変数変換 $t=kr$, $f(t)=\sqrt{t}\,v\left(\frac{t}{k}\right)$ を行なえば，つぎの Bessel の方程式が得られる：

$$t^2f''+tf+\left(t^2-\left(l+\frac{1}{2}\right)^2\right)f=0.$$

2) 例えば，溝畑茂：偏微分方程式論，岩波書店 (1965) 参照．

することはできない.

解の一意性が得られたところで，次に問題となるのは(6.51)-(6.53)の解の存在である．これを示すのには，いろいろなポテンシャル($\partial\mathcal{E}$ に台を持つ1重層および2重層ポテンシャル，また $\omega=\boldsymbol{R}^3-\mathcal{E}$ に台を持つ体積ポテンシャルなど)を用いる方法，また Neumann 条件つきのラプラシアンの自己共役性を用いるいわゆる極限吸収法(limiting absorption method)などが知られているが，どれも相当な準備を必要とするのでここでは述べ切れない．ただ，これらの存在証明において上述の一意性に関する定理6.12が重要な役割を果すことを注意しておく．いささか大げさな言い方をすれば，一意性から存在が従うのである．(6.51)-(6.53)の一意解を $w(x\,;\xi)$ $(|\xi|=k>0)$ と表わすことにすれば，

$$\varphi(x\,;\xi)=e^{i\xi\cdot x}+w(x\,;\xi) \qquad (\xi\in\boldsymbol{R}^3,\ \xi\neq 0)$$

は $e^{i\xi\cdot x}$ に‘近い’(6.48), (6.49)の自明でない解になる．しかも $\{\varphi(x\,;\xi)\}$ を用いて $\mathcal{E}$ における任意の L_2 関数を展開することができるのである．結果だけを少し詳しい形で述べれば，次の定理が成立する.

定理6.13(固有関数展開定理)[1]　(1)　$f\in L_2(\mathcal{E})$ とする．このとき

$$\hat{f}(\xi)=(2\pi)^{-3/2}\operatorname*{l.i.m.}_{N\to\infty}\int_{|x|\le N}\overline{\varphi(x\,;\xi)}f(x)\,dx\in L_2(\boldsymbol{R}^3)\ ^{2)}$$

が存在する．さらに，$g\in L_2(\mathcal{E})$ ならば

$$\int_{\mathcal{E}}f(x)\overline{g(x)}\,dx=\int_{\boldsymbol{R}^3}\hat{f}(\xi)\overline{\tilde{g}(\xi)}\,d\xi \qquad (\text{Parseval の等式})$$

が成り立つ.

(2)　作用素 $\mathcal{F}_{\mathcal{E}}$ を

$$(\mathcal{F}_{\mathcal{E}}f)(\xi)=\tilde{f}(\xi) \qquad (f\in L_2(\mathcal{E}))$$

によって定義すれば，$\mathcal{F}_{\mathcal{E}}$ は $L_2(\mathcal{E})$ から $L_2(\boldsymbol{R}^3)$ の上への等距離(したがってユニタリ)作用素である.

(3)　$f\in L_2(\mathcal{E})$ に対して

$$\begin{aligned}f(x)&=(\mathcal{F}_{\mathcal{E}}'\tilde{f})(x)=(\mathcal{F}_{\mathcal{E}}^{-1}\tilde{f})(x)\\&=(2\pi)^{-3/2}\operatorname*{l.i.m.}_{N\to\infty}\int_{N^{-1}\le|\xi|\le N}\varphi(x\,;\xi)\tilde{f}(\xi)\,d\xi\end{aligned}$$

---

1)　本講座“スペクトル理論”参照.

2)　l.i.m. は L_2 における平均収束を意味する.

なる反転公式が成り立つ．ただし，$\mathcal{F}_{\mathcal{E}}'$ は $\mathcal{F}_{\mathcal{E}}$ の共役作用素 (dual) である．

(4) $f \in C^2(\mathcal{E}) \cap C^1(\mathcal{E})$ が

$$\left.\frac{\partial f}{\partial n}\right|_{\partial\mathcal{E}} = 0, \qquad f, \triangle f \in L_2(\mathcal{E})$$

をみたすならば，

$$(\triangle f)^{\sim}(\xi) = -|\xi|^2 \tilde{f}(\xi) \in L_2(\boldsymbol{R}^3),$$

$$\triangle f(x) = -(2\pi)^{-3/2} \operatorname*{l.i.m.}_{N\to\infty} \int_{N^{-1}\leqq|\xi|\leqq N} \varphi(x\,;\xi)|\xi|^2 \tilde{f}(\xi)\,d\xi. \qquad \text{——}$$

この定理を使えば，外部混合問題 (6.45)-(6.47) の解 $u(t, x)$ の具体的な表示が求められる．すなわち

(6.56)

$$\begin{cases} u(t, x) = (2\pi)^{-3/2} \operatorname*{l.i.m.}_{N\to\infty} \displaystyle\int_{N^{-1}\leqq|\xi|\leqq N} (\alpha(\xi) e^{i|\xi|t} + \beta(\xi) e^{-i|\xi|t}) \varphi(x\,;\xi)\,d\xi, \\ \alpha(\xi) = \dfrac{1}{2}(\tilde{f}(\xi) - i|\xi|^{-1}\tilde{g}(\xi)), \\ \beta(\xi) = \dfrac{1}{2}(\tilde{f}(\xi) + i|\xi|^{-1}\tilde{g}(\xi)). \end{cases}$$

f, g は初期関数である．この表示を求めるには，§5.3 あるいは §6.2 と同様に議論すればよい．$\mathcal{E} = \boldsymbol{R}^3$ の場合に (6.56) が (6.19) と一致するのを見ることは容易である．必要な微分演算を (6.56) に形式的にほどこすことができるものとすれば，(6.56) が外部混合問題の解を与えることも定理 6.13 によって容易に納得されよう．しかし，例えば f, g が滑らかな関数でコンパクトな台を持つ場合に，(6.56) が古典解を与えているかという問題になると，定理 6.13 だけでは十分でない．§5.4 で古典解の存在を論じた場合にもそうであったように，今の場合にも‘固有関数’$\varphi(x\,;\xi)$ およびその導関数に関するもう少し詳しい情報が必要である．そのためには，外部問題 (6.51)-(6.53) の解に関するもっと詳しい解析が要求される．しかしここではそれらに立入らない．

§6.9 外部混合問題のエネルギー有限の解

本節では §6.6——そこでは Cauchy 問題を考えたが——と同じくエネルギー有限の波を扱う．しかしその手続きは §6.6 とはいささか異なる．というのは，

§6.6の場合には C_0^∞ のデータに対する古典解の存在がわかっており，そのことを足場とすることができたのであるが，今の場合はそうはいかないからである．ともあれ，出発点は次の作用素 A を考えることである：

$$Af = \begin{bmatrix} 0 & 1 \\ \triangle & 0 \end{bmatrix} \begin{bmatrix} f_1 \\ f_2 \end{bmatrix}, \qquad f = \begin{bmatrix} f_1 \\ f_2 \end{bmatrix} \in C_0^\infty.$$

ただし，C_0^∞ は，f_1, f_2 がともに $C^\infty(\overline{\mathcal{E}})$ に属し，かつ f_1 が Neumann 条件

$$\left.\frac{\partial f_1}{\partial n}\right|_{\partial\mathcal{E}} = 0$$

をみたし，台がコンパクト（すなわち f_1 も f_2 も十分大きな球の外では0）であるような f の全体を表わすものとする．

エネルギー内積およびエネルギー・ノルムは§6.6と同じ記号で表わす：

$$(f, g)_E = \frac{1}{2}\int_{\mathcal{E}} (\operatorname{grad} f_1 \cdot \overline{\operatorname{grad} g_1} + f_2 \bar{g}_2)\,dx,$$

$$\|f\|_E{}^2 = (f, f)_E \qquad (f = \{f_1, f_2\},\ g = \{g_1, g_2\}).$$

積分領域を特記する必要のある場合は $(\ ,\ )_{E,G}$，$\|\ \|_{E,\boldsymbol{R}^3}$ のように記す．

C_0^∞ のエネルギー・ノルムによる完備化を $\mathfrak{H}$ で表わそう．$\mathfrak{H}$ は‘関数’空間である．理由は命題6.2と類似の次の結果が成り立つからである．（命題6.2の証明に続く議論を参照されたい.）

命題6.3　G を $\mathcal{E}$ に含まれる有界領域とし，f を $f \in C^\infty(\overline{\mathcal{E}})$ で台がコンパクトな関数とする．このとき

$$\|f\|_G{}^2 = \int_G |f(x)|^2 dx$$

$$\leqq C_G \|\operatorname{grad} f\|^2 = C_G \int_{\mathcal{E}} |\operatorname{grad} f|^2 dx$$

が成り立つ．ここに C_G は G のみに依存する定数で f にはよらない．

証明　筋道だけを述べる．命題6.2の証明を反省すればわかるように，G が図6.8の $\mathcal{E}_{R_0}{}^C$ に含まれている場合には命題が成り立つ．G が図に示すような場合が問題であろう．直交曲線座標系を適当にとって，$\rho=0$ から始まり，$\rho=1$ で環状領域 $\mathcal{R}$ 内に終るようにする．$\mathcal{E}_{R_0}$ で1，台が $\mathcal{E}_{R_1}$ に含まれるような C^∞ 関数 $\varphi(x)$ を用意する．関数 $\varphi(x)f(x)$ に対して命題6.2の証明の方法を適用する．

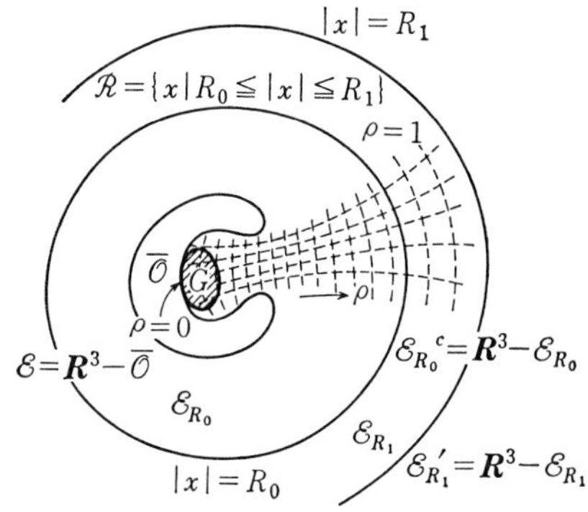

図 6.8

その結果 $\|f\|_G$ は $\|\mathrm{grad}\,f\|$ と $\|f\|_{\mathcal{R}}$ とで評価されることになるが，$\|f\|_{\mathcal{R}}$ は，最初に述べたことによって，やはり $\|\mathrm{grad}\,f\|$ で評価されることになる．▌

注意　上の証明で $\mathcal{E}$ が無限遠点を含む連結領域であることは本質的である．$\mathcal{E}$ が有界領域の場合には ($f\in C^\infty(\overline{\mathcal{E}})$ と仮定したのでは) 命題は成り立たない．しかし f が開領域 $\mathcal{E}$ 内にコンパクトな台を持つならば，命題は成立する．また $\mathcal{E}$ の境界が適当な滑らかさを持っていることも重要である．$f\in C_0^\infty(\mathcal{E})$ の場合には，このことさえも気にする必要はなくなる．

さて，作用素 iA は $\mathfrak{H}$ で対称である．これは，定義域が $\mathfrak{H}$ で稠密なこと，および部分積分が自由に行なえて

$$(iAf,g)_E=i\{(\nabla f_2,\nabla g_1)-(\nabla f_1,\nabla g_2)\}=(f,iAg)_E \qquad (f,g\in D(A))$$

が成り立つことから明らかである．ここで iA が本質的に自己共役かという問題，言いかえれば，iA が**ただ一つ**の自己共役拡張を決定するかという問題を考えよう．

本質的自己共役性の条件として次のことが知られている[1]．対称作用素 S に対して，$S\pm i$ の値域 $R(S\pm i)$ が稠密ならば，S は本質的に自己共役である．以下に $R(iA\pm i)$ が $\mathfrak{H}$ で稠密であることを示そう．

$g\in\mathfrak{H}$ を $R(iA+i)$ に直交する元とする：$((A+1)f,g)_E=0$ $(\forall f\in D(A)=C_0^\infty)$，すなわち

$$(6.57)\qquad (\nabla f_1+\nabla f_2,\nabla g_1)+(f_2+\Delta f_1,g_2)=0 \qquad (\forall f\in C_0^\infty).$$

---

1)　本講座“関数解析”参照．

ここで $f_2=-f_1=f$ (f は $C^\infty(\bar{\mathcal{E}})$, $\partial f/\partial n|_{\partial\mathcal{E}}=0$ で台がコンパクト) とおいてみれば,

$$(f-\triangle f, g_2)=0, \quad g_2\in L_2(\mathcal{E})$$

が成り立つことがわかる．これは，f の台を $\bar{\mathcal{E}}$ ではなく $\mathcal{E}$ に制限してみればわかるように，g_2 が超関数の意味で

$$g_2=\triangle g_2\in L_2(\mathcal{E})$$

をみたすことを示している．これから $g_2=0$ が従うことは，L_2 弱解(広義解)の性質としてよく知られている[1)]．さて，(6.57) にもどって $f_2=0$ とおけば，$g_2=0$ であるから，

(6.58)
$$(\nabla f_1, \nabla g_1)=0 \qquad \forall f_1\in C_{N,0}{}^\infty(\bar{\mathcal{E}})$$

が得られる．ここに $C_{N,0}{}^\infty(\bar{\mathcal{E}})$ は，$f\in C^\infty(\bar{\mathcal{E}})$, $\partial f/\partial n|_{\partial\mathcal{E}}=0$, $\mathrm{supp}\, f$ コンパクトであるような f の全体を示す．$C_{N,0}{}^\infty(\bar{\mathcal{E}})$ を Dirichlet ノルム $\|\nabla f\|$ で完備化した Hilbert 空間，すなわち $\mathfrak{H}$ の第1成分空間を H_D としよう．(6.58) の関係は明らかに $f_1\in H_D$ まで拡張できる．もちろん $g_1\in H_D$ である．そこで $f_1=g_1$ とすれば，g_1 が H_D の元として 0 であることがわかる．(命題 6.3 を用いれば，複素数値関数としても $g_1=0$ である.) こうして $g=\{g_1, g_2\}=0$ が得られるが，これは $R(iA+i)$ が $\mathfrak{H}$ で稠密であることにほかならない．$R(iA-i)$ が $\mathfrak{H}$ で稠密なことも同様な論法で検証できる．こうして次の定理が示された．

定理 6.14　iA は本質的に自己共役である．——

iA のただ一つの自己共役拡張を H としよう．$-iH$ は，Stone の定理(定理 6.7) が示すように，ユニタリ群 e^{-iHt} を生成する．

$\mathfrak{H}$ における方程式

(6.59)
$$\frac{du}{dt}=-iHu, \qquad u(0)=f$$

を考えよう．これは本質的に外部混合問題 (6.45)-(6.47) にほかならない．境界条件 (6.46) は，u に H が作用できるという条件，すなわち $u\in D(H)$ という条件に置きかえられている．問題 (6.59) の解の一意性は次のように簡単に示される．$u(t)$ を初期値 $u(0)=0$ の解とすれば，H の自己共役性により

1) 例えば，溝畑茂: 偏微分方程式論，岩波書店(1965)参照．g_1 についても $g_1=\triangle g_1$ を導くことができる．しかしこの場合，$g_1\in L_2$ とは限らないので $g_1=0$ を導くには注意を要する．

$$\frac{d\|u(t)\|_E{}^2}{dt} = \left(\frac{du(t)}{dt}, u(t)\right)_E + \left(u(t), \frac{du(t)}{dt}\right)_E$$
$$= -i(Hu(t), u(t)_E + i(u(t), Hu(t))_E$$
$$= 0$$

であるから，$\|u(t)\|_E = \mathrm{const}$ となるが，$u(0)=0$ によって $u(t)\equiv 0$ が得られる．これは求める一意性を示している．$f\in D(H)$ のとき $e^{-iHt}f$ が (6.59) の解となることは容易にわかるから，これがこの場合の (6.59) の一意解である．

外部混合問題の古典解の存在については後でちょっと触れるが，差当ってエネルギー有限の古典解 $u(t,x)$ の存在を仮定しよう．この古典解は一意的である(定理 6.10)．$u(t,\cdot)$ は当然 (6.59) を満足する．したがって，初期データを f とすれば $u(t,\cdot)=e^{-iHt}f$ でなければならない．さらに $f\notin D(H)$ の場合でも $e^{-iHt}f$ (もちろん $f\in\mathfrak{H}$) はエネルギー有限の波を表わし，波動方程式の広義解となることは §6.6 で扱った Cauchy 問題の場合と同様である．

混合問題の，エネルギー・ノルムの意味での適正さは以上に述べたことから明らかであろう．

古典解の存在に触れよう．初期データ $f=\{f_1, f_2\}$ が $D(H^\infty)$ に属するとする．すなわち，任意の n に対して $f\in D(H^n)$ であるとしよう．そうすると解 $u(t)=e^{-iHt}f$ についても $u(t)\in D(H^\infty)$ が言える．楕円型方程式の理論で知られていることであるが，$f\in D(H^\infty)$ ならば実は f は滑らかな関数で Neumann 条件をみたす．したがって $u(t,x)$ は x について滑らかで Neumann 条件をみたす．また，t に関しても滑らかであることが $(d^n/dt^n)u(t)=(-iH)^n u(t)$ から導かれる．これらの導関数が t, x に関して連続であることもわかる．こうしてこの場合には $u(t)=e^{-iHt}f$ が古典解であることが知られるのである．

最後に空間次元が 1 および 2 の場合について若干の注意を述べておく．§6.6 およびこの節における議論を空間 1 次元および 2 次元の場合に適用することはできない．その理由は，Cauchy 問題の場合には命題 6.2 が，混合問題の場合には命題 6.3 がそのままでは成り立たないからである．これに対する対策の一つは，Hilbert 空間 $\mathfrak{H}$——それは $H_D(\mathcal{E})\times L_2(\mathcal{E})$ であった——を $H^1(\mathcal{E})\times L_2(\mathcal{E})$ に変更することである．議論の本質的な変更はほとんど必要がない．たしかに命題 6.2 や命題 6.3 はわれわれの議論で重要ではあったが，それは考える Hilbert 空間を‘関数’空間たらしめ，またエネルギーをノルムたらしめることにおいて重要だったのである．$H^1(\mathscr{E})\times L_2(\mathscr{E})$ は一般に $H_D(\mathscr{E})\times L_2(\mathscr{E})$ より狭い．ある意味でそれだけ議論しやすくなるのである．本質的に変わるわけではないが，もう一つの対策として $H^1(\mathscr{E})\times L_2(\mathscr{E})$ のような直積空間をとらない方法がある．基礎の空間としては $L_2(\mathscr{E})$ を考える．前には Neumann 条件に対応する作用素 A を考えたが，今度は Neumann 条件に対応するラプラシアン L を考えよう：

$$Lu = \triangle u, \qquad u \in D(L) = C_{N,0}{}^{\infty}(\overline{\mathscr{E}}).$$

前に iA の本質的自己共役性を示したのと同じ考え方によって，L の本質的自己共役性が示される．L の一意自己共役拡張を $\tilde{L}$ としよう．外部混合問題(6.45)-(6.47)を抽象的な形で書けば，

$$\text{(6.60)} \qquad \frac{d^2u}{dt} = \tilde{L}u, \qquad u(0) = f, \qquad \left.\frac{du}{dt}\right|_{t=0} = u'(0) = g$$

となる．$\tilde{L}$ は負定値

$$(\tilde{L}f, f) \leqq 0 \qquad (f \in D(\tilde{L}))$$

であることがわかるが，このことを用いれば，(6.60)の一意解が

$$u(t) = \cos(t(-\tilde{L})^{1/2})f + (-\tilde{L})^{-1/2}\sin(t(-\tilde{L})^{1/2})g$$

と書けることがわかる(§6.2参照)．ただし，$f \in D(\tilde{L})$，$g \in D((-\tilde{L})^{1/2})$ である．

上に述べた方法が空間3次元の場合にも使えることはもちろんである．

問　　題

1　波動方程式 $c^{-2}\partial^2 u/\partial t^2 = \triangle u$ に対する特性方程式 $c^{-2}(\partial\varphi/\partial t)^2 - (\mathrm{grad}\,\varphi)^2 = 0$ (§6.3を参照)を波動方程式の解の不連続面の考察から導け．

2　Poisson の公式(6.23)から d'Alembert の公式(5.41)を次元逓減法によって導け．

3　(6.31)すなわち

$$w(t, x) = \frac{1}{4\pi}\int_{|y-x|\leqq ct} \frac{q(t-|y-x|/c, y)}{|y-x|}dy$$

が非同次方程式 $c^{-2}\partial^2 w/\partial t^2 - \triangle w = q(t, x)$ の零初期条件をみたす解であることを示せ．その際，非同次項 $q(t, x)$ にはどのような条件があればよいか．

4　命題6.3(§6.9)の証明を完結せよ．

5　$f \in H_D$, $\|\nabla f\| = 0 \Longrightarrow f = 0$ (a.e.) を示せ．

6　消散項(dissipative term)を持った $\boldsymbol{R}^3$ における波動方程式

$$\frac{\partial^2 u}{\partial t^2}+a(x,t)\frac{\partial u}{\partial t}-\triangle u=0, \qquad a(x,t) \geqq 0 \qquad (t \geqq 0, \ \ x \in \boldsymbol{R}^3)$$

の Cauchy 問題の解のエネルギー (定義は §6.3 の最初にある，ただし $D=\boldsymbol{R}^3$) は非増加であることを示せ．ただし，$a(x,t)$ は滑らかな関数とし，初期データは滑らかでエネルギー有限とする．

第7章　連続体の力学における偏微分方程式

前章までは，2階偏微分方程式の典型である熱方程式(放物型)，Laplaceの方程式(楕円型)，波動方程式(双曲型)の基本的な性質を系統的に解説してきた．まえがきにも述べたように，この第7章以下では，連続体の力学，電磁気学，量子力学などに登場する偏微分方程式を取り上げ，時には方程式の意味や特徴に，時にはその解法や結果の解釈に焦点をあてて自由な紹介と解説を行なう．紙数の制限もあるので，題材の選び方は決して網羅的ではなく，その扱い方も一貫した体裁をとっているわけではないことをお断りしておく．方程式とそれが記述する現象との対応を通して，偏微分方程式とその扱い方に対する勘を養う一助にでもなればというつもりである．

第7章では，流体力学の方程式の中で最も基本的なEulerの方程式(完全流体)とNavier-Stokesの方程式(粘性流体)を取り上げる．これらの方程式の歴史は古い．媒質自身が動きまわるという流体運動の特徴を反映して方程式は本質的に非線型である．非線型性の困難を克服するためのさまざまな工夫がこれまでなされて来た．現在においても，これらの方程式は非線型問題を扱う手法の試金石である．

§7.1　縮まない完全流体の方程式

水や空気のようにさらさらした流体の運動は，場合により粘性を無視して扱うことができる．このように理想化された流体のことを**完全流体**とよぶ．完全流体の運動を記述する方程式はすでに第6章で導いた．この節では，液体のように密度を一定とみなすことのできる流体(縮まない流体)の運動について考察する．

a) 基礎方程式

流体は3次元空間内のある領域Ωを占めているものとし，その速度を$\boldsymbol{v}$，密度をρ，圧力をpと書く．$\boldsymbol{v}=\boldsymbol{v}(\boldsymbol{r},t)$，$p=p(\boldsymbol{r},t)$であるが，縮まない流体の仮定により$\rho$は定数である．方程式(6.2)，(6.1)はいまの場合つぎのように書ける：

(7.1)　$\operatorname{div} \boldsymbol{v} = 0$　(連続の方程式),

(7.2)　$\dfrac{\partial \boldsymbol{v}}{\partial t} + (\boldsymbol{v}\cdot\nabla)\boldsymbol{v} = \boldsymbol{F} - \operatorname{grad}\left(\dfrac{p}{\rho}\right)$　(Euler の運動方程式).

ただし外力がはたらく場合も考えて, (7.2) の右辺に $\boldsymbol{F}$ (流体の単位質量あたりにはたらく力) の項を加えてある. 特に $\boldsymbol{F}$ が保存力の場合, すなわち

$$\boldsymbol{F} = -\operatorname{grad} V$$

をみたすようなスカラー関数 $V = V(\boldsymbol{r}, t)$ が存在する場合には (たとえば $\boldsymbol{F}$ が一様な重力なら $V = gz$, z 軸は鉛直上向き), (7.2) は

(7.3)　$$\frac{\partial \boldsymbol{v}}{\partial t} + (\boldsymbol{v}\cdot\nabla)\boldsymbol{v} = -\operatorname{grad}\left(\frac{p}{\rho} + V\right)$$

と書ける.

流体は壁や障害物の表面に沿ってすべることはできても, 表面から離れたり表面をつきぬけたりすることはできないから, 速度 $\boldsymbol{v}$ に対する境界条件として

(7.4)　$v_n = u_n$　(境界上)

が課される. ここで v_n は, 境界上の点 $\boldsymbol{r}$ における流体の速度 $\boldsymbol{v}$ の, 境界面に対する法線方向の成分を表わし, u_n は同じ点での境界面自身の速度 $\boldsymbol{u}$ の法線成分を表わす. 特に, 静止した境界の上ではつぎの条件が成り立つ:

(7.5)　$v_n = 0$　(境界上).

まとめると, 連続の方程式 (7.1), Euler の方程式 (7.2), 境界条件 (7.4) によって, 速度場 $\boldsymbol{v}(\boldsymbol{r}, t)$ と圧力場 $p(\boldsymbol{r}, t)$ が定まることになる.

なお, ベクトル解析の公式

$$\boldsymbol{v}\times\operatorname{rot}\boldsymbol{v} = \operatorname{grad}\left(\frac{1}{2}\boldsymbol{v}^2\right) - (\boldsymbol{v}\cdot\nabla)\boldsymbol{v}$$

を用いて変形すれば, 方程式 (7.3) はつぎのように書くこともできる:

(7.6)　$$\frac{\partial \boldsymbol{v}}{\partial t} = -\operatorname{grad}\left(\frac{1}{2}\boldsymbol{v}^2 + \frac{p}{\rho} + V\right) + \boldsymbol{v}\times\operatorname{rot}\boldsymbol{v}.$$

さて, 領域のいたるところで

$$\operatorname{rot}\boldsymbol{v} = 0$$

が成り立つ場合, すなわち速度場 $\boldsymbol{v}$ が**渦なし**である場合を考えよう. このときには, スカラー関数 $\Phi = \Phi(\boldsymbol{r}, t)$ (**速度ポテンシャル**) を用いて

(7.7)　$\boldsymbol{v} = \operatorname{grad}\Phi$

と書くことができるから，方程式 (7.1) は

$$\triangle \Phi = 0, \tag{7.8}$$

境界条件 (7.4) は

$$\frac{\partial \Phi}{\partial n} = u_n \qquad (\text{境界上}) \tag{7.9}$$

となる．すなわち，Φ は Laplace の方程式に対する Neumann 問題の解であって，t のみの関数の付加項を除いて定まる．一方，運動方程式 (7.6) はいまの場合

$$\operatorname{grad}\left\{\frac{\partial \Phi}{\partial t} + \frac{1}{2}(\operatorname{grad}\Phi)^2 + \frac{p}{\rho} + V\right\} = 0$$

となるから，Φ がきまれば，この式を積分した

$$p = -\rho\left\{\frac{\partial \Phi}{\partial t} + \frac{1}{2}(\operatorname{grad}\Phi)^2 + V + f(t)\right\} \tag{7.10}$$

という式によって圧力がきまる．ここで $f(t)$ は t の任意の関数である．

b) 2次元問題への複素関数論の応用

2次元の場合には，複素関数論を使うと取扱いがいちじるしく簡単になる．変数 t は単にパラメータとしてしか現われないからいちいち書かないことにする．

速度ベクトル $\boldsymbol{v}$ の x, y 成分を u, v と書くことにすると，(7.1) は

$$\frac{\partial u}{\partial x} + \frac{\partial v}{\partial y} = 0 \tag{7.11}$$

となる．それゆえ，方程式

$$\frac{\partial \Psi}{\partial x} = -v, \qquad \frac{\partial \Psi}{\partial y} = u \tag{7.12}$$

をみたすスカラー関数 $\Psi = \Psi(x, y)$ (**流れの関数**) が存在し，この関数によって (7.11) は恒等的にみたされる (第 I 分冊 64 ページを見よ)．曲線 $\Psi = \text{const}$ に沿っての微分を考えると，$d\Psi = (\partial \Psi/\partial x)dx + (\partial \Psi/\partial y)dy = -vdx + udy = 0$，すなわち $(dx, dy) /\!/ (u, v)$ が成り立つから，曲線 $\Psi = \text{const}$ は流線を表わす．

一方，(7.7) を成分で書くと

$$u = \frac{\partial \Phi}{\partial x}, \qquad v = \frac{\partial \Phi}{\partial y} \tag{7.13}$$

であるから，これと (7.12) とを組みあわせれば

(7.14)
$$\frac{\partial\Phi}{\partial x}=\frac{\partial\Psi}{\partial y},\qquad \frac{\partial\Phi}{\partial y}=-\frac{\partial\Psi}{\partial x}$$

の関係が得られる．これはよく知られた Cauchy-Riemann の微分方程式である．それゆえ，Φ と Ψ を組みあわせてつくった複素数値関数

(7.15)
$$f=\Phi(x,y)+i\Psi(x,y)$$

は複素変数 $z=x+iy$ の解析関数になる．f を**複素速度ポテンシャル**という．

いま，任意の解析関数

(7.16)
$$z=g(\zeta)$$

によって，独立変数を z から $\zeta(=\xi+i\eta)$ に変換してみよう．このとき

$$F(\zeta)\equiv f\{g(\zeta)\}$$

もまた ζ の解析関数であるから，$F(\zeta)$ を (ξ,η) 面での一つの流れの場を表わす複素速度ポテンシャルとみなすことができる．しかも，その実部と虚部について

$$\mathrm{Re}\,\{F(\zeta)\}=\mathrm{Re}\,\{f(z)\},\qquad \mathrm{Im}\,\{F(\zeta)\}=\mathrm{Im}\,\{f(z)\}$$

が成り立つから，変換 (7.16) によって等ポテンシャル線は等ポテンシャル線に，流線は流線に写像される．領域の境界の形が時間的に変化しない場合には，境界自身も一つの流線であるから，この変換によって領域の境界はやはり領域の境界に写像されることになる．

この事実を利用すると，Laplace の方程式の境界値問題を，単に写像関数 (7.16) を求めるという問題に帰着させることができる．

例題 7.1　無限遠で $\boldsymbol{v}\to(1,0)$ となる単位円外部の流れの場を求めること．

$z(=x+iy)$ 平面内の単位円周 $z=e^{i\theta}$ $(0\leqq\theta\leqq 2\pi)$ の外部の領域は，変換

(7.17)
$$\zeta=z+\frac{1}{z}\qquad \text{(Joukowski 変換)}$$

によって $\zeta(=\xi+i\eta)$ 平面内の線分 $\zeta=2\cos\theta$ を除いた領域に写像される (図 7.1)．両平面の対応する点での流速は

$$\frac{df}{dz}=\frac{dF}{d\zeta}\frac{d\zeta}{dz}=\frac{dF}{d\zeta}\left(1-\frac{1}{z^2}\right)$$

という関係で結ばれている[1]．これから $(dF/d\zeta)_{\zeta\to\infty}=(df/dz)_{z\to\infty}=1$ が導かれる．

---

1) $df/dz=\partial\Phi/\partial x+i\partial\Psi/\partial x=u-iv$ であるから，df/dz は速度ベクトルの複素表示になっている．

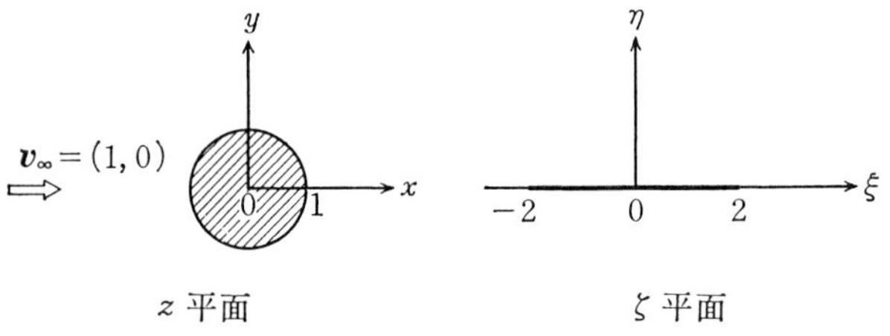

図 7.1

すなわち，ζ 平面における流れの場は ζ→∞ で (1, 0) という速度をもっている．ζ 平面での境界は ξ 軸上の線分であるから，複素速度ポテンシャルは明らかに

$$F(\zeta)=\zeta$$

である．それゆえ，これを z 平面にもどしたもの，すなわち

$$f(z)=z+\frac{1}{z} \tag{7.18}$$

が求める場の複素速度ポテンシャルである．(節末の問題 2 を見よ.)

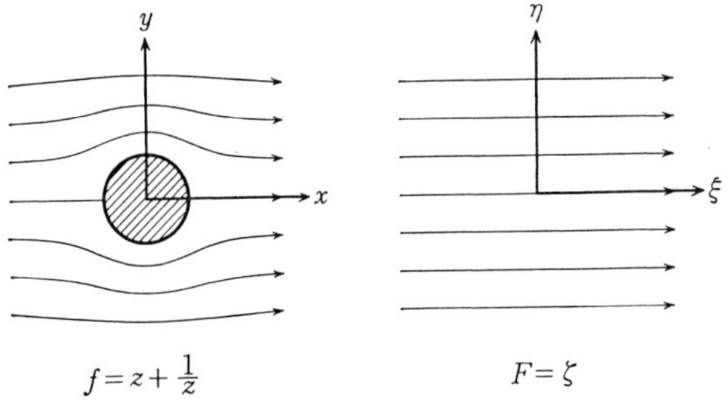

図 7.2　z 平面および ζ 平面での流線

c) 水の波

自由境界をもつ場の例として，一様な深さの水の表面におこる波を考察しよう．渦なし運動を仮定すれば[1)]，速度ポテンシャル Φ が存在して，Φ は Laplace の方程式 (7.8) をみたす．座標軸を図 7.3 のようにとり，水深を h (=const) とすれば，底での境界条件は

1)　外力がポテンシャルをもつ場合には，ある時刻に rot $\boldsymbol{v}\equiv 0$ ならばその後いつまでも rot $\boldsymbol{v}\equiv 0$ であることを Euler の方程式を用いて証明することができる．それゆえ，たとえば静止から始まった運動の速度場はいつまでも渦なしである．

(7.19) $$z=-h:\quad \frac{\partial \Phi}{\partial z}=0$$

である．一方，自由表面での境界条件はつぎのようにして導かれる．

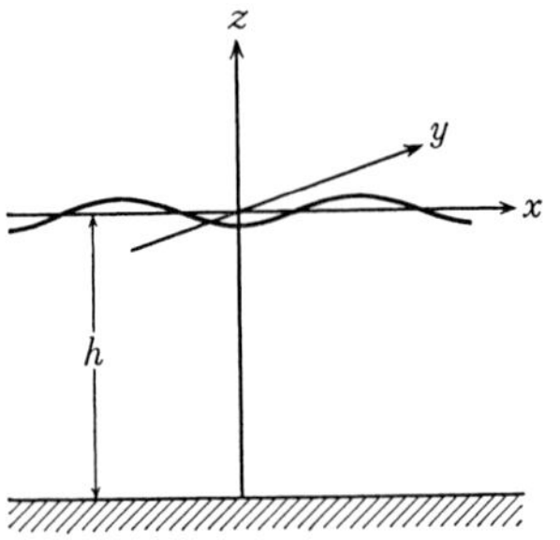

図 7.3

境界面の形がつぎの方程式で与えられたとしよう：

(7.20) $$B(x, y, z, t)=0.$$

境界上の各点で流体と境界面との相対速度の法線成分は 0 であるから，時刻 t に境界上にあった流体の部分は時刻 $t+\Delta t$ にも境界上にある：

$$B(x+u\Delta t, y+v\Delta t, z+w\Delta t, t+\Delta t)=0.$$

そこで，Δt が小さいとして左辺を展開し，(7.20) を考慮すると

(7.21) $$\frac{\partial B}{\partial t}+u\frac{\partial B}{\partial x}+v\frac{\partial B}{\partial y}+w\frac{\partial B}{\partial z}=0$$

が得られる．これが自由境界上での**運動学的な**境界条件である．境界の形を

(7.22) $$z=\zeta(x, y, t)$$

と書き表わしたときには，$B\equiv\zeta(x, y, t)-z$ とおいて，

$$\frac{\partial \zeta}{\partial t}+u\frac{\partial \zeta}{\partial x}+v\frac{\partial \zeta}{\partial y}-w=0,$$

が得られる．すなわち

(7.23) $$z=\zeta(x, y, t):\quad \frac{\partial \zeta}{\partial t}+\frac{\partial \zeta}{\partial x}\frac{\partial \Phi}{\partial x}+\frac{\partial \zeta}{\partial y}\frac{\partial \Phi}{\partial y}-\frac{\partial \Phi}{\partial z}=0$$

となる．

自由境界上では，このほかにさらに**力学的な**境界条件が課される．式 (7.10) において $V=gz$, $f(t)=-p_0/\rho$ (p_0 は大気圧) とおけば，圧力は

$$p=-\rho\left\{\frac{\partial \Phi}{\partial t}+\frac{1}{2}(\mathrm{grad}\,\Phi)^2+gz\right\}+p_0$$

で与えられる．($f(t)=-p_0/\rho$ ととったのは，Φ を静止状態のポテンシャルからの摂動にとったことに相当する.) 境界 $z=\zeta(x,y,t)$ の上で $p=p_0$ であるから，

(7.24) $$z=\zeta(x,y,t):\quad \frac{\partial \Phi}{\partial t}+\frac{1}{2}(\mathrm{grad}\,\Phi)^2+gz=0$$

が成り立つ．これがもう一つの境界条件である．

結局，水の波の問題は，境界条件(7.19), (7.23), (7.24) をみたす調和関数 Φ を求める問題に帰着した．Φ だけでなく，水面の形を与える関数 $\zeta(x,y,t)$ も未知量であるから，これは複雑な非線型の境界値問題である．

Φ が微小で，その2次の項を無視することができる場合には，線型化によって具体的な取扱いが可能になる．この近似を行なえば，まず境界条件 (7.24) は

$$z=\zeta(x,y,t):\quad \zeta=-\frac{1}{g}\frac{\partial \Phi}{\partial t}$$

となるから，ζ も微小であることがわかる．それゆえ，これをさらに

(7.25) $$z=0:\quad \zeta=-\frac{1}{g}\frac{\partial \Phi}{\partial t}$$

でおきかえることができる．境界条件 (7.23) は，同様に考えて

(7.26) $$z=0:\quad \frac{\partial \zeta}{\partial t}=\frac{\partial \Phi}{\partial z}$$

となるから，これら二つの式から ζ を消去すると，Φ に対する境界条件として

(7.27) $$z=0:\quad \frac{\partial^2 \Phi}{\partial t^2}+g\frac{\partial \Phi}{\partial z}=0$$

が得られる．つまり，Φ は境界条件 (7.19) と (7.27) をみたす調和関数である．Φ がきまれば，水面の波の形は (7.25) によって与えられることになる．

例題 7.2 一様な深さの水面に生ずる進行波.

y 方向にはすべての量が変化しないとすれば，$\Phi=\Phi(x,z,t)$ は境界値問題

$$\begin{cases}\dfrac{\partial^2 \Phi}{\partial x^2}+\dfrac{\partial^2 \Phi}{\partial z^2}=0 & (-h<z<0),\\[2mm] z=-h:\ \dfrac{\partial \Phi}{\partial z}=0, & z=0:\ \dfrac{\partial^2 \Phi}{\partial t^2}+g\dfrac{\partial \Phi}{\partial z}=0\end{cases}$$

の解である．x 軸の正の方向に進行する波を考え，

$$\Phi = \phi(z)\cos(kx-\omega t) \qquad (k,\ \omega\text{: 定数})$$

とおいて上式に代入すれば，

$$\begin{cases} \dfrac{d^2\phi}{dz^2}-k^2\phi = 0 \qquad (-h<z<0), \\ z=-h\text{: } \dfrac{d\phi}{dz}=0, \qquad z=0\text{: } g\dfrac{d\phi}{dz}-\omega^2\phi=0. \end{cases}$$

これを解くことは読者にまかせる (問題3)．

問　題

1　縮まない流体の速度場 $\boldsymbol{v}$ は連続の方程式 $\mathrm{div}\,\boldsymbol{v}=0$ をみたすから，ベクトル・ポテンシャル $\boldsymbol{\Psi}$ を用いて $\boldsymbol{v}=\mathrm{rot}\,\boldsymbol{\Psi}$ と書くことができる．2次元的な場においては，流れの関数 $\Psi(x, y)$ (式 (7.12) を見よ) を第3成分とするベクトル場 $\boldsymbol{\Psi}=(0, 0, \Psi(x, y))$ が $\boldsymbol{v}$ のベクトル・ポテンシャルになっていることを示せ．

2　例題7.1 (208ページ) において，$z\to\infty$ で $\boldsymbol{v}\to(1, 0)$ という条件を課しただけでは解は一意にはきまらない．すなわち，つぎの関数も解になっていることを確かめよ：

$$f = z+\frac{1}{z}+i\kappa\log z \qquad (\kappa\text{: 任意の実数}).$$

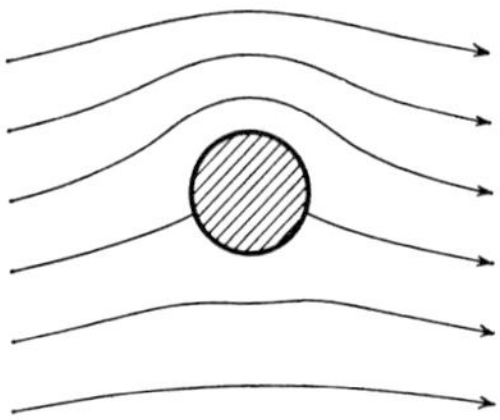

図7.4　$\kappa=1.0$ の場合の流線

3　例題7.2で述べた進行波の速度ポテンシャルと表面の形はつぎの式で与えられることを示せ：

$$\Phi = -\frac{ga}{\omega}\frac{\cosh k(z+h)}{\cosh kh}\cos(kx-\omega t), \qquad z = a\sin(kx-\omega t).$$

ただし k と ω の間には $\omega^2=gk\tanh kh$ の関係がある．

4　無限遠で静止している流体の中を，半径 a の球が x 軸の正の方向に速さ $U=U(t)$ で運動している．このとき生ずる流れの速度ポテンシャルと圧力分布は

$$\Phi = -\frac{Ua^3}{2r^2}\cos\theta, \qquad p = \rho\left\{\frac{\dot{U}a^3}{2r^2}\cos\theta - \frac{1}{8}\left(\frac{Ua^3}{r^3}\right)^2(1+3\cos^2\theta)\right\}$$

で与えられることを示せ．ただし r と θ は，球の中心を原点とし x 軸を極軸とする極座標である．(x 軸のまわりの回転対称性により第3座標 φ は出てこない.)

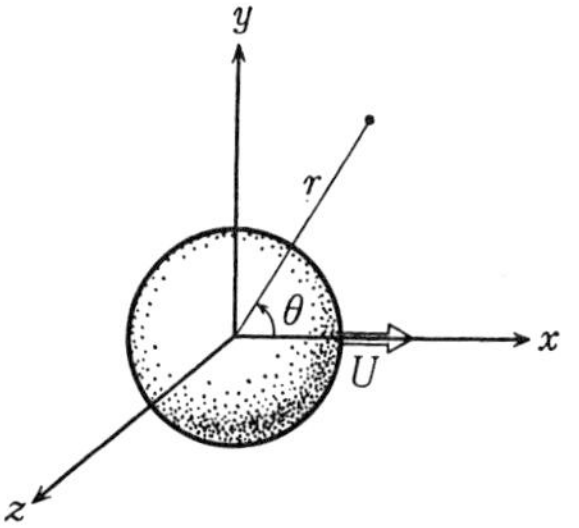

図 7.5

［ヒント］ $\Phi=\Phi(r,\theta,t)$ としてつぎの境界値問題を解き，(7.10) により圧力を求めよ：

$$\begin{cases} \triangle\Phi = \dfrac{1}{r^2}\dfrac{\partial}{\partial r}\left(r^2\dfrac{\partial\Phi}{\partial r}\right) + \dfrac{1}{r^2\sin\theta}\dfrac{\partial}{\partial\theta}\left(\sin\theta\dfrac{\partial\Phi}{\partial\theta}\right) = 0 \qquad (r>a), \\ r=a:\ \ \dfrac{\partial\Phi}{\partial r} = U(t)\cos\theta, \qquad r\to\infty:\ \ \mathrm{grad}\,\Phi\to 0. \end{cases}$$

§7.2　縮む流体の方程式

今度は，気体のように圧力変化に応じて密度変化を生ずる場合を考える．前と同様に流体は粘性をもたないとする．すなわち，ここでも完全流体に話を限る．

a) 基礎方程式

第6章ですでに導いた方程式を，便宜のためにもう一度記しておこう：

(7.28)　$$\frac{\partial\rho}{\partial t} + \mathrm{div}(\rho\boldsymbol{v}) = 0 \qquad \text{(連続の方程式)},$$

(7.29)　$$\frac{\partial\boldsymbol{v}}{\partial t} + (\boldsymbol{v}\cdot\nabla)\boldsymbol{v} = -\frac{1}{\rho}\,\mathrm{grad}\,p \qquad \text{(Euler の運動方程式)}.$$

ここでは外力ははたらかないとする．$\boldsymbol{v}$ と p に対する然るべき初期条件と，$\boldsymbol{v}$ に対する境界条件

(7.30)　$$v_n = u_n \qquad \text{(境界上)}$$

と，p と ρ の間の関数関係

(7.31)　$$\rho = f(p)$$

を与えれば場がきまる．(7.31) は等温変化 $\rho\propto p$, 断熱変化 $\rho\propto p^{1/\gamma}$ ($\gamma=\mathrm{const}>1$)

などの関係のことである.

§7.1で行なったのと同様の変形を行ない，(7.31)を考慮すれば，(7.29)をつぎの形に書くことができることを注意しておこう：

$$\frac{\partial \boldsymbol{v}}{\partial t} = -\mathrm{grad}\left(\frac{1}{2}\boldsymbol{v}^2 + \int^p \frac{dp}{\rho}\right) + \boldsymbol{v}\times\mathrm{rot}\,\boldsymbol{v}. \tag{7.32}$$

b）定常な渦なし運動の場

速度場が渦なし(rot $\boldsymbol{v}=0$)ならば，速度ポテンシャル Φ を用いて

$$\boldsymbol{v} = \mathrm{grad}\,\Phi \tag{7.33}$$

と書くことができる．定常な場に話を限り，$\boldsymbol{v}=(u, v, w)$ とすると，(7.28)は

$$\frac{\partial}{\partial x}(\rho u) + \frac{\partial}{\partial y}(\rho v) + \frac{\partial}{\partial z}(\rho w) = 0, \tag{7.34}$$

(7.32)は

$$\mathrm{grad}\left(\frac{1}{2}q^2 + \int^p \frac{dp}{\rho}\right) = 0 \tag{7.35}$$

となる．ここで便宜上

$$|\boldsymbol{v}| = \sqrt{\left(\frac{\partial\Phi}{\partial x}\right)^2 + \left(\frac{\partial\Phi}{\partial y}\right)^2 + \left(\frac{\partial\Phi}{\partial z}\right)^2} = q \tag{7.36}$$

と書いた．(7.35)を書きなおすと

$$udu + vdv + wdw = -\frac{dp}{\rho} = -\frac{dp}{d\rho}\frac{d\rho}{\rho} = -c^2\frac{d\rho}{\rho} \tag{7.37}$$

となる．ただし

$$c^2 = \frac{dp}{d\rho} \qquad (c>0) \tag{7.38}$$

であって，c は流体内を伝播する音波の速さを表わす．(7.37)から計算される $\partial\rho/\partial x$ などを(7.34)に代入し，(7.33)を用いると，Φ に対する方程式

$$\left\{1-\frac{1}{c^2}\left(\frac{\partial\Phi}{\partial x}\right)^2\right\}\frac{\partial^2\Phi}{\partial x^2} + \left\{1-\frac{1}{c^2}\left(\frac{\partial\Phi}{\partial y}\right)^2\right\}\frac{\partial^2\Phi}{\partial y^2} + \left\{1-\frac{1}{c^2}\left(\frac{\partial\Phi}{\partial z}\right)^2\right\}\frac{\partial^2\Phi}{\partial z^2}$$
$$-\frac{2}{c^2}\frac{\partial\Phi}{\partial y}\frac{\partial\Phi}{\partial z}\frac{\partial^2\Phi}{\partial y\partial z} - \frac{2}{c^2}\frac{\partial\Phi}{\partial z}\frac{\partial\Phi}{\partial x}\frac{\partial^2\Phi}{\partial z\partial x} - \frac{2}{c^2}\frac{\partial\Phi}{\partial x}\frac{\partial\Phi}{\partial y}\frac{\partial^2\Phi}{\partial x\partial y} = 0 \tag{7.39}$$

が導かれる．式(7.35)を積分して得られる関係式

$$\frac{1}{2}q^2+\int^p \frac{dp}{\rho} = \text{const} \tag{7.40}$$

と (7.38) とによって c は q すなわち $|\text{grad}\,\Phi|$ の関数であるから，(7.39) は Φ に対する2階の準線型方程式である．この方程式は，$q<c$ (亜音速) の領域では楕円型，$q>c$ (超音速) の領域では双曲型である (問題2)．流速と音速の比

$$M = \frac{q}{c} \tag{7.41}$$

のことを局所 **Mach 数**という．

領域の境界が固定されているときには

$$\frac{\partial \Phi}{\partial n} = 0 \qquad (\text{境界上}) \tag{7.42}$$

という境界条件が課されることは，縮まない流体の場合と同じである．

c) 近似解法——M^2 展開法

境界条件 (7.42) のもとで方程式 (7.39) の解を閉じた形に求めることは一般にはできない．ここでは，近似解法の例として，局所 Mach 数 M がいたるところで十分小さい場合に適用される M^2 **展開法**について説明しよう．

いま

$$G(\Phi) = \frac{1}{c^2}\left\{\left(\frac{\partial \Phi}{\partial x}\right)^2\frac{\partial^2 \Phi}{\partial x^2}+\left(\frac{\partial \Phi}{\partial y}\right)^2\frac{\partial^2 \Phi}{\partial y^2}+\left(\frac{\partial \Phi}{\partial z}\right)^2\frac{\partial^2 \Phi}{\partial z^2}\right.$$
$$\left.+2\frac{\partial \Phi}{\partial y}\frac{\partial \Phi}{\partial z}\frac{\partial^2 \Phi}{\partial y \partial z}+2\frac{\partial \Phi}{\partial z}\frac{\partial \Phi}{\partial x}\frac{\partial^2 \Phi}{\partial z \partial x}+2\frac{\partial \Phi}{\partial x}\frac{\partial \Phi}{\partial y}\frac{\partial^2 \Phi}{\partial x \partial y}\right\}$$

とおけば，方程式 (7.39) は

$$\triangle \Phi = G(\Phi)$$

という形に書くことができる．右辺の $G(\Phi)$ は，Mach 数 M が小さいとき M^2 の程度の小さい量である．そこで，まず右辺を0とおいた Laplace の方程式の解から出発し，右辺を摂動とみなして，各段階で Poisson の方程式を解きながら近似を進めるという方法が考えられる．これが M^2 展開法である．

ここでは特に2次元に話を限り，無限遠で速度が $\boldsymbol{v}\to(U,0)$ となるような流れの中に物体が静止している場合を複素関数論的に扱う方法を紹介する．

まず，定常運動における連続の方程式 $\text{div}\,(\rho \boldsymbol{v})=0$ によって，

(7.43) $$\rho_\infty\frac{\partial\Psi}{\partial x}=-\rho v,\qquad \rho_\infty\frac{\partial\Psi}{\partial y}=\rho u$$

をみたすスカラー関数（流れの関数）$\Psi=\Psi(x,y)$ が存在する．ρ_∞ は任意の定数であってよいが，あとの計算の便宜のため無限遠点での密度であるとしておく．

速度ポテンシャルと流れの関数を組みあわせて

$$F=\Phi+i\Psi$$

という複素量をつくろう．今度は縮まない流体の場合とちがって，F はただ1個の複素変数の解析関数とはならない．そこで，変数変換

$$z=x+iy,\qquad \bar{z}=x-iy$$

を行なって F を z と $\bar{z}$ の関数とみなすことにする．x と y は最終的には実数と考えるが，途中の段階ではいったん複素数にまで拡張して扱う．したがって z と $\bar{z}$ とは独立な複素変数である．

さて，$\partial/\partial\bar{z}=(\partial/\partial x+i\partial/\partial y)/2$ であるから，F と Φ の間にはつぎの関係がある：

(7.44) $$\frac{\partial F}{\partial\bar{z}}=\left(1-\frac{\rho}{\rho_\infty}\right)\frac{\partial\Phi}{\partial\bar{z}}.$$

密度と同様に，無限遠点での値を表わすのに添字 ∞ をつけることにしよう．無限遠点での Mach 数 $M_\infty=U/c_\infty$ が十分小さく，諸量が $M_\infty{}^2$ のベキ級数に展開できるものと仮定して

$$F=F_0+M_\infty{}^2F_1+\cdots,\qquad F_n=\Phi_n+i\Psi_n\quad(n=0,1,2,\cdots),$$
$$q^2\equiv Q=Q_0+M_\infty{}^2Q_1+\cdots$$

と書くことにすると，$q^2=(\partial\Phi/\partial x)^2+(\partial\Phi/\partial y)^2=4(\partial\Phi/\partial z)(\partial\Phi/\partial\bar{z})$ の関係によって

$$Q_n=4\left(\frac{\partial\Phi_0}{\partial z}\frac{\partial\Phi_n}{\partial\bar{z}}+\cdots+\frac{\partial\Phi_n}{\partial z}\frac{\partial\Phi_0}{\partial\bar{z}}\right)\qquad(n=0,1,2,\cdots)$$

である．

さて，気体の状態変化が断熱的におこると考え，(7.31) の関係として $p=k\rho^\gamma$ ($k>0$, $\gamma>1$ で k,γ はともに定数）をとれば，(7.38) により

(7.45) $$c^2=\frac{dp}{d\rho}=k\gamma\rho^{\gamma-1},$$

したがって

$$\int^p \frac{dp}{\rho} = \frac{k\gamma}{\gamma-1}\rho^{\gamma-1} + \text{const} = \frac{1}{\gamma-1}c^2 + \text{const}$$

である．それゆえ，(7.40) は

$$\frac{1}{2}q^2 + \frac{1}{\gamma-1}c^2 = \text{const} = \frac{1}{2}U^2 + \frac{1}{\gamma-1}{c_\infty}^2 \tag{7.46}$$

と書くことができ，これを変形すれば

$$\frac{c^2}{{c_\infty}^2} = 1 + \frac{\gamma-1}{2}{M_\infty}^2\left(1-\frac{q^2}{U^2}\right) \tag{7.47}$$

となる．(7.45) と (7.47) を組みあわせると

$$\frac{\rho}{\rho_\infty} = \left(\frac{c^2}{{c_\infty}^2}\right)^{1/(\gamma-1)} = \left\{1 + \frac{\gamma-1}{2}{M_\infty}^2\left(1-\frac{q^2}{U^2}\right)\right\}^{1/(\gamma-1)} \tag{7.48}$$

が得られるから，もしこれを展開して

$$\frac{\rho}{\rho_\infty} = 1 - {M_\infty}^2\rho_1 - {M_\infty}^4\rho_2 - \cdots$$

と書いたとすれば，

$$\rho_1 = \frac{1}{2}\left(\frac{Q_0}{U^2}-1\right), \quad \rho_2 = \frac{1}{2}\frac{Q_1}{U^2} - \frac{2-\gamma}{8}\left(\frac{Q_0}{U^2}-1\right)^2, \quad \cdots\cdots$$

である．これらの展開式を (7.44) に代入して ${M_\infty}^2$ の等ベキの項を比較すれば，

$$\frac{\partial F_0}{\partial \bar{z}} = 0, \qquad \frac{\partial F_n}{\partial \bar{z}} = \rho_1\frac{\partial \Phi_{n-1}}{\partial \bar{z}} + \rho_2\frac{\partial \Phi_{n-2}}{\partial \bar{z}} + \cdots + \rho_n\frac{\partial \Phi_0}{\partial \bar{z}} \qquad (n=1, 2, \cdots)$$

が得られる．これはただちに積分できる：

$$F_0 = f_0(z),$$
$$F_n = \int\left(\rho_1\frac{\partial \Phi_{n-1}}{\partial \bar{z}} + \cdots + \rho_n\frac{\partial \Phi_0}{\partial \bar{z}}\right)d\bar{z} + f_n(z) \qquad (n=1, 2, \cdots).$$

ここで $f_0, f_1, \cdots$ は z の解析関数である．これらはつぎの条件によってきめられるべきものである：

$$\begin{cases} \dfrac{dF_0}{dz} \text{ は 1 価正則,} \\ z \to \infty: \quad \dfrac{dF_0}{dz} \to U \quad \text{(無限遠で流速が }(U, 0)\text{ になる),} \\ \text{物体表面:} \quad \operatorname{Im} F_0 = \text{const} \quad \text{(流線が物体表面に沿う),} \end{cases}$$

$$\begin{cases} \dfrac{\partial F_n}{\partial z} \text{ は1価連続,} \\ z \to \infty: \quad \dfrac{\partial F_n}{\partial z} \to 0, \\ \text{物体表面:} \quad \mathrm{Im}\, F_n = \mathrm{const.} \end{cases}$$

d）ホドグラフ法

渦なしの場に対する方程式 (7.39) は線型でないが，2次元の場合には，独立変数を座標成分から速度成分に移す変換（**ホドグラフ変換**）によって線型に変えることができる．このことをつぎに示そう．

速度ポテンシャル Φ と流れの関数 Ψ はつぎの式で定義された（ρ_0: 定数）：

(7.49)
$$u = \frac{\partial \Phi}{\partial x} = \frac{\rho_0}{\rho}\frac{\partial \Psi}{\partial y}, \qquad v = \frac{\partial \Phi}{\partial y} = -\frac{\rho_0}{\rho}\frac{\partial \Psi}{\partial x}.$$

これからつぎの式が成り立つことがわかる：

$$d\Phi + i\frac{\rho_0}{\rho}d\Psi = (udx+vdy)+i(-vdx+udy) = (u-iv)(dx+idy).$$

そこで，$x+iy=z$，$u-iv=qe^{-i\vartheta}$ とおけば，この式は

(7.50)
$$dz = \frac{1}{q}e^{i\vartheta}\left(d\Phi + i\frac{\rho_0}{\rho}d\Psi\right)$$

とも書ける．これから，$\partial^2 z/\partial q\partial\vartheta = \partial^2 z/\partial\vartheta\partial q$ の関係を用いると，q と ϑ を独立変数とするつぎの方程式が導かれる：

(7.51)
$$\begin{cases} \dfrac{\partial \Phi}{\partial q} = q\dfrac{d}{dq}\left(\dfrac{\rho_0}{\rho q}\right)\dfrac{\partial \Psi}{\partial \vartheta}, \\ \dfrac{\partial \Phi}{\partial \vartheta} = q\dfrac{\rho_0}{\rho}\dfrac{\partial \Psi}{\partial q}. \end{cases}$$

ρ は独立変数 q のみの関数であるから，これは前の方程式系 (7.49) とちがって線型である．式 (7.51) を基礎として場を考察する方法を**ホドグラフ法**という．

q のかわりに，積分 $t = \int^q (\rho/\rho_0 q)dq$ で定義される t を独立変数にとると，上の方程式系はもっと見やすい形になる：

(7.52)
$$\begin{cases} \dfrac{\partial \Phi}{\partial \vartheta} = \dfrac{\partial \Psi}{\partial t}, \\ \dfrac{\partial \Phi}{\partial t} = -K\dfrac{\partial \Psi}{\partial \vartheta}. \end{cases}$$

ただし

$$K = \left(1 - \frac{q^2}{c^2}\right)\left(\frac{\rho_0}{\rho}\right)^2 \tag{7.53}$$

であって，K は q のみの関数，したがって t のみの関数である．

さて (7.52) から Φ を消去すると，

$$\frac{\partial^2 \Psi}{\partial t^2} + K\frac{\partial^2 \Psi}{\partial \vartheta^2} = 0 \tag{7.54}$$

という方程式が得られる．K は t のみの関数であるから，変数分離を行なって

$$\Psi_\alpha = T_\alpha(t) e^{i\alpha\vartheta}$$

の形の特解が得られる．$T_\alpha(t)$ はつぎの方程式の解である：

$$\frac{d^2 T_\alpha}{dt^2} - \alpha^2 K(t) T_\alpha = 0.$$

方程式 (7.54) は線型であるから，一般解は特解の重ね合せとして表わされる[1]：

$$\Psi = \mathrm{Im}\left\{\sum_\alpha A_\alpha T_\alpha(t) e^{i\alpha\vartheta}\right\} \quad \text{または} \quad \mathrm{Im}\int A(\alpha) T_\alpha(t) e^{i\alpha\vartheta} d\alpha.$$

このように，ホドグラフ法では線型の方程式を扱うことになるので，重ね合せによって原理的にはどのような解をもつくることができるという利点をもっている．しかしそうしてつくった解は，(7.50) によってもとの座標変数にもどしてみないと，どのような境界をもつ場を表わしているのかがわからない．それゆえ，ホドグラフ変換によって回避されたかに見えた方程式の非線型性の困難は，今度は境界条件を満足させることの困難という形で現われてくる．

e) Tricomi の方程式

縮む流体の定常な渦なし運動の基礎方程式 (7.39) は，$M=q/c<1$ の領域では楕円型，$M>1$ の領域では双曲型である．したがって，$M=1$ によって定まる曲面を境にしてこの方程式は型を変える．ここでは特に 2 次元の場合について，曲線 $M=1$ の近傍で方程式がどのような形をとるかを調べてみよう．

流速が音速に等しくなる点での値を * 印をつけて表わし，

$$\frac{q}{q_*} = 1 + \tau$$

---

1) 断熱法則 $p=k\rho^\gamma$ に従う気体の場合には，$T_\alpha(t)$ は超幾何関数を用いて表わすことができる．

とおけば，

$$\frac{\rho}{\rho_*}=1+O(\tau), \qquad t=\int_{q_*}^{q}\frac{\rho}{\rho_* q}dq=\tau+O(\tau^2)$$

が成り立つ．(t を定義する積分の下端を q_* とし，また $\rho_0=\rho_*$ とした.) 一方，(7.46) で $q=q_*$，$c=c_*(=q_*)$ とおいて得られる式

$$\frac{1}{2}q^2+\frac{1}{\gamma-1}c^2=\text{const}=\frac{1}{2}\frac{\gamma+1}{\gamma-1}{q_*}^2$$

から

$$c^2=\frac{\gamma+1}{2}{q_*}^2-\frac{\gamma-1}{2}q^2={q_*}^2\{1-(\gamma-1)\tau+O(\tau^2)\}$$

であることがわかる．これを (7.53) に代入すれば

$$K=\left(1-\frac{q^2}{c^2}\right)\left(\frac{\rho_*}{\rho}\right)^2=-(\gamma+1)\tau+O(\tau^2)$$

となる．したがって，$|\tau|\ll 1$ のとき方程式 (7.54) は近似的に

$$\frac{\partial^2\Psi}{\partial\tau^2}-(\gamma+1)\tau\frac{\partial^2\Psi}{\partial\vartheta^2}=0$$

と書くことができる．ここでさらに $-(\gamma+1)^{1/3}\tau=y$，$\vartheta=x$ とおけば

$$y\frac{\partial^2\Psi}{\partial x^2}+\frac{\partial^2\Psi}{\partial y^2}=0. \tag{7.55}$$

これは最も簡単な混合型の方程式で，**Tricomi の方程式**とよばれている．この方程式は $y>0$ で楕円型，$y<0$ で双曲型であって，流速が音速に近く，亜音速領域と超音速領域とが共存するような流れの場を近似する方程式になっている．

双曲型の領域 $y<0$ では実の特性曲線が存在する．その微分方程式は

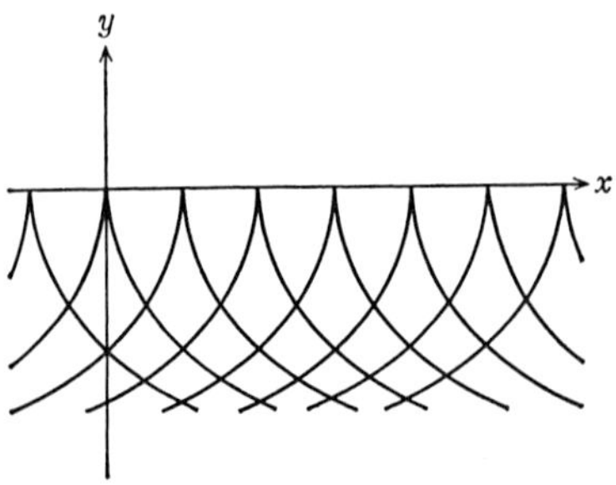

図 7.6　Tricomi の方程式 (7.55) の特性曲線

$$y\,dy^2+dx^2=0$$

であるから，積分してつぎの特性曲線群が得られる (図 7.6)：

$$9(x-a)^2+4y^3=0 \qquad (a:\ \text{任意の実数}).$$

方程式 (7.55) の境界値問題に関しては，Tricomi によってつぎのことが証明されている (Tricomi の問題)：x 軸上の相異なる 2 点 A, B を両端として，楕円型領域になめらかな曲線 σ を，双曲型領域に特性曲線 AC, BC を考え，これらの曲線によって囲まれる領域を Ω とする (図 7.7)．このとき，Ω において方程式 (7.55) をみたし，曲線 $\sigma\cup AC$ (または $\sigma\cup BC$) の上で与えられたなめらかな境界値をとる関数 $\Psi=\Psi(x, y)$ が一意に存在する．

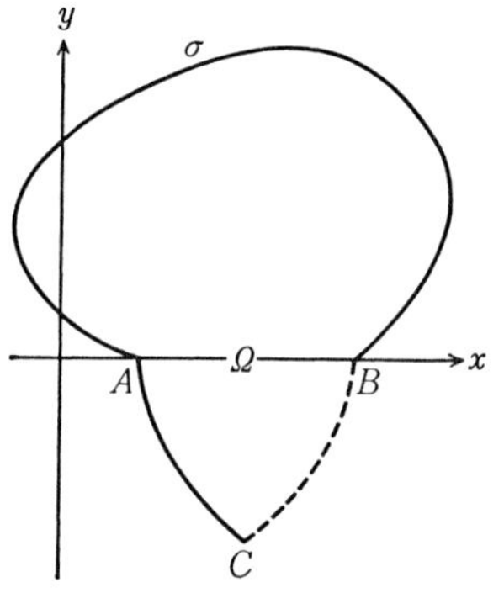

図 7.7

問　題

1　縮まない流体の場合には，(7.39) は Laplace の方程式になることを示せ．

2　関数 $u=u(x, y)$ に対する 2 階準線型偏微分方程式

$$A\frac{\partial^2 u}{\partial x^2}+2B\frac{\partial^2 u}{\partial x\partial y}+C\frac{\partial^2 u}{\partial y^2}=D$$

(A, B, C, D は $x, y, u, \partial u/\partial x, \partial u/\partial y$ の与えられた関数) は，$B^2-AC>0,\ =0,\ <0$ の領域でそれぞれ双曲型，放物型，楕円型である．2 次元の場合に方程式 (7.39) を書き，これが $M>1$ の領域で双曲型，$M<1$ の領域で楕円型となることを確かめよ．

3　例題 7.1 (208 ページ) で扱った単位円外部の流れの場を，縮む流体の場合に M^2 展開法で扱い，速度ポテンシャルがつぎの式で与えられることを示せ：

$$\Phi=\left(r+\frac{1}{r}\right)\cos\theta+M_\infty{}^2\left\{\left(\frac{13}{12}\frac{1}{r}-\frac{1}{2}\frac{1}{r^3}+\frac{1}{12}\frac{1}{r^5}\right)\cos\theta-\left(\frac{1}{4}\frac{1}{r}-\frac{1}{12}\frac{1}{r^3}\right)\cos 3\theta\right\}+O(M_\infty{}^4).$$

［ヒント］　$F_0(z)=f_0(z)=z+\dfrac{1}{z}$,

$$F_1(z,\bar{z})=\frac{1}{4}\frac{1}{\bar{z}}-\frac{1}{12}\frac{1}{\bar{z}^3}-\frac{1}{4}\frac{\bar{z}}{z^2}-\frac{1}{2}\frac{1}{z^2\bar{z}}+\frac{1}{12}\frac{1}{z^2\bar{z}^3}+f_1(z),\qquad f_1(z)=\frac{5}{6}\frac{1}{z}+\frac{1}{6}\frac{1}{z^3}$$

であることを示せ．

4　x 軸の正の方向に向かう一様流の中に物体をおいたときの速度ポテンシャルを $\Phi=U\{x+\phi(x,y,z)\}$ と書いたとする．物体の存在による摂動が十分小さい（$|\partial\phi/\partial x|\ll 1$, などの）場合に，関数 $\phi(x,y,z)$ が近似的にみたすべき方程式を導け．また，この方程式は，$M_\infty=U/c_\infty<1$ の場合には Laplace の方程式に，$M_\infty>1$ の場合には（空間変数に関する）波動方程式にそれぞれ変換し得ることを示せ．

§7.3　粘性流体の方程式

この節では，粘性をもった縮まない流体の運動を記述する方程式について考察する．粘性流体については Euler の運動方程式はもはや成立せず，それに代って Navier-Stokes の方程式が現われる．

a）Navier-Stokes の方程式

粘性流体の運動の基礎方程式を導こう．質量の保存を表わす連続の方程式は

$$\operatorname{div}\boldsymbol{v}=0 \tag{7.56}$$

で，完全流体の場合と同じである．運動量については，流体の占める3次元領域 Ω の内部に任意にとった領域 D における収支を表わす式

$$\iiint_D \rho\frac{D\boldsymbol{v}}{Dt}dV=\iint_{\partial D}\mathsf{P}\cdot\boldsymbol{n}\,dS$$

が成り立つ（図7.8）．左辺は D の内部の流体の運動量の変化率を表わす．右辺は D の外側の流体が内側の流体におよぼす力であって，$\mathsf{P}=[p_{ij}]$ $(i,j=1,2,3)$ は**応力テンソル**，$\boldsymbol{n}$ は境界面に立てた外向き単位法線ベクトルである．P の直角座標成分 p_{ij} は，第 i 軸に垂直な面を通してその正の側（第 i 座標の大きい側）が負の側におよぼす単位面積あたりの力の第 j 成分を表わす．角運動量保存則によって，P は対称テンソルであること，すなわち $p_{ij}=p_{ji}$ であることが示される．なお，流体の各部分にはたらく外力は0であるとする．

上式の右辺の面積積分を体積積分に書きなおし，D が任意であることを用いて積分記号を取り除き，両辺を ρ で割れば，

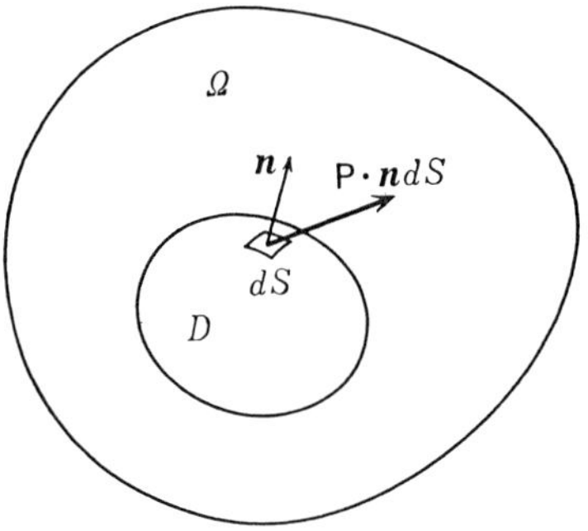

図 7.8

(7.57) $$\frac{\partial v_i}{\partial t}+\sum_{j=1}^{3}v_j\frac{\partial v_i}{\partial x_j}=\frac{1}{\rho}\sum_{j=1}^{3}\frac{\partial p_{ij}}{\partial x_j}\qquad (i=1,2,3)$$

が得られる．これはベクトル形で書けばつぎのようになる：

$$\frac{\partial \boldsymbol{v}}{\partial t}+(\boldsymbol{v}\cdot\nabla)\boldsymbol{v}=\frac{1}{\rho}\,\mathrm{div}\,\mathsf{P}.$$

多くの等方的な流体では，応力テンソルがつぎの形に表わされる：

$$\mathsf{P}=-p\mathsf{I}+2\mu\mathsf{E},$$

すなわち

(7.58) $$p_{ij}=-p\delta_{ij}+2\mu e_{ij}\qquad (i,j=1,2,3).$$

p はスカラーで圧力を表わす．I は単位テンソル，$\mathsf{E}=[e_{ij}]$ は

$$e_{ij}=\frac{1}{2}\left(\frac{\partial v_i}{\partial x_j}+\frac{\partial v_j}{\partial x_i}\right)\qquad (i,j=1,2,3)$$

で定義される**ひずみ速度テンソル**である．μ は流体の粘性率で定数と考える．

式(7.58)の p_{ij} を(7.57)に代入し，連続の方程式(7.56)を用いて変形すると，

(7.59) $$\frac{\partial v_i}{\partial t}+\sum v_j\frac{\partial v_i}{\partial x_j}=-\frac{1}{\rho}\frac{\partial p}{\partial x_i}+\nu\triangle v_i\qquad (i=1,2,3),$$

あるいは，ベクトル形で

(7.60) $$\frac{\partial \boldsymbol{v}}{\partial t}+(\boldsymbol{v}\cdot\nabla)\boldsymbol{v}=-\frac{1}{\rho}\,\mathrm{grad}\,p+\nu\triangle\boldsymbol{v}$$

となる．ただし $\triangle=\sum\partial^2/\partial x_j^2$，$\nu=\mu/\rho$ (運動粘性率) である．これが粘性流体の速度場の変化を支配する方程式で，**Navier-Stokes の方程式**とよばれる．

領域の境界(容器の壁面，物体表面など)では流体は境界面に粘着するから，

境界条件として

$$\boldsymbol{v}=\boldsymbol{u} \qquad (境界上) \tag{7.61}$$

が課される．$\boldsymbol{u}$ は境界面自身の速度である．特に固定した境界については

$$\boldsymbol{v}=0 \qquad (境界上) \tag{7.62}$$

である．

$\boldsymbol{v}$ と p に対する初期値が与えられれば，連続の方程式 (7.56)，Navier-Stokes の方程式 (7.60)，境界条件 (7.61) から，後の時刻における場がきまる．

さて，長さの単位として L，速度の単位として U，時間の単位として L/U，圧力の単位として ρU^2 をとって Navier-Stokes の方程式を書きなおすと，

$$\frac{\partial \boldsymbol{v}}{\partial t}+(\boldsymbol{v}\cdot\nabla)\boldsymbol{v}=-\operatorname{grad} p+\frac{1}{R}\triangle\boldsymbol{v} \tag{7.63}$$

となる．ここで

$$R=\frac{\rho UL}{\mu}=\frac{UL}{\nu} \tag{7.64}$$

は **Reynolds 数**とよばれる無次元の数である．上記のスケール変換によって連続の方程式 (7.56) は形を変えない．それゆえ，領域が幾何学的に相似で，境界条件が相似であるような二つの流れの場は，もしも R の値が等しいならば完全に同じものになる (**Reynolds の相似法則**)．おおまかにいえば，密度，速度，幾何学的スケールなどが大きいことと，粘性が小さいこととは同等である．

b) 厳密解

Navier-Stokes の方程式 (7.60) は速度 $\boldsymbol{v}$ について非線型であるために，任意に与えられた初期条件と境界条件をみたす解を見いだす一般的な方法はない．しかし，これまでにいくつかの厳密解が得られている．これらの解は，Navier-Stokes の方程式のもつ一般的な性質や，解の漸近的な性質をうかがい知る上に役に立つと思われるので，代表的なものを二つだけあげておく．

(1) 円管内の流れを表わす解

流速ベクトルがいたるところで同一の向きをもっていると仮定すると一群の厳密解が得られる．$\boldsymbol{v}$ の方向に x 軸をとり，$\boldsymbol{v}=(u,0,0)$ とすれば，(7.56) は

$$\operatorname{div}\boldsymbol{v}=\frac{\partial u}{\partial x}=0 \tag{7.65}$$

となる．そうすると，方程式(7.60)の中の非線型項は

$$(\boldsymbol{v}\cdot\nabla)\boldsymbol{v} = u\frac{\partial \boldsymbol{v}}{\partial x} = \left(u\frac{\partial u}{\partial x}, 0, 0\right) = (0, 0, 0)$$

となって恒等的に消えるから，問題が非常に簡単になり，容易に解が得られるのである．ここでは特に半径 a の円管の内部の定常流の場を求めてみよう．

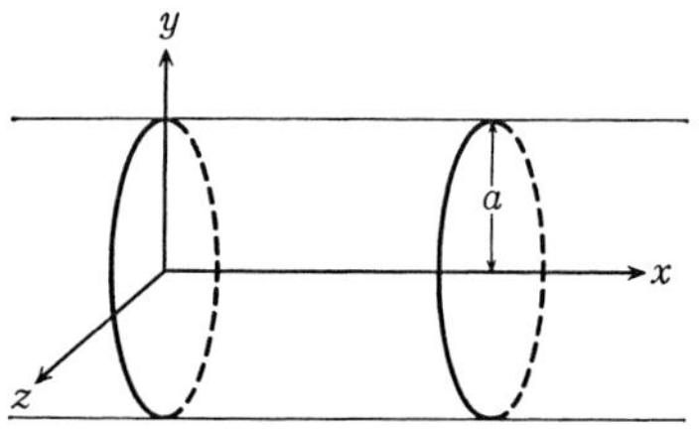

図 7.9

円管の中心軸を x 軸に選び，それに垂直に y, z 軸をとる(図 7.9)．(7.65)から $u=u(y, z)$ が得られるから，これを(7.60)に入れれば

(7.66) $$0 = -\frac{\partial p}{\partial x}+\mu\left(\frac{\partial^2 u}{\partial y^2}+\frac{\partial^2 u}{\partial z^2}\right), \quad 0 = -\frac{\partial p}{\partial y}, \quad 0 = -\frac{\partial p}{\partial z}$$

となる．第2式と第3式から $p=p(x)$ であることがわかる．そこで，第1式を

$$\frac{dp}{dx} = \mu\left(\frac{\partial^2 u}{\partial y^2}+\frac{\partial^2 u}{\partial z^2}\right)$$

と書きなおすと，左辺は x のみ，右辺は y と z のみの関数であるから，

(7.67) $$p = -\alpha x+\beta \qquad (\alpha, \beta: \text{定数}),$$

(7.68) $$\frac{\partial^2 u}{\partial y^2}+\frac{\partial^2 u}{\partial z^2} = -\frac{\alpha}{\mu}$$

が成り立たなくてはならない．流体の境界が円筒面であることを考えて (y, z) 面内の極座標 (r, φ) を導入しよう．境界条件

(7.69) $$r = a: \quad u = 0$$

の軸対称性から $u=u(r)$ と仮定するのが自然である．このとき(7.68)は

$$\frac{1}{r}\frac{d}{dr}\left(r\frac{du}{dr}\right) = -\frac{\alpha}{\mu}$$

となる．u の $r=0$ における有界性を考慮して境界条件(7.69)のもとに解けば

(7.70) $$u = \frac{\alpha}{4\mu}(a^2-r^2).$$

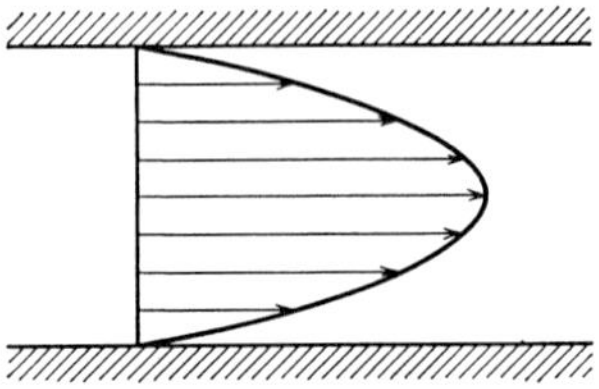

図7.10　Poiseuille の流れの流速分布

(7.67) と (7.70) で与えられる場を **Poiseuille の流れ**という (図7.10).

この解は粘性率 μ (正確には然るべく定義した Reynolds 数) のどんな値に対しても同一の関数形をもっている. また, これはそのまま, Navier-Stokes の方程式で $\mu=0\,(R=\infty)$ とおいて得られる Euler の方程式の一つの解でもある[1].

(2)　平面壁にあたる流れを表わす解

Navier-Stokes の方程式の中の非線型項が0とならないような解として, 平面壁に垂直にあたって分岐する2次元の流れの場がある (図7.11).

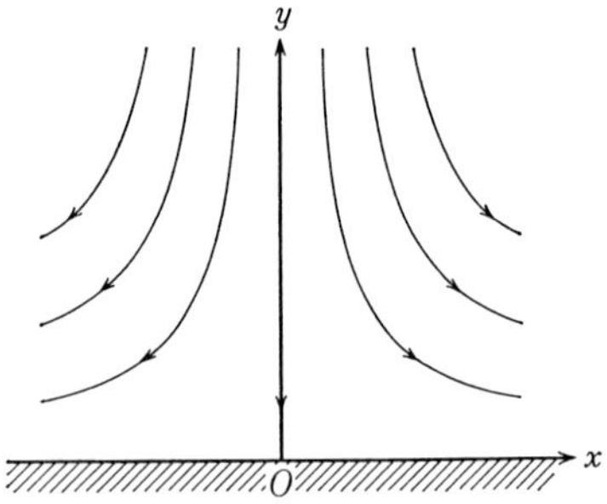

図7.11

流線が分岐する点を原点, 壁に沿って x 軸, それに垂直に y 軸をとり, 速度を $\boldsymbol{v}=(u,v)$ と書けば, $y>0$ において, 連続の方程式

$$\frac{\partial u}{\partial x}+\frac{\partial v}{\partial y}=0, \tag{7.71}$$

および Navier-Stokes の方程式

$$\begin{cases} u\dfrac{\partial u}{\partial x}+v\dfrac{\partial u}{\partial y}=-\dfrac{1}{\rho}\dfrac{\partial p}{\partial x}+\nu\left(\dfrac{\partial^2 u}{\partial x^2}+\dfrac{\partial^2 u}{\partial y^2}\right), \\ u\dfrac{\partial v}{\partial x}+v\dfrac{\partial v}{\partial y}=-\dfrac{1}{\rho}\dfrac{\partial p}{\partial y}+\nu\left(\dfrac{\partial^2 v}{\partial x^2}+\dfrac{\partial^2 v}{\partial y^2}\right) \end{cases} \tag{7.72}$$

1)　R が大きい場合には, 現実にはこれとちがって時間的に不規則に変動する非定常な場 (乱流) が生ずる. これは Navier-Stokes の方程式の解の非一意性や不安定性などに関係があると思われる.

が成り立つ．壁面上ではつぎの境界条件が課される：

(7.73) $$y=0:\quad u=0,\ v=0.$$

ここで速度場と圧力場をつぎの形に仮定してみる[1]：

(7.74) $$u=xf'(y),\qquad v=-f(y),$$

(7.75) $$p=p_0-\frac{\rho}{2}\alpha^2\{x^2+F(y)\}.$$

$f(y)$ と $F(y)$ はこれからきめるべき関数，p_0 と $\alpha\,(>0)$ は定数である．これを方程式 (7.72) に代入すれば

(7.76) $$\begin{cases} f'^2-ff''-\nu f'''=\alpha^2,\\ ff'+\nu f''=\dfrac{1}{2}\alpha^2F' \end{cases}$$

が得られる．f に対する境界条件は，(7.73) により

(7.77) $$f(0)=0,\qquad f'(0)=0$$

である．完全流体の解からの類推により，さらにつぎの境界条件を課す：

(7.78) $$f'(\infty)=\alpha,$$

(7.79) $$F(0)=0.$$

さて，つぎの式によって新しい独立変数 η と関数 $\phi(\eta)$ を定義しよう：

(7.80) $$\sqrt{\frac{\alpha}{\nu}}\,y=\eta,\qquad f(y)=\sqrt{\alpha\nu}\,\phi(\eta).$$

これを (7.76) の第1式に入れれば，$\phi(\eta)$ のみたすべき方程式として

(7.81) $$\phi'''+\phi\phi''-\phi'^2+1=0$$

が得られる．境界条件 (7.77), (7.78) はつぎのようになる：

(7.82) $$\phi(0)=0,\qquad \phi'(0)=0,\qquad \phi'(\infty)=1.$$

関数 ϕ はできあいの関数を用いて閉じた形に表わすことはできない．しかし，はじめの偏微分方程式の境界値問題が普遍的な関数 $\phi(\eta)$ に対する常微分方程式の境界値問題に帰着した以上，解 ϕ の存在が確かめられれば問題は解けたといっ

---

1) 完全流体の場合には，平面壁にあたる流れの解はつぎのように表わされる：

$$u=\alpha x,\qquad v=-\alpha y,\qquad p=p_0-\frac{\rho}{2}\alpha^2(x^2+y^2).$$

Navier-Stokes の方程式の解として (7.74), (7.75) の形を仮定したのはこの解からの類推による．後出の条件 (7.78), (7.79) についても同様である．

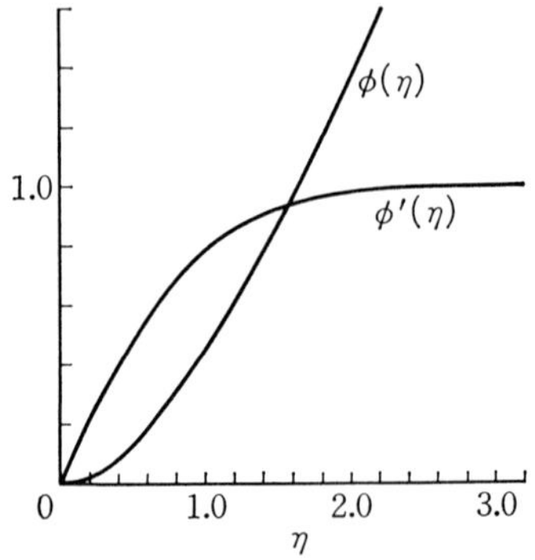

図 7.12

てもよい．実際，関数 ϕ の数値は詳細に計算されている(図 7.12)．

関数 $F(y)$ の方は (7.76) の第2式を積分すればただちに求められる：

(7.83)
$$F(y)=\frac{1}{\alpha^2}\{f(y)^2+2\nu f'(y)\}.$$

関数 ϕ を用いれば，解はつぎのように表わされる：

(7.84)
$$\begin{cases} u=xf'(y)=\alpha x\phi'\left(\sqrt{\dfrac{\alpha}{\nu}}y\right), \qquad v=-f(y)=-\sqrt{\alpha\nu}\,\phi\left(\sqrt{\dfrac{\alpha}{\nu}}y\right) \\ p=p_0-\dfrac{\rho}{2}\alpha^2\{x^2+F(y)\} \\ \quad =p_0-\dfrac{\rho}{2}\alpha^2\left[x^2+\dfrac{\nu}{\alpha}\left\{\phi\left(\sqrt{\dfrac{\alpha}{\nu}}y\right)^2+2\phi'\left(\sqrt{\dfrac{\alpha}{\nu}}y\right)\right\}\right]. \end{cases}$$

これは $\nu(>0)$ のすべての値に対して成り立つ解である．また，$\nu\to 0$ の極限では Euler の方程式の解に移行する(問題3)．

c) Navier-Stokes の方程式の書きかえ

粘性流体の運動を記述する方程式を前とは少しちがった形に書きかえてみよう．

まず，連続の方程式 (7.56) が成り立っているから，ベクトル解析の定理により，ベクトル・ポテンシャル $\boldsymbol{\Psi}$ が存在して

(7.85)
$$\boldsymbol{v}=\mathrm{rot}\,\boldsymbol{\Psi}$$

と書くことができる．以下では $\boldsymbol{\Psi}$ が

(7.86)
$$\mathrm{div}\,\boldsymbol{\Psi}=0$$

をみたす場合を考えることにしよう．つぎに，渦度を

(7.87)
$$\boldsymbol{\omega}=\mathrm{rot}\,\boldsymbol{v}$$

で定義すれば，ベクトル解析の公式により

$$\boldsymbol{\omega} = \mathrm{rot}\,\mathrm{rot}\,\boldsymbol{\Psi} = \mathrm{grad}\,\mathrm{div}\,\boldsymbol{\Psi} - \triangle\boldsymbol{\Psi} = -\triangle\boldsymbol{\Psi}$$

が導かれる．すなわち，速度のベクトル・ポテンシャルと渦度との間には

(7.88) $$\triangle\boldsymbol{\Psi} = -\boldsymbol{\omega}$$

という関係がある．

一方，Navier-Stokes の方程式 (7.63) をつぎのように書きかえることができる ((7.3) から (7.6) への変形を参照)：

$$\frac{\partial \boldsymbol{v}}{\partial t} = -\mathrm{grad}\left(p+\frac{1}{2}\boldsymbol{v}^2\right)+\boldsymbol{v}\times\mathrm{rot}\,\boldsymbol{v}+\frac{1}{R}\triangle\boldsymbol{v}.$$

両辺の rot をとれば，圧力 p が消えてつぎの式が得られる：

(7.89) $$\frac{\partial \boldsymbol{\omega}}{\partial t} = \mathrm{rot}\,(\boldsymbol{v}\times\boldsymbol{\omega})+\frac{1}{R}\triangle\boldsymbol{\omega} = (\boldsymbol{\omega}\cdot\nabla)\boldsymbol{v}-(\boldsymbol{v}\cdot\nabla)\boldsymbol{\omega}+\frac{1}{R}\triangle\boldsymbol{\omega}.$$

このように，粘性流体の運動を $\boldsymbol{\omega}$ と $\boldsymbol{\Psi}$ の場に対する方程式によって表わすことができる．すなわち，方程式 (7.89) に従って渦度 $\boldsymbol{\omega}$ が時間的に変化し，各時刻における $\boldsymbol{\omega}$ から方程式 (7.88) によってベクトル・ポテンシャル $\boldsymbol{\Psi}$ したがって速度 $\boldsymbol{v}$ がきまる，というふうに流体の運動をとらえることもできるのである．

特に 2 次元の場 $\boldsymbol{v}=(u(x, y, t), v(x, y, t), 0)$ については，$\partial\Psi/\partial x=-v$，$\partial\Psi/\partial y=u$ をみたすスカラー関数 $\Psi=\Psi(x, y, t)$ (流れの関数) を用いてベクトル・ポテンシャル $\boldsymbol{\Psi}=(0, 0, \Psi(x, y, t))$ をつくることができる (§7.1，問題1)．このときには $\boldsymbol{\omega}=(0, 0, \omega(x, y, t))$ となって，つぎの方程式が成り立つ：

(7.90) $$\triangle\Psi = -\omega,$$

(7.91) $$\frac{\partial\omega}{\partial t} = \frac{\partial(\Psi, \omega)}{\partial(x, y)}+\frac{1}{R}\triangle\omega.$$

ただし $\triangle=\partial^2/\partial x^2+\partial^2/\partial y^2$ である．

問　題

1 縮まない完全流体の渦なしの流れは，同時に粘性流体の流れにもなっている．すなわち，連続の方程式と Euler の方程式をみたし，rot $\boldsymbol{v}=0$ であるような速度場と圧力場は Navier-Stokes の方程式をもみたす．このことを証明せよ．

注意 完全流体の渦なしの流れがいつでも粘性流体の‘現実的な’流れを表わしているわけではない．境界条件がちがうからである．(完全流体では $v_n=u_n$，粘性流体では $\boldsymbol{v}=\boldsymbol{u}$,

後者の方が制限がきつい.) しかし，たとえば円柱座標で $v_r=0$, $v_\varphi=1/r$, $v_z=0$, $p=p_\infty-\rho/2r^2$ と表わされる完全流体の渦なしの場は，水あめの中で円柱形の箸を一定の角速度で回転したとき生ずる流れの場に境界条件まで含めて一致している (図 7.13).

2 静止した流体に接していた無限に広い平面壁を $t=0$ の瞬間にその面に平行に速さ U で動かし始め，その後同じ速さで動かし続けるときに生ずる流れの速度場は

$$u = U\left\{1-\mathrm{erf}\left(\frac{y}{2\sqrt{\nu t}}\right)\right\}$$

で与えられることを示せ (図 7.14).

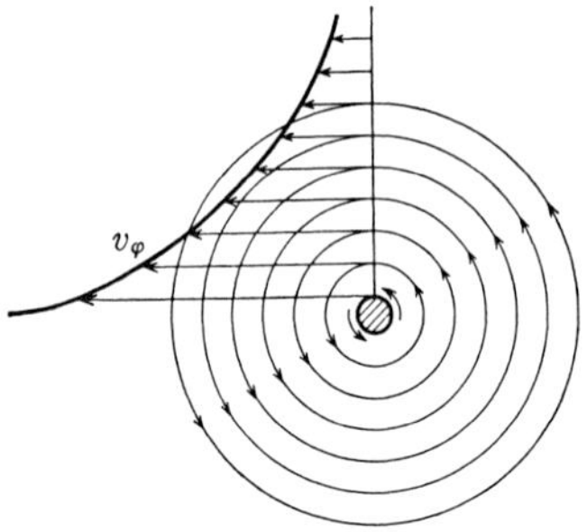

図 7.13

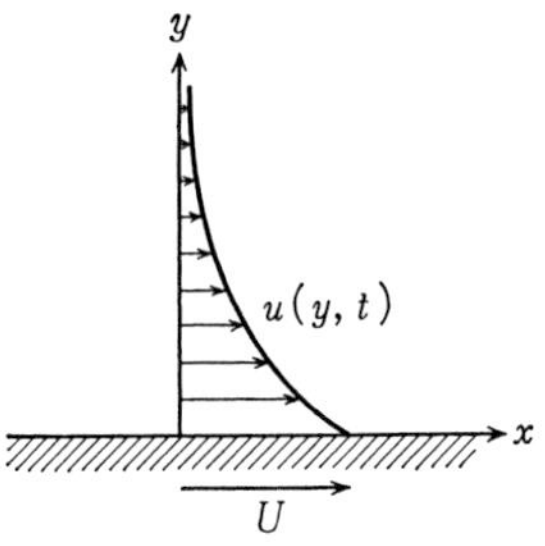

図 7.14

3 平面壁にあたる流れを表わす Navier-Stokes の方程式の解 (7.84) は，$\nu\to 0$ の極限で Euler の方程式の解 (227 ページ脚注) に漸近することを示せ.

[ヒント] $\nu\to 0$ とすれば $y\neq 0$ は $\eta\to\infty$ に対応する. $\eta\to\infty$ では $\phi'\sim 1$, $\phi\sim\eta$ である.

4 2次元の場を考える. 流れの関数 Ψ として，方程式

$$\frac{\partial^2\Psi}{\partial x^2}+\frac{\partial^2\Psi}{\partial y^2}=f(\Psi) \qquad (f\text{: 任意の関数})$$

をみたすものをとると，(7.91) の非線型項が恒等的に 0 となることを示せ. 特に

$$\Psi = e^{\sigma t}F(x, y), \qquad f(\Psi)=k\Psi \qquad (\sigma, k\text{: 定数})$$

ととったとき F がみたすべき方程式を導け. これから，Navier-Stokes の方程式の厳密解としてどんなものが得られるか. (たとえば $F=\cos\alpha x\cos\beta y$ が解を与えることを確かめ，流れの関数 Ψ と渦度 ω を求めよ. これは具体的にはどんな流れを表わしているか.)

第8章　連続体の力学における偏微分方程式(つづき)

この章では，粘性流体の Navier-Stokes の方程式に対する近似方程式である Stokes の方程式，Oseen の方程式，境界層の方程式について説明する．最後に弾性体，特に Hooke の法則に従う弾性体の力学に現われる方程式について述べ，連続体の力学における偏微分方程式の紹介を終える．

§8.1　Stokes の方程式と Oseen の方程式

この節では，§7.3 で述べた Navier-Stokes の方程式に含まれるパラメータの Reynolds 数が小さい場合——おそい流れ，スケールの小さい流れ，粘性の大きい流体などの場合——に近似的に成り立つ方程式について述べる．

a) Stokes の方程式

Navier-Stokes の方程式(7.63)は速度 $\boldsymbol{v}$ について非線型である．しかし(7.64)で定義される Reynolds 数 R が十分小さい場合には，左辺の非線型項$(\boldsymbol{v}\cdot\nabla)\boldsymbol{v}$を右辺の $(1/R)\triangle\boldsymbol{v}$ に比べて小さいとして無視し，(7.63) を線型方程式

$$\frac{\partial\boldsymbol{v}}{\partial t}=-\operatorname{grad}p+\frac{1}{R}\triangle\boldsymbol{v}$$

で近似することができる．もとの変数にもどせば，これは方程式(7.60)を

$$\frac{\partial\boldsymbol{v}}{\partial t}=-\frac{1}{\rho}\operatorname{grad}p+\nu\triangle\boldsymbol{v} \tag{8.1}$$

によって近似することに相当する．この方程式を **Stokes の方程式**という．粘性流体の運動の場を Navier-Stokes の方程式のかわりに Stokes の方程式を用いて扱う近似を **Stokes 近似**という．

方程式(8.1)の両辺の div をとり，連続の方程式 $\operatorname{div}\boldsymbol{v}=0$ を考慮すると

$$\triangle p=0 \tag{8.2}$$

を得る．すなわち，Stokes 近似においては圧力 p は調和関数である．また，同

じ方程式の両辺の rot をとり，渦度 $\boldsymbol{\omega}=\mathrm{rot}\,\boldsymbol{v}$ を用いて書きなおせば

$$\frac{\partial \boldsymbol{\omega}}{\partial t} = \nu \triangle \boldsymbol{\omega}. \tag{8.3}$$

すなわち，Stokes 近似においては，渦度は熱方程式に従って拡散する.

b）定常運動を表わす解

Stokes 近似の方程式の t に依存しない解を求めよう．(8.1) で $\partial \boldsymbol{v}/\partial t=0$ とおけば，連続の方程式とあわせてつぎの方程式系を得る：

$$\mu \triangle \boldsymbol{v} = \mathrm{grad}\, p, \qquad \mathrm{div}\, \boldsymbol{v} = 0. \tag{8.4}$$

速度 $\boldsymbol{v}$ を二つの部分に分けて

$$\boldsymbol{v} = \boldsymbol{v}_1 + \boldsymbol{v}_2$$

と書こう．ここで，$\boldsymbol{v}_1$ と $\boldsymbol{v}_2$ をそれぞれつぎの方程式の解となるように定めることができれば，上の $\boldsymbol{v}$ は (8.4) の解となる．すなわち，

$$\mu \triangle \boldsymbol{v}_1 = \mathrm{grad}\, p, \qquad \mathrm{div}\, \boldsymbol{v}_1 = 0, \tag{8.5}$$

$$\mu \triangle \boldsymbol{v}_2 = 0, \qquad \mathrm{div}\, \boldsymbol{v}_2 = 0. \tag{8.6}$$

方程式 (8.5) については，$\boldsymbol{\phi}$ を，Laplace の方程式

$$\triangle \boldsymbol{\phi} = 0$$

をみたす任意のベクトル関数とするとき，

$$\boldsymbol{v}_1 = \mathrm{grad}\,(\boldsymbol{r}\cdot\boldsymbol{\phi}) - 2\boldsymbol{\phi}, \tag{8.7}$$

$$p = 2\mu\, \mathrm{div}\, \boldsymbol{\phi} \tag{8.8}$$

とおけば，これが解となることが容易に確かめられる.

一方，同次方程式 (8.6) については，Laplace の方程式

$$\triangle \chi = 0, \qquad \triangle \boldsymbol{A} = 0$$

をみたす任意のスカラー関数 χ と任意のベクトル関数 $\boldsymbol{A}$ とを用いて，一般解を

$$\boldsymbol{v}_2 = \mathrm{grad}\, \chi + \mathrm{rot}\, \boldsymbol{A} \tag{8.9}$$

という形に書き表わすことができる.

例題 8.1 一様流の中に球を静止させておくときの流れの場を求めること.

半径 a の静止した球にあたる流れで，遠方において x 軸の正の方向に一様な流速 U をもつものを求めてみよう (図 8.1).

§7.1，問題 4 では，Euler の方程式について，静止した流体中を運動する球によってひきおこされる流れの場を求めた．そこでは渦なしの流れを扱っていた

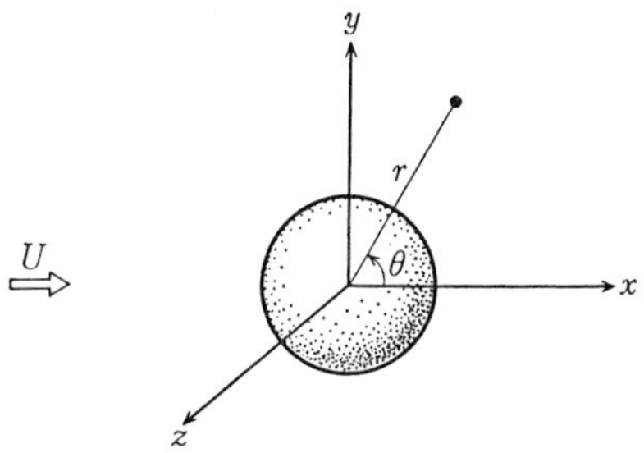

図 8.1

から，$\Phi \propto (\cos\theta)/r^2$ の形の速度ポテンシャルによって速度を $\boldsymbol{v}=\mathrm{grad}\,\Phi$ と表わすことができた．いま考えている問題では一様な流れがこれに加わるから，$\boldsymbol{v}_2$ を与える式(8.9)の中の関数 χ として，こころみにつぎのものをとってみる：

$$\chi = Ux + A\frac{\cos\theta}{r^2} \qquad (A:\ 定数).$$

χ が調和関数であることは明らかであろう．つぎに，$\boldsymbol{v}_1$ を与える式(8.7)の中の関数 $\boldsymbol{\phi}$ として，天下りではあるが

$$\boldsymbol{\phi} = \frac{1}{r}\boldsymbol{e}_x$$

をとる($\boldsymbol{e}_x$ は x 軸方向の単位ベクトル)．$\boldsymbol{\phi}$ も調和関数である．これらを用いて

$$\boldsymbol{v} = \mathrm{grad}\,\chi + B\{\mathrm{grad}\,(\boldsymbol{r}\cdot\boldsymbol{\phi}) - 2\boldsymbol{\phi}\} \qquad (B:\ 定数), \tag{8.10}$$

$$p = 2\mu B\,\mathrm{div}\,\boldsymbol{\phi} \tag{8.11}$$

とおけば，これは方程式(8.4)をみたし，流速は $r\to\infty$ での条件 $\boldsymbol{v}\to U\boldsymbol{e}_x$ をみたしている．問題は，定数 A と B を適当に選んで，球面 $r=a$ での境界条件を満足させることができるかどうかである．

まずつぎの式が成り立つ：

$$\mathrm{grad}\,\chi = U\,\mathrm{grad}(r\cos\theta) + A\,\mathrm{grad}\left(\frac{\cos\theta}{r^2}\right),$$

$$\mathrm{grad}\,(\boldsymbol{r}\cdot\boldsymbol{\phi}) - 2\boldsymbol{\phi} = \mathrm{grad}(\cos\theta) - \frac{2}{r}\boldsymbol{e}_x.$$

それゆえ，流速 $\boldsymbol{v}$ の極座標成分は

$$\begin{cases} v_r = \left(U - \dfrac{2A}{r^3}\right)\cos\theta - \dfrac{2B}{r}\cos\theta, \\ v_\theta = -\left(U + \dfrac{A}{r^3}\right)\sin\theta + \dfrac{B}{r}\sin\theta, \\ v_\varphi = 0 \end{cases}$$

であることがわかる．したがって，境界条件 $\boldsymbol{v}|_{r=a}=0$ はつぎのようになる：

$$U - \frac{2A}{a^3} - \frac{2B}{a} = 0, \qquad -U - \frac{A}{a^3} + \frac{B}{a} = 0.$$

これは $A=-Ua^3/4$, $B=3Ua/4$ と選べばみたされるから，求める速度場は

$$\begin{cases} v_r = U\left(1 - \dfrac{3}{2}\dfrac{a}{r} + \dfrac{1}{2}\dfrac{a^3}{r^3}\right)\cos\theta, \\ v_\theta = -U\left(1 - \dfrac{3}{4}\dfrac{a}{r} - \dfrac{1}{4}\dfrac{a^3}{r^3}\right)\sin\theta, \\ v_\varphi = 0 \end{cases} \tag{8.12}$$

で与えられる．対応する圧力場は (8.11) によりつぎのようになる：

$$p = 2\mu B\,\mathrm{div}\,\boldsymbol{\phi} = -\frac{3}{2}\mu Ua\frac{\cos\theta}{r^2}. \tag{8.13}$$

ついでに球が流体から受ける力を計算してみよう．応力とひずみ速度の関係は，(7.58) によって，直角座標成分については

$$p_{ij} = -p\delta_{ij} + 2\mu e_{ij}, \qquad e_{ij} = \frac{1}{2}\left(\frac{\partial v_i}{\partial x_j} + \frac{\partial v_j}{\partial x_i}\right)$$

で与えられる．これは，極座標成分で書くと

$$p_{rr} = -p + 2\mu e_{rr}, \qquad e_{rr} = \frac{\partial v_r}{\partial r},$$

$$p_{r\theta} = 2\mu e_{r\theta}, \qquad e_{r\theta} = \frac{1}{2}\left\{r\frac{\partial}{\partial r}\left(\frac{v_\theta}{r}\right) + \frac{1}{r}\frac{\partial v_r}{\partial \theta}\right\},$$

などとなる．場の対称性から，球が受ける力は x 成分だけしかもたないことは明らかである．その大きさ F は，解 (8.12), (8.13) から単純な計算によってつぎのようになることが示される (図 8.2)：

$$\begin{aligned} F &= \int_{\theta=0}^{\pi} p_{rr}\cos\theta dS - \int_{\theta=0}^{\pi} p_{r\theta}\sin\theta dS \\ &= 2\pi\mu aU + 4\pi\mu aU = 6\pi\mu aU. \end{aligned} \tag{8.14}$$

これは，粘性流体の流れの中におかれた球(あるいは，静止した粘性流体中を動く球)が受ける力に関して，Reynolds 数 $\rho Ua/\mu$ が非常に小さい場合に成り立つ公式で，**Stokes の抵抗法則**とよばれている．

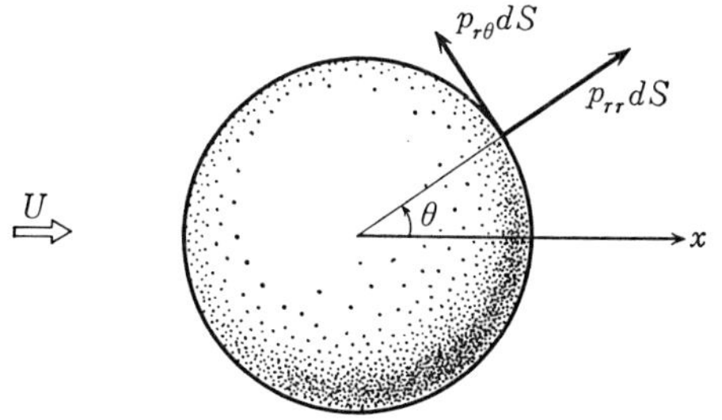

図 8.2

c) 2次元の定常問題

§7.3, c) の最後に述べたように，2次元運動の速度場 $\boldsymbol{v}=(u(x,y), v(x,y), 0)$ は，流れの関数 $\Psi=\Psi(x,y)$ によって

$$u=\frac{\partial\Psi}{\partial y},\qquad v=-\frac{\partial\Psi}{\partial x} \tag{8.15}$$

と表わされる．このとき渦度は $\boldsymbol{\omega}=(0,0,\omega(x,y))$ となり，ω と Ψ の間には

$$\omega=-\triangle\Psi,\qquad \triangle=\frac{\partial^2}{\partial x^2}+\frac{\partial^2}{\partial y^2} \tag{8.16}$$

の関係がある．

定常運動を記述する Stokes の方程式は，(8.3) で $\partial\omega/\partial t=0$ とおいて

$$\triangle\omega=0$$

となるから，これに (8.16) を代入すれば，Ψ は**重調和方程式**

$$\triangle\triangle\Psi=0 \tag{8.17}$$

をみたすことがわかる．すなわち，流れの関数は**重調和関数**でなければならない．そして，Ψ は，たとえば固定境界上で速度が0になるという条件

$$\Psi=\text{const},\qquad \frac{\partial\Psi}{\partial n}=0\qquad (\text{境界上}) \tag{8.18}$$

からきまる．

重調和方程式 (8.17) の境界値問題はたとえば変数分離の方法によって解くこ

とができるが，具体的な計算は節末の問題にゆずることにして，ここでは複素関数論を用いる解法について説明しよう．

§7.2で行なったように，$x+iy=z$，$x-iy=\bar{z}$ とおいて独立変数を (x, y) から $(z, \bar{z})$ にかえると，複素速度と渦度はそれぞれ

(8.19) $$w \equiv u-iv = 2i\frac{\partial \Psi}{\partial z},$$

(8.20) $$\omega = 2i\frac{\partial w}{\partial \bar{z}}$$

と書けることが容易にわかる．一方，(8.4)の第1式は

$$\frac{\partial p}{\partial x} = -\mu\frac{\partial \omega}{\partial y}, \quad \frac{\partial p}{\partial y} = \mu\frac{\partial \omega}{\partial x}$$

と書くことができる．これは Cauchy-Riemann の方程式と見ることができて，$p-i\mu\omega$ が $z=x+iy$ の解析関数であることを示している．そこで

(8.21) $$p-i\mu\omega = f_1(z)$$

と書くことにしよう．$f_1(z)$ は z の任意の解析関数である．

式(8.21)の両辺の虚部をとれば，渦度は

$$\omega = -\frac{1}{\mu}\,\mathrm{Im}\,\{f_1(z)\} = \frac{i}{2\mu}\{f_1(z)-\bar{f}_1(\bar{z})\},$$

これを(8.20)に代入して $\bar{z}$ について積分すれば，複素速度は

$$w = \frac{1}{4\mu}\{\bar{z}f_1(z)-\int\bar{f}_1(\bar{z})\,d\bar{z}+f_2(z)\}$$

と表わされる($f_2(z)$ は z の任意の解析関数)．さらにこれを(8.19)に代入して z について積分し，Ψ が実数値関数であることを考慮すると，

$$\Psi = \frac{1}{4\mu}\,\mathrm{Im}\left\{\bar{z}\int f_1(z)\,dz+\frac{1}{2}\left(\int f_2(z)\,dz+f_3(z)\right)\right\}$$

が得られる．そこであらためて

$$\frac{1}{4\mu}\int f_1(z)\,dz = f(z), \quad \frac{1}{8\mu}\left(\int f_2(z)\,dz+f_3(z)\right) = g(z)$$

とおけば，流れの関数の一般形として

(8.22) $$\Psi = \mathrm{Im}\,\{\bar{z}f(z)+g(z)\}$$

が得られる．ここで $f(z)$ と $g(z)$ は領域の内部に特異点をもたない z の任意の解

析関数である．$f(z)$ と $g(z)$ を用いれば，複素速度，渦度，圧力はそれぞれ

(8.23) $$w = \bar{z}f'(z) - \bar{f}(\bar{z}) + g'(z),$$

(8.24) $$\omega = -4\,\mathrm{Im}\,\{f'(z)\},$$

(8.25) $$p = 4\mu\,\mathrm{Re}\,\{f'(z)\}$$

と書き表わされる．与えられた境界条件をみたすように関数 f と g を定めることができれば，重調和方程式 (8.17) の境界値問題が解けたことになる．

例題 8.2 単位円周に沿って速度 $\boldsymbol{v}=(v_r, v_\theta)=(0, \cos\theta)$ を与えたときその内部におこる流れの場を，複素表示を用いて求めること．

流れの関数を $\Psi=\Psi(r, \theta)$ とすれば，Ψ は境界条件

$$\Psi|_{r=1} = 0, \qquad \left.\frac{\partial \Psi}{\partial r}\right|_{r=1} = -\cos\theta \qquad (0 \leqq \theta < 2\pi)$$

をみたす重調和関数である．第1の条件を考慮してつぎのようにおいてみよう：

(8.26) $$\Psi = (1-z\bar{z})\{F(z) + \bar{F}(\bar{z})\}.$$

ただし $z=re^{i\theta}$，$\bar{z}=re^{-i\theta}$ で，F は z の解析関数とする．第2の境界条件は，

$$\frac{\partial \Psi}{\partial r} = \frac{\partial \Psi}{\partial z}\frac{\partial z}{\partial r} + \frac{\partial \Psi}{\partial \bar{z}}\frac{\partial \bar{z}}{\partial r} = \frac{\partial \Psi}{\partial z}e^{i\theta} + \frac{\partial \Psi}{\partial \bar{z}}e^{-i\theta}$$

の関係によりつぎのように書かれる：

$$\left.\frac{\partial \Psi}{\partial r}\right|_{r=1} = \left.\left(\frac{\partial \Psi}{\partial z}z + \frac{\partial \Psi}{\partial \bar{z}}\bar{z}\right)\right|_{z\bar{z}=1} = -\cos\theta = -\frac{1}{2}(z+\bar{z})|_{z\bar{z}=1}.$$

これに (8.26) を代入して整理すれば

$$\{F(z) + \bar{F}(\bar{z})\}|_{z\bar{z}=1} = \frac{1}{4}(z+\bar{z})|_{z\bar{z}=1}$$

となる．この条件は $F(z)=z/4$ ととればみたされる．したがって，求める解は

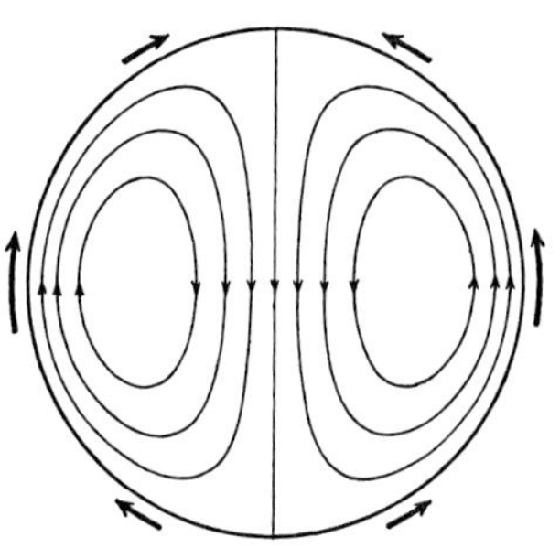

図 8.3

$$\Psi=\frac{1}{4}(1-z\bar{z})(z+\bar{z})=\frac{1}{2}r(1-r^2)\cos\theta.$$

これは図8.3に示すような流線をもつ場を表わす．Ψ を (8.22) の形に書けば $f=-iz^2/2$, $g=iz/2$ であるから，複素速度，渦度，圧力は (8.23)-(8.25) により

$$w=\frac{i}{2}(1-2z\bar{z}-\bar{z}^2),\qquad \omega=4r\cos\theta,\qquad p=4\mu r\sin\theta$$

で与えられる．速度成分はつぎのように計算される：

$$v_r=\frac{1}{r}\frac{\partial\Psi}{\partial\theta}=-\frac{1}{2}(1-r^2)\sin\theta,\qquad v_\theta=-\frac{\partial\Psi}{\partial r}=\frac{1}{2}(1-3r^2)\cos\theta.$$

d) Stokes のパラドックス

例題8.1 (232ページ) で扱った問題を2次元の場合に考えてみよう．すなわち，$r=\sqrt{x^2+y^2}>a$ において Stokes の方程式と連続の方程式をみたし，$r\to\infty$ で $\boldsymbol{v}\to U\boldsymbol{e}_x$, $r=a$ で $\boldsymbol{v}=0$ となるような2次元の場はどのようなものであろうか．

流れの関数 Ψ を (8.22) と書いたとすれば，複素速度 w は (8.23) で与えられる．w は $|z|>a$ で1価連続であるから，関数 $f(z), g'(z)$ はともに $|z|>a$ で1価正則でなければならない．それゆえ，これらの関数は $|z|>a$ で z に関する Laurent 級数に展開されるはずである．しかも w は $z\to\infty$ で有界であるから，級数はそれぞれつぎの形をもつであろう：

$$f(z)=f_1z+f_0+\frac{f_{-1}}{z}+\frac{f_{-2}}{z^2}+\cdots,\qquad f'(z)=f_1-\frac{f_{-1}}{z^2}-\frac{2f_{-2}}{z^3}-\cdots,$$

$$g'(z)=g_0+\frac{g_{-1}}{z}+\frac{g_{-2}}{z^2}+\cdots.$$

したがって，(8.23)により

$$w=(f_1-\bar{f}_1)\bar{z}-f_{-1}\frac{\bar{z}}{z^2}-2f_{-2}\frac{\bar{z}}{z^3}-\cdots-\bar{f}_0-\bar{f}_{-1}\frac{1}{\bar{z}}-\bar{f}_{-2}\frac{1}{\bar{z}^2}-\cdots$$
$$+g_0+g_{-1}\frac{1}{z}+g_{-2}\frac{1}{z^2}+\cdots. \tag{8.27}$$

$z\to\infty$ で $w\to U$ であることから $f_1-\bar{f}_1=0$, $-\bar{f}_0+g_0=U$ の関係がある．

つぎに半径 a の円周の上を考えよう．$z=ae^{i\theta}$ とおけば

$$w|_{r=a}=U-\frac{f_{-1}}{a}e^{-3i\theta}-\frac{2f_{-2}}{a^2}e^{-4i\theta}-\cdots-\frac{\bar{f}_{-1}}{a}e^{i\theta}-\frac{\bar{f}_{-2}}{a^2}e^{2i\theta}-\cdots$$

$$+\frac{g_{-1}}{a}e^{-i\theta}+\frac{g_{-2}}{a^2}e^{-2i\theta}+\cdots$$

である．これが θ の値によらず 0 となるためには

$$U=0, \quad f_{-1}=f_{-2}=\cdots=0, \quad g_{-1}=g_{-2}=\cdots=0$$

でなければならない．ところが，そうすると (8.27) により $w\equiv 0$ となる．つまり，円周を境界とする物体にあたり，無限遠では 0 と異なる一様な速度をもつ 2 次元の場を表わすような Stokes 近似の方程式の解は存在しないことが示されたわけである．実は，このことは物体が有限の大きさのものであれば，形が円でなくても一般に成り立つ．この事実は **Stokes のパラドックス**とよばれている．

注意 3 次元 (球のまわりの流れ) ではこのようなことはなかった．しかし，近似を高めようとして Stokes 近似の解 (8.12) を Navier-Stokes の方程式の非線型項に代入し，これを摂動として解こうとすると，境界条件をみたす解が存在しないという事態にぶつかる (**Whitehead のパラドックス**)．

e) Oseen の方程式

例題 8.1 のような，無限遠で (小さいが 0 でない) 一様な速度をもつ場を扱う場合には，Stokes 近似を用いるよりも，Navier-Stokes の方程式をつぎのように近似する方が合理的である．すなわち，速度を

$$\boldsymbol{v}=U\boldsymbol{e}_x+\boldsymbol{u}$$

と書いたとすると，領域の大部分で $|\boldsymbol{u}|\ll U$ が成り立つと考えてよいであろう．Navier-Stokes の方程式の非線型項は

$$(\boldsymbol{v}\cdot\nabla)\boldsymbol{v}=U\frac{\partial \boldsymbol{v}}{\partial x}+(\boldsymbol{u}\cdot\nabla)\boldsymbol{v}$$

と書けるから，これを近似的に $U\partial\boldsymbol{v}/\partial x$ でおきかえることができる．こうして，

$$\frac{\partial \boldsymbol{v}}{\partial t}+U\frac{\partial \boldsymbol{v}}{\partial x}=-\frac{1}{\rho}\,\mathrm{grad}\,p+\nu\triangle\boldsymbol{v} \tag{8.28}$$

という方程式が得られる．これを **Oseen の方程式**という．また，Oseen の方程式と連続の方程式をもとにして粘性流体の場を扱う近似を **Oseen 近似**という．

Oseen 近似の方程式とその解についてのごく基本的なことがらだけを以下に述べよう．

まず，Stokes の方程式に対して行なったのと同様にして，Oseen 近似では

$$\triangle p=0, \tag{8.29}$$

(8.30)
$$\frac{\partial \boldsymbol{\omega}}{\partial t}+U\frac{\partial \boldsymbol{\omega}}{\partial x}=\nu\triangle\boldsymbol{\omega}$$

が成り立つことを容易に示すことができる．すなわち，p は Stokes 近似の場合と同様に調和関数であるが，$\boldsymbol{\omega}$ は流速 U で‘流されながら’拡散する．

特に定常な場では，渦度はつぎの方程式をみたす:

(8.31)
$$\left(\triangle-2k\frac{\partial}{\partial x}\right)\boldsymbol{\omega}=0,\qquad k=\frac{U}{2\nu}.$$

さて，定常な場の $\boldsymbol{\omega}$ の各直角座標成分がみたす方程式

$$\left(\triangle-2k\frac{\partial}{\partial x}\right)\chi=0$$

を考えよう．$\chi=\Omega e^{kx}$ とおくと，$\Omega=\Omega(x, y, z)$ は Helmholtz の方程式

$$(\triangle-k^2)\Omega=0$$

の解であることがわかる．この方程式の基本解は

$$\Omega_e=-\frac{1}{4\pi}\frac{e^{-kr}}{r}$$

である(基本解の定義については第I分冊81ページを見よ)．したがって，方程式(8.30)の各成分方程式の基本解はつぎの関数で与えられる:

$$\omega_e=-\frac{1}{4\pi}\frac{1}{r}e^{-k(r-x)}.$$

なお，方程式

$$\left(\triangle-2k\frac{\partial}{\partial x}\right)\boldsymbol{\chi}=0,\qquad \triangle\boldsymbol{\phi}=0$$

をみたす任意のベクトル関数 $\boldsymbol{\chi}, \boldsymbol{\phi}$ を用いると，Oseen 近似の方程式の t に依存しない解がつぎの形に表わされることを示すことができる:

(8.32)
$$\begin{cases} \boldsymbol{v}=\mathrm{rot}\,\mathrm{rot}\,(\boldsymbol{\chi}-\boldsymbol{\phi}), \qquad p=\rho U\dfrac{\partial}{\partial x}\mathrm{div}\,\boldsymbol{\phi}, \\ \boldsymbol{\omega}=-2k\dfrac{\partial}{\partial x}\mathrm{rot}\,\boldsymbol{\chi}. \end{cases}$$

問　題

1　領域 $\Omega=\{(x, y)\,|\,-\infty<x<\infty,\ -1\leqq y\leqq 1\}$ において，$f=-z^2/4$, $g=z+z^3/12$ で与え

られる場 (8.22) はどのような流れを表わすか．これは Stokes の方程式の解であると同時に Navier–Stokes の方程式の解でもあることを示せ．

2 2次元の重調和方程式 $\triangle\triangle u=0$ は，複素変数 $z, \bar{z}$ を用いれば $\partial^4 u/\partial z^2\partial\bar{z}^2=0$ と書くことができることを示せ．つぎに，この方程式を順次積分することにより，実の重調和関数の一般形 $u=\mathrm{Re}\,\{\bar{z}F(z)+G(z)\}$ を導け．ここで $F(z)$ と $G(z)$ は z の任意の解析関数である．($F=-if,\ G=-ig$ とおけば (8.22) の表式が得られる.)

3 2次元の重調和関数 $u=u(r,\theta)$ でドーナツ形領域 $D=\{(r,\theta)\mid R_1\leqq r\leqq R_2,\ 0\leqq\theta<2\pi\}$ で正則なものは，つぎの形に Fourier 展開される：

$$u=\frac{1}{2}a_0(r)+\sum_{n=1}^{\infty}\{a_n(r)\cos n\theta+b_n(r)\sin n\theta\}.$$

関数 $a_0(r), a_1(r), b_1(r), \cdots$ の一般形を求めよ．

4 2次元の重調和方程式 $\triangle\triangle\Psi=0\ (r<1)$ を，境界条件 $\Psi=0,\ \partial\Psi/\partial r=-(1+\cos\theta)/2\ (r=1)$ のもとに解け．変数分離の方法(前問)と複素表示の方法(例題8.2, 237ページ)の両方で解き，結果を比べてみよ．Ψ を流れの関数と解釈した場合には，流速の成分および渦度はどうなるか．これはどのような流れを表わしているか．

答 **1** $(u,v)=(1-y^2,0)$ (平面 Poiseuille 流)．**3** $a_0(r)$：$1,\ \log r,\ r^2,\ r^2\log r$ の線型結合；$a_1(r), b_1(r)$：$1/r,\ r,\ r\log r,\ r^3$ の線型結合；$a_n(r), b_n(r)\ (n\geqq 2)$：$1/r^n,\ 1/r^{n-2},\ r^n,\ r^{n+2}$ の線型結合．**4** $\Psi=(1-r^2)(1+r\cos\theta)/4=(1-z\bar{z})(2+z+\bar{z})/8$；$v_r=(1/r)\partial\Psi/\partial\theta=-(1-r^2)(\sin\theta)/4,\quad v_\theta=-\partial\Psi/\partial r=\{2r-(1-3r^2)\cos\theta\}/4,\quad w=i(1-2\bar{z}-2z\bar{z}-\bar{z}^2)/4$；$\omega=1+2r\cos\theta=1+z+\bar{z}$；図8.4のような流れ．

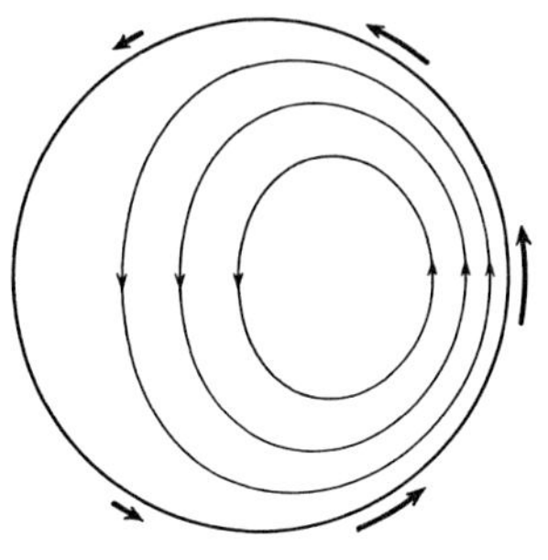

図8.4

§8.2 境界層の方程式

Navier–Stokes の方程式の近似として，前節では Stokes および Oseen の方程式について述べた．これは粘性の大きい場合に有効な近似である．この節ではその逆の，粘性が小さい場合の近似である境界層の方程式について述べる．

a) 粘性の小さい極限; 境界層

§7.3, b) (2) では，平面壁に垂直にあたって分岐する2次元の流れを表わす Navier-Stokes の方程式の解を導いた:

$$\text{(8.33)}\qquad \begin{cases} u=\alpha x\phi'(\eta), \qquad v=-\sqrt{\alpha\nu}\,\phi(\eta), \\ p=p_0-\dfrac{\rho}{2}\alpha^2\left[x^2+\dfrac{\nu}{\alpha}\{\phi(\eta)^2+2\phi'(\eta)\}\right]. \end{cases}$$

α は正の定数，p_0 は定数である．また，$\phi(\eta)$ は常微分方程式の境界値問題

$$\text{(8.34)}\qquad \phi'''+\phi\phi''-\phi'^2+1=0,$$

$$\text{(8.35)}\qquad \phi(0)=0, \qquad \phi'(0)=0, \qquad \phi'(\infty)=1$$

の解であって，

$$\text{(8.36)}\qquad \eta=\sqrt{\frac{\alpha}{\nu}}\,y$$

である．

この解で ν が非常に小さい場合を考えてみよう．壁面のごく近く $(y\doteqdot 0)$ を除けば変数 η の値は事実上 ∞ であるから，(8.35) の最後の条件によって $\phi'(\eta)\sim 1$，したがって $\phi(\eta)\sim\eta$ とおくことができる．すなわち，$y\doteqdot 0$ を除く領域で場は近似的につぎのように表わされる:

$$\text{(8.37)}\qquad \begin{cases} u\doteqdot\alpha x, \qquad v\doteqdot -\alpha y, \\ p\doteqdot p_0-\dfrac{\rho}{2}\alpha^2(x^2+y^2). \end{cases}$$

右辺はちょうど Euler の方程式の解になっている (§7.3，問題3)．これから，ν が小さい場合には，Navier-Stokes の方程式を解くかわりに，$\nu=0$ とおいた Euler の方程式を解けばよさそうに思われる．しかし事情はそれほど簡単ではない．というのは，Euler の方程式の解としてきまる場 (8.37) は $y=0$ で $\boldsymbol{v}=0$ という粘着の境界条件をみたしていないからである．つまり，(8.37) は領域のほとんど大部分で成り立つが，境界 $y=0$ のごく近くの狭い領域の状況は正しく表わしていない．一方，この領域のことがわからないと，壁面が流体から受ける力という力学的に最も重要な量を知ることができないから，流体力学の立場からは Euler の方程式だけですますわけにはいかない．

一般に，固定した境界が存在する流れでは，ν の値がいかに小さくても，$\nu=0$

とおいた方程式では近似できない領域が境界の近くに現われる．この領域を**境界層**とよぶ．境界層の厚さは，η と y の間の関係 (8.36) から見て $\sqrt{\nu}$ に比例することが予想される．

b）特異摂動問題

ν が小さい場合には，上に述べたように，全領域にわたってただ一つの方程式だけで場を近似することはできない．これは，Navier-Stokes の方程式の中の最高階の導関数に ν がかかっているために，$\nu=0$ とおくと方程式の階数がさがり，その結果かならずしもすべての境界条件を満足させることができなくなることに起因している．この事情をもう少しはっきり見るために，しばらく流体の方程式を離れて，小さいパラメータを含むもっと簡単な問題について考えてみる．

つぎのような 2 階常微分方程式の境界値問題を考えよう：

$$\varepsilon\frac{d^2u}{dx^2}+\frac{du}{dx}=a \qquad (0<x<1), \tag{8.38}$$

$$u(0)=0, \qquad u(1)=1. \tag{8.39}$$

ここで ε は小さい正の定数，a は 1 に等しくない定数とする．この問題の解は

$$u=(1-a)\frac{1-\exp(-x/\varepsilon)}{1-\exp(-1/\varepsilon)}+ax \tag{8.40}$$

である (図 8.5)．ε を小さいとしているから，グラフは x の変域の大部分でほとんど直線であって，$x=O(\varepsilon)$ の短い区間だけに‘境界層’ができていることに注意されたい．しかし，さしあたっては解の具体形 (8.40) を知らないものとしよう．ただ $x=0$ の近傍に境界層が存在するということだけがわかっているとして，x

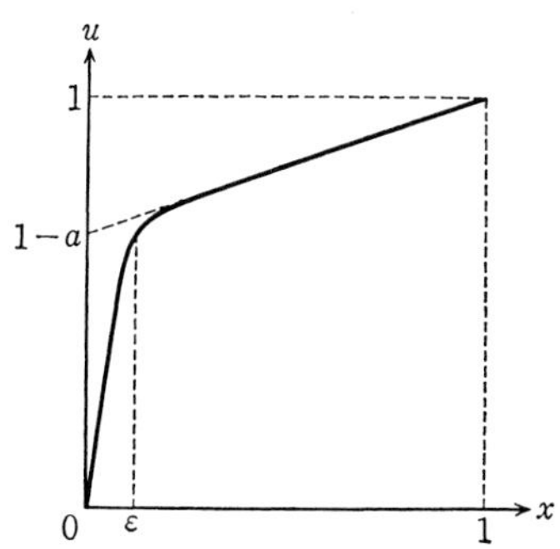

図 8.5

の全変域にわたって成り立つ近似解を見いだすことを考える．

まず，ε を小さいとして方程式 (8.38) でいきなり $\varepsilon=0$ とおいたらどうなるだろうか．このときには $du/dx=a$ となるが，これは1階の方程式であるから2個の境界条件 (8.39) を満足させることはできない．すなわち，はじめの問題を解くのに，通常の摂動法の手順にしたがって u を

$$u=u_0(x)+\varepsilon u_1(x)+\cdots$$

のように展開して $u_0(x), u_1(x), \cdots$ を逐次に定めていこうとすると，まず最初のところでつまづいてしまう．

この困難を避けるには，$x=0$ の近傍を拡大して調べることが必要になる．しかしその前に，境界層の外部から解いていこう．そこではたとえ ε が小さくても d^2u/dx^2 が特に大きくなることはないと考えて，(8.38) で ε を 0 とおき，u の近似という意味で u の代りに $\tilde{u}$ と書いて得られる境界値問題を考える：

$$\frac{d\tilde{u}}{dx}=a, \qquad \tilde{u}(1)=1.$$

境界条件として (8.39) の中の $x=1$ での条件をとるのは，境界層が $x=0$ の方の端にあることを仮定しているからである (問題1を見よ)．これは簡単に解ける：

$$\tilde{u}=(1-a)+ax. \tag{8.41}$$

さて，この解で $x=0$ とおくと

$$\tilde{u}(0)=1-a \tag{8.42}$$

となる．$a\neq 1$ の仮定によってこれは 0 でないから，はじめの問題の境界条件 $u(0)=0$ をみたしていない．したがって，$x=0$ の近傍で (8.41) を近似解として採用するわけにはいかない．それではこの解は役に立たないかというとそうではない．つぎのステップとして境界層の内部で方程式を解く際に，(8.42) の $\tilde{u}(0)$ の値が一方の境界値として有効に用いられるのである．

今度は境界層の内部を調べるために，新しい独立変数 $\xi=x/\varepsilon$ を導入して境界層の部分を拡大し，$v(\xi)\equiv u(\varepsilon\xi)$ によって関数 v を定義すると，はじめの問題はつぎのように書きかえられる：

$$\frac{d^2v}{d\xi^2}+\frac{dv}{d\xi}=\varepsilon a, \tag{8.43}$$

$$v(0)=0,\qquad v\left(\frac{1}{\varepsilon}\right)=1. \tag{8.44}$$

境界層の内部での近似解を求めよう．そのために，方程式(8.43)で $\varepsilon=0$ とおき，v の代りに $\tilde{v}$ と書けば，

$$\frac{d^2\tilde{v}}{d\xi^2}+\frac{d\tilde{v}}{d\xi}=0.$$

$\tilde{v}$ に対しては境界条件

$$\tilde{v}(0)=0,\qquad \tilde{v}(\infty)=\tilde{u}(0)=1-a$$

を課す．この問題の解は次式で与えられる：

$$\tilde{v}=(1-a)\{1-\exp(-\xi)\}. \tag{8.45}$$

さて，はじめの問題の厳密解(8.40)において，$x\ (>0)$ を固定した上で $\varepsilon\to 0$ の極限をとれば $u\to(1-a)+ax$ となり，x/ε を固定した上で $\varepsilon\to 0$ の極限をとれば $u\to(1-a)\{1-\exp(-x/\varepsilon)\}$ となる．この結果を(8.41)，(8.45)と比べてみると，領域を境界層の外と内とに分けて別々に求めた $\tilde{u}(x)\ (x\gtrsim\varepsilon)$ と $\tilde{v}(\xi)\ (\xi\lesssim 1)$ とは，あわせてもとの問題の解の近似になっていることがわかる(図8.6)．

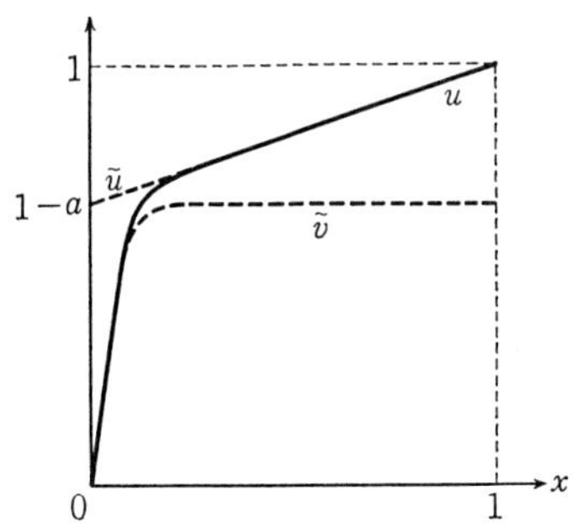

図 8.6

注意 関数 $\tilde{v}$ に対する境界条件の一つとして，(8.44)で $\varepsilon\to 0$ として得られる $\tilde{v}(\infty)=1$ を用いたとすると正しい近似解が得られない．境界層の外縁というのは，‘内部変数’ ξ については $\xi=\infty$ が，‘外部変数’ x については $x=0$ がそれぞれ対応していると考えなくてはならないのである．

c) 境界層の方程式

b)で簡単な常微分方程式の例について述べた手法にならって，ここでは特に平面壁に沿う2次元的な流れの場(図8.7)について境界層の方程式を導き，この偏

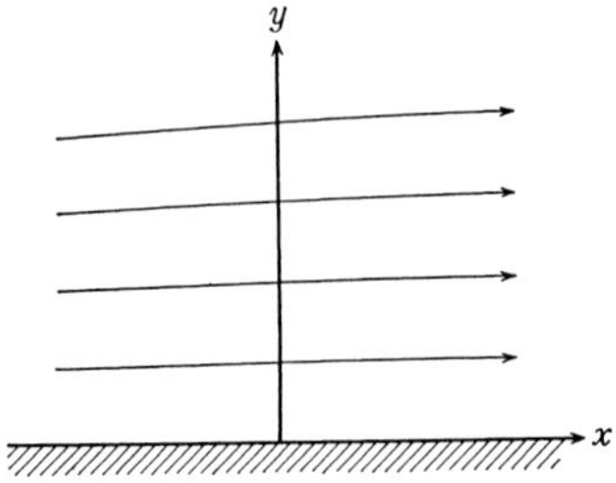

図8.7

微分方程式の境界値問題を扱う手順を説明する.

壁面に沿って流速の方向に x 軸，それに垂直に y 軸をとると，方程式

(8.46)
$$\frac{\partial u}{\partial x}+\frac{\partial v}{\partial y}=0,$$

(8.47)
$$\frac{\partial u}{\partial t}+u\frac{\partial u}{\partial x}+v\frac{\partial u}{\partial y}=-\frac{1}{\rho}\frac{\partial p}{\partial x}+\nu\left(\frac{\partial^2 u}{\partial x^2}+\frac{\partial^2 u}{\partial y^2}\right),$$

(8.48)
$$\frac{\partial v}{\partial t}+u\frac{\partial v}{\partial x}+v\frac{\partial v}{\partial y}=-\frac{1}{\rho}\frac{\partial p}{\partial y}+\nu\left(\frac{\partial^2 v}{\partial x^2}+\frac{\partial^2 v}{\partial y^2}\right)$$

が成り立つ．壁面での境界条件は

$$y=0:\quad u=0,\ v=0$$

である.

さて，a) で見た Navier-Stokes の方程式の厳密解の $\nu\to 0$ でのふるまいからの類推によって，壁面の近くに薄い境界層ができていると仮定しよう．その厚さを δ と書くことにする．すなわち，速度や圧力の変化が，t と x に関してはゆるやかであるが，y に関しては $y=0$ の近傍のきわめて短い距離 δ の範囲だけで大きくおこっていると仮定する.

まず，連続の方程式 (8.46) を積分して

(8.49)
$$v=-\int_0^y \frac{\partial u}{\partial x}dy$$

と書いてみる．$u=O(1)$ とすれば，上に述べたことにより $\partial u/\partial x=O(1)$ であるから，境界層の内部 $y=O(\delta)$ では (8.49) により

$$v=O(\delta)$$

が成り立つことがわかる．つぎに，$u=O(1)$，$v=O(\delta)$，$\partial/\partial t=O(1)$，$\partial/\partial x=$

$O(1)$, $\partial/\partial y = O(1/\delta)$ を Navier-Stokes の方程式の x 成分 (8.47) に代入すると,

$$O(1)+O(1)+O(1) = O(1)+\nu\left\{O(1)+O\left(\frac{1}{\delta^2}\right)\right\}$$

という形の式が得られる．左辺はまとめて $O(1)$ である．また，$\delta \ll 1$ と仮定しているから右辺の括弧内はまとめて $O(1/\delta^2)$ である．したがって

$$O(1) = \nu O\left(\frac{1}{\delta^2}\right)$$

が成り立たなくてはならない．これから，δ と ν の間には

$$\delta = O(\sqrt{\nu}) \tag{8.50}$$

という関係があることがわかる[1)]．これは a) の最後に述べた予想を裏書きしている．それゆえ，Navier-Stokes の方程式 (8.47) は $O(\delta^2)$ を無視する近似で

$$\frac{\partial u}{\partial t}+u\frac{\partial u}{\partial x}+v\frac{\partial u}{\partial y} = -\frac{1}{\rho}\frac{\partial p}{\partial x}+\nu\frac{\partial^2 u}{\partial y^2} \tag{8.51}$$

と書くことができる．

同様な評価を方程式 (8.48) についても行なうと,

$$\frac{\partial p}{\partial y} = O(\delta)$$

であることがわかる．境界層の外縁での圧力を $p_1 = p_1(x, t)$ とすれば，上式を境界層の外縁から内部に向かって積分して

$$p = p_1+\int_\delta^y \frac{\partial p}{\partial y}dy = p_1+O(\delta^2)$$

という関係を得る．これから，$O(\delta^2)$ を無視する近似では，境界層の内部の圧力は y に依存せず，境界層外縁での圧力 p_1 に等しいと考えてよいことがわかる．

この p の表式を用いれば，(8.51) はさらにつぎのように書きかえられる：

$$\frac{\partial u}{\partial t}+u\frac{\partial u}{\partial x}+v\frac{\partial u}{\partial y} = -\frac{1}{\rho}\frac{\partial p_1}{\partial x}+\nu\frac{\partial^2 u}{\partial y^2}. \tag{8.52}$$

p_1 は境界層外縁の圧力であるから，この方程式の中では既知の関数とみなすべ

1) ていねいにいえば，境界層外部の流速のスケールを U，諸量の時間変化のスケールを T，x 方向の変化のスケールを L，y 方向の変化のスケールを δ $(\delta/L \ll 1)$ とするとき，$u=O(U)$，$\partial/\partial t=O(1/T)$，$\partial/\partial x=O(1/L)$，$\partial/\partial y=O(1/\delta)$，$v=O(U\delta/L)$，$\delta/L=O(\sqrt{\nu/UL})=O(1/\sqrt{R})$ などの関係が成り立つという意味であるが，わずらわしいので $U=1$，$T=1$，$L=1$ とおいたのである．

きことに注意されたい．(8.52)を**境界層の方程式**とよぶ．

粘性の非常に小さい流体の運動(正確には Reynolds 数の非常に大きい運動)を知るためには，上に述べたように領域を境界層の内部と外部とに分けて，内部では境界層の方程式を，外部では Euler の方程式をそれぞれ別々に解かなくてはならない．したがって，各領域で得られた解を境界層の縁で接続する必要が生ずる．つぎに，その手続きを具体的な例で説明しよう．

d) 半無限平板に沿う境界層

半無限の平板 $y=0$, $x\geqq 0$ に沿う粘性流体の2次元的な定常流の場を，粘性率 ν が小さいとして，境界層の方程式を用いて解析してみよう．対称性から $y\geqq 0$ だけを考えればよいことはいうまでもない(図8.8)．

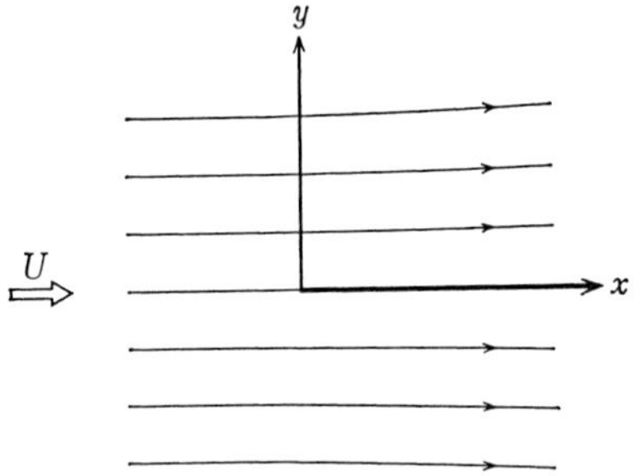

図8.8

まず境界層の外部の場は，連続の方程式(8.46)と Euler の方程式

$$(8.53)\quad \begin{cases} u\dfrac{\partial u}{\partial x}+v\dfrac{\partial u}{\partial y} = -\dfrac{1}{\rho}\dfrac{\partial p}{\partial x}, \\ u\dfrac{\partial v}{\partial x}+v\dfrac{\partial v}{\partial y} = -\dfrac{1}{\rho}\dfrac{\partial p}{\partial y} \end{cases}$$

によって近似される．境界条件は

$$(8.54)\quad \begin{cases} y=0: \quad v=0 \qquad (u=0 \text{ という条件まで課すことはできない}), \\ x^2+y^2\to\infty: \quad (u,v)\to(U,0) \end{cases}$$

である．一様流の場

$$(u,v)=(U,0), \qquad p=p_1=\mathrm{const}$$

がこの境界値問題の解であることはほとんど自明であろう．

つぎに境界層の内部では，連続の方程式(8.46)と境界層の方程式

(8.55) $$u\frac{\partial u}{\partial x}+v\frac{\partial u}{\partial y}=\nu\frac{\partial^2 u}{\partial y^2}$$

が成り立つ．右辺に圧力勾配の項がないのは $p_1=\text{const}$ だからである．境界条件はつぎのようになる：

(8.56) $$\begin{cases} y=0: & u=0,\ v=0, \\ y\to\infty: & u\to U \quad (\text{Euler の方程式の解の } y=0 \text{ での値}). \end{cases}$$

これを解くために，例によって

(8.57) $$u=\frac{\partial\Psi}{\partial y},\qquad v=-\frac{\partial\Psi}{\partial x}$$

を満足する流れの関数 $\Psi=\Psi(x,y)$ を導入してつぎのようにおいてみる：

(8.58) $$\Psi=\sqrt{\nu Ux}\,\phi(\eta),\qquad \eta=\frac{1}{2}\sqrt{\frac{U}{\nu x}}\,y.$$

これは天下りの印象を与えるかもしれないが，境界層の厚さが $\sqrt{\nu}$ に比例することを念頭において仮定した形である．(8.58) を (8.57) に代入すれば

(8.59) $$u=\frac{1}{2}U\phi'(\eta),\qquad v=\frac{1}{2}\sqrt{\frac{\nu U}{x}}\,\{\eta\phi'(\eta)-\phi(\eta)\}$$

が得られる．これを (8.55) に代入すれば，ϕ に対する3階の常微分方程式

(8.60) $$\phi'''+\phi\phi''=0$$

が導かれる．一方，境界条件 (8.56) は

(8.61) $$\phi(0)=0,\qquad \phi'(0)=0,\qquad \phi'(\infty)=2$$

と書ける．この問題の解は，級数の形で，あるいは数値的にくわしく調べられている．流速 u の分布はおよそ図8.9に示したようになる．(8.58) の形からわかるように，境界層の厚さは $\sqrt{\nu x}$ に比例する．すなわち，$\sqrt{\nu}$ に比例するだけでなく，平板の先端から下流にたどるにつれて $\sqrt{x}$ に比例して増大する．このことは，

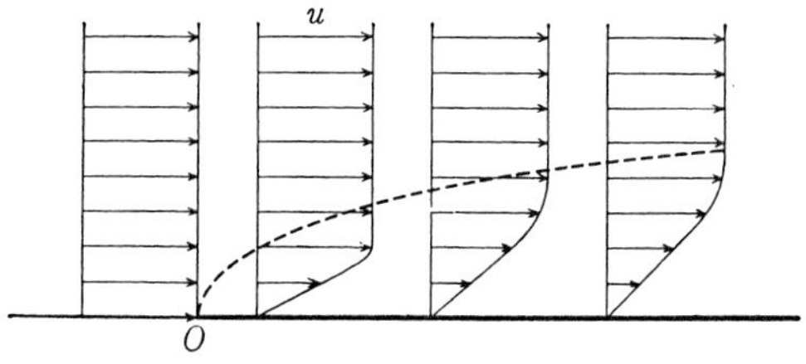

図8.9

空間変数 x を時間変数であると読みかえて境界層の方程式を見ると，これが拡散の過程を表わす方程式になっていることからも納得できる．

問　　題

1　b) における議論は境界層が $x=0$ の近傍に存在することを前提としていた．これはもちろん前もってわかっていることではない．$x=1$ の近傍に境界層が存在すると仮定して同様な計算を行なってみよ．

2　ε を小さい正数とする．境界値問題

$$\begin{cases} \varepsilon\dfrac{d^2u}{dx^2}-u+1=0 \qquad (0<x<1), \\ u(0)=0, \qquad u'(1)=0 \end{cases}$$

の近似解をつぎの順序で求めよ．

(i)　$x=0$ の近傍に境界層が存在すると仮定して，その外側で成り立つ解 $\tilde{u}$ を求めよ．

(ii)　境界層の内部での解を求めるために，$\xi=x/\sqrt{\varepsilon}$，$v(\xi)=u(\sqrt{\varepsilon}\,\xi)$ とおいて v に対する微分方程式を導き，これを境界条件 $v(0)=0$，$v(\infty)=\tilde{u}(0)$ のもとに解け．

(iii)　(i) と (ii) の結果を厳密解 $u=1-[\cosh\{(1-x)/\sqrt{\varepsilon}\}/\cosh(1/\sqrt{\varepsilon})]$ と比べてみよ．

注意　一般に，境界層の方程式を導くときには，‘内部変数’ を $\xi=x/\varepsilon^\alpha$ の形に仮定して方程式を変換し，最高階の項と，残りの項の中の主要な部分とが同じ程度の大きさになるように指数 α を定めなければならない．(ii) では天下りに $\alpha=1/2$ とおいたが，1/2 という値は上の操作を行なった結果得られたものである．たとえば $\xi=x/\varepsilon$ とおいて同じ計算を行なうとどうなるかを試みられたい．

3　a) で考えた平面壁にあたる流れの場を，境界層近似によってつぎの順序で解析せよ．

(i)　境界層の外部の解は，Euler の方程式の解 $\tilde{u}=\alpha x$, $\tilde{v}=-\alpha y$, $\tilde{p}=p_0-\rho\alpha^2(x^2+y^2)/2$ である．$y=0$ における圧力 $p_1=p_0-\rho\alpha^2x^2/2$ を用いて境界層の方程式 (8.52) を書け．

(ii)　境界層内での流れの関数を $\Psi=Ax\phi(\eta)$，$\eta=By$ の形に仮定して (A, B は定数)，関数 ϕ に対する境界値問題を導け．

(iii)　ϕ が普遍的な関数となるように定数 A と B を定め，その結果得られる ϕ の境界値問題を (8.34), (8.35) と比べてみよ．

注意　この問題では，境界層の方程式の解がたまたま Navier-Stokes の方程式の厳密解にもなっている．

§8.3　弾性体の力学における方程式

これまではもっぱら流体力学における偏微分方程式について述べてきたが，最後に Hooke の法則に従う弾性体の力学に現われる偏微分方程式について述べる．

a) 弾性体；ひずみと応力

自然に放置されて静止の状態にあるとき $\boldsymbol{a}$ という位置にある弾性体の部分が，時刻 t に $\boldsymbol{r}$ という位置に来たとする．弾性体の変形の様子は，変位

$$\boldsymbol{u} = \boldsymbol{r} - \boldsymbol{a} \tag{8.62}$$

が各部分について与えられればきまる．しかし，変位そのものよりも，隣接する部分の相対的な変位の割合である**ひずみテンソル**

$$\mathsf{E} = [e_{ij}], \qquad e_{ij} = \frac{1}{2}\left(\frac{\partial u_i}{\partial x_j} + \frac{\partial u_j}{\partial x_i}\right) \qquad (i, j = 1, 2, 3) \tag{8.63}$$

によって変形の状態を表わす方がもっと合理的である．

弾性体内の力学的な緊張状態は**応力テンソル** $\mathsf{P} = [p_{ij}]$ $(i, j = 1, 2, 3)$ によって表わされる．P の直角座標成分 p_{ij} の意味は 222 ページに述べた通りである．

ひずみテンソルと応力テンソルの間には一定の関係がある．ひずみが十分小さい場合には，この関係は各テンソルの成分の間の線型の関係として表現される：

$$p_{ij} = \sum_{l=1}^{3} \sum_{m=1}^{3} c_{ijlm} e_{lm} \qquad (i, j = 1, 2, 3). \tag{8.64}$$

右辺に現われる係数 c_{ijlm} は物体の弾性的な性質を特徴づける量で，**弾性定数**とよばれる．この線型の関係が(広い意味での) **Hooke の法則**である．

定数 c_{ijlm} は全部で 81 個ある．しかし P と E がともに対称テンソルであることから，あらかじめ $c_{ijlm} = c_{jilm} = c_{ijml}$ という対称性をもたせておくことができるので，異なるものの総数は $6 \times 6 = 36$ である．一方，等温過程，断熱過程などでは，ひずみの状態に応じて**ひずみエネルギー**が一意的に定義され，係数の間にさらに $c_{ijlm} = c_{lmij}$ という対称性があることが示される．その結果，弾性定数の中で独立なものは 21 個になる．ひずみエネルギーの密度は

$$W = \frac{1}{2} \sum_i \sum_j p_{ij} e_{ij} = \frac{1}{2} \sum_i \sum_j \sum_l \sum_m c_{ijlm} e_{ij} e_{lm} \tag{8.65}$$

で与えられる．(ひずみが存在しない状態で $W = 0$ となるようにとってある.)

なお，ひずみと応力の成分に対して，つぎの記号が応用上よく使われる[1]：

---

1) ひずみを表わす $\gamma_{yz}, \gamma_{zx}, \gamma_{xy}$ の 3 個はテンソル成分 e_{23}, e_{31}, e_{12} の 2 倍であることに注意されたい．幾何学的には，たとえば $\varepsilon_x = \partial u_1 / \partial x_1$ は x_1 方向の伸び(縮み)の割合を表わす．一方，たとえば $\gamma_{xy} = \partial u_1 / \partial x_2 + \partial u_2 / \partial x_1$ は，x_1 軸と x_2 軸にそれぞれ平行な線分のなす角の変化である (図 8.10)．

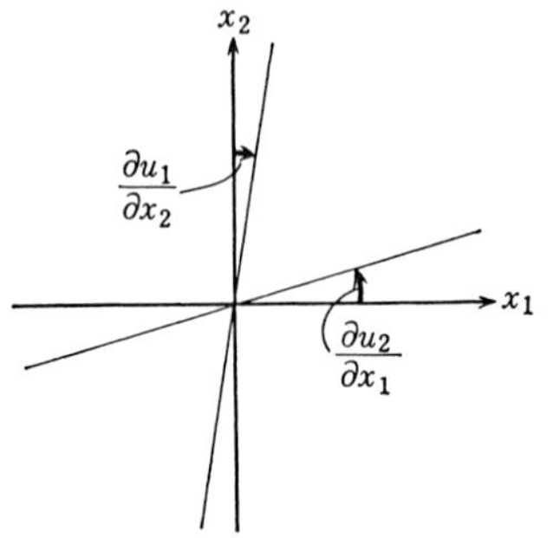

図 8.10

$$(8.66)\quad \begin{cases} \varepsilon_x = e_{11}, \quad \varepsilon_y = e_{22}, \quad \varepsilon_z = e_{33}, \\ \gamma_{yz} = 2e_{23} = 2e_{32}, \quad \gamma_{zx} = 2e_{31} = 2e_{13}, \quad \gamma_{xy} = 2e_{12} = 2e_{21}, \end{cases}$$

$$(8.67)\quad \begin{cases} \sigma_x = p_{11}, \quad \sigma_y = p_{22}, \quad \sigma_z = p_{33}, \\ \tau_{yz} = p_{23} = p_{32}, \quad \tau_{zx} = p_{31} = p_{13}, \quad \tau_{xy} = p_{12} = p_{21}. \end{cases}$$

この記号を用いて Hooke の法則 (8.64) を書き表わすとつぎのようになる:

$$(8.68)\quad \begin{bmatrix} \sigma_x \\ \sigma_y \\ \sigma_z \\ \tau_{yz} \\ \tau_{zx} \\ \tau_{xy} \end{bmatrix} = \begin{bmatrix} c_{11} & c_{12} & c_{13} & c_{14} & c_{15} & c_{16} \\ c_{21} & c_{22} & c_{23} & c_{24} & c_{25} & c_{26} \\ c_{31} & c_{32} & c_{33} & c_{34} & c_{35} & c_{36} \\ c_{41} & c_{42} & c_{43} & c_{44} & c_{45} & c_{46} \\ c_{51} & c_{52} & c_{53} & c_{54} & c_{55} & c_{56} \\ c_{61} & c_{62} & c_{63} & c_{64} & c_{65} & c_{66} \end{bmatrix} \begin{bmatrix} \varepsilon_x \\ \varepsilon_y \\ \varepsilon_z \\ \gamma_{yz} \\ \gamma_{zx} \\ \gamma_{xy} \end{bmatrix}.$$

(8.68) の係数と (8.64) の係数の間には $c_{11}=c_{1111}$, $c_{12}=c_{1122}$, …, $c_{16}=c_{1112}$; $c_{21}=c_{2211}$, $c_{22}=c_{2222}$, …, $c_{26}=c_{2212}$; … の関係があるから, $c_{ij}=c_{ji}$ である.

b) **等方弾性体**

a) で述べたように, 一般の Hooke 弾性体は 21 個の弾性定数によって特徴づけられる. しかし, 構造に対称性をもつ物質では, 対称性の程度に応じて独立な弾性定数の個数はもっと少なくなる. 最も対称性がよいのは, 弾性的な性質が空間的な方向に依存しない物体(**等方弾性体**)である. 幾何学的な考察によって, 等方弾性体では独立な弾性定数の個数は 2 で, (8.68) の右辺の行列は

$$\begin{bmatrix} \lambda+2\mu & \lambda & \lambda & 0 & 0 & 0 \\ \lambda & \lambda+2\mu & \lambda & 0 & 0 & 0 \\ \lambda & \lambda & \lambda+2\mu & 0 & 0 & 0 \\ 0 & 0 & 0 & \mu & 0 & 0 \\ 0 & 0 & 0 & 0 & \mu & 0 \\ 0 & 0 & 0 & 0 & 0 & \mu \end{bmatrix}$$

という形に書かれることが示される．λ と μ のことを **Lamé の定数**という．力学的な考察から $\lambda>0$, $\mu>0$ を示すことができる．

等方弾性体の場合には，応力-ひずみ関係 (8.68) は

$$\text{(8.69)} \qquad \begin{cases} \sigma_x = \lambda(\varepsilon_x+\varepsilon_y+\varepsilon_z)+2\mu\varepsilon_x, & \tau_{yz} = \mu\gamma_{yz}, \\ \sigma_y = \lambda(\varepsilon_x+\varepsilon_y+\varepsilon_z)+2\mu\varepsilon_y, & \tau_{zx} = \mu\gamma_{zx}, \\ \sigma_z = \lambda(\varepsilon_x+\varepsilon_y+\varepsilon_z)+2\mu\varepsilon_z, & \tau_{xy} = \mu\gamma_{xy} \end{cases}$$

となる．テンソル成分を用いて表わせば，これは

$$\text{(8.70)} \qquad p_{ij} = \lambda\Theta\delta_{ij}+2\mu e_{ij} \qquad (i, j=1, 2, 3),$$

$$\text{(8.71)} \qquad \Theta = \operatorname{div}\boldsymbol{u} = \sum_i e_{ii}$$

と書かれる．成分を使わずに書けば，これはつぎのように表わされる：

$$\text{(8.72)} \qquad \mathsf{P} = \lambda\Theta\mathsf{I}+2\mu\mathsf{E} \qquad (\mathsf{I}\text{: 単位テンソル}).$$

なお，ひずみエネルギーは，(8.65) によりつぎのように書かれる：

$$\text{(8.73)} \qquad W = \frac{1}{2}\lambda(\varepsilon_x+\varepsilon_y+\varepsilon_z)^2+\mu\left\{\varepsilon_x{}^2+\varepsilon_y{}^2+\varepsilon_z{}^2+\frac{1}{2}(\gamma_{yz}{}^2+\gamma_{zx}{}^2+\gamma_{xy}{}^2)\right\}$$

$$= \frac{1}{2}\lambda(e_{11}+e_{22}+e_{33})^2+\mu\{e_{11}{}^2+e_{22}{}^2+e_{33}{}^2+2(e_{23}{}^2+e_{31}{}^2+e_{12}{}^2)\}.$$

c) 等方弾性体の運動方程式

粘性流体について Navier-Stokes の方程式を導いたときと同様の考え方に従って，一般の弾性体についてつぎの運動方程式を導くことができる：

$$\rho\frac{D^2\boldsymbol{r}}{Dt^2} = \rho\boldsymbol{F}+\operatorname{div}\mathsf{P},$$

すなわち

$$\text{(8.74)} \qquad \rho\frac{D^2x_i}{Dt^2} = \rho F_i+\sum_{j=1}^{3}\frac{\partial p_{ij}}{\partial x_j} \qquad (i=1, 2, 3).$$

ただし ρ は密度，$\boldsymbol{F}$ は単位質量あたりにはたらく外力である．$D^2\boldsymbol{r}/Dt^2=D^2(\boldsymbol{u}+$

$\boldsymbol{a})/Dt^2=D^2\boldsymbol{u}/Dt^2$ であるから，(8.74) はつぎのように書くことができる：

$$(8.75)\qquad \rho\frac{D^2u_i}{Dt^2}=\rho F_i+\sum_j\frac{\partial p_{ij}}{\partial x_j}\qquad (i=1,2,3).$$

ここで Hooke の法則に従う一様な等方弾性体を考えることにしよう．そのときには (8.70) の応力-ひずみ関係が成り立つから，(8.75) の右辺第2項は

$$\sum_j\frac{\partial p_{ij}}{\partial x_j}=\sum_j\frac{\partial}{\partial x_j}(\lambda\Theta\delta_{ij}+2\mu e_{ij})=\lambda\frac{\partial\Theta}{\partial x_i}+\mu\sum_j\frac{\partial}{\partial x_j}\left(\frac{\partial u_i}{\partial x_j}+\frac{\partial u_j}{\partial x_i}\right)$$

$$=(\lambda+\mu)\frac{\partial\Theta}{\partial x_i}+\mu\triangle u_i$$

と書ける．したがって，運動方程式として

$$(8.76)\qquad \rho\frac{D^2u_i}{Dt^2}=\rho F_i+(\lambda+\mu)\frac{\partial\Theta}{\partial x_i}+\mu\triangle u_i\qquad (i=1,2,3)$$

が得られる．ベクトル形で書けば

$$(8.77)\qquad \rho\frac{D^2\boldsymbol{u}}{Dt^2}=\rho\boldsymbol{F}+(\lambda+\mu)\,\mathrm{grad}\,\Theta+\mu\triangle\boldsymbol{u}$$

である．ベクトル解析の公式 rot rot＝grad div－△ と (8.71) とを用いて右辺を変形すれば，(8.77) をつぎの形に書くこともできる：

$$\rho\frac{D^2\boldsymbol{u}}{Dt^2}=\rho\boldsymbol{F}+(\lambda+2\mu)\,\mathrm{grad}\,\Theta-\mu\,\mathrm{rot}\;\mathrm{rot}\;\boldsymbol{u}.$$

d) つりあいの方程式

方程式 (8.75) で D^2u_i/Dt^2 を 0 とおけば，一般の弾性体の**つりあいの方程式**

$$(8.78)\qquad \sum_j\frac{\partial p_{ij}}{\partial x_j}=-\rho F_i\qquad (i=1,2,3)$$

が得られる．応力とひずみの間には Hooke の法則が成り立っているとする：

$$(8.79)\qquad p_{ij}=\lambda\Theta\delta_{ij}+2\mu e_{ij}\qquad (i,j=1,2,3),$$

$$(8.80)\qquad \Theta=\sum_i\frac{\partial u_i}{\partial x_i},\qquad e_{ij}=\frac{1}{2}\left(\frac{\partial u_i}{\partial x_j}+\frac{\partial u_j}{\partial x_i}\right).$$

弾性体内部の各点で成り立つこれらの方程式のほかに，弾性体の境界ではつぎの境界条件のどれかが課される：

$$(8.81\,\mathrm{a})\qquad \sum_j p_{ij}n_j=T_i\qquad (i=1,2,3)\qquad (\text{外力を指定}),$$

$$(8.81\,\mathrm{b})\qquad u_i=b_i\qquad (i=1,2,3)\qquad (\text{変位を指定}),$$

(8.81 c)　　境界の一部分で (8.81 a)，他の部分で (8.81 b).

ここで $\boldsymbol{n}=(n_1, n_2, n_3)$ は境界面の各点における外向き単位法線ベクトル，$\boldsymbol{T}=(T_1, T_2, T_3)$ は境界面の単位面積あたりにはたらく外力，$\boldsymbol{b}=(b_1, b_2, b_3)$ は境界面の各点の変位を表わし，どれも境界上で与えられた関数である．弾性体のつりあいの問題は，p_{ij} と u_i に対する方程式 (8.78), (8.79), (8.80) を，境界条件 (8.81 a) または (8.81 b) または (8.81 c) のもとに考えるという境界値問題に帰着する．

上の各境界値問題の解は一意である．証明は読者にまかせることにして (問題 1)，ここではそれに必要な一つの定理を述べておく．すなわち，弾性体がつりあいの状態にあるときにはつぎの等式が成り立っていなくてはならない：

(8.82)
$$\iiint_{\Omega}\rho\boldsymbol{F}\cdot\boldsymbol{u}dV+\iint_{\partial\Omega}\boldsymbol{T}\cdot\boldsymbol{u}dS=2\iiint_{\Omega}WdV.$$

ただし W はひずみエネルギー密度 (8.65) である．これを証明するには，左辺第 2 項の面積積分を (8.81 a) を用いて ($\boldsymbol{T}$ が指定された場合でなくてもこの式自身は成立する) 体積積分になおし，方程式 (8.78) を用いて変形すればよい：

$$\begin{aligned}\iint_{\partial\Omega}\boldsymbol{T}\cdot\boldsymbol{u}dS &= \iint_{\partial\Omega}\sum_i T_iu_idS = \iint_{\partial\Omega}\sum_i\sum_j p_{ij}n_ju_idS\\ &= \iiint_{\Omega}\sum_i\sum_j\frac{\partial}{\partial x_j}(p_{ij}u_i)dV = \iiint_{\Omega}\sum_i\sum_j\left(\frac{\partial p_{ij}}{\partial x_j}u_i+p_{ij}\frac{\partial u_i}{\partial x_j}\right)dV\\ &= \iiint_{\Omega}\left(-\sum_i\rho F_iu_i+\sum_i\sum_j p_{ij}e_{ij}\right)dV\\ &= -\iiint_{\Omega}\rho\boldsymbol{F}\cdot\boldsymbol{u}dV+2\iiint_{\Omega}WdV.\end{aligned}$$

なお，外力の合力と合モーメントが 0 に等しいという条件がみたされていれば，境界の形や境界条件に現われる関数に対する然るべきなめらかさの仮定のもとに，上記の境界値問題の解が存在することが証明されている．

さて，(8.77) から

(8.83)
$$(\lambda+\mu)\operatorname{grad}\Theta+\mu\triangle\boldsymbol{u}=-\rho\boldsymbol{F},$$

あるいはそのつぎの式から

(8.84)
$$(\lambda+2\mu)\operatorname{grad}\Theta-\mu\operatorname{rot}\operatorname{rot}\boldsymbol{u}=-\rho\boldsymbol{F}$$

が得られる．これらのつりあいの方程式はさらにつぎのように書きなおすことができる．すなわち，(8.84) の両辺の div をとれば (以後 $\rho=\mathrm{const}$ とする)

(8.85)
$$\triangle\Theta = -\frac{\rho}{\lambda+2\mu}\operatorname{div}\boldsymbol{F},$$

(8.83)の両辺の rot をとって $\mathrm{rot}\,\boldsymbol{u}=\boldsymbol{\omega}$ とおけば

(8.86)
$$\triangle\boldsymbol{\omega} = -\frac{\rho}{\mu}\operatorname{rot}\boldsymbol{F}$$

が得られる．これからわかるように，$\boldsymbol{F}$ が湧き口なし($\operatorname{div}\boldsymbol{F}=0$)の場ならば Θ は調和関数である．$\boldsymbol{F}$ が渦なし($\operatorname{rot}\boldsymbol{F}=0$)の場ならば $\boldsymbol{\omega}$ が調和関数である．

例題 8.3　一様な圧力による弾性体の変形を求めること．

任意の形の弾性体の表面に一様な圧力 p_0 を加えたときの，内部の各点における変位，ひずみ，応力を計算してみよう．ただし外力 $\boldsymbol{F}$ は0とする(図8.11)．

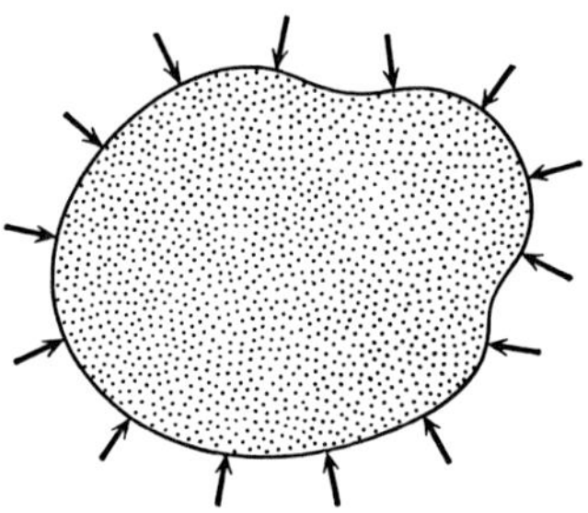

図 8.11

表面に加えられる圧力が与えられているから，境界条件は(8.81 a)により

$$\sum p_{ij}n_j = T_i = -p_0 n_i.$$

これから

$$p_{ij} = -p_0\delta_{ij} \qquad (\text{物体表面上})$$

である．したがって，特に

(8.87)
$$\sum p_{ii} = -3p_0 \qquad (\text{物体表面上})$$

が成り立つ．つぎに，応力-ひずみ関係(8.79)で $j=i$ とおいて和をとれば

$$\sum p_{ii} = 3\lambda\Theta+2\mu\Theta = (3\lambda+2\mu)\Theta.$$

そこで，もし弾性体の内部でも(8.87)の関係が成り立つと仮定すれば

(8.88)
$$\Theta = -\frac{p_0}{k}, \qquad k = \lambda+\frac{2}{3}\mu$$

となる．一方，$\boldsymbol{F}=0$ であるから，(8.85)により Θ は調和関数でなければならない．(8.88)の Θ はたしかにそうなっている．

さて，$\boldsymbol{F}=0$ であるから (8.86) によって $\triangle\boldsymbol{\omega}=0$ である．特に $\boldsymbol{\omega}=\mathrm{rot}\,\boldsymbol{u}=0$ ととればこの式はたしかにみたされる．そこでこのことを仮定すると，変位はスカラー関数 (**ひずみポテンシャル**) Φ を用いて $\boldsymbol{u}=\mathrm{grad}\,\Phi$ と表わされるはずである．$\Theta=\mathrm{div}\,\boldsymbol{u}=\triangle\Phi$ であるから，Φ は Poisson の方程式の解である：

$$\triangle\Phi=-\frac{p_0}{k}. \tag{8.89}$$

弾性体の内部に任意に原点を選び，そこからの距離を r とすれば，(8.89) の右辺が定数であることから，$\Phi=\Phi(r)$ と仮定しても不自然ではない．そうすると，

$$\triangle\Phi=\frac{1}{r^2}\frac{d}{dr}\left(r^2\frac{d\Phi}{dr}\right)=-\frac{p_0}{k}$$

と書けるから，これを積分して

$$\Phi=-\frac{p_0}{6k}r^2+A+\frac{B}{r} \qquad (A, B\text{: 定数})$$

を得る．$r=0$ で Φ が特異性をもたないためには $B=0$ でなければならない．また，A は本質的な量でないから 0 とおく．そうすると，ひずみポテンシャルは

$$\Phi=-\frac{p_0}{6k}r^2=-\frac{p_0}{6k}(x^2+y^2+z^2)$$

となる．したがって変位はつぎの式で与えられる：

$$\boldsymbol{u}=\mathrm{grad}\,\Phi=-\frac{p_0}{3k}\boldsymbol{r}.$$

式 (8.80) に従ってひずみの成分を計算すれば

$$e_{11}=e_{22}=e_{33}=-\frac{p_0}{3k}, \qquad e_{23}=e_{32}=e_{31}=e_{13}=e_{12}=e_{21}=0$$

となるから，ひずみテンソルは $\mathsf{E}=-(p_0/3k)\mathsf{I}$ と表わされる．すなわち，物体のあらゆる部分が一様に収縮している．一方，応力-ひずみ関係 (8.72) を用いれば $\mathsf{P}=-p_0\mathsf{I}$ となり，応力はいたるところ一様な圧力 p_0 のみであることがわかる．したがって物体表面での境界条件はたしかにみたされている．こうしてつじつまのあった解が得られた以上，解の一意性により，途中で行なった仮定はすべて正当であったことになる．

e) 2次元の問題

ここでは便宜上 u_1, u_2, u_3 を u, v, w と書き，x_1, x_2, x_3 を x, y, z と書くことに

する．2次元の問題とは，応力とひずみが x と y のみの関数で z を含まないような問題のことである．つりあいの2次元問題には，ひずみが2次元的である場合(平面ひずみ)と応力が2次元的である場合(平面応力)とがある．

平面ひずみというのは，変位が

$$u = u(x, y), \qquad v = v(x, y), \qquad w = 0$$

であるような場合である．(8.80)からわかるように，このときには

$$e_{i3} = e_{3i} = 0 \qquad (i=1, 2, 3)$$

である．これはたとえば，長さを不変に保ったまま棒の側面に適当な力を加えたときに実現する(図8.12)．この場合には，応力-ひずみ関係(8.79)は

(8.90)
$$\begin{cases} p_{11} = (\lambda+2\mu)e_{11}+\lambda e_{22}, \\ p_{22} = \lambda e_{11}+(\lambda+2\mu)e_{22}, \\ p_{12} = 2\mu e_{12} \end{cases}$$

となる．ほかに $p_{33}=\lambda(e_{11}+e_{22})$ の式もあるが，ここでは必要がない．

つぎに，**平面応力**というのは

$$p_{i3} = p_{3i} = 0 \qquad (i=1, 2, 3)$$

の場合である．たとえば，薄い板のへりの部分に広い面に平行な方向の力を適当に加えた場合に対応する(図8.13)．このときには，

$$p_{33} = \lambda(e_{11}+e_{22})+(\lambda+2\mu)e_{33} = 0$$

から

$$e_{33} = -\frac{\lambda}{\lambda+2\mu}(e_{11}+e_{22})$$

という関係が出る．これを p_{11} に対する式の右辺に代入すると，

$$p_{11} = (\lambda+2\mu)e_{11}+\lambda e_{22}+\lambda e_{33} = \frac{4\mu(\lambda+\mu)}{\lambda+2\mu}e_{11}+\frac{2\lambda\mu}{\lambda+2\mu}e_{22}$$

が得られる．e_{22} の係数を $2\lambda\mu/(\lambda+2\mu)=\lambda'$ とおくと，e_{11} の係数は $\lambda'+2\mu$ に等しくなるから，応力-ひずみ関係は

(8.91)
$$\begin{cases} p_{11} = (\lambda'+2\mu)e_{11}+\lambda' e_{22}, \\ p_{22} = \lambda' e_{11}+(\lambda'+2\mu)e_{22}, \\ p_{12} = 2\mu e_{12} \end{cases}$$

と書ける．(8.90)と(8.91)を比べてみると，平面ひずみの場合と平面応力の場

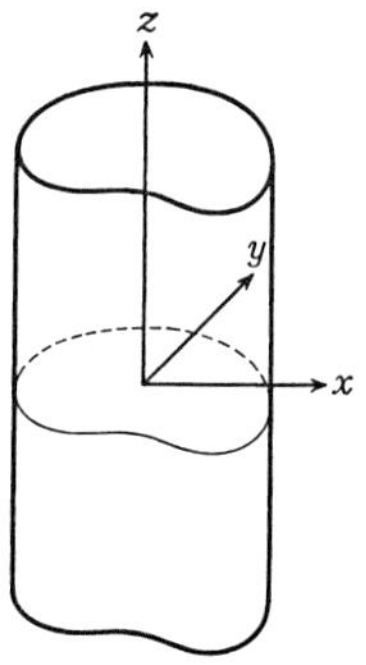

図 8. 12

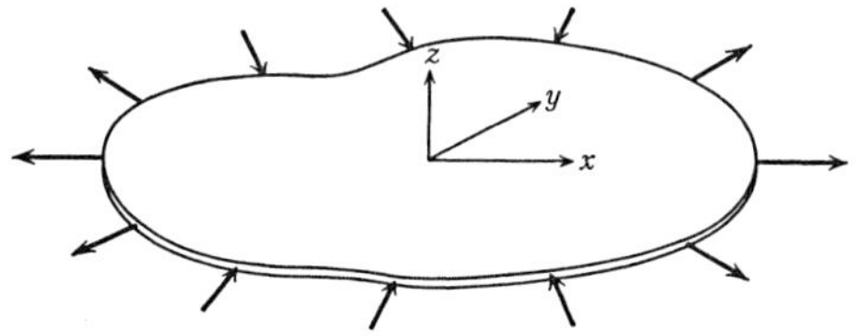

図 8. 13

合とでは，形式的に全く同じ応力-ひずみ関係が成り立っていることがわかる．

さて，弾性体にはたらく体積力 $\boldsymbol{F}$ が 0 である場合を考えよう．このときには，つりあいの方程式 (8.78) の中で問題になるのはつぎの二つである：

$$\frac{\partial p_{11}}{\partial x}+\frac{\partial p_{12}}{\partial y}=0, \qquad \frac{\partial p_{12}}{\partial x}+\frac{\partial p_{22}}{\partial y}=0. \tag{8.92}$$

まず第1式により，

$$\frac{\partial \phi}{\partial y}=p_{11}, \qquad \frac{\partial \phi}{\partial x}=-p_{12}$$

をみたす関数 $\phi=\phi(x, y)$ が存在する．(流体力学における連続の方程式と流れの関数との関連を想起されたい.) 同様に，第2式により

$$\frac{\partial \psi}{\partial y}=p_{12}, \qquad \frac{\partial \psi}{\partial x}=-p_{22}$$

をみたす関数 $\psi=\psi(x, y)$ が存在する．ところが，ϕ と ψ の間には

$$\frac{\partial \phi}{\partial x}+\frac{\partial \psi}{\partial y}=0$$

の関係があるから，また同様の議論によって

$$\frac{\partial F}{\partial y}=\phi, \qquad \frac{\partial F}{\partial x}=-\psi$$

をみたす関数 $F=F(x, y)$ の存在がわかる．関数 F を用いると，応力の成分は

$$p_{11}=\frac{\partial^2 F}{\partial y^2}, \qquad p_{12}=-\frac{\partial^2 F}{\partial x \partial y}, \qquad p_{22}=\frac{\partial^2 F}{\partial x^2} \tag{8.93}$$

と表わされる．一般に，2階の偏導関数が上の関係によって応力成分を与えるような関数のことを **Airy の応力関数**という．F がある応力分布に対する Airy の応力関数であるとすれば，関数

$$F_1 = F(x, y) + Ax + By + C \qquad (A, B, C\text{: 定数})$$

も同じ応力分布に対する Airy の応力関数になっている．

さて，たとえば平面ひずみの場合の応力-ひずみ関係(8.90)をつりあいの方程式(8.92)に入れると，

$$(\lambda+\mu)\frac{\partial\Theta}{\partial x}+\mu\triangle u = 0, \qquad (\lambda+\mu)\frac{\partial\Theta}{\partial y}+\mu\triangle v = 0$$

が得られる．ただし $\triangle=\partial^2/\partial x^2+\partial^2/\partial y^2$ である．第1式を x で，第2式を y でそれぞれ偏微分して加えると

$$(\lambda+2\mu)\triangle\Theta = 0,$$

したがって

$$\triangle\Theta = 0 \tag{8.94}$$

が得られる．すなわち，3次元の場合と同様に，$\boldsymbol{F}=0$ ならば Θ は調和関数である．つぎに，(8.90)の第1式と第2式を加えると

$$p_{11}+p_{22} = 2(\lambda+\mu)\Theta$$

となる．一方，(8.93)の第1式と第3式を加えると

$$p_{11}+p_{22} = \frac{\partial^2 F}{\partial y^2}+\frac{\partial^2 F}{\partial x^2} = \triangle F$$

であるから，これらの式の右辺を等しいとおいて

$$\triangle F = 2(\lambda+\mu)\Theta,$$

したがって(8.94)により

$$\triangle\triangle F = 2(\lambda+\mu)\triangle\Theta = 0 \tag{8.95}$$

が得られる．すなわち，Airy の応力関数は重調和関数である．それゆえ，たとえば§8.1で Stokes の方程式を扱ったときに用いた複素関数論的な手法によって，一般解をただちに書き下すことができる．

そのために複素変数 $z=x+iy$，$\bar{z}=x-iy$ を導入すると，$\partial/\partial x=\partial/\partial z+\partial/\partial\bar{z}$，$\partial/\partial y=i(\partial/\partial z-\partial/\partial\bar{z})$ の関係から，(8.95)は

$$\triangle\triangle F = 16\frac{\partial^4 F}{\partial z^2\partial\bar{z}^2} = 0$$

と書ける．したがって，z の任意の解析関数 $f(z), g(z)$ を用いて，Airy の応力関数(実数値関数である)の一般形を，たとえば

(8.96) $$F = \mathrm{Re}\,\{\bar{z}f(z)+g(z)\}$$

と書き表わすことができる(§8.1，問題2)．単純な計算により

$$p_{11}+p_{22} = \triangle F = 4\frac{\partial^2 F}{\partial z\partial\bar{z}} = 2\{f'(z)+\bar{f}'(\bar{z})\},$$

$$p_{22}-p_{11}+2ip_{12} = \frac{\partial^2 F}{\partial x^2}-\frac{\partial^2 F}{\partial y^2}-2i\frac{\partial^2 F}{\partial x\partial y} = 4\frac{\partial^2 F}{\partial z^2} = 2\{\bar{z}f''(z)+g''(z)\}$$

であることがわかるから，f と g を用いて，応力成分はつぎの式で与えられる：

$$\begin{cases} p_{11} = 2\,\mathrm{Re}\,\{f'(z)\}-\mathrm{Re}\,\{\bar{z}f''(z)+g''(z)\}, \\ p_{22} = 2\,\mathrm{Re}\,\{f'(z)\}+\mathrm{Re}\,\{\bar{z}f''(z)+g''(z)\}, \\ p_{12} = \qquad\qquad\quad \mathrm{Im}\,\{\bar{z}f''(z)+g''(z)\}. \end{cases}$$

f) 弾性波

3次元の場合にもどろう．運動方程式(8.77)において $D^2\boldsymbol{u}/Dt^2$ を $\partial^2\boldsymbol{u}/\partial t^2$ でおきかえたのち[1]両辺の div をとると

$$\rho\frac{\partial^2\Theta}{\partial t^2} = \rho\,\mathrm{div}\,\boldsymbol{F}+(\lambda+2\mu)\triangle\Theta,$$

また，同じ式の両辺の rot をとると

$$\rho\frac{\partial^2\boldsymbol{\omega}}{\partial t^2} = \rho\,\mathrm{rot}\,\boldsymbol{F}+\mu\triangle\boldsymbol{\omega}, \qquad \boldsymbol{\omega} = \mathrm{rot}\,\boldsymbol{u}$$

が得られる．これらの方程式はつぎのように書き表わすことができる：

$$\left(\frac{\partial^2}{\partial t^2}-a^2\triangle\right)\Theta = \mathrm{div}\,\boldsymbol{F}, \qquad a = \sqrt{\frac{\lambda+2\mu}{\rho}},$$

$$\left(\frac{\partial^2}{\partial t^2}-b^2\triangle\right)\boldsymbol{\omega} = \mathrm{rot}\,\boldsymbol{F}, \qquad b = \sqrt{\frac{\mu}{\rho}}.$$

各方程式の左辺の形を見ると，Θ と $\boldsymbol{\omega}$ とはそれぞれ速さが a と b の波として伝播し得ることがわかる．明らかに $a>b$ であるから，Θ の変動の方が $\boldsymbol{\omega}$ の変動

1) $D/Dt=\partial/\partial t+\boldsymbol{v}\cdot\nabla$ であるから(162ページ参照)，たとえば考えている量の空間的な勾配が時間変化に比べて十分小さいときなどには D/Dt を $\partial/\partial t$ でおきかえることができる．

よりも速く伝わる．たとえば，地殻を伝播する地震波のP波とS波はこの2種類の波に対応している．Θ の変動の波は縦波，$\boldsymbol{\omega}$ の変動の波は横波であって，一般には両者は重なっておこる．

一つの弾性体が性質の異なる他の弾性体と接しているときには，境界面に到達した波の一部は反射し，残りは透過する．また，弾性体の内部を伝播する上述の2種類の波のほかに，振動が境界の近傍だけに局限された表面波が境界面に沿って伝播することも可能である．これらのことは，上記の方程式と境界条件(変位や応力の連続性など)とから導かれるが，紙面の都合でこれ以上は立ち入らない．

問　題

1　境界値問題(8.78), (8.79), (8.80), (8.81 a)の解が一意であることを証明せよ．また，境界条件が(8.81 b), (8.81 c)の場合についても同じことを証明せよ．

［ヒント］ 同じ $\boldsymbol{F}$ と $\boldsymbol{T}$ に対する二組の解 $(\mathsf{P}^{(1)}, \boldsymbol{u}^{(1)})$, $(\mathsf{P}^{(2)}, \boldsymbol{u}^{(2)})$ に対して $\mathsf{P}\equiv\mathsf{P}^{(1)}-\mathsf{P}^{(2)}$, $\boldsymbol{u}\equiv\boldsymbol{u}^{(1)}-\boldsymbol{u}^{(2)}$ はどのような境界値問題の解となるか．この解について式(8.82)を書き，W の正定値性を用いて $\mathsf{E}=0$, $\mathsf{P}=0$ を導け．$\mathsf{E}=0$ は二つの解が剛体的な変位だけの差しかないことを意味することに注意．

2　式(8.96)の中の任意関数 f と g をつぎのように選んだときには，Airyの応力関数 $F(x, y)$ はどうなるか．これから応力成分 p_{11}, p_{22}, p_{12} を計算し，これが弾性体のどのような状態に対応しているかを述べよ(図8.14)．

(i) $f=(a+ib)z$, $g=(c+id)z^2$ (a, b, c, d: 実定数), (ii) $f=z^2$, $g=\dfrac{1}{3}z^3$.

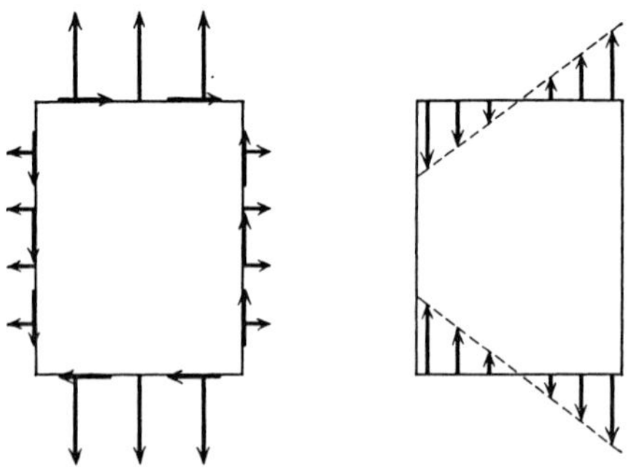

図8.14　(i) $p_{11}=2(a-c)$, $p_{22}=2(a+c)$, $p_{12}=2d$.
(ii) $p_{11}=0$, $p_{22}=8x$, $p_{12}=0$.

第9章　電磁場の偏微分方程式 (Maxwell の方程式)

§9.1　電磁気学の基本方程式としての Maxwell の方程式系

Maxwell の方程式系は4個の物理量であるベクトル $\boldsymbol{E}, \boldsymbol{H}, \boldsymbol{D}, \boldsymbol{B}$ に関する偏微分方程式系により与えられる．それは Gauss の単位系で表わすならば次の通りである：

(9.1) (M-I)　$$\mathrm{rot}\,\boldsymbol{H} = \frac{4\pi}{c}\boldsymbol{j}+\frac{1}{c}\frac{\partial \boldsymbol{D}}{\partial t},$$

(9.2) (M-II)　$$\mathrm{rot}\,\boldsymbol{E} = -\frac{1}{c}\frac{\partial \boldsymbol{B}}{\partial t},$$

(9.3) (M-III)　$$\mathrm{div}\,\boldsymbol{D} = 4\pi\rho,$$

(9.4) (M-IV)　$$\mathrm{div}\,\boldsymbol{B} = 0.$$

記号 $\boldsymbol{E}, \boldsymbol{H}; \boldsymbol{D}, \boldsymbol{B}$ はそれぞれ電場，磁場ベクトルおよび電束，磁束ベクトルを表わす．ρ は電荷密度，$\boldsymbol{j}$ は電流密度を表わし前者はスカラー，後者はベクトルである．また c は定数で，真空中での光速を表わす．電荷密度および電流密度は空間変数および時変数の与えられた関数で $\boldsymbol{E}, \boldsymbol{H}, \boldsymbol{D}, \boldsymbol{B}$ がこの方程式系での未知関数である．(M-I) は広義の Ampère の法則の微分形の表現であり，これに対し (M-II) は Faraday の誘導法則のそれである．一方 (M-III) は電荷 ρ が電束 $\boldsymbol{D}$ に対する源泉になっている事実を表わし $\rho \gtrless 0$ が電荷の符号の正負に対応している．最後に (M-IV) は正負の磁荷は単独に分離した形では存在しないこと，すなわち磁束 $\boldsymbol{B}$ が空間のどの点にも源泉をもっていないことを示す．基本方程式の物理的意味を表象的に図9.1から図9.4に示した．(式の番号 I～IV の順序とは逆になっていることに注意.)

図9.1は方程式 (M-IV) の物理的表象である．ここに太線で描いた楕円は内外2種の磁性媒質の境界を意味し，細い破線は磁束線を表わしている．実際は楕円の中心を通る長径を軸としてその周りに回軸してできる偏長回転楕円体の形をし

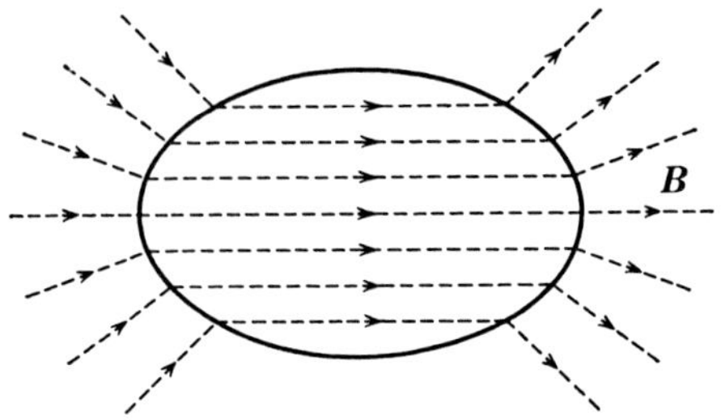

図 9.1　(9.4) 式の表象．磁性媒質の磁化．$\boldsymbol{B}$ は磁束ベクトル．

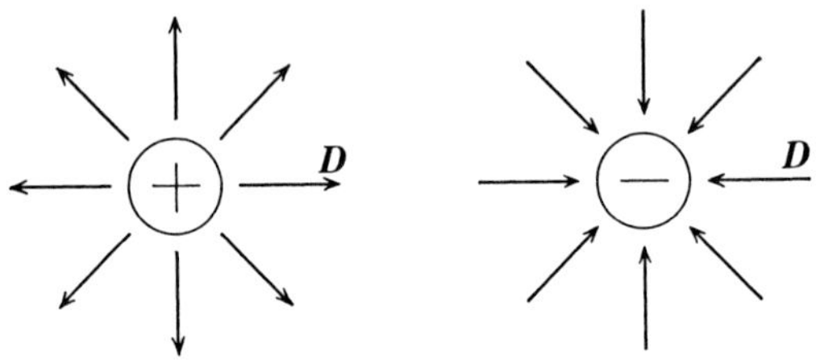

図 9.2　(9.3) 式の表象．正負の電荷と電束線．$\boldsymbol{D}$ は電束ベクトル．

た磁性体の磁化を想起していただきたい．図 9.2 は方程式 (M-Ⅲ) の表象で，⊕，⊖ は正負の点電荷を示し，矢印の実線は電束線を表わしている．正電荷 ⊕ はそこから出て行く電束線の‘湧き出し口’に相当し，負電荷 ⊖ は電束線が入って行く‘吸い込み口’に相当している．電荷の存在する位置では div $\boldsymbol{D}$ は 0 に等しくない．これに対し (M-Ⅳ) の表象である図 9.1 では磁束線はその上に‘湧き出し口’も‘吸い込み口’ももっていない．div がどこでも 0 になっているためである．偏微分作用素 rot (または curl と書かれる) は流体力学的には渦を意味し，これに関しては Stokes の積分定理があって，電磁場内に任意の滑らかな閉曲線 C と，C を枠として張られた滑らかな曲面 S とを考えるとき ($C=\partial S$)，この空間内で定義されているベクトル $\boldsymbol{A}(\boldsymbol{r})$ に対して

$$\iint_S (\mathrm{rot}\ \boldsymbol{A})_n dS = \oint_C \boldsymbol{A}\cdot d\boldsymbol{r}$$

(添字の $\boldsymbol{n}$ は法線成分を意味する) が成立していることを教えている．

図 9.3 で棒磁石の N 極からは細い破線で示してあるように磁束線が出ている．

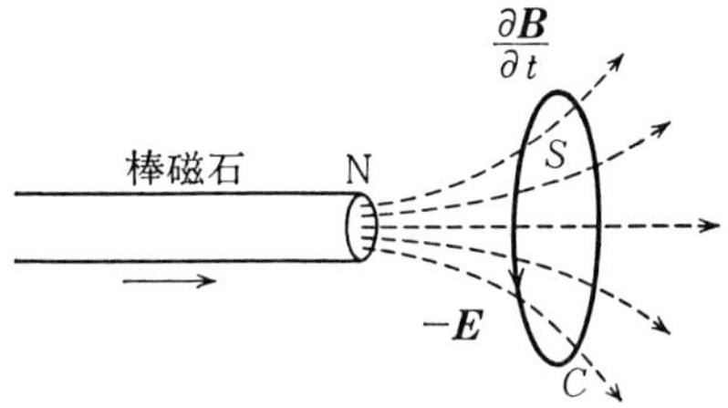

図 9.3　(9.2) 式の表象．棒磁石を → の方向に動かすとこれに垂直に置かれた閉回路 C を枠とする曲面 S を通りぬける磁束の変化率 $\partial \boldsymbol{B}/\partial t$ に比例する起電力が発生する．(Faraday の誘導法則)

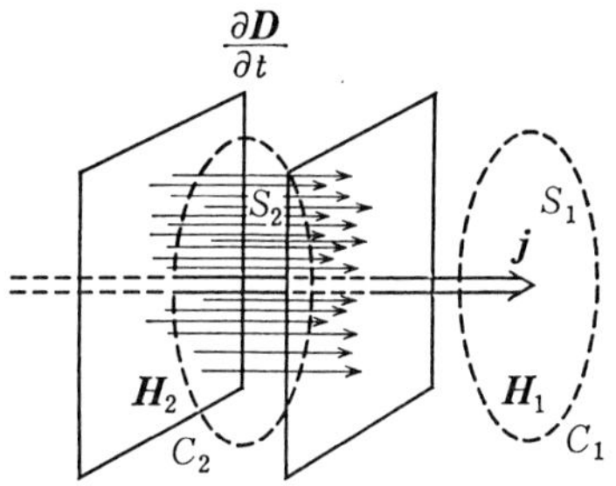

図 9.4　(9.1) 式の表象．定常直線電流 $\boldsymbol{j}$ の周りに磁場 $\boldsymbol{H}_1$ が生じている．他に時間的に変化する変位電流 $\partial \boldsymbol{D}/\partial t$ に比例する磁場 $\boldsymbol{H}_2$ が重ね合わされる．$\mathrm{rot}\,\boldsymbol{H}=\mathrm{rot}\,(\boldsymbol{H}_1+\boldsymbol{H}_2)$．

今，棒磁石を図に示した → の方向に動かすと，回路 C を枠とする面 S を通過している磁束が変化し，$\partial \boldsymbol{B}/\partial t$ が 0 でなくなる．その結果 C に沿って起電力が現われ，$\boldsymbol{E}_s$ (s は接線成分を表わす) は 0 ではなくなる．その結果 $\oint \boldsymbol{E}_s \cdot d\boldsymbol{s} \neq 0$．それゆえ Stokes の定理によって $\partial \boldsymbol{B}/\partial t$ に比例する $\mathrm{rot}\,\boldsymbol{E}$ を生ずる．これが図 9.3 に表象されている方程式 (M-II) の物理的意味である．最後に図 9.4 に示されているように，水平に置かれた直線導線に電流 $\boldsymbol{j}$ が流れているものとすると，Ampère の法則によって導線に直交している円形磁場 $\boldsymbol{H}_1$ が生じている．図 9.3 のときと同様 Stokes の定理により $\mathrm{rot}\,\boldsymbol{H}_1 \neq 0$ である．これは定常電流 $\boldsymbol{j}$ による磁場であるが，$\boldsymbol{D}$ が時間とともに変化すれば図 9.3 に論じた $\partial \boldsymbol{B}/\partial t$ の代りに $\partial \boldsymbol{D}/\partial t$ に比例する $\mathrm{rot}\,\boldsymbol{H}_2$ が生ずる．Maxwell はこのような考察によって，(M-I) の右辺には $\boldsymbol{j}$ に加えて変位電流 $(1/c)(\partial \boldsymbol{D}/\partial t)$ の項を補った．これが図 9.4 に表象

されている (M-I) の物理的意味である．

電荷 ρ と伝導電流 $\boldsymbol{j}$ が到る所で0に等しい場合には Maxwell の方程式は同次方程式系となる．力学的類推からわかるように，これは電磁場の自由振動現象を決定する．これに対して，時間とともに変化する ρ や $\boldsymbol{j}$ が存在するときに起こる現象は力学系での強制振動にあたる．また電磁場が時間とともに全く変化しないときは Maxwell の方程式は静電場，静磁場ないし定常状態を正しく記述する．はじめに直感があった (Faraday)．これから数感が生じた (Maxwell)．そして数感は最終的に基本方程式に定式化されてあます所がない(P. Hertz)．

Maxwell の方程式系に現われている電荷密度 ρ と電流密度 $\boldsymbol{j}$ は連続の式

(9.5) $$\frac{\partial\rho}{\partial t}+\operatorname{div}\boldsymbol{j}=0$$

によって結ばれている．(9.1) の左辺の div をとると div rot $\boldsymbol{H}$=0 となる．一般に任意のベクトル $\boldsymbol{V}$ に対して恒等式

(9.6) $$\operatorname{div}\operatorname{rot}\boldsymbol{V}=0$$

が成り立つからである．右辺の div をとり空間作用素 div と時間作用素 $\partial/\partial t$ との可換性と (M-III) とを用いるとすぐ (9.5) を得る．

まず取扱いの簡単な，電荷も電流も存在しない一様な等方性媒質中での場合につき一般的なことがらを述べよう．

等方性媒質では $\boldsymbol{D}, \boldsymbol{B}$ はそれぞれ電気分極 $\boldsymbol{P}$，磁気分極 (あるいは磁化強度) $\boldsymbol{M}$ を使って

(9.7) $$\boldsymbol{D}=\boldsymbol{E}+4\pi\boldsymbol{P},$$

(9.8) $$\boldsymbol{B}=\boldsymbol{H}+4\pi\boldsymbol{M}$$

と表わされる．電場 $\boldsymbol{E}$ があまり大きくなければ電気分極 $\boldsymbol{P}$ は $\boldsymbol{E}$ の1次関数で表わされる (弾性体の力学での Hooke の法則に対応する関係)：

(9.9) $$\boldsymbol{P}=\chi\boldsymbol{E}.$$

比例定数が電気感受率 χ である．同様に，磁気感受率 χ_m を比例定数として

(9.10) $$\boldsymbol{M}=\chi_m\boldsymbol{H}$$

という1次関係が得られる．また直接 $\boldsymbol{D}$ と $\boldsymbol{E}$，$\boldsymbol{B}$ と $\boldsymbol{H}$ の1次関係

(9.11) $$\boldsymbol{D}=\varepsilon\boldsymbol{E},$$

(9.12) $$\boldsymbol{B}=\mu\boldsymbol{H}$$

がある．比例定数 ε を誘電率，μ を透磁率という．(9.7), (9.9), (9.11) から

$$\varepsilon = 1+4\pi\chi, \tag{9.13}$$

(9.8), (9.10), (9.12) から

$$\mu = 1+4\pi\chi_m \tag{9.14}$$

の関係が出る．χ が負になることはなく $\varepsilon \geqq 1$ であって，$\varepsilon=1$ が真空に対応する．$\chi_m>0$ は常磁性体，$\chi_m<0$ は反磁性体において実現している．(反磁性体ではより微視的な考察が必要であって本講ではいっさい触れない.)

§9.2 一様な等方性媒質中での Maxwell の方程式系；電荷，電流が存在しない場合の *E*, *H*, *D*, *B* がみたす波動方程式

電荷，電流がともに存在しない場合の Maxwell の方程式系は，同次方程式系

$$\mathrm{rot}\, \boldsymbol{H} - \frac{1}{c}\frac{\partial \boldsymbol{D}}{\partial t} = 0, \tag{9.15}$$

$$\mathrm{rot}\, \boldsymbol{E} + \frac{1}{c}\frac{\partial \boldsymbol{B}}{\partial t} = 0, \tag{9.16}$$

$$\mathrm{div}\, \boldsymbol{D} = 0, \tag{9.17}$$

$$\mathrm{div}\, \boldsymbol{B} = 0 \tag{9.18}$$

である．(9.11), (9.12) から $\boldsymbol{D}=\varepsilon\boldsymbol{E}$, $\boldsymbol{H}=\boldsymbol{B}/\mu$ を用いて $\boldsymbol{E}, \boldsymbol{D}, \boldsymbol{H}, \boldsymbol{B}$ の中の 2 量を消去し，残りの 2 量だけの関係を導くことができる．一様な媒質では ε, μ は定数であるから，例えば $\boldsymbol{E}$ と $\boldsymbol{B}$ とを残したものは

$$\frac{1}{\mu}\mathrm{rot}\, \boldsymbol{B} - \frac{\varepsilon}{c}\frac{\partial \boldsymbol{E}}{\partial t} = 0, \tag{9.15 a}$$

$$\mathrm{rot}\, \boldsymbol{E} + \frac{1}{c}\frac{\partial \boldsymbol{B}}{\partial t} = 0 \tag{9.16 a}$$

となる．(9.15 a) に rot を作用させると，第 1 項は，一般のベクトル $\boldsymbol{V}$ に関して成立する公式

$$\mathrm{rot}\,\mathrm{rot}\, \boldsymbol{V} = \mathrm{grad}\,\mathrm{div}\, \boldsymbol{V} - \triangle \boldsymbol{V} \tag{9.19}$$

で $\boldsymbol{V}=\boldsymbol{B}$ とおいて (9.18) を考慮すると，$-\triangle \boldsymbol{B}/\mu$ となる．rot と $\partial/\partial t$ とが可換であることを使うと，(9.16 a) によりこれは $(1/c)\partial^2 \boldsymbol{B}/\partial t^2$ と書き直される．その結果，ベクトル $\boldsymbol{B}$ はつぎのベクトル**波動方程式**をみたすことがわかる：

(9.20 a)
$$\frac{\partial^2 \boldsymbol{B}}{\partial t^2} = v^2 \triangle \boldsymbol{B}, \qquad v = \frac{c}{\sqrt{\varepsilon\mu}}.$$

全く同様に，$\boldsymbol{E}$ を残して $\boldsymbol{B}$ を消去すれば，$\boldsymbol{E}$ が同じ方程式

(9.20 b)
$$\frac{\partial^2 \boldsymbol{E}}{\partial t^2} = v^2 \triangle \boldsymbol{E}$$

をみたさなくてはならないことがわかる．他の量についても同様である．上に注意したように，ε は一般に 1 より大きい．また μ は，常磁性体では 1 より大きく，反磁性体でも反強磁性体を除けば 1 に近い $(\mu \gtrsim 1)$ 値をもつ．したがって v は c より小さい．これから，電磁波は一般に真空中での光速より遅い速さで媒質中を伝わって行くことが期待される．ただし分散性の媒質では，§9.10 に述べるように電磁波は，振動数 (周波数) によって速さが変わるために，弦を伝わって行く波のように単純な波形で伝わるわけにはいかない．

§9.3　電荷，電流が存在する場合の Maxwell の方程式系

以上は電荷，電流の存在しない簡単な場合であったが，これら 2 量が存在する場合でも電場があまり強くないときには，等方性媒質中では電流ベクトル $\boldsymbol{j}$ は $\boldsymbol{E}$ と平行になり，電気伝導率を σ とすると

(9.21)
$$\boldsymbol{j} = \sigma \boldsymbol{E}$$

の関係が成り立つので，物質定数がもう一つ増しただけで，(たとえば) $\boldsymbol{E}, \boldsymbol{H}$ に関しての方程式系として表わされるという点では前と変わりがない．ただ，波動方程式の代りに，σ に比例する 1 階導関数の項の加わった方程式が現われる (たとえば後述の (9.27))．§9.2 では未知量として $\boldsymbol{E}$ および $\boldsymbol{B}$ をとったものを示したから，今度は $\boldsymbol{E}, \boldsymbol{H}$ に関するものを書こう．誘電率 ε，透磁率 μ，電気伝導率 σ が定数である媒質中では，Maxwell の方程式系は

(9.22) (M-Ⅰ)′
$$\mathrm{rot}\,\boldsymbol{H} - \frac{\varepsilon}{c}\frac{\partial \boldsymbol{E}}{\partial t} = \frac{4\pi\sigma}{c}\boldsymbol{E},$$

(9.23) (M-Ⅱ)′
$$\mathrm{rot}\,\boldsymbol{E} + \frac{\mu}{c}\frac{\partial \boldsymbol{H}}{\partial t} = 0,$$

(9.24) (M-Ⅲ)′
$$\mathrm{div}\,\boldsymbol{E} = 4\pi\frac{\rho}{\varepsilon},$$

(9.25) (M-Ⅳ)′
$$\mathrm{div}\,\boldsymbol{H} = 0$$

で与えられる．(ε, μ, σ はどれも正数である.) 例の通り (9.22) の rot をとり (9.23) を用いれば，(9.19) によって

$$\text{grad}\,\text{div}\,\boldsymbol{H} - \triangle \boldsymbol{H} + \frac{\varepsilon\mu}{c^2}\frac{\partial^2 \boldsymbol{H}}{\partial t^2} = -\frac{4\pi\sigma\mu}{c^2}\frac{\partial \boldsymbol{H}}{\partial t}. \tag{9.26}$$

(9.25) により $\text{div}\,\boldsymbol{H}=0$ であるから，すでに述べた通り $\partial \boldsymbol{H}/\partial t$ の加わった方程式

$$\frac{\varepsilon\mu}{c^2}\frac{\partial^2 \boldsymbol{H}}{\partial t^2} + \frac{4\pi\sigma\mu}{c^2}\frac{\partial \boldsymbol{H}}{\partial t} - \triangle \boldsymbol{H} = 0 \tag{9.27}$$

が得られる．これはいわゆる (ベクトル) **電信方程式**である．$\boldsymbol{E}$ と $\boldsymbol{H}$ の役割を取りかえて計算すれば，(9.27) に対応する式として

$$\frac{\varepsilon\mu}{c^2}\frac{\partial^2 \boldsymbol{E}}{\partial t^2} + \frac{4\pi\sigma\mu}{c^2}\frac{\partial \boldsymbol{E}}{\partial t} + \text{grad}\,\text{div}\,\boldsymbol{E} - \triangle \boldsymbol{E} = 0 \tag{9.28}$$

が得られる．(9.20 a), (9.20 b) に見られるような $\boldsymbol{E}, \boldsymbol{H}$ 両ベクトルに関しての対称性はもはや成り立たない．電荷 ρ が存在しない場合には $\text{div}\,\boldsymbol{E}$ が 0 となるから，このときには同じ形の偏微分方程式が成立するのである．

つぎに，電磁波の問題で特に大切な，電磁場がともに一定の振動数 ν (角周波数 $\omega=2\pi\nu$) で振動するいわゆる単色波の場合について調べよう．このときは (9.27) もしくは (9.28) において

$$\boldsymbol{H}(t, \boldsymbol{r}) = \boldsymbol{H}(\boldsymbol{r})e^{-i\omega t}, \qquad \boldsymbol{E}(t, \boldsymbol{r}) = \boldsymbol{E}(\boldsymbol{r})e^{-i\omega t} \tag{9.29}$$

とおいて $\boldsymbol{H}(\boldsymbol{r}), \boldsymbol{E}(\boldsymbol{r})$ に関する方程式を求めると，$\boldsymbol{H}(\boldsymbol{r})$ については

$$\triangle \boldsymbol{H} + k^2 \boldsymbol{H} = 0, \tag{9.30}$$

$$k^2 = \frac{\omega^2\varepsilon\mu + i4\pi\omega\sigma\mu}{c^2} \tag{9.31}$$

が得られ，$\sigma=0$ でない限り，$\boldsymbol{H}$ は k^2 が複素係数の Helmholtz の方程式をみたすことがわかる．このときには，実係数の Helmholtz の方程式の場合とちがって，σ に依存する減衰が起る．

$\boldsymbol{E}$ については，(9.28) から方程式

$$-\frac{\omega^2\varepsilon\mu + i4\pi\omega\sigma\mu}{c^2}\boldsymbol{E} + \text{grad}\,\text{div}\,\boldsymbol{E} - \triangle \boldsymbol{E} = 0 \tag{9.32}$$

が得られる．(9.22) から $\text{rot}\,\boldsymbol{H} = (4\pi\sigma - i\varepsilon\omega)\boldsymbol{E}/c$ であるから，

$$\text{div}\,\boldsymbol{E} = \frac{c}{4\pi\sigma - i\varepsilon\omega}\,\text{div}\,\text{rot}\,\boldsymbol{H}$$

となるが，(9.6) によりこれは0である．したがって，単色波の場合には $\boldsymbol{E}$ も $\boldsymbol{H}$ と同じ形の方程式

(9.33)
$$\triangle \boldsymbol{E}+k^2\boldsymbol{E}=0, \qquad k^2=\frac{\omega^2\varepsilon\mu+i4\pi\omega\sigma\mu}{c^2}$$

をみたすことがわかる．

なお数理物理学上の問題では，基礎の微分方程式が同じでも境界条件と初期条件によって多種多様の解がある．本講では紙面の制約からこれらの条件については全く説明を省略する．また，境界条件の一種であるが，異なる種類の媒質の境界面でのつながりの条件も実用上非常に重要な役割を占める．これについても，$\boldsymbol{E}$ と $\boldsymbol{H}$ は境界に沿っての接線成分が，$\boldsymbol{D}$ と $\boldsymbol{B}$ は法線成分が，それぞれ連続につながるという条件があることを注意するに止める．

§9.4　スカラー・ポテンシャルとベクトル・ポテンシャル

§9.3 では $\boldsymbol{E}$ と $\boldsymbol{H}$ が満足する方程式を求めた．その解をきめれば $\boldsymbol{D}, \boldsymbol{B}$ が定まり，Maxwell の方程式系の解の組が得られる．しかし本節では，直接観測にかかるこれらの物理量の代りに，これらの基本量を与えるポテンシャルのみたす方程式を求める．これらはその名の示すように，力学での Newton ポテンシャルや流体力学での速度ポテンシャルに対応するものである．簡単のため一様な等方性媒質に限って述べよう．時変数 t と空間変数 $\boldsymbol{r}$ を独立変数とするスカラー関数 $\varPhi(t, \boldsymbol{r})$ とベクトル関数 $\boldsymbol{A}(t, \boldsymbol{r})$ が与えられたとして，適当な階数までの偏導関数の存在を仮定する．これらから次の関係

(9.34)
$$\boldsymbol{B}=\mathrm{rot}\,\boldsymbol{A},$$

(9.35)
$$\boldsymbol{E}=-\mathrm{grad}\,\varPhi-\frac{1}{c}\frac{\partial \boldsymbol{A}}{\partial t}$$

によって定義される2個のベクトル $\boldsymbol{B}, \boldsymbol{E}$ はちょうど Maxwell の方程式系の磁束ベクトルおよび電場ベクトル $\boldsymbol{B}, \boldsymbol{E}$ に対する可能な1組の解を提供することが示される．$\varPhi$ を**スカラー・ポテンシャル**，$\boldsymbol{A}$ を**ベクトル・ポテンシャル**と呼ぶ．

(9.34) で表わされた $\boldsymbol{B}$ は $\mathrm{div}\,\boldsymbol{B}=0$ (M-IV) を自然にみたしている．また，(9.34) を (9.2) に代入すれば

$$\mathrm{rot}\,\boldsymbol{E}+\frac{1}{c}\frac{\partial}{\partial t}\mathrm{rot}\,\boldsymbol{A}=\mathrm{rot}\left(\boldsymbol{E}+\frac{1}{c}\frac{\partial \boldsymbol{A}}{\partial t}\right)$$

となるから，(9.35) によってこれは $-\mathrm{rot}\,\mathrm{grad}\,\Phi$ の形になる．任意の $\Phi\in C^2$ について成立する恒等式

$$\mathrm{rot}\,\mathrm{grad}\,\Phi=0$$

によって (M-II) が満足されることは明らかである．§9.2 では，簡単のため電荷，電流とも 0 のときに限って $\boldsymbol{E}, \boldsymbol{B}$ などの満足する方程式を求めておいたが，今度は一般の $\rho\neq 0$, $\boldsymbol{j}\neq 0$ の場合について $\rho, \boldsymbol{j}$ に関係のある残りの 2 式を変形した式を求める．(M-I) すなわち (9.1) を (9.34) と (9.35) を用いて書き直せば

$$\frac{1}{\mu}\mathrm{rot}\,\mathrm{rot}\,\boldsymbol{A}+\frac{\varepsilon}{c}\left\{\frac{1}{c}\frac{\partial^2\boldsymbol{A}}{\partial t^2}+\frac{\partial}{\partial t}\mathrm{grad}\,\Phi\right\}$$
$$=\frac{\varepsilon}{c^2}\left\{\frac{\partial^2\boldsymbol{A}}{\partial t^2}-\frac{c^2}{\varepsilon\mu}\triangle\boldsymbol{A}\right\}+\frac{\varepsilon}{c}\mathrm{grad}\left\{\frac{\partial\Phi}{\partial t}+\frac{c}{\varepsilon\mu}\mathrm{div}\,\boldsymbol{A}\right\}$$

となるから，(M-I) は結局

$$\frac{\partial^2\boldsymbol{A}}{\partial t^2}-\frac{c^2}{\varepsilon\mu}\triangle\boldsymbol{A}+c\,\mathrm{grad}\left\{\frac{\partial\Phi}{\partial t}+\frac{c}{\varepsilon\mu}\mathrm{div}\,\boldsymbol{A}\right\}=\frac{4\pi c}{\varepsilon}\boldsymbol{j} \tag{9.36}$$

と書き表わされる．同様に，$\mathrm{div}\,\boldsymbol{D}$ は

$$\mathrm{div}\,\boldsymbol{D}=\varepsilon\,\mathrm{div}\,\boldsymbol{E}=-\varepsilon\left\{\mathrm{div}\,\mathrm{grad}\,\Phi+\frac{1}{c}\mathrm{div}\frac{\partial\boldsymbol{A}}{\partial t}\right\}=-\varepsilon\triangle\Phi-\frac{\varepsilon}{c}\mathrm{div}\frac{\partial\boldsymbol{A}}{\partial t}$$

と変形されるから (M-III) はつぎのように書き表わされることがわかる：

$$\triangle\Phi+\frac{1}{c}\mathrm{div}\frac{\partial\boldsymbol{A}}{\partial t}=-\frac{4\pi\rho}{\varepsilon}. \tag{9.37}$$

電荷および電流が時変数および空間変数の関数として与えられているとき，(9.36), (9.37) の両式をみたすスカラー $\Phi(t,\boldsymbol{r})$ とベクトル $\boldsymbol{A}(t,\boldsymbol{r})$ を定めることができれば，これを (9.34), (9.35) に代入することにより磁束 $\boldsymbol{B}$ と電場 $\boldsymbol{E}$ が求められる．これから残りの物理量である電束 $\boldsymbol{D}$, 磁場 $\boldsymbol{H}$ が得られることは例の通りである．したがって，問題は (9.36), (9.37) をみたす $\Phi, \boldsymbol{A}$ を求めることに帰着する．なおポテンシャルは一意的に定まるものではない．場の量 $\boldsymbol{B}, \boldsymbol{E}$ などはすべて両ポテンシャルの偏導関数のみに依存しているものであるから定数まではきまらないことは力学，流体力学の場合と同様だが，電磁気に現われるポテンシャルは (9.34) と (9.35) の両式で関連しあっているため，さらに複雑な相互関係

をもっている．以下に述べるゲージ変換性がその現われである．

一般のゲージ変換を説明するに先立って，物理学上よく使われる例を述べよう．

例題 9.1　3個のベクトル・ポテンシャル $\boldsymbol{A}_1=(-By/2, Bx/2, 0)$，$\boldsymbol{A}_2=(0, Bx, 0)$，$\boldsymbol{A}_3=(-By, 0, 0)$ から求められる磁束はどれも同じで $\boldsymbol{B}=(0, 0, B)$ である．これらのベクトル・ポテンシャルの間にはまた，

$$\operatorname{grad} U=\left(\frac{B}{2}y, \frac{B}{2}x, 0\right), \qquad \operatorname{grad} V=\left(-\frac{B}{2}y, -\frac{B}{2}x, 0\right)$$

を使うと

$$\boldsymbol{A}_2=\boldsymbol{A}_1+\operatorname{grad} U, \qquad \boldsymbol{A}_3=\boldsymbol{A}_1+\operatorname{grad} V$$

の関係があることがわかる．

ゲージ変換

(9.34), (9.35) によって磁束および電場ベクトル $\boldsymbol{B}, \boldsymbol{E}$ を与えるスカラーおよびベクトル・ポテンシャルの組 $(\varPhi, \boldsymbol{A})$ は一意的でない．いま $\varPhi$ と $\boldsymbol{A}$ の代りに各変数に関して C^1 級のスカラー関数 $\varLambda$ を用いて

$$\varPhi(t, \boldsymbol{r}) \longrightarrow \varPhi'(t, \boldsymbol{r})=\varPhi(t, \boldsymbol{r})-\frac{\partial \varLambda}{c\partial t}(t, \boldsymbol{r}), \tag{9.38}$$

$$\boldsymbol{A}(t, \boldsymbol{r}) \longrightarrow \boldsymbol{A}'(t, \boldsymbol{r})=\boldsymbol{A}(t, \boldsymbol{r})+\operatorname{grad} \varLambda(t, \boldsymbol{r}) \tag{9.39}$$

という変換によって移される新しいスカラーおよびベクトル・ポテンシャル $(\varPhi', \boldsymbol{A}')$ を考える．これを使って得られる (9.34), (9.35) と同じ形の式

$$\boldsymbol{B}'=\operatorname{rot} \boldsymbol{A}', \qquad \boldsymbol{E}'=-\operatorname{grad} \varPhi'-\frac{1}{c}\frac{\partial \boldsymbol{A}'}{\partial t}$$

によって定まる量 $\boldsymbol{B}', \boldsymbol{E}'$ は，$(\varPhi, \boldsymbol{A})$ から定まる $\boldsymbol{B}, \boldsymbol{E}$ と同じものであることが示される．変換 (9.38), (9.39) を $(\varPhi, \boldsymbol{A})$ に対する**ゲージ変換**という．すなわち電磁場の基本方程式である Maxwell の方程式系はゲージ変換に対する不変式になっている．

問　Maxwell の方程式系のゲージ不変性を証明せよ．

いま述べたゲージ変換の不定性を利用して，適当なゲージを選ぶことにより $\boldsymbol{A}$, $\varPhi$ がみたすべき方程式をもっと制限することができる．まず

$$\frac{\partial \varPhi_{\mathrm{L}}}{\partial t}+\frac{c}{\varepsilon\mu}\operatorname{div} \boldsymbol{A}_{\mathrm{L}}=0 \tag{9.40}$$

となるように定めたゲージを Lorentz ゲージという．このようにゲージを選べば，(9.36) により $\boldsymbol{A}_{\mathrm{L}}$ は

$$\frac{\partial^2 \boldsymbol{A}_{\mathrm{L}}}{\partial t^2}-\frac{c^2}{\varepsilon\mu}\triangle \boldsymbol{A}_{\mathrm{L}}=\frac{4\pi c}{\varepsilon}\boldsymbol{j} \tag{9.41}$$

をみたす．一方 (9.40) を (9.37) に代入すれば，Φ_{L} はつぎの方程式をみたす:

$$\frac{\partial^2 \Phi_{\mathrm{L}}}{\partial t^2}-\frac{c^2}{\varepsilon\mu}\triangle \Phi_{\mathrm{L}}=\frac{4\pi c^2}{\varepsilon^2\mu}\rho. \tag{9.42}$$

こうして，Lorentz ゲージを選ぶならば $\boldsymbol{A}_{\mathrm{L}}$ も Φ_{L} も源泉項をもつベクトル波動方程式 (9.41), (9.42) の解となり，これを (9.34), (9.35) に入れれば Maxwell の方程式系の解である $\boldsymbol{B}, \boldsymbol{E}$ 両ベクトルが求められる．

特に電荷，電流とも 0 の場合には両ポテンシャルとも波動方程式の解として得られ，それらは $v=c/\sqrt{\varepsilon\mu}$ の速さで空間を伝播する波動となる．

§9.5 Maxwell の方程式系のテンソル表現

ベクトル・ポテンシャル $\boldsymbol{A}(A_1, A_2, A_3)$ の 3 成分にスカラー・ポテンシャル Φ を用いて $A_4=i\Phi$ で定義された第 4 成分を加えた 4 元ポテンシャル $(A_i)=(A_1, A_2, A_3, A_4)$ を導入する．これに対し $\boldsymbol{r}(x_1, x_2, x_3)$ の 3 成分に $x_4=ict$ を加えた 4 元座標 $(x_i)=(x_1, x_2, x_3, x_4)$ を定義する．このとき

$$F_{ik}=\frac{\partial A_k}{\partial x_i}-\frac{\partial A_i}{\partial x_k} \qquad (i, k=1, 2, 3, 4) \tag{9.43}$$

を成分とする 2 階反対称テンソルを計算すると，たとえば $i=1$, $k=2$ とした

$$F_{12}=\frac{\partial A_2}{\partial x_1}-\frac{\partial A_1}{\partial x_2}=B_3 \tag{9.44}$$

は，(9.34) によって磁束ベクトルの第 3 成分を与える．また $i=3$, $k=4$ とすれば

$$\begin{aligned} \boldsymbol{F}_{34}&=\frac{\partial A_4}{\partial x_3}-\frac{\partial A_3}{\partial x_4}=i\frac{\partial \Phi}{\partial x_3}-\frac{1}{ic}\frac{\partial A_3}{\partial t} \\ &=-i\left(-\frac{\partial \Phi}{\partial x_3}-\frac{1}{c}\frac{\partial A_3}{\partial t}\right)=-iE_3 \end{aligned} \tag{9.45}$$

となって電場ベクトルの定数倍を与える．同様に巡回的に計算すればテンソル (9.45) は

$$[F_{ik}]=\begin{bmatrix} 0 & B_3 & -B_2 & -iE_1 \\ -B_3 & 0 & B_1 & -iE_2 \\ B_2 & -B_1 & 0 & -iE_3 \\ iE_1 & iE_2 & iE_3 & 0 \end{bmatrix} \tag{9.46}$$

となり, $\boldsymbol{B}$ と $\boldsymbol{E}$ の両ベクトルを統合した6元ベクトルの成分が2階反対称テンソルの形で表現されることになる.

F_{ik} を使うと Maxwell の方程式系の $\boldsymbol{E}, \boldsymbol{B}$ だけに依存する式(M-II), (M-IV), すなわち

$$\mathrm{rot}\,\boldsymbol{E}+\frac{1}{c}\frac{\partial \boldsymbol{B}}{\partial t}=0, \qquad \mathrm{div}\,\boldsymbol{B}=0$$

はひとまとめにしてつぎのテンソル方程式で表わされる:

$$\frac{\partial F_{ik}}{\partial x_l}+\frac{\partial F_{kl}}{\partial x_i}+\frac{\partial F_{li}}{\partial x_k}=0 \qquad (i, k, l=1, 2, 3, 4). \tag{9.47}$$

同様に

$$H_{12}=\frac{1}{\mu}\left(\frac{\partial A_2}{\partial x_1}-\frac{\partial A_1}{\partial x_2}\right), \qquad \text{その巡回置換式,} \tag{9.48}$$

$$H_{43}=\varepsilon\left(\frac{\partial A_3}{\partial x_4}-\frac{\partial A_4}{\partial x_3}\right), \qquad \text{その巡回置換式}$$

から作ったテンソル

$$[H_{ik}]=\begin{bmatrix} 0 & H_3 & -H_2 & -iD_1 \\ -H_3 & 0 & H_1 & -iD_2 \\ H_2 & -H_1 & 0 & -iD_3 \\ iD_1 & iD_2 & iD_3 & 0 \end{bmatrix} \tag{9.49}$$

は $\boldsymbol{H}, \boldsymbol{D}$ 両ベクトルを統合した6元ベクトルの成分を反対称テンソルの形にまとめた表現を与える. そこで, 4元電流を $(J_i)=(J_1=j_1, J_2=j_2, J_3=j_3, J_4=ic\rho)$ で定義すれば,

$$\sum_{k=1}^{4}\frac{\partial H_{ik}}{\partial x_k}=\frac{4\pi}{c}J_i \qquad (i=1, 2, 3, 4) \tag{9.50}$$

が Maxwell 方程式系の残りの(M-I), (M-III) をひとまとめに表わしたテンソル方程式である.

§9.6 Maxwell の方程式系の外微分形式表現

E. Kähler は，E. Cartan により導入された外微分形式の理論の線に沿い Maxwell 方程式系をさらにエレガントな形に表わすことに成功した．すなわち，$D_k=D_k(x_1, x_2, x_3, x_4=ct)$ および $H_k=H_k(x_1, x_2, x_3, x_4=ct)$ を係数にもつ 2 次の外微分形式

(9.51) $$\vartheta_2{}^{(1)} = D_1 dx_2\wedge dx_3 + D_2 dx_3\wedge dx_1 + D_3 dx_1\wedge dx_2 - H_1 dx_1\wedge dx_4 - H_2 dx_2\wedge dx_4 - H_3 dx_3\wedge dx_4$$

と，同じく $B_k=B_k(x_1, x_2, x_3, x_4)$ および $E_k=E_k(x_1, x_2, x_3, x_4)$ を係数にもつもう一つの 2 次の外微分形式

(9.52) $$\vartheta_2{}^{(2)} = B_1 dx_2\wedge dx_3 + B_2 dx_3\wedge dx_1 + B_3 dx_1\wedge dx_2 + E_1 dx_1\wedge dx_4 + E_2 dx_2\wedge dx_4 + E_3 dx_3\wedge dx_4$$

と，$\rho(x_1, x_2, x_3, x_4)$，$j_k(x_1, x_2, x_3, x_4)$ を係数とする 3 次の外微分形式

(9.53) $$\Omega_3 = 4\pi\left\{\rho dx_1\wedge dx_2\wedge dx_3 - \frac{j_1}{c}dx_2\wedge dx_3\wedge dx_4 - \frac{j_2}{c}dx_3\wedge dx_1\wedge dx_4 - \frac{j_3}{c}dx_1\wedge dx_2\wedge dx_4\right\}$$

を使うと，Maxwell の方程式系は外微分作用素 d を用いて

(9.54) $$d\vartheta_2{}^{(1)} - \Omega_3 = 0,$$

(9.55) $$d\vartheta_2{}^{(2)} = 0$$

と書き表わすことができる．これを証明しよう．

式 (9.51) の右辺第 1 項に d を作用させると，

$$d\{D_1 dx_2\wedge dx_3\} = \sum_{k=1}^{4}\frac{\partial D_1}{\partial x_k}dx_k\wedge dx_2\wedge dx_3$$

となるが，外微分の定義に従って導かれる外積の関係式

(9.56) $$dx_k\wedge dx_k = 0, \qquad dx_k\wedge dx_j + dx_j\wedge dx_k = 0$$

を考慮すれば，$\partial D_1/\partial x_2$ と $\partial D_1/\partial x_3$ にかかる項は消えて

$$d\{D_1 dx_2\wedge dx_3\} = \frac{\partial D_1}{\partial x_1}dx_1\wedge dx_2\wedge dx_3 + \frac{\partial D_1}{\partial x_4}dx_4\wedge dx_2\wedge dx_3$$

となることが確かめられる．同様の操作を後続項にほどこしてまとめると

(9.57) $$d\{D_1 dx_2\wedge dx_3 + D_2 dx_3\wedge dx_1 + D_3 dx_1\wedge dx_2\}$$

$$=\left(\frac{\partial D_1}{\partial x_1}+\frac{\partial D_2}{\partial x_2}+\frac{\partial D_3}{\partial x_3}\right)dx_1\wedge dx_2\wedge dx_3+\frac{1}{c}\frac{\partial D_1}{\partial t}dx_4\wedge dx_2\wedge dx_3$$

$$+\frac{1}{c}\frac{\partial D_2}{\partial t}dx_4\wedge dx_3\wedge dx_1+\frac{1}{c}\frac{\partial D_3}{\partial t}dx_4\wedge dx_1\wedge dx_2$$

が得られる．上と同様にして

$$d(H_1\wedge dx_1\wedge dx_4)=\frac{\partial H_1}{\partial x_2}dx_2\wedge dx_1\wedge dx_4+\frac{\partial H_1}{\partial x_3}dx_3\wedge dx_1\wedge dx_4.$$

$d(H_2\wedge dx_2\wedge dx_4)$, $d(H_3\wedge dx_3\wedge dx_4)$ も同様に計算して加え，これを (9.57) から引くことによって，結局

$$d\vartheta_2{}^{(1)}=\operatorname{div}\boldsymbol{D}\,dx_1\wedge dx_2\wedge dx_3+\left\{\frac{1}{c}\frac{\partial D_1}{\partial t}-\left(\frac{\partial H_3}{\partial x_2}-\frac{\partial H_2}{\partial x_3}\right)\right\}dx_2\wedge dx_3\wedge dx_4$$

$$+\left\{\frac{1}{c}\frac{\partial D_2}{\partial t}-\left(\frac{\partial H_1}{\partial x_3}-\frac{\partial H_3}{\partial x_1}\right)\right\}dx_3\wedge dx_1\wedge dx_4$$

$$+\left\{\frac{1}{c}\frac{\partial D_3}{\partial t}-\left(\frac{\partial H_2}{\partial x_1}-\frac{\partial H_1}{\partial x_2}\right)\right\}dx_1\wedge dx_2\wedge dx_4$$

の関係が得られる．これと (9.53) とを組み合せることにより，(9.54) の左辺は

(9.58)
$$d\vartheta_2{}^{(1)}-\Omega_3=\{\operatorname{div}\boldsymbol{D}-4\pi\rho\}dx_1\wedge dx_2\wedge dx_3$$

$$+\left\{\frac{1}{c}\frac{\partial D_1}{\partial t}-\left(\frac{\partial H_3}{\partial x_2}-\frac{\partial H_2}{\partial x_3}\right)+\frac{4\pi}{c}j_1\right\}dx_2\wedge dx_3\wedge dx_4$$

$$+\left\{\frac{1}{c}\frac{\partial D_2}{\partial t}-\left(\frac{\partial H_1}{\partial x_3}-\frac{\partial H_3}{\partial x_1}\right)+\frac{4\pi}{c}j_2\right\}dx_3\wedge dx_1\wedge dx_4$$

$$+\left\{\frac{1}{c}\frac{\partial D_3}{\partial t}-\left(\frac{\partial H_2}{\partial x_1}-\frac{\partial H_1}{\partial x_2}\right)+\frac{4\pi}{c}j_3\right\}dx_1\wedge dx_2\wedge dx_4$$

と書き表わすことができる．Maxwell の方程式 (M-I), (M-Ⅲ) が成り立っているとすれば，これが0となることは明らかである．また逆に，$dx_1\wedge dx_2\wedge dx_3$, $dx_2\wedge dx_3\wedge dx_4$, $dx_3\wedge dx_1\wedge dx_4$, $dx_1\wedge dx_2\wedge dx_4$ は互いに線型独立だから，(9.58) が 0 であるとすれば，各係数項は 0 に等しいことになるが，これは明らかに (M-I), (M-Ⅲ) が成立していることにほかならない．すなわち

(9.59)
$$d\vartheta_2{}^{(1)}-\Omega_3=0\iff \operatorname{rot}\boldsymbol{H}-\frac{1}{c}\frac{\partial \boldsymbol{D}}{\partial t}=\frac{4\pi}{c}\boldsymbol{j},\qquad \operatorname{div}\boldsymbol{D}=4\pi\rho$$

が示された．

同様にして (9.52) の外微分形式からは

$$d\vartheta_2^{(2)} = \left\{\frac{\partial B_1}{\partial x_1}dx_1 + \frac{1}{c}\frac{\partial B_1}{\partial t}dx_4\right\} \wedge dx_2 \wedge dx_3$$
$$+ \left\{\frac{\partial B_2}{\partial x_2}dx_2 + \frac{1}{c}\frac{\partial B_2}{\partial t}dx_4\right\} \wedge dx_3 \wedge dx_1$$
$$+ \left\{\frac{\partial B_3}{\partial x_3}dx_3 + \frac{1}{c}\frac{\partial B_3}{\partial t}dx_4\right\} \wedge dx_1 \wedge dx_2$$
$$+ \left\{\frac{\partial E_1}{\partial x_2}dx_2 + \frac{\partial E_1}{\partial x_3}dx_3\right\} \wedge dx_1 \wedge dx_4$$
$$+ \left\{\frac{\partial E_2}{\partial x_1}dx_1 + \frac{\partial E_2}{\partial x_3}dx_3\right\} \wedge dx_2 \wedge dx_4$$
$$+ \left\{\frac{\partial E_3}{\partial x_1}dx_1 + \frac{\partial E_3}{\partial x_2}dx_2\right\} \wedge dx_3 \wedge dx_4$$
$$= \left\{\frac{\partial B_1}{\partial x_1} + \frac{\partial B_2}{\partial x_2} + \frac{\partial B_3}{\partial x_3}\right\} dx_1 \wedge dx_2 \wedge dx_3$$
$$+ \left\{\left(\frac{\partial E_3}{\partial x_2} - \frac{\partial E_2}{\partial x_3}\right) + \frac{1}{c}\frac{\partial B_1}{\partial t}\right\} dx_2 \wedge dx_3 \wedge dx_4$$
$$+ \left\{\left(\frac{\partial E_1}{\partial x_3} - \frac{\partial E_3}{\partial x_1}\right) + \frac{1}{c}\frac{\partial B_2}{\partial t}\right\} dx_3 \wedge dx_1 \wedge dx_4$$
$$+ \left\{\left(\frac{\partial E_2}{\partial x_1} - \frac{\partial E_1}{\partial x_2}\right) + \frac{1}{c}\frac{\partial B_3}{\partial t}\right\} dx_1 \wedge dx_2 \wedge dx_4. \tag{9.60}$$

これから上と同様の考察によって

$$d\vartheta_2^{(2)} = 0 \iff \mathrm{rot}\, \boldsymbol{E} + \frac{1}{c}\frac{\partial \boldsymbol{B}}{\partial t} = 0, \ \ \mathrm{div}\, \boldsymbol{B} = 0 \tag{9.61}$$

が得られる．

なお，一般に外微分形式 ω が与えられたとき，これに d を2度ほどこした結果は0に等しいこと，すなわち

$$d^2\omega = 0 \tag{9.62}$$

が成り立つことが外微分形式の理論から知られているので，Maxwell の方程式の外微分表現

$$\Omega_3 = d\vartheta_2^{(1)} \tag{9.63}$$

に d をもう1度作用させると，

$$d\Omega_3 = 0 \tag{9.64}$$

が成り立つはずである．一方，(9.53) に d を作用させることにより，容易に

$$d\Omega_3 = -\frac{4\pi}{c}\left\{\frac{\partial\rho}{\partial t}+\left(\frac{\partial j_1}{\partial x_1}+\frac{\partial j_2}{\partial x_2}+\frac{\partial j_3}{\partial x_3}\right)\right\}dx_1\wedge dx_2\wedge dx_3\wedge dx_4$$

となることを示すことができる(簡単な演習問題！)．これから

$$d\Omega_3 = 0 \iff \frac{\partial\rho}{\partial t}+\mathrm{div}\,\boldsymbol{j} = 0 \tag{9.65}$$

の関係が得られ，連続の方程式の微分形式表現が (9.64) であることがわかる．

§9.7　電磁波と Hertz ベクトル；円形導波管内の電磁場

a) 電磁波と Hertz ベクトル

Maxwell 理論の真髄を今日通用する全く無駄のない数学的基礎方程式系に結晶させ，しかもその当然の帰結として得られる電磁波の存在を予見し，自らの実験によってこれを証拠立てたのは H. Hertz である．創始者 Maxwell 自身さえも基礎概念の物理的把握が正しく得られず，古典力学的模型によって電磁気現象を理解しようと暗中模索していたのに，この Hertz の一人二役の業績によって，電磁気学は力学の枷から完全に独立したのであった (1888 年)[1]．Hertz ベクトルはこの記念すべき物理量であって，今日なお電磁波理論の取扱いに最も便利に使われていることも興味深いことである．

まず，Maxwell の方程式系の基礎 2 式 (M-I), (M-II)

$$\mathrm{rot}\,\boldsymbol{E}+\frac{1}{c}\frac{\partial\boldsymbol{B}}{\partial t} = 0, \tag{9.66}$$

$$\mathrm{rot}\,\boldsymbol{H}-\frac{1}{c}\frac{\partial\boldsymbol{D}}{\partial t} = \frac{4\pi}{c}\boldsymbol{j} \tag{9.67}$$

をとろう．振動数を一定として，$\boldsymbol{E}(t,\boldsymbol{r})=\boldsymbol{E}(\boldsymbol{r})e^{-i\omega t}$，$\boldsymbol{H}(t,\boldsymbol{r})=\boldsymbol{H}(\boldsymbol{r})e^{-i\omega t}$ とおき，かつ媒質は一様であるとして，定数 μ, σ を用いて $\boldsymbol{D}(t,\boldsymbol{r})=\varepsilon\boldsymbol{E}(\boldsymbol{r})e^{-i\omega t}$，$\boldsymbol{j}(t,\boldsymbol{r})=\sigma\boldsymbol{E}(\boldsymbol{r})e^{-i\omega t}$，$\boldsymbol{B}(t,\boldsymbol{r})=\mu\boldsymbol{H}(\boldsymbol{r})e^{-i\omega t}$ と仮定する．このとき (9.66), (9.67) は

---

1) Sommerfeld は "あたかも眼から鱗が落ちたようだ" と彼の感激を次のように述べている．
Da fiel es mir wie Schuppen von den Augen, als ich die große Abhandlung von Hertz „Über die Grundgleichungen der Elektrodynamik für ruhende Körper“ las.

(9.66 a) $$\mathrm{rot}\, \boldsymbol{E} - \frac{i\omega\mu}{c}\boldsymbol{H} = 0,$$

(9.67 a) $$\mathrm{rot}\, \boldsymbol{H} - \left(\frac{\omega\varepsilon + i4\pi\sigma}{ic}\right)\boldsymbol{E} = 0$$

となる. Hertz に従ってベクトル $\boldsymbol{\Pi}$ (Hertz ベクトル) を導入し,

(9.68) $$\boldsymbol{H} = \frac{k^2 c}{i\omega\mu}\,\mathrm{rot}\, \boldsymbol{\Pi},$$

(9.69) $$\boldsymbol{E} = k^2 \boldsymbol{\Pi} + \mathrm{grad}\, \mathrm{div}\, \boldsymbol{\Pi}$$

で定まるベクトル $\boldsymbol{H}, \boldsymbol{E}$ を考えると, 定数 k とベクトル関数 $\boldsymbol{\Pi}$ を適当に定めることによって基本方程式 (9.66 a), (9.67 a) を満足させることができることが次のようにして示される. (9.69) の rot をとると, rot grad は恒等的に 0 になるから, (9.68) の右辺に $i\omega\mu/c$ をかけたものが (9.69) の右辺の rot をとったものとちょうど同じ形になって, (9.66 a) は k と $\boldsymbol{\Pi}$ の選び方に関係なく自然にみたされる. 一方, (9.68) の rot をとり, 右辺を恒等式 $\mathrm{rot}\,\mathrm{rot}\, \boldsymbol{\Pi} = \mathrm{grad}\,\mathrm{div}\, \boldsymbol{\Pi} - \triangle \boldsymbol{\Pi}$ を用いて変形したのち (9.69) を代入すれば, つぎの方程式が得られる:

$$\mathrm{rot}\, \boldsymbol{H} - \frac{k^2 c}{i\omega\mu}\boldsymbol{E} + \frac{k^2 c}{i\omega\mu}(\triangle \boldsymbol{\Pi} + k^2 \boldsymbol{\Pi}) = 0.$$

それゆえ, もし Hertz ベクトル $\boldsymbol{\Pi}$ と定数 k を

(9.70) $$\triangle \boldsymbol{\Pi} + k^2 \boldsymbol{\Pi} = 0, \qquad k^2 = \frac{\omega^2 \varepsilon\mu + i4\pi\omega\sigma\mu}{c^2}$$

をみたすように選んだとすれば, 上の方程式は (9.67 a) に一致する.

なお (9.69) より少し一般に, $\mathrm{div}\, \boldsymbol{\Pi}$ の代りに U とおいた

(9.69 a) $$\boldsymbol{E} = k^2 \boldsymbol{\Pi} + \mathrm{grad}\, U$$

を (9.68) と組み合せたものを使っても, 同じ Maxwell の方程式系 (9.66 a), (9.67 a) を満足させることができる. 上で (9.66 a) を導くとき実は U が $\mathrm{div}\, \boldsymbol{\Pi}$ の形をしている必要がなかったことは, rot grad が恒等的に 0 であることだけしか使わなかったことから明らかであろう. 一方, (9.67 a) を満足させるためには, 上では, $k^2 = (\omega^2 \varepsilon\mu + i4\pi\omega\mu\sigma)/c^2$ であることと Hertz ベクトル $\boldsymbol{\Pi}$ が Helmholtz の方程式 (9.70) をみたすことが条件だったが, 今度はその代りに

(9.70 a) $$\mathrm{grad}\, U - \mathrm{rot}\,\mathrm{rot}\, \boldsymbol{\Pi} + k^2 \boldsymbol{\Pi} = 0$$

という条件を課しておけばよいことが容易に確かめられる.

さらに，Maxwell の方程式系の残りの二つの方程式も上の $\boldsymbol{H}, \boldsymbol{E}$ によってみたされる．すなわち，(M-IV) がみたされることは (9.68) の div が 0 になることから明らかである．また，$\rho=0$ に対して (M-III) もみたされている．なぜなら，(9.69 a) の div をとると

$$\operatorname{div} \boldsymbol{E} = k^2 \operatorname{div} \boldsymbol{\Pi} + \operatorname{div} \operatorname{grad} U$$

となるが，これは (9.70 a) の div をとった式を用いれば 0 になるからである．

b) 円形導波管内の電磁場

z 軸を軸とする半径 $\boldsymbol{a}$ の (無限に) 長い導体円管の内部は，真空であってもこれに沿って電磁波は伝播し得る．これは，電気工学で円形導波管と称するものの単純化したモデルである．周波数 ω の電磁波は，真空中で

(9.71)　$$\boldsymbol{E} = \boldsymbol{E}(\boldsymbol{r})e^{-i\omega t}, \qquad \boldsymbol{H} = \boldsymbol{H}(\boldsymbol{r})e^{-i\omega t}$$

の形に与えられる．本当は z 方向に移動する波であるが，$z=\text{const}$ の断面で考えて，場が z に依存せず円柱座標を用いたとき振幅がつぎのように表わされるものとして計算する (z 依存を考える正式の取扱いについては §9.9 付録参照)：

(9.72)　$$\boldsymbol{E}(\boldsymbol{r}) = (E_r(r,\varphi), E_\varphi(r,\varphi), E_z(r,\varphi)),$$

(9.73)　$$\boldsymbol{H}(\boldsymbol{r}) = (H_r(r,\varphi), H_\varphi(r,\varphi), H_z(r,\varphi)).$$

そうすると，(9.33) および (9.30) によりこれらは方程式

(9.74)　$$\triangle \boldsymbol{E}(\boldsymbol{r}) + k^2 \boldsymbol{E}(\boldsymbol{r}) = \frac{1}{r}\frac{\partial}{\partial r}\left(r\frac{\partial \boldsymbol{E}}{\partial r}\right) + \frac{1}{r^2}\frac{\partial^2 \boldsymbol{E}}{\partial \varphi^2} + k^2 \boldsymbol{E} = 0,$$

(9.75)　$$\triangle \boldsymbol{H}(\boldsymbol{r}) + k^2 \boldsymbol{H}(\boldsymbol{r}) = \frac{1}{r}\frac{\partial}{\partial r}\left(r\frac{\partial \boldsymbol{H}}{\partial r}\right) + \frac{1}{r^2}\frac{\partial^2 \boldsymbol{H}}{\partial \varphi^2} + k^2 \boldsymbol{H} = 0$$

をみたす．そこで，(9.74) (または (9.75)) の解 $\boldsymbol{E}$ (または $\boldsymbol{H}$) をとり，それに伴う $\boldsymbol{H}$ (または $\boldsymbol{E}$) を，(M-I) (または (M-II)) に (9.71) を代入した式

(9.76)　$$\operatorname{rot} \boldsymbol{H} = -i\frac{\omega}{c}\boldsymbol{E} \quad \left(\text{または } \operatorname{rot} \boldsymbol{E} = i\frac{\omega}{c}\boldsymbol{H}\right)$$

を使ってきめることができる．いま特に $\boldsymbol{E}$ として z 成分のみが存在する場

(9.77)　$$\boldsymbol{E} = (0, 0, E_z(r,\varphi))$$

を仮定すると，

(9.78)　$$\operatorname{rot} \boldsymbol{E} = \left(\frac{1}{r}\frac{\partial E_z(r,\varphi)}{\partial \varphi}, -\frac{\partial E_z(r,\varphi)}{\partial r}, 0\right)$$

であるから，$\boldsymbol{H}$ は

(9.79)　$$\boldsymbol{H}=(H_r(r,\varphi),H_\varphi(r,\varphi),0)$$

の形に定まる．$\boldsymbol{E},\boldsymbol{H}$ は本当は z 方向に進行する波で，$\boldsymbol{E}$ は z 成分をもつが $\boldsymbol{H}$ は z 成分をもたないから，磁波は横波である．この種の波を TM 波 (transverse magnetic wave) または $\boldsymbol{E}$ 波と呼ぶ．これに対し，ちょうど反対の

(9.80)　$$\boldsymbol{H}=(0,0,H_z(r,\varphi))$$

を仮定すると，これに伴う電場ベクトルは

(9.81)　$$\boldsymbol{E}=(E_r(r,\varphi),E_\varphi(r,\varphi),0)$$

の形をとる．この方は TE 波 (transverse electric wave) または $\boldsymbol{H}$ 波と呼ぶ．$\boldsymbol{H}$ 波では逆に H_z から E_r,E_φ が定まる．結局，問題は $\boldsymbol{E}$ 波では E_z を，$\boldsymbol{H}$ 波では H_z をきめることに尽きる．

$\boldsymbol{E}$ 波については，(9.74) に (9.77) を代入すれば

(9.82)　$$\frac{1}{r}\frac{\partial}{\partial r}\left(r\frac{\partial E_z}{\partial r}\right)+\frac{1}{r^2}\frac{\partial^2 E_z}{\partial\varphi^2}+k^2E_z=0$$

となる．(9.82) で $E_z(r,\varphi)=E(r)e^{im\varphi}$ $(m=0,\pm1,\pm2,\cdots)$ とおけば $E(r)$ は m 次の Bessel の微分方程式

(9.83)　$$\frac{d^2E}{dr^2}+\frac{1}{r}\frac{dE}{dr}+\left(k^2-\frac{m^2}{r^2}\right)E=0$$

をみたすべきことがわかる．(9.83) の解のうち $r=0$ の近傍で有限なものは Bessel 関数 $J_m(kr)$ である．

導体の表面 $r=a$ には電場がないから，電場ベクトルは

(9.84)　$$E_z(a,\varphi)=0$$

という境界条件をみたさなければならない．そのためには $J_m(ka)=0$，すなわち ka は Bessel 関数 J_m の正の零点であればよい．この条件から定まる k の値が今の境界条件に対する固有値である．これを小さい方から順に $j_{m,n}$ $(n=1,2,3,\cdots)$ と書けば，境界条件をみたす (9.82) の解は

(9.85)　$$J_m\left(j_{m,n}\frac{r}{a}\right)e^{im\varphi}$$

であって，一般解として

(9.86)　$$E_z(r,\varphi)=\sum_m\sum_n J_m\left(j_{m,n}\frac{r}{a}\right)(c_{m,n}\cos m\varphi+d_{m,n}\sin m\varphi)$$

が得られる．以上が $\boldsymbol{E}$ 波についての標準的な取扱いである．$\boldsymbol{H}$ 波については，

動径部分 $H(r)$ をきめる微分方程式は同じ Bessel の方程式であるが，境界条件は $H_z(r,\varphi)$ の法線微分が 0，すなわち

$$\frac{\partial H_z}{\partial r}(a,\varphi)=0 \tag{9.84 a}$$

で与えられる．この条件は，$H_z(r,\varphi)=H(r)e^{im\varphi}$ と書いたときの動径部分 $H(r)=J_m(kr)$ については

$$J_m{}'(ka)=0$$

となる．それゆえ，$J_m{}'$ の正の零点を $j_{m,n}{}'$ ($n=1,2,3,\cdots$) とすれば，

$$J_m\left(j_{m,n}{}'\frac{r}{a}\right)e^{im\varphi} \tag{9.85 a}$$

が (9.85) に代るものとして得られ，したがって $H_z(r,\varphi)$ の一般解としては

$$H_z(r,\varphi)=\sum_m\sum_n J_m\left(j_{m,n}{}'\frac{r}{a}\right)(c_{m,n}\cos m\varphi+d_{m,n}\sin m\varphi) \tag{9.87}$$

が得られる．

§9.8 エネルギー定理と解の一意性

a) エネルギー定理

Maxwell の方程式系の (M-I) に $\boldsymbol{E}$ を，(M-II) に $-\boldsymbol{H}$ を，それぞれスカラー的にかけて加えると

$$\boldsymbol{E}\cdot\mathrm{rot}\,\boldsymbol{H}-\boldsymbol{H}\cdot\mathrm{rot}\,\boldsymbol{E}=\frac{4\pi}{c}\boldsymbol{j}\cdot\boldsymbol{E}+\frac{1}{c}\left(\boldsymbol{E}\cdot\frac{\partial\boldsymbol{D}}{\partial t}+\boldsymbol{H}\cdot\frac{\partial\boldsymbol{B}}{\partial t}\right) \tag{9.88}$$

が得られる．ベクトル解析の公式により，左辺を

$$\boldsymbol{E}\cdot\mathrm{rot}\,\boldsymbol{H}-\boldsymbol{H}\cdot\mathrm{rot}\,\boldsymbol{E}=-\mathrm{div}\,(\boldsymbol{E}\times\boldsymbol{H}) \tag{9.89}$$

と書き直してから体積 V にわたって積分し，Gauss の定理を用いて変形すると，

$$\iiint_V -\mathrm{div}\,(\boldsymbol{E}\times\boldsymbol{H})\,dV=-\oint\!\!\!\oint_F(\boldsymbol{E}\times\boldsymbol{H})\cdot d\boldsymbol{f} \tag{9.90}$$

となる．ただし $d\boldsymbol{f}$ は外向き法線の方向をもつベクトル面積要素である (図 9.5)．

Poynting に従って，表面の単位面積を通して単位時間に V 内に流れこむエネルギー流ベクトル (**Poynting ベクトル**)

$$\frac{c}{4\pi}\boldsymbol{E}\times\boldsymbol{H}=\boldsymbol{S} \tag{9.91}$$

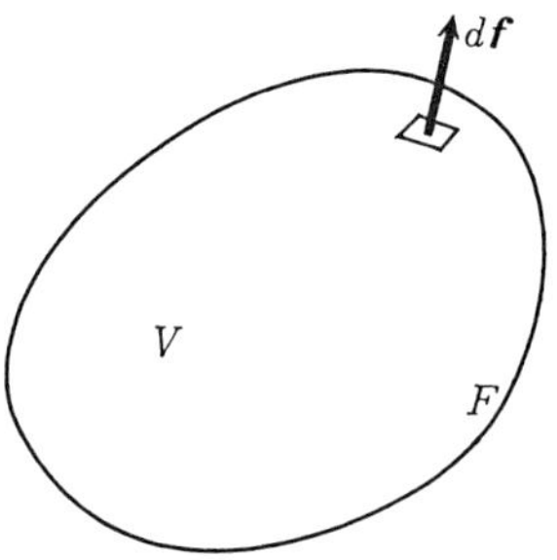

図 9.5

を導入すると，つぎの関係が成り立つ：

(9.92) $$\frac{1}{4\pi}\iiint_V\left(\boldsymbol{E}\cdot\frac{\partial \boldsymbol{D}}{\partial t}+\boldsymbol{H}\cdot\frac{\partial \boldsymbol{B}}{\partial t}\right)dV+\iiint_V \boldsymbol{j}\cdot\boldsymbol{E}dV+\oiint_F \boldsymbol{S}\cdot d\boldsymbol{f}=0.$$

$\boldsymbol{D}=\varepsilon\boldsymbol{E}$ の関係から

$$\frac{1}{4\pi}\boldsymbol{E}\cdot\frac{\partial \boldsymbol{D}}{\partial t}=\frac{1}{4\pi}\boldsymbol{E}\frac{\partial}{\partial t}(\varepsilon\boldsymbol{E})=\frac{1}{8\pi}\frac{\partial}{\partial t}(\varepsilon\boldsymbol{E}^2)=\frac{1}{8\pi}\frac{\partial}{\partial t}(\boldsymbol{E}\cdot\boldsymbol{D}),$$

同様に

$$\frac{1}{4\pi}\boldsymbol{H}\frac{\partial \boldsymbol{B}}{\partial t}=\frac{1}{8\pi}\frac{\partial}{\partial t}(\boldsymbol{H}\cdot\boldsymbol{B})$$

が得られる．電磁気学では電場と磁場のエネルギー密度および電磁エネルギー密度

(9.93) $$w_{\mathrm{e}}=\frac{1}{8\pi}\boldsymbol{E}\cdot\boldsymbol{D},\qquad w_{\mathrm{m}}=\frac{1}{8\pi}\boldsymbol{H}\cdot\boldsymbol{B},$$

(9.94) $$w=w_{\mathrm{e}}+w_{\mathrm{m}}=\frac{1}{8\pi}(\boldsymbol{E}\cdot\boldsymbol{D}+\boldsymbol{H}\cdot\boldsymbol{B}),$$

を考える．そうすると，体積 V の中に貯えられている電磁エネルギー

(9.95) $$W=\iiint_V w dV=\frac{1}{8\pi}\iiint_V(\boldsymbol{E}\cdot\boldsymbol{D}+\boldsymbol{H}\cdot\boldsymbol{B})dV$$

を用いて (9.92) はつぎのように書くことができる：

(9.96) $$\frac{\partial W}{\partial t}+\iiint_V \boldsymbol{j}\cdot\boldsymbol{E}dV+\oiint_F \boldsymbol{S}\cdot d\boldsymbol{f}=0.$$

この式は，体積 V の部分のエネルギーの単位時間あたりの減少が，密度 $\boldsymbol{j}\cdot\boldsymbol{E}=\sigma\boldsymbol{E}^2$ の Joule 熱の全量と表面 F を通してのエネルギー流との和に等しいことを示している．すなわち，これは電磁エネルギー保存の法則を表わす式である．

b）解の一意性

エネルギー定理を表わす式 (9.96) を利用して，Maxwell の方程式系の解が初期条件により一意的に定まることを証明することができる[1]．すなわち，

1°　$t=0$ にすべての点で $\boldsymbol{E}, \boldsymbol{H}$ (したがって $\boldsymbol{D}, \boldsymbol{B}$), $\boldsymbol{j}$ が与えられている，

2°　$t \geqq 0$ に対し十分遠くで $|\boldsymbol{E}|, |\boldsymbol{H}|$ は $1/R$ (R は原点からの距離) より高い程度で 0 に近づく，

という二つの条件がみたされていれば，$t \geqq 0$ に対する電磁場は一意的に定まる．

いま，そのような Maxwell の方程式系の解が 2 組あったとして，それを $(\boldsymbol{E}_1, \boldsymbol{H}_1)$, $(\boldsymbol{E}_2, \boldsymbol{H}_2)$ とする．その差 $\boldsymbol{E}=\boldsymbol{E}_1-\boldsymbol{E}_2$, $\boldsymbol{H}=\boldsymbol{H}_1-\boldsymbol{H}_2$ がやはり Maxwell 方程式系をみたすことは方程式の線型性から明らかである．

そこで V を全空間に拡げて考えると，2° によって

$$\oiint_{\partial V} \boldsymbol{S} \cdot d\boldsymbol{f} = 0$$

である．それゆえ，

$$\frac{\partial W}{\partial t} = -\iiint_{V_\infty} \boldsymbol{j} \cdot \boldsymbol{E} dV = -\iiint_{V_\infty} \frac{\boldsymbol{j}^2}{\sigma} dV$$

が成り立つ．右辺は非正の量であるから $W=\iiint_{V_\infty} w dV$ は非増加の量である．ところが $t=0$ には $\boldsymbol{E}=\boldsymbol{H}=0$ であったから，$w=0$ したがって $W=0$ であった．それゆえ，任意の時刻に $W \leqq 0$ が成り立つ．一方

$$w = \frac{1}{8\pi}(\boldsymbol{E} \cdot \boldsymbol{D} + \boldsymbol{H} \cdot \boldsymbol{B}) = \frac{1}{8\pi}(\varepsilon \boldsymbol{E}^2 + \mu \boldsymbol{H}^2)$$

であるから，w は負にはなれない．それゆえ任意の時刻に $W=0$ でなければならない．W は非負の量 w の積分であるから，これが 0 になるためには空間のいたるところで $w=0$ でなければならない．ゆえに，いたるところで $\boldsymbol{E}$ も $\boldsymbol{H}$ も 0，すなわち $t \geqq 0$ を通じて $\boldsymbol{E}_1=\boldsymbol{E}_2$, $\boldsymbol{H}_1=\boldsymbol{H}_2$ でなければならないのである．

c）決定系としての Maxwell の方程式系

ε, μ, σ は x と t の関数，ρ と $\boldsymbol{j}$ は連続の式 (9.5) で結ばれた x と t の関数と

---

1) 放射を伴う問題では §6.8 で述べた放射条件を加えて論じなければならない．

して与えられたものとする．このとき Maxwell の方程式系 (M-I), (M-II), (M-III), (M-IV)，および，$\boldsymbol{E}$ と $\boldsymbol{D}$，$\boldsymbol{H}$ と $\boldsymbol{B}$ を結ぶ方程式 (9.11), (9.12) が成立する．

未知量は $\boldsymbol{E}, \boldsymbol{D}, \boldsymbol{H}, \boldsymbol{B}$ の 4 個のベクトルであるから，スカラー未知関数の個数は $N_u=3\times4=12$ である．これに対して，4 個のベクトル方程式と 2 個のスカラー方程式，あわせて $N_e=3\times4+2=14$ 個の式がある．$N_e>N_u$ であるから，この方程式系はいわゆる優決定系 (overdetermined system) に属する．優決定系を解くことは $N_e=N_u$ の決定系 (determined system) ないしは $N_e<N_u$ の劣決定系 (underdetermined system) よりもはるかに困難である．Maxwell の方程式系は，実はつぎのようにして決定系に帰着させることができるのである．

そのために二つのスカラー式

(9.97)　$$U(t, \boldsymbol{r}) = \operatorname{div} \boldsymbol{B}(t, \boldsymbol{r}),$$

(9.98)　$$V(t, \boldsymbol{r}) = \operatorname{div} \boldsymbol{D}(t, \boldsymbol{r}) - 4\pi\rho(t, \boldsymbol{r})$$

に着目しよう．(9.97) を t で偏微分して $\partial/\partial t$ と div を交換すれば

$$\frac{\partial U}{\partial t} = \operatorname{div}\left(\frac{\partial \boldsymbol{B}}{\partial t}\right)$$

となるが，(M-II) すなわち (9.2) によりこれは 0 に等しい．同様に，

$$\frac{\partial V}{\partial t} = \operatorname{div}\left(\frac{\partial \boldsymbol{D}}{\partial t}\right) - 4\pi\frac{\partial \rho}{\partial t}$$

となるが，(M-I) すなわち (9.1) によりこれは

$$-4\pi\left(\frac{\partial \rho}{\partial t} + \operatorname{div} \boldsymbol{j}\right)$$

と変形される．ところが，ここで電荷と電流を結ぶ関係 $\rho\boldsymbol{v}=\boldsymbol{j}$ を用いたとすれば，電荷の保存により

$$\frac{\partial \rho}{\partial t} + \operatorname{div}(\rho\boldsymbol{v}) = \frac{\partial \rho}{\partial t} + \operatorname{div} \boldsymbol{j} = 0$$

が成り立たなければならないから，$\partial V/\partial t=0$ が導かれる[1)]．結局，(M-I) と (M-II) だけから

---

1)　前に (9.5) を導いたときには，(9.1) と (9.3) を使って ρ と $\boldsymbol{j}$ が連続の式をみたす量でなければならないことを示したのであるが，いまの議論では物理量である電荷 ρ と電流 $\boldsymbol{j}$ に対して成り立つ $\rho\boldsymbol{v}=\boldsymbol{j}$ の関係を使い，(9.3) は使っていないことに注意されたい．

(9.99)
$$\frac{\partial U}{\partial t}=\frac{\partial}{\partial t}(\mathrm{div}\,\boldsymbol{B})=0,$$

(9.100)
$$\frac{\partial V}{\partial t}=\frac{\partial}{\partial t}(\mathrm{div}\,\boldsymbol{D}-4\pi\rho)=0$$

が導かれた．これから，div $\boldsymbol{B}$ は時間に無関係な量であることがわかる．それゆえ，$t=0$ で初期条件

(9.101)
$$\mathrm{div}\,\boldsymbol{B}(0,\boldsymbol{r})=0$$

を課せば，(9.99) の解として Maxwell の方程式系の第4式は自然に

$$\mathrm{div}\,\boldsymbol{B}(t,\boldsymbol{r})=0$$

となる．

同様に，初期条件

(9.102)
$$\mathrm{div}\,\boldsymbol{D}(0,\boldsymbol{r})-4\pi\rho(0,\boldsymbol{r})=0$$

のもとに (9.100) を解けば，Maxwell の方程式系の第3式 (M-III)

$$\mathrm{div}\,\boldsymbol{D}(t,\boldsymbol{r})=4\pi\rho(t,\boldsymbol{r})$$

が導かれる．すなわち，初期条件 (9.101), (9.102) のもとに Maxwell の方程式系のはじめの2式を解けば，あとの2式は自然に出てくるのである．

こうして，未知関数の数よりも方程式の数が2だけ多かったはじめの優決定系が，(M-I), (M-II) という2個のベクトル方程式 (6個のスカラー方程式) から初期帯 (9.101), (9.102) を通る2個の未知ベクトル (6個のスカラー未知関数) が定まるという決定系に還元された．

§9.9　球による電磁波の回折

原点を中心とする半径 a の球に向かって無限遠から平面単色電磁波が入射して起る回折現象を Maxwell の方程式系を厳密に解くことにより調べる問題は，G. Mie (1908) と P. Debye (1909) によって解かれた．入射波を z 軸の正の方向に進む平面波としよう．単色波の仮定から項 $e^{-i\omega t}$ を共通にする．入射電磁波は，電波が x 方向に，磁波が y 方向に偏っていて，

(9.103)
$$E_x=H_y=e^{ikz}=e^{ikr\cos\theta},$$

(9.104)
$$E_y=E_z=H_x=H_z=0$$

が与えられているとする．

球面による回折であるから球座標を用いる．入射平面波 (9.103), (9.104) の球座標成分は

$$(9.105)\qquad \begin{cases} E_r = e^{ikr\cos\theta}\sin\theta\cos\varphi, \\ E_\theta = e^{ikr\cos\theta}\cos\theta\cos\varphi, \\ E_\varphi = -e^{ikr\cos\theta}\sin\varphi, \end{cases}$$

$$(9.106)\qquad \begin{cases} H_r = e^{ikr\cos\theta}\sin\theta\sin\varphi, \\ H_\theta = e^{ikr\cos\theta}\cos\theta\sin\varphi, \\ H_\varphi = e^{ikr\cos\theta}\cos\varphi \end{cases}$$

で与えられる[1)]．

このような入射波に対し，球の内部に誘導される同じ周波数の電磁波を考えよう．これに対応する Hertz ベクトルとして r 成分だけをもつもの，すなわち

$$(9.107)\qquad \boldsymbol{\Pi} = (\Pi(r,\theta,\varphi), 0, 0)$$

という形のものをとることによって，はたして全系の解を得ることができるだろうか．もしこの推測が正しければ，これに随伴するスカラー U を用いて，電場ベクトルと磁場ベクトルを (9.69a), (9.68)，すなわち

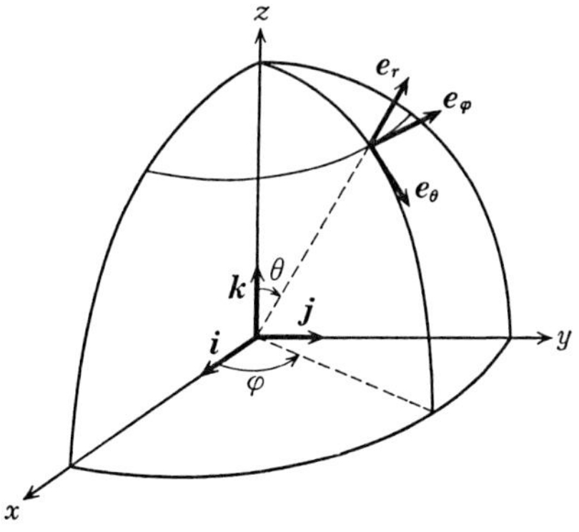

図 9.6

1) 図 9.6 からわかるように，x, y, z 方向の単位ベクトル $\boldsymbol{i}, \boldsymbol{j}, \boldsymbol{k}$ と r, θ, φ 方向の単位ベクトル $\boldsymbol{e}_r$, $\boldsymbol{e}_\theta, \boldsymbol{e}_\varphi$ との間にはつぎの関係がある：

$$\begin{cases} \boldsymbol{e}_r = \boldsymbol{i}\sin\theta\cos\varphi + \boldsymbol{j}\sin\theta\sin\varphi + \boldsymbol{k}\cos\theta, \\ \boldsymbol{e}_\theta = \boldsymbol{i}\cos\theta\cos\varphi + \boldsymbol{j}\cos\theta\sin\varphi - \boldsymbol{k}\sin\theta, \\ \boldsymbol{e}_\varphi = -\boldsymbol{i}\sin\varphi + \boldsymbol{j}\cos\varphi. \end{cases}$$

したがって，たとえば (9.105) の第1式は $E_r = \boldsymbol{E}\cdot\boldsymbol{e}_r = (E_x\boldsymbol{i})\cdot\boldsymbol{e}_r = E_x\boldsymbol{i}\cdot\boldsymbol{e}_r = E_x\sin\theta\cos\varphi$.

(9.108) $$\boldsymbol{E}=k^2\boldsymbol{\Pi}+\mathrm{grad}\,U,$$

(9.109) $$\boldsymbol{H}=\frac{ck^2}{i\mu\omega}\mathrm{rot}\,\boldsymbol{\Pi}$$

と表わすことができることになる．

さて

$$\mathrm{grad}\,U=\left(\frac{\partial U}{\partial r},\ \frac{1}{r}\frac{\partial U}{\partial \theta},\ \frac{1}{r\sin\theta}\frac{\partial U}{\partial \varphi}\right)$$

であるから，E_r, E_θ, E_φ は次式で与えられる：

(9.110) $$\begin{cases} E_r=k^2\Pi+\dfrac{\partial U}{\partial r}, \\ E_\theta=\dfrac{1}{r}\dfrac{\partial U}{\partial \theta}, \\ E_\varphi=\dfrac{1}{r\sin\theta}\dfrac{\partial U}{\partial \varphi}. \end{cases}$$

$\boldsymbol{H}$ の成分は (9.109) の $\boldsymbol{\Pi}$ に $\boldsymbol{\Pi}=(\Pi,0,0)$ とおいて計算すればつぎのようになることがわかる：

(9.111) $$\begin{cases} H_r=\dfrac{-ick^2}{\mu\omega}(\mathrm{rot}\,\boldsymbol{\Pi})_r=0, \\ H_\theta=\dfrac{-ick^2}{\mu\omega}(\mathrm{rot}\,\boldsymbol{\Pi})_\theta=\dfrac{-ick^2}{\mu\omega r\sin\theta}\dfrac{\partial \Pi}{\partial \varphi}, \\ H_\varphi=\dfrac{-ick^2}{\mu\omega}(\mathrm{rot}\,\boldsymbol{\Pi})_\varphi=\dfrac{ick^2}{\mu\omega r}\dfrac{\partial \Pi}{\partial \theta}. \end{cases}$$

一方，U と $\boldsymbol{\Pi}$ は (9.70 a) の関係

(9.112) $$\mathrm{grad}\,U-\mathrm{rot}\,\mathrm{rot}\,\boldsymbol{\Pi}+k^2\boldsymbol{\Pi}=0$$

で結ばれていた．上と同じ $\boldsymbol{\Pi}=(\Pi,0,0)$ を使って任意のベクトル $\boldsymbol{V}$ に関する球座標公式

$$(\mathrm{rot}\,\boldsymbol{V})_r=\frac{1}{r^2\sin\theta}\left\{\frac{\partial}{\partial\theta}(r\sin\theta\,V_\varphi)-\frac{\partial}{\partial\varphi}(rV_\theta)\right\},$$

$$(\mathrm{rot}\,\boldsymbol{V})_\theta=\frac{1}{r\sin\theta}\left\{\frac{\partial V_r}{\partial\varphi}-\frac{\partial}{\partial r}(r\sin\theta\,V_\varphi)\right\},$$

$$(\mathrm{rot}\,\boldsymbol{V})_\varphi=\frac{1}{r}\left\{\frac{\partial}{\partial r}(rV_\theta)-\frac{\partial V_r}{\partial\theta}\right\}$$

で $\boldsymbol{V}\to\mathrm{rot}\,\boldsymbol{\Pi}$ とおいて $\mathrm{rot}\,\mathrm{rot}\,\boldsymbol{\Pi}$ を計算すれば，$(\mathrm{rot}\,\boldsymbol{\Pi})_r=0$，$(\mathrm{rot}\,\boldsymbol{\Pi})_\theta=(1/(r\sin\theta))(\partial\Pi/\partial\varphi)$，$(\mathrm{rot}\,\boldsymbol{\Pi})_\varphi=-(1/r)(\partial\Pi/\partial\theta)$ だから

$$(\mathrm{rot}\,\mathrm{rot}\,\boldsymbol{\Pi})_r=\frac{-1}{r^2\sin\theta}\frac{\partial}{\partial\theta}\left(\sin\theta\frac{\partial\Pi}{\partial\theta}\right)-\frac{1}{r^2\sin^2\theta}\frac{\partial^2\Pi}{\partial\varphi^2},$$

$$(\mathrm{rot}\,\mathrm{rot}\,\boldsymbol{\Pi})_\theta=\frac{1}{r}\frac{\partial^2\Pi}{\partial r\partial\theta},$$

$$(\mathrm{rot}\,\mathrm{rot}\,\boldsymbol{\Pi})_\varphi=\frac{1}{r\sin\theta}\frac{\partial^2\Pi}{\partial r\partial\varphi}$$

が得られる．このことから方程式 (9.112) の θ 成分と φ 成分は

$$\frac{1}{r}\frac{\partial U}{\partial\theta}-\frac{1}{r}\frac{\partial^2\Pi}{\partial r\partial\theta}=\frac{1}{r}\frac{\partial}{\partial\theta}\left(U-\frac{\partial\Pi}{\partial r}\right)=0,$$

$$\frac{1}{r\sin\theta}\frac{\partial U}{\partial\varphi}-\frac{1}{r\sin\theta}\frac{\partial^2\Pi}{\partial r\partial\varphi}=\frac{1}{r\sin\theta}\frac{\partial}{\partial\varphi}\left(U-\frac{\partial\Pi}{\partial r}\right)=0$$

で与えられることがわかる．この 2 式から $U-(\partial\Pi/\partial r)$ は r だけの関数となるが，$U=\partial\Pi/\partial r$ としても十分である．そうすると (9.112) の r 成分は

(9.113)
$$\frac{\partial^2\Pi}{\partial r^2}+\frac{1}{r^2\sin\theta}\frac{\partial}{\partial\theta}\left(\sin\theta\frac{\partial\Pi}{\partial\theta}\right)+\frac{1}{r^2\sin^2\theta}\frac{\partial^2\Pi}{\partial\varphi^2}+k^2\Pi=0$$

と書ける．

$\Pi=r\pi$ とおくと π は方程式

$$\frac{\partial^2\pi}{\partial r^2}+\frac{2}{r}\frac{\partial\pi}{\partial r}+\frac{1}{r^2\sin\theta}\frac{\partial}{\partial\theta}\left(\sin\theta\frac{\partial\pi}{\partial\theta}\right)+\frac{1}{r^2\sin^2\theta}\frac{\partial^2\pi}{\partial\varphi^2}+k^2\pi=0$$

をみたさなければならない．これは π が Helmholtz の方程式

(9.114)
$$\triangle\pi+k^2\pi=0$$

の解であることを示している．π を使うと，(9.110) は

(9.115)
$$\begin{cases} E_r=k^2r\pi+\dfrac{\partial^2}{\partial r^2}(r\pi), \\[2ex] E_\theta=\dfrac{1}{r}\dfrac{\partial^2(r\pi)}{\partial r\partial\theta}, \\[2ex] E_\varphi=\dfrac{1}{r\sin\theta}\dfrac{\partial^2(r\pi)}{\partial r\partial\varphi}, \end{cases}$$

(9.111) は，

$$(9.116)\qquad \begin{cases} H_r = 0, \\ H_\theta = -\dfrac{ick^2}{\mu\omega}\dfrac{1}{\sin\theta}\dfrac{\partial\pi}{\partial\varphi}, \\ H_\varphi = \dfrac{ick^2}{\mu\omega}\dfrac{\partial\pi}{\partial\theta} \end{cases}$$

と書ける．これは一つの可能な電磁場の解であるが，$H_r=0$ となってしまっては，この解だけを使って境界上の条件を満足させるには十分でない．考え直してみると，(9.108), (9.109) で定義した $\boldsymbol{E}$ と $\boldsymbol{H}$ はあまりに非対称性が強過ぎる．実は $\boldsymbol{E}$ と $\boldsymbol{H}$ の役割りを入れかえた

$$(9.117)\qquad \boldsymbol{H} = k^2\boldsymbol{\Pi}+\mathrm{grad}\,U,$$

$$(9.118)\qquad \boldsymbol{E} = \frac{i\mu\omega}{c}\mathrm{rot}\,\boldsymbol{\Pi}$$

という形も可能だったのである (Debye の反省)．この形にすれば今度は H_r の代りに E_r が 0 となる別種の解 (TE 波) が出てくる．これはすでに§9.7, b) に述べた円形導波管内の電磁場の取扱いで現われたのと同じ事情である．上で得た Maxwell の方程式系の解 (9.115), (9.116) は TM 波 (あるいは $\boldsymbol{E}$ 波) と呼ばれるモードを与えるものである．円形導波管の場合に§9.7, b) で述べたのと同種の考え方に従って，TM 波の境界条件をみたす解を求めることができる．全く同様に TE 波 ($\boldsymbol{H}$ 波) に対する解を求めてから，両方の解を重ね合せることにより一般の解が求められることになる．

〈付録〉無限円柱に伝わる電磁波

回折の問題ではないけれど3次元的に境界条件を取り扱ったついでに§9.7 b) に断っておいた行き過ぎた近似に対する補足として本問題を論ずる．z 軸を軸とする (無限に) 長い円柱を考え円柱座標 (r, φ, z) をとり，$\boldsymbol{E}=\boldsymbol{E}(r, \varphi, z)e^{-i\omega t}$，$\boldsymbol{H}=\boldsymbol{H}(r, \varphi, z)e^{-i\omega t}$ という単色波を考える．磁場は z 軸に垂直に偏っていて φ 成分だけをもつ:

$$(\mathrm{A}.1)\qquad \boldsymbol{H} = (0, H_\varphi(r, z), 0)\,e^{-i\omega t}.$$

これに伴う電場は

$$(\mathrm{A}.2)\qquad \boldsymbol{E} = (E_r(r, z), 0, E_z(r, z))\,e^{-i\omega t}$$

の形をもつと仮定して計算してみると，ちょうど Maxwell の方程式をすべてみたす解を求めることができる．

任意のベクトル $\boldsymbol{V}$ に対して，rot $\boldsymbol{V}$ の円柱座標の成分は

$$\mathrm{rot}\,\boldsymbol{V} = \left(\frac{1}{r}\frac{\partial V_z}{\partial\varphi}-\frac{\partial V_\varphi}{\partial z},\ \frac{\partial V_r}{\partial z}-\frac{\partial V_z}{\partial r},\ \frac{1}{r}\frac{\partial}{\partial r}(rV_\varphi)-\frac{1}{r}\frac{\partial V_r}{\partial\varphi}\right)$$

で与えられるから，$\boldsymbol{V}$ に (A.1) もしくは (A.2) を代入して

$$\text{(A.3)}\qquad \mathrm{rot}\,\boldsymbol{H} = \left(-\frac{\partial H_\varphi}{\partial z},\ 0,\ \frac{1}{r}\frac{\partial}{\partial r}(rH_\varphi)\right),$$

$$\text{(A.4)}\qquad \mathrm{rot}\,\boldsymbol{E} = \left(0,\ \frac{\partial E_r}{\partial z}-\frac{\partial E_z}{\partial r},\ 0\right).$$

それゆえ，(9.66 a) の φ 成分は

$$\text{(A.5)}\qquad \frac{\partial E_r}{\partial z}-\frac{\partial E_z}{\partial r} = \frac{i\omega\mu}{c}H_\varphi$$

を，(9.67 a) の r 成分および z 成分はそれぞれ

$$\text{(A.6)}\qquad -\frac{\partial H_\varphi}{\partial z} = \frac{4\pi\sigma-i\varepsilon\omega}{c}E_r,$$

$$\text{(A.7)}\qquad \frac{1}{r}\frac{\partial}{\partial r}(rH_\varphi) = \frac{4\pi\sigma-i\varepsilon\omega}{c}E_z$$

を与えることがわかる．z に関しても一般波形を正弦波の重ね合せ (Fourier 展開) として論ずることができるので，未知量 $E_r(r,z)$, $E_z(r,z)$, $H_\varphi(r,z)$ に対して

$$\text{(A.8)}\qquad E_r(r,z) = E(r)e^{-ihz},\qquad E_z(r,z) = F(r)e^{-ihz},\qquad H_\varphi(r,z) = H(r)e^{-ihz}$$

と仮定して関数 $E(r)$, $F(r)$, $H(r)$ のみたす常微分方程式を求めよう．簡単な計算により，それは (A.5), (A.6), (A.7) から順に

$$\text{(A.9)}\qquad \frac{dF}{dr}+ihE = -\frac{i\mu\omega}{c}H,$$

$$\text{(A.10)}\qquad ihH = -\frac{ick^2}{\mu\omega}E,$$

$$\text{(A.11)}\qquad \frac{1}{r}\frac{d}{dr}(rH) = -\frac{ick^2}{\mu\omega}F$$

となる．ただし

$$\text{(A.12)}\qquad k^2 = \frac{\varepsilon\mu\omega^2+i4\pi\mu\sigma\omega}{c^2}$$

である．これらの式から E と F を消去すれば，H に対する Bessel の微分方程式

$$\text{(A.13)}\qquad \frac{d^2H}{dr^2}+\frac{1}{r}\frac{dH}{dr}+\left\{k^2-h^2-\frac{1}{r^2}\right\}H = 0$$

が導かれる．

まず円柱の内部 ($r<a$) を考えよう．解は $r=0$ の近傍で有界でなければならないから，1次の Bessel 関数を用いて

$$\text{(A.14)}\qquad H = AJ_1(\sqrt{k^2-h^2}\,r)$$

の形に与えられる．E も同じく J_1，よって

$$\text{(A.15)}\qquad E = \frac{-\mu\omega h}{ck^2}AJ_1(\sqrt{k^2-h^2}\,r).$$

一方 F は，その微分方程式が

(A. 16)
$$\frac{d^2F}{dr^2}+\frac{1}{r}\frac{dF}{dr}+(k^2-h^2)F=0$$

であることから直接に，または (A. 11) に漸化式 $d\{zJ_1(z)\}/dz=zJ_0(z)$ を適用して，$J_0(\sqrt{k^2-h^2}r)$ に比例することがわかる．結局，解はつぎのように与えられる：

(A. 17)
$$\begin{cases} H(r)=AJ_1(\sqrt{k^2-h^2}r), \\ E(r)=\dfrac{-\mu\omega h}{ck^2}AJ_1(\sqrt{k^2-h^2}r), \\ F(r)=\dfrac{\mu\omega\sqrt{k^2-h^2}}{-ick^2}AJ_0(\sqrt{k^2-h^2}r). \end{cases}$$

以上の議論では領域 $r<a$ を考えていたから，$r=0$ での有界性に違反する Neumann 関数 N_1 (J_1 に独立な (A. 13) の解) を棄てた．しかし円柱の外では事情が異なる．

領域 $r>a$ では，$\sigma=0$ であって電流が流れないものとしよう．外部の媒質の誘電率と透磁率をそれぞれ ε_0, μ_0 とする．外部での k を k_0 と書けば，(A. 12) により

(A. 18)
$$k_0=\frac{\omega}{c}\sqrt{\varepsilon_0\mu_0}=\frac{\omega}{v_0}$$

である．ここで v_0 は外部の一様媒質中での電磁波の速度である ((9. 20 a) を見よ)．

外部での Bessel の微分方程式 (例えば F に対する)

$$\frac{d^2F}{dr^2}+\frac{1}{r}\frac{dF}{dr}+\{k_0{}^2-h^2\}F=0$$

の解は，$r\to\infty$ の漸近的なふるまいから，$\mathrm{Im}\,(\sqrt{k_0{}^2-h^2})>0$ ならば $F\to H_0{}^{(1)}(\sqrt{k_0{}^2-h^2}r)$ ととればよい．($H_0{}^{(1)}$ は第1種の Hankel 関数を表わす．$r\to\infty$ で $H_0{}^{(1)}(\sqrt{k_0{}^2-h^2}r)\to 0$ となる.) E, H に現われる Hankel 関数 $H_1{}^{(1)}(\sqrt{k_0{}^2-h^2}r)$ についても同様である．こうして，$r>a$ での解は (以下 $\varepsilon_0=\mu_0=1$ のとき) つぎのように与えられる：

(A. 19)
$$\begin{cases} H(r)=BH_1{}^{(1)}(\sqrt{k_0{}^2-h^2}r), \\ E(r)=\dfrac{-h}{k_0}BH_1{}^{(1)}(\sqrt{k_0{}^2-h^2}r), \\ F(r)=\dfrac{\sqrt{k_0{}^2-h^2}}{-ik_0}BH_0{}^{(1)}(\sqrt{k_0{}^2-h^2}r). \end{cases}$$

周波数 ω したがって k と k_0 を与えたとき，パラメータ h は境界面 $r=a$ における $\boldsymbol{E}$ および $\boldsymbol{H}$ の接線成分の連続性から定められる．H, F が $r=a$ で一致するという条件は，

(A. 20)
$$\sqrt{k^2-h^2}\,a=\xi,\qquad \sqrt{k_0{}^2-h^2}\,a=\eta$$

とおいたとき

(A. 21)
$$\begin{cases} AJ_1(\xi)=BH_1{}^{(1)}(\eta), \\ \dfrac{\mu\omega\xi}{cak^2}AJ_0(\xi)=\dfrac{\eta}{ak_0}BH_0{}^{(1)}(\eta) \end{cases}$$

と書かれる．結局，h は

$$\frac{\eta H_0^{(1)}(\eta)}{H_1^{(1)}(\eta)} = \frac{\mu k_0^2}{k^2}\frac{\xi J_0(\xi)}{J_1(\xi)}$$

という超越方程式の根としてきまることになる．

§9.10　分散性媒質中における電磁波の伝播

この節では電磁波の分散の問題を解析する．例によって，一様で等方的な媒質に話を限る．絶縁体など通常光に対して透明な物質では，χ_m は小で $\mu\approx 1$ であるから $\boldsymbol{B}=\boldsymbol{H}$ として計算しても大きな誤りはない．それゆえ，電流の流れない物質に対する基本方程式 (M-I), (M-II) は

(9.119)
$$\mathrm{rot}\,\boldsymbol{H} = \frac{1}{c}\frac{\partial \boldsymbol{D}}{\partial t},$$

(9.120)
$$\mathrm{rot}\,\boldsymbol{E} = -\frac{1}{c}\frac{\partial \boldsymbol{H}}{\partial t}$$

として差しつかえない．一方

(9.121)
$$\boldsymbol{D} = \boldsymbol{E}+4\pi\boldsymbol{P}.$$

媒質の分散機構は，電磁波の入射によって電気分極 $\boldsymbol{P}$ が起ることから説明される．分極の機構を微視的に詳しく論ずるには量子力学や量子電磁気学の結果を用いなければならないが，ここでは古典的現象論の範囲で満足しなければならない．

いま，電場ベクトルが y 方向に偏り，磁場ベクトルが z 方向に偏った電磁波が $x>0$ の方向に進んで行く場合を考えよう．すなわち，

(9.122)
$$\boldsymbol{E} = (0, E(t,x), 0),\qquad \boldsymbol{H} = (0, 0, H(t,x))$$

とする．電気分極 $\boldsymbol{P}$ は，単位体積中の束縛電子の個数 N，電子の電荷 e，平衡点からの電子の変位 $\boldsymbol{s}$ によって，

(9.123)
$$\boldsymbol{P} = Ne\boldsymbol{s}$$

と表わされる．正負の電荷は全体としては中和していて，負電荷のにない手である電子が一様に塗りつぶされた正の電荷の海の中に浮び，電磁場の作用で平衡点から変位 $\boldsymbol{s}$ を起すと考える．もっとも簡単な模型として，電子は古典力学的な運動方程式

(9.124)
$$\ddot{\boldsymbol{s}}+2\rho\dot{\boldsymbol{s}}+\omega_0^2\boldsymbol{s} = \frac{e}{m}\boldsymbol{E}+\frac{e}{mc}\dot{\boldsymbol{s}}\times\boldsymbol{B}$$

に従って運動するものとする．ここで $\rho\,(>0)$ は減衰係数，ω_0 は特性周波数，c は光速，m は電子の質量を表わす．右辺の第1項は電場によって起される加速度，第2項は磁場からの Lorentz 力によって起される加速度である．c が非常に大きい数であるため，この第2項は無視してもよい．その結果 $\boldsymbol{s}$ は $\boldsymbol{E}$ と同じく $\boldsymbol{s}=(0, s(t, x), 0)$ のように y 成分だけをもつことがわかる．

さて，$\boldsymbol{E}$ と $\boldsymbol{H}$ が特に (9.122) で与えられる場合，(9.119) で意味をもつ成分は

(9.125)
$$-\frac{\partial H}{\partial x}=\frac{1}{c}\frac{\partial E}{\partial t}+\frac{4\pi}{c}Ne\frac{\partial s}{\partial t},$$

また，(9.120) で意味をもつものは

(9.126)
$$\frac{\partial E}{\partial x}=-\frac{1}{c}\frac{\partial H}{\partial t}$$

である．(9.124) は y 成分 $s(t, x)$ について

(9.127)
$$\frac{\partial^2 s}{\partial t^2}+2\rho\frac{\partial s}{\partial t}+{\omega_0}^2 s=\frac{e}{m}E(t, x)$$

となる．E, H はともに平面波であるとして

(9.128)
$$E(t, x)=E_0 e^{-i(\omega t-kx)},\qquad H(t, x)=H_0 e^{-i(\omega t-kx)}\qquad (E_0, H_0\text{: 定数})$$

の形を仮定し，これに伴って生ずる変位 s も

(9.129)
$$s(t, x)=s_0 e^{-i(\omega t-kx)}\qquad (s_0\text{: 定数})$$

であると仮定して (9.126), (9.127) に代入すれば，定数 H_0 と s_0 が

(9.130)
$$H_0=\frac{ck}{\omega}E_0,$$

(9.131)
$$s_0=\frac{e}{m}\frac{E_0}{{\omega_0}^2-2i\rho\omega-\omega^2}$$

のように E_0 を用いて表わされる．これを考慮に入れて (9.125) の両辺を計算し，E_0 の係数を比較すれば

(9.132)
$$k^2=\left(\frac{\omega}{c}\right)^2\left\{1+\frac{4\pi Ne^2}{m({\omega_0}^2-2i\rho\omega-\omega^2)}\right\}$$

の関係が得られる．(9.128), (9.129) の指数関数の肩を $-i\omega(t-(k/\omega)x)$ と書いてみれば明らかなように，x 方向への伝播位相速度 U は

(9.133)
$$U=\omega/k$$

で与えられる．非分散性媒質では k は ω に比例し，したがって U は周波数 ω に関係しない定数になり，電磁波は周波数に関係なく同じ速さで伝わるが，分散性媒質では**分散関係** (dispersion relation) すなわち $k=k(\omega)$ の関数形が重要な役割を演ずる．実際の現象では，ω の全域にわたる分布をもつ白色光，または少なくともある ω の近傍の幅をもつ波の集団が同時に媒質中に浸透するのが常であるから，たとえば $E(t,x)$ についても単色波 $Ee^{-i(\omega t-kx)}$ ではなく

(9.134)
$$E(t,x)=\int_0^\infty E(\omega)e^{-i\{\omega t-k(\omega)x\}}d\omega$$

を論じなければならない．

これには Fourier 変換が有力な武器となることは想像に難くない．これについては，異常分散領域では電磁波が光速より大になり，Einstein の相対性理論と矛盾するのではないかという疑問が生じた．しかしこれは Sommerfeld の輝かしい論文により終止符が打たれた (1914)．これに踵を接して Brillouin が新しく開拓された Debye の鞍点法を適用して調べ，分散性媒質中の電磁波の問題は極めて広い展望を得たのであった．これらは Sommerfeld の "Optik" (Dieterichsche Verlagsbuchhandlung, 1949.（瀬谷正男，波岡武訳，"光学"，講談社，1969)) および Brillouin の "Wave propagation and group velocity" (Academic Press, 1960) に詳しい．この節の解説は，数理物理的観点からこの両書の中の記述を抜粋して説明したものである．

(9.134) から，$E(t,x)$ を定めることは Fourier 係数 $E(\omega)$ の決定に帰着する．

いま，Fourier の積分公式

(9.135)
$$f(t)=\frac{1}{\pi}\int_0^\infty d\omega\int_{-\infty}^\infty f(\tau)\{\cos\omega(t-\tau)\}d\tau$$

に

(9.136)
$$f(\tau)=\begin{cases}0, & \tau<0,\\ \sin\Omega\tau, & 0<\tau<T=N\dfrac{2\pi}{\Omega} \quad (N\text{: 非常に大きな正整数}),\\ 0, & T<\tau\end{cases}$$

を代入して，多少長いが初等的な計算を遂行すると，

$$f(t)=\frac{1}{2\pi}\int_0^\infty d\omega\int_0^T\{\sin(\Omega\tau+\omega t-\omega\tau)+\sin(\Omega\tau-\omega t+\omega\tau)\}\,d\tau$$

$$=\frac{1}{2\pi}\int_0^\infty\left[\frac{\cos\{\Omega\tau+\omega t-\omega\tau\}}{\omega-\Omega}-\frac{\cos\{\Omega\tau-\omega t+\omega\tau\}}{\omega+\Omega}\right]_{\tau=0}^{\tau=T}d\omega$$

$$=\frac{1}{2\pi}\int_0^\infty\left(\frac{1}{\omega+\Omega}-\frac{1}{\omega-\Omega}\right)[\cos\omega t-\cos\{\omega(t-T)\}]\,d\omega$$

(9.137)
$$=-\frac{\Omega}{\pi}\int_0^\infty\frac{1}{\omega^2-\Omega^2}[\cos\omega t-\cos\{\omega(t-T)\}]d\omega,$$

すなわち

(9.137 a)
$$f(t)=-\frac{\Omega}{2\pi}\int_{-\infty}^\infty\frac{e^{-i\omega t}-e^{-i\omega(t-T)}}{\omega^2-\Omega^2}d\omega$$

が得られる．

いま

$$f_1(t)=\begin{cases}0, & t<0,\\ \dfrac{1}{2\pi}\displaystyle\int_0^\infty\left(\frac{1}{\omega+\Omega}-\frac{1}{\omega-\Omega}\right)\cos\omega t d\omega, & 0<t,\end{cases}$$

$$f_2(t-T)=\begin{cases}0, & t<T,\\ -\dfrac{1}{2\pi}\displaystyle\int_0^\infty\left(\frac{1}{\omega+\Omega}-\frac{1}{\omega-\Omega}\right)\cos\{\omega(t-T)\}\,d\omega, & T<t\end{cases}$$

とおけば，(9.137) から明らかに

$$f(t)=\begin{cases}0, & t<0,\\ \dfrac{1}{2\pi}\displaystyle\int_0^\infty\left(\frac{1}{\omega+\Omega}-\frac{1}{\omega-\Omega}\right)\cos\omega t d\omega, & 0<t<T,\\ \dfrac{1}{2\pi}\displaystyle\int_0^\infty\left(\frac{1}{\omega+\Omega}-\frac{1}{\omega-\Omega}\right)\{\cos\omega t-\cos\omega(t-T)\}\,d\omega, & T<t\end{cases}$$

である．ところが，$T<t$ に対しては

$$f_1(t-T)=\frac{1}{2\pi}\int_0^\infty\left(\frac{1}{\omega+\Omega}-\frac{1}{\omega-\Omega}\right)\cos\omega(t-T)\,d\omega=-f_2(t-T),$$

すなわち

$$f_1(t-T)+f_2(t-T)=0$$

が成り立つ．これは f_1, f_2 という二つの波が $T<t$ では打ち消しあっていることを意味し，最初の仮定に一致している．それでは f_1, f_2 はどんな振動を表わして

いるのであろうか．実は，$f_1(t)$ は (9.135) の $f(\tau)$ の代りに

$$f_1(\tau) = \begin{cases} 0, & \tau < 0, \\ \sin \Omega\tau, & \tau > 0 \end{cases} \tag{9.138}$$

とおいて得られる波形，$f_2(t)$ は，

$$f_2(\tau) = \begin{cases} 0, & \tau < T = N\dfrac{2\pi}{\Omega}, \\ -\sin \Omega\tau, & T < \tau \end{cases} \tag{9.139}$$

とおいて得られる波形である (図 9.7)．両者の位相の関係は，時刻 $t=0$ もしくは $t=T$ でちょうど相殺し合うようになっている．その両者が (9.136) の振動に対する結果を与えると考えれば何でもないように見える．しかし $\tau\to\infty$ まで有限で続いている関数 $f_1(\tau), f_2(\tau)$ に対する Fourier 積分は意味をもたない．Sommerfeld は，ω を複素領域にまで拡張することによって，このような一方だけに頭をもった波形の刺激に対する応答を書き表わすことに成功した．少し天降りではあるが次の複素積分

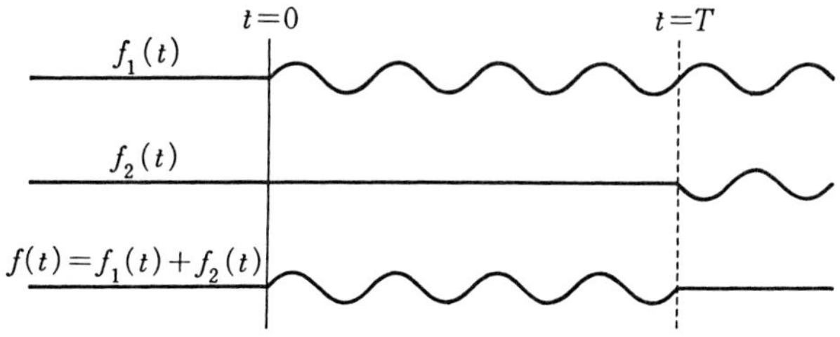

図 9.7

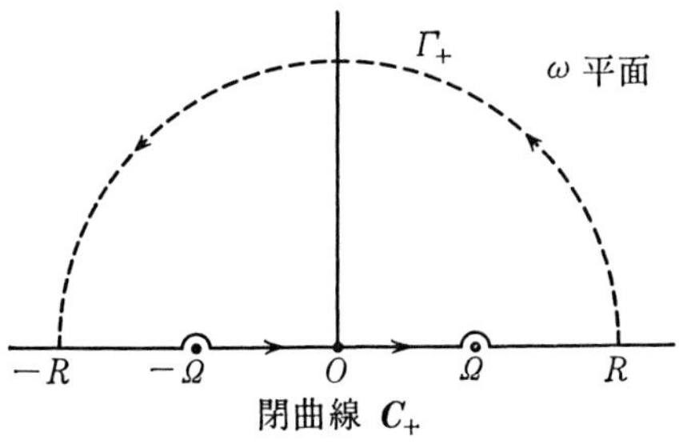

図 9.8

$$f(t) = \frac{-\Omega}{2\pi} \smallfrown\!\!\!\!\int_{-\infty}^{\infty}\!\!\!\!\smallfrown \frac{e^{-i\omega t}}{\omega^2-\Omega^2} d\omega \tag{9.140}$$

に着目しよう．ここに積分路は被積分関数の極である $\omega=\pm\Omega$ の2点を上半面の方に避けて通る実軸に沿う積分路である (図9.8).

さて，上半面の大きな半円周 Γ_+ (半径 R) と，$\omega=\pm\Omega$ をはずした実軸に沿う部分 $\frown\!-\!\frown$ とから成る閉曲線 $\boldsymbol{C}_+$ を考えよう．被積分関数は $\boldsymbol{C}_+$ の上と内部で正則であるから，Cauchy の定理によって

$$\int_{C_+} \frac{e^{-i\omega t}}{\omega^2-\Omega^2} d\omega = \left(\smallfrown\!\!\!\!\int\!\!\!\!\smallfrown + \int_{\Gamma_+} \right) \frac{e^{-i\omega t}}{\omega^2-\Omega^2} d\omega = 0$$

が成り立つ.

Γ_+ の上では $\mathrm{Im}\,(\omega)>0$ であるから，$|e^{-i\omega t}|=e^{\mathrm{Im}\,(\omega)t}$ は $t<0$ ならば $R\to\infty$ とともに指数関数的に0に収束する．したがって，半円周 Γ_+ に沿う積分は $t<0$ ならば $R\to\infty$ とともに0に収束し，

$$\smallfrown\!\!\!\!\int_{-\infty}^{\infty}\!\!\!\!\smallfrown \frac{e^{-i\omega t}}{\omega^2-\Omega^2} d\omega = -\lim_{R\to\infty} \int_{\Gamma_+} \frac{e^{-i\omega t}}{\omega^2-\Omega^2} d\omega = 0, \qquad t<0 \tag{9.141}$$

であることがわかる.

つぎに $t>0$ のときの値を計算するには，図9.9のように積分路をとる．今度は極 $\omega=\pm\Omega$ は閉曲線 $\boldsymbol{C}_-$ 内にあるから

$$\int_{C_-} \frac{e^{-i\omega t}}{\omega^2-\Omega^2} d\omega = -2\pi i \{(\mathrm{Res})_{-\Omega} + (\mathrm{Res})_{\Omega}\}. \tag{9.142}$$

ここに $(\mathrm{Res})_{\pm\Omega}$ は極 $\omega=\pm\Omega$ における留数である．両者とも1位の極であるから Res は簡単に計算される：

$$\begin{cases} (\mathrm{Res})_{\Omega} = \lim\limits_{\omega\to\Omega} (\omega-\Omega) \dfrac{e^{-i\omega t}}{(\omega-\Omega)(\omega+\Omega)} = \dfrac{e^{-i\Omega t}}{2\Omega}, \\[2ex] (\mathrm{Res})_{-\Omega} = \lim\limits_{\omega\to-\Omega} (\omega+\Omega) \dfrac{e^{-i\omega t}}{(\omega-\Omega)(\omega+\Omega)} = \dfrac{e^{i\Omega t}}{-2\Omega}. \end{cases} \tag{9.143}$$

これから

$$\int_{C_-} \frac{e^{-i\omega t}}{\omega^2-\Omega^2} d\omega = -\frac{2\pi}{\Omega} \sin \Omega t. \tag{9.144}$$

ここで $\boldsymbol{C}_-$ を $\frown\!-\!\frown$ と Γ_- とに分けると，半円周 Γ_- に沿う積分は，今度は $t>$

0 のとき $R\to\infty$ で 0 に収束する．それゆえ

$$(9.145)\qquad \fint_{-\infty}^{\infty}\frac{e^{-i\omega t}}{\omega^2-\Omega^2}d\omega=-\frac{2\pi}{\Omega}\sin\Omega t,\qquad t>0.$$

まとめて書けば

$$(9.146)\qquad f(t)=-\frac{\Omega}{2\pi}\fint_{-\infty}^{\infty}\frac{e^{-i\omega t}}{\omega^2-\Omega^2}d\omega=\begin{cases}0, & t<0,\\ \sin\Omega t, & t>0\end{cases}$$

である．ところがこれは，前に発散の困難を無視して Fourier 積分の式を形式的に適用して得た結果 (9.138) にほかならない．結局，積分変数 ω を複素数値にまで拡張することによって，(9.140) の右辺が $t<0$ では 0，$t>0$ では $\sin\Omega t$ となる物理的に意味のある入力関数の積分表現であることが数学的に疑義のない形で示されたわけである．

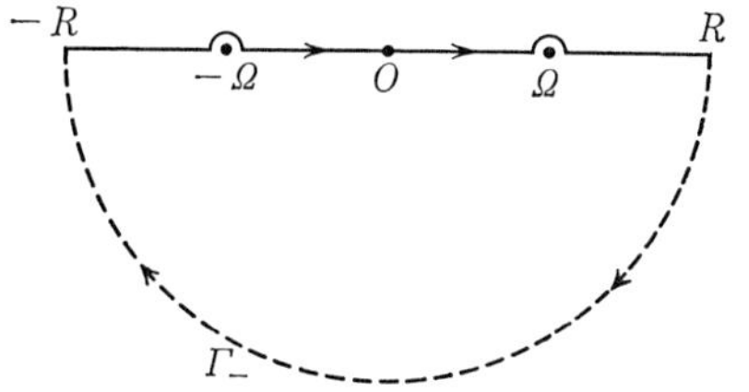

図 9.9

閉曲線 C_-

最後に，以上の準備で意味の明らかになった (9.146) を利用して分散性媒質中での波頭の伝播と前駆波の問題を調べよう．時間因子 $e^{-i\omega t}$ をもつ $+x$ 方向の進行波 $e^{i(kx-\omega t)}$ に着目する．$k(\omega)$ に対しては (9.132) から得られる表式

$$(9.147)\qquad k=\frac{\omega}{c}\mu,\qquad \mu=\sqrt{1+\frac{a^2\omega_0{}^2}{\omega_0{}^2-\omega^2-2i\rho\omega}},\quad a^2=\frac{4\pi Ne^2}{m\omega_0{}^2}$$

を使う．実際は減衰項の影響も皆無ではないが，簡単のため $\rho=0$ の場合で満足しよう．境界 $x=0$ の場所での進行波は，$\hat{t}=t-(x/c)$ とするとき

$$(9.148)\quad f(x,t)=-\frac{\Omega}{2\pi}\fint\frac{e^{i(kx-\omega t)}}{\omega^2-\Omega^2}d\omega=-\frac{\Omega}{2\pi}\fint\frac{e^{-i\omega\hat{t}}\cdot e^{i(k-(\omega/c))x}}{\omega^2-\Omega^2}d\omega$$

で与えられる．(9.148) の被積分関数の特異点について考察しよう．極 $\omega=\pm\Omega$ のほかに (9.147) の k に含まれる分岐点の性質を調べておく必要がある．(9.148) の指数関数の指数は，(9.147) より

$$k-\frac{\omega}{c}=\frac{\omega}{c}(\mu-1)=\frac{\omega}{c}\left\{\sqrt{1-\frac{a^2{\omega_0}^2}{\omega^2-{\omega_0}^2}}-1\right\} \tag{9.149}$$

と書けるから，分岐点は

$$1-\frac{a^2{\omega_0}^2}{\omega^2-{\omega_0}^2}=\frac{(\omega-\omega_1)(\omega+\omega_1)}{(\omega-\omega_0)(\omega+\omega_0)},\qquad \omega_1=\omega_0\sqrt{1+a^2} \tag{9.150}$$

の極と零点，すなわち $\omega=\pm\omega_0$, $\pm\omega_1$ である．そこで，今度の積分路は上の分岐点の存在を考慮してとらなければならない．分散性があまり大きくない場合には，a が小で $\omega_1\approx\omega_0$ である．この場合には，図 9.10 に示したように，ω 平面に ω_0 と ω_1, $-\omega_0$ と $-\omega_1$ を結ぶ分岐線を入れておく必要がある[1]．しかしとにかく上半面には特異点はないので，図 9.8 の Γ_+ に沿う積分が $t<0$ で 0 になるという結論は前と同じである．ただ，今度は指数関数の肩が t でなく $t-(x/c)$ に変っているから，(9.148) の積分は

$$f(x,t)=0,\qquad t-\frac{x}{c}<0 \tag{9.151}$$

の値を与える．場所 x において応答が見られるのは $t>x/c$ のときであって，その前には作用は全く到達していない．

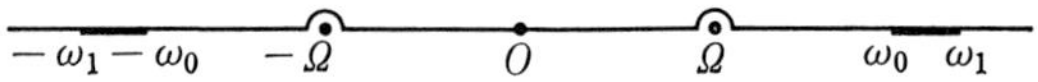

図 9. 10

$t\geqq x/c$ でのふるまいを調べるために，$\hat{t}=t-(x/c)\geqq 0$ の条件のもとに (9.148) の積分路を変形してみよう．上述の ⌒―⌒ の積分路を上半面にゆるめて，図 9.11 のように L についてとった上でこれを原点を中心とする半径 R の半円周 Γ_+ と実軸に沿う $(-\infty, -R)$, $(R, +\infty)$ に直す．被積分関数の分母に $\omega^2-\Omega^2$ があるから，図に破線で示した $(+\infty, R)$ と $(-R, -\infty)$ に沿う積分は，$R\to\infty$ とすれば 0 に収束する．また下半面の半円周 Γ_- では，被積分関数にある因子 $e^{-i\omega\hat{t}}$ のために，$\mathrm{Im}(\omega)<0$ と $\hat{t}>0$ の条件から積分値への寄与は $R\to\infty$ でやはり 0 となる．

ω 平面の分岐線を前述のように選んでおけば，実軸に沿う実線と破線の上にと

1) ω_0 と ω_1 が実軸上にあるのは減衰項を無視したためである．減衰項まで考慮した場合には，虚数部が負の複素数になる．これらは Brillouin がさらに立ち入って調べている．

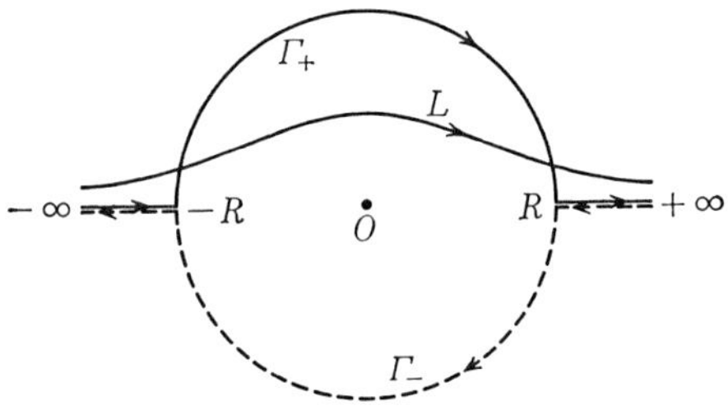

図9.11

った積分は往復で相殺するから，

(9.152) $$f(x,t)=-\frac{\Omega}{2\pi}\oint_{\boldsymbol{R}}\frac{e^{-i\omega\hat{t}}\cdot e^{i(k-(\omega/c))x}}{\omega^2-\Omega^2}d\omega$$

と書くことができる．ただし $\boldsymbol{R}$ は原点を中心とした半径 R の円周を時計回りに一周する路である．$\boldsymbol{R}$ 上では $|\omega|$ が非常に大きいので

(9.153) $$k-\frac{\omega}{c}=\frac{\omega}{c}\left\{\sqrt{1-\frac{a^2\omega_0{}^2}{\omega^2-\omega_0{}^2}}-1\right\}\approx-\frac{\omega}{2c}\frac{a^2\omega_0{}^2}{\omega^2-\omega_0{}^2}\approx-\frac{a^2\omega_0{}^2}{2c\omega}$$

としてよい．$\xi=(a^2\omega_0{}^2/2c)\,x$ とおけば，

(9.154) $$f(x,t)=-\frac{\Omega}{2\pi}\oint_{\boldsymbol{R}}\exp\left\{i\left(-\frac{\xi}{\omega}-\omega\hat{t}\right)\right\}\frac{d\omega}{\omega^2}$$
$$=-\frac{\Omega}{2\pi}\oint_{\boldsymbol{R}}\exp\left\{-i\sqrt{\xi\hat{t}}\left(\frac{1}{\omega}\sqrt{\frac{\xi}{\hat{t}}}+\omega\sqrt{\frac{\hat{t}}{\xi}}\right)\right\}\frac{d\omega}{\omega^2}.$$

さらに $\omega\sqrt{\hat{t}/\xi}=e^{i\varphi}$ とおいて積分変数を φ に変えると，つぎのように書ける：

(9.155) $$f(x,t)=-i\frac{\Omega}{2\pi}\sqrt{\frac{\hat{t}}{\xi}}\oint e^{-i2\sqrt{\xi\hat{t}}\cos\varphi-i\varphi}d\varphi.$$

Bessel 関数の積分表示式

(9.156) $$J_n(z)=\frac{1}{2\pi}\int_{-\pi}^{\pi}e^{-iz\sin\psi+in\psi}d\psi$$

において $\psi=(\pi/2)-\varphi$，$n=1$ とおくことにより

(9.157) $$\frac{-i}{2\pi}\oint e^{-i2\sqrt{\xi\hat{t}}\cos\varphi-i\varphi}d\varphi=J_1(2\sqrt{\xi\hat{t}})$$

であることがわかる．これから

(9.158) $$f(x,t)=\Omega\sqrt{\frac{\hat{t}}{\xi}}J_1(2\sqrt{\xi\hat{t}}).$$

Bessel 関数の原点付近の展開式と漸近展開式とを使って，$\hat{t}$ の関数として f を

図示すると，f はおよそ図 9.12(a) のようなふるまいをすることがわかる．これが頭をもった波の波頭の近くでの波形を示すものである．

(b) は鞍点法を用いてさらに近似を進めたときの結果で，波頭の前にいわゆる前駆波が c に近い速さで伝わって来ていることがわかる．これは遠方からの地震波で経験する現象に対応している．

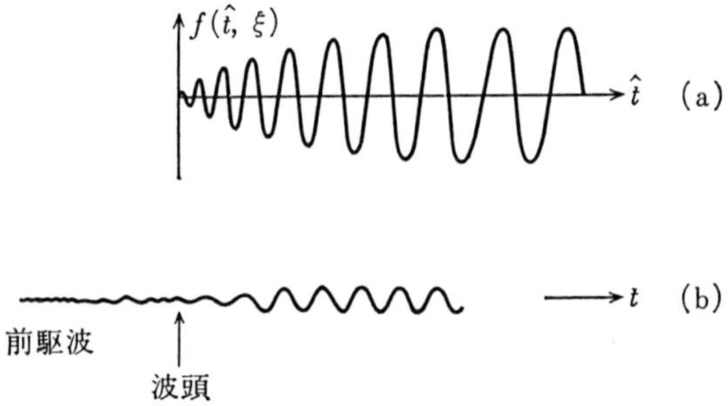

図 9.12

第10章　物質波の偏微分方程式 ——Schrödinger の方程式

§10.1　Schrödinger の方程式

前章で電磁現象の基礎方程式である Maxwell の方程式系について述べたときは，現象と方程式との結びつきが相当厄介なので物理的背景から出発して基礎方程式を説明したが，本章では基礎方程式を与えられたものとして出発する．**Schrödinger の方程式**の未知関数はただ1個のスカラーであって，この方程式は特別な場合には Helmholtz の方程式になる．波動方程式や，そのさらに特別な場合である Laplace の方程式の問題の解法については，前数章にわたって基本から種々の側面までくわしく見てきた通りである．

時間変数 t に陽に依存しない空間次元3の Schrödinger の方程式は

$$\frac{\hbar^2}{2m}\triangle\psi+(E-V)\psi=0 \tag{10.1}$$

で与えられる．ここで m は物質粒子（いまは電子に限定する）の質量，$\hbar$ は微視的世界の特性を示す Planck の定数 h を 2π で割ったものである．$m=1$, e(電子の電荷)$=1$, $\hbar=1$ ととったいわゆる原子単位を使えば，(10.1) は

$$\triangle\psi+2(E-V)\psi=0 \tag{10.2}$$

と書くことができる．

粒子の運動量ベクトル $\boldsymbol{p}=(p_1, p_2, p_3)$ の絶対値の2乗 $\boldsymbol{p}^2=p_1{}^2+p_2{}^2+p_3{}^2$ を使えば，運動エネルギーは $T=\boldsymbol{p}^2/2m$ と書ける．粒子が保存力場の中にあれば，ポテンシャルを $V(\boldsymbol{r})$ として，エネルギー保存の式

$$\mathcal{H}\equiv T+V=\frac{1}{2m}\boldsymbol{p}^2+V=E \quad \text{(const)} \tag{10.3}$$

が成り立つ．

この古典力学の基礎方程式 (10.3) から微視的世界の法則である量子力学での運動方程式を得るには，有名な Schrödinger の処方箋に従って運動量成分 p_k を

(10.4)　$$p_k = -i\hbar\frac{\partial}{\partial x_k} \qquad (k=1,2,3), \qquad i=\sqrt{-1}$$

という微分作用素に変え，古典的な Hamilton 関数 $\mathscr{H}(\boldsymbol{p},\boldsymbol{r})$ を **Hamilton 作用素**

$$\mathscr{H}\left(\frac{\hbar}{i}\frac{\partial}{\partial \boldsymbol{r}},\boldsymbol{r}\right) = -\frac{\hbar^2}{2m}\left\{\left(\frac{\partial}{\partial x_1}\right)^2+\left(\frac{\partial}{\partial x_2}\right)^2+\left(\frac{\partial}{\partial x_3}\right)^2\right\}+V(x_1,x_2,x_3)$$

に変え，これをいわゆる Schrödinger の波動関数 $\psi(x_1,x_2,x_3)$ に作用させた形の方程式をつくればよいのである：

(10.5)　$$\mathscr{H}\psi = -\frac{\hbar^2}{2m}\triangle\psi+V\psi = E\psi.$$

Schrödinger の方程式に現われる量の物理的な意味は考えずに，単なる偏微分方程式として (10.2) を眺めれば，$V=0$ のときこれは明らかに Helmholtz の方程式

(10.6)　$$\triangle\psi+k^2\psi = 0, \qquad k^2 = 2E$$

を与える．逆に，Helmholtz の方程式 (10.6) で $\boldsymbol{k}$ が定数でなく，空間変数に依存するものを考えれば，Schrödinger の方程式はその中に含まれる．

以上はいわゆる定常状態における物質波の状態をきめる Schrödinger の方程式であるが，時とともに状態が変化する場合には，さらにエネルギー E に対しても

(10.7)　$$E = i\hbar\frac{\partial}{\partial t}$$

という微分作用素によるおきかえを行なって，(10.5) を

(10.8)　$$\mathscr{H}\psi = -\frac{\hbar^2}{2m}\triangle\psi+V\psi = i\hbar\frac{\partial\psi}{\partial t}$$

という純虚数を含んだ発展方程式の形にしなければならない．

粒子の速度が光速に近づけば相対論的な取扱いをしなければならないことは物理学の常識である．この場合には，Schrödinger の方程式は **Dirac の方程式**に場を譲らなければならない．ところで Dirac の方程式は，まことに不思議な方法でスピン自由度（粒子の自転の自由度）を中に取り入れ，その結果 ψ はもはやスカラーではなくスピノルとなり，基礎方程式は 4 成分の方程式系となる．しかしこれについては，紙面の関係で説明をすべて割愛せざるを得ない．

§10.2 変分原理による Schrödinger の方程式の導出

Schrödinger の方程式は変分原理から導かれる．いま，

$$J=\frac{1}{2}\left[\frac{\hbar^2}{2m}\left\{\left(\frac{\partial\psi}{\partial x}\right)^2+\left(\frac{\partial\psi}{\partial y}\right)^2+\left(\frac{\partial\psi}{\partial z}\right)^2\right\}+V\psi^2\right] \tag{10.9}$$

の全空間 Ω にわたる積分 $\int_\Omega J d\tau$ $(d\tau=dxdydz)$ が規格化条件

$$\iiint_\Omega \psi^2 d\tau=1 \tag{10.10}$$

のもとに極値をとるような，1 価有界で C^2 級の実関数を求めるという変分問題を考えよう[1]．これは

$$\delta\iiint_\Omega\left(J-\frac{E}{2}\psi^2\right)d\tau=0 \tag{10.11}$$

という形に書くことができる．ここで $E/2$ はいわゆる Lagrange の乗数である．(10.9) を代入すると，(10.11) の左辺は

$$\begin{aligned}
&\delta\iiint_\Omega\left(J-\frac{E}{2}\psi^2\right)d\tau\\
&=\iiint_\Omega\left[\frac{\hbar^2}{2m}\left\{\frac{\partial\psi}{\partial x}\delta\left(\frac{\partial\psi}{\partial x}\right)+\frac{\partial\psi}{\partial y}\delta\left(\frac{\partial\psi}{\partial y}\right)+\frac{\partial\psi}{\partial z}\delta\left(\frac{\partial\psi}{\partial z}\right)\right\}+(V-E)\psi\delta\psi\right]d\tau\\
&=\iiint_\Omega\left[\frac{\hbar^2}{2m}\left\{\frac{\partial\psi}{\partial x}\frac{\partial(\delta\psi)}{\partial x}+\frac{\partial\psi}{\partial y}\frac{\partial(\delta\psi)}{\partial y}+\frac{\partial\psi}{\partial z}\frac{\partial(\delta\psi)}{\partial z}\right\}+(V-E)\psi\delta\psi\right]d\tau\\
&=\frac{\hbar^2}{2m}\iint_{\partial\Omega}\frac{\partial\psi}{\partial n}\delta\psi dS+\iiint_\Omega\left\{-\frac{\hbar^2}{2m}\triangle\psi+(V-E)\psi\right\}\delta\psi d\tau
\end{aligned}$$

と書けるが，$\partial\Omega$ の上で $\partial\psi/\partial n$ は有界で $\delta\psi=0$ と考えるから，

$$\iiint_\Omega\left\{-\frac{\hbar^2}{2m}\triangle\psi+(V-E)\psi\right\}\delta\psi d\tau=0 \tag{10.12}$$

が成り立ち，任意の変分 $\delta\psi$ に対してこの関係が成立するためには Schrödinger の方程式 (10.1) が成り立たなくてはならない．そして Lagrange の乗数として導入したパラメータ E の固有値が，量子化された状態のエネルギーを与えるのである．

以上を n 個の質点から成る系に拡張しよう．質量 m_i の質点 (粒子) の座標が

---

1) 記述を簡単にするため，一般には複素数値関数である ψ を，Schrödinger の第 1 論文 (1926) と同様に実関数であると仮定して定式化する．

$x_i, y_i, z_i\ (i=1, 2, \cdots, n)$ で与えられているとき，その運動エネルギーは

$$T = \frac{1}{2}\sum_{i=1}^{n} m_i(\dot{x}_i{}^2+\dot{y}_i{}^2+\dot{z}_i{}^2) = \frac{1}{2}\sum_{i=1}^{3n}\dot{\xi}_i{}^2 \tag{10.13}$$

と書ける．ただし，$\sqrt{m_i}\,x_i=\xi_{3i-2}$，$\sqrt{m_i}\,y_i=\xi_{3i-1}$，$\sqrt{m_i}\,z_i=\xi_{3i}$ のように通し番号をつけた変数 $\xi_i\ (i=1, 2, \cdots, 3n)$ を導入した．

さて，この系の自由度の数を $f\ (\leqq 3n)$ とし，広義座標 $q_i\ (i=1, 2, \cdots, f)$ を用いて ξ_i を

$$\xi_i = \xi_i(q_1, q_2, \cdots, q_f) \tag{10.14}$$

と表わそう．以下では，簡単のために束縛条件のない $f=3n$ の場合を考えることにすると，

$$\dot{\xi}_i = \sum_{k=1}^{f}\frac{\partial \xi_i}{\partial q_k}\dot{q}_k \tag{10.15}$$

を (10.13) に代入して

$$T = \frac{1}{2}\sum_i \dot{\xi}_i{}^2 = \frac{1}{2}\sum_{i,k,l}\frac{\partial \xi_i}{\partial q_k}\frac{\partial \xi_i}{\partial q_l}\dot{q}_k\dot{q}_l \tag{10.16}$$

を得る．ここで

$$\sum_i \frac{\partial \xi_i}{\partial q_k}\frac{\partial \xi_i}{\partial q_l} = g_{kl}(q) = g_{lk}(q) \tag{10.17}$$

とおくと，広義座標 q および広義速度 $\dot{q}$ を用いて表わした運動エネルギーの表式

$$T(q, \dot{q}) = \frac{1}{2}\sum_{k,l} g_{kl}(q)\,\dot{q}_k\dot{q}_l \tag{10.18}$$

が得られる．つぎに，これに dt^2 をかけた2次微分形式によって f 次元空間における線要素を定義する：

$$ds^2 = 2T(q, \dot{q})\,dt^2 = \sum_{k,l} g_{kl}(q)\,dq_k dq_l. \tag{10.19}$$

特に $(q_1, q_2, \cdots, q_f)$ を直交曲線座標系に選んで

$$g_{kl} = \delta_{kl}g_{kl} = \begin{cases} 0 & (k \neq l), \\ g_k & (k=l) \end{cases} \tag{10.20}$$

の場合を考えよう．このときは，3次元の場合の自然の拡張として

$$\operatorname{grad} U = \left(\frac{1}{\sqrt{g_k}}\frac{\partial U}{\partial q_k}\right), \qquad k = 1, 2, \cdots, f, \tag{10.21}$$

(10.22) $$\operatorname{div} \boldsymbol{A} = \frac{1}{\sqrt{g}}\sum_k \frac{\partial}{\partial q_k}\left(\sqrt{\frac{g}{g_k}}A_k\right), \qquad g = \prod_k g_k$$

が得られる．これを用いれば，f 次元空間での Laplace の作用素 $\triangle_f$ に対する表式はつぎのようになる：

(10.23) $$\triangle_f = \frac{1}{\sqrt{g}}\sum_k \frac{\partial}{\partial q_k}\left(\frac{\sqrt{g}}{g_k}\frac{\partial}{\partial q_k}\right).$$

したがって Schrödinger の方程式は

(10.24) $$\frac{\hbar^2}{2m}\frac{1}{\sqrt{g}}\sum_k \frac{\partial}{\partial q_k}\left(\frac{\sqrt{g}}{g_k}\frac{\partial \psi}{\partial q_k}\right) + \{E - V(q_1, q_2, \cdots, q_f)\}\psi = 0$$

と書かれる．

つぎに，座標 $\boldsymbol{q}$ と運動量 $\boldsymbol{p}$ とを用いて運動エネルギー T を表わすことを考えよう．そのために，まず (10.16) を $\dot{\xi}_i$ について偏微分すると

(10.25) $$\dot{\xi}_i = \frac{\partial T}{\partial \dot{\xi}_i} = \sum_k \frac{\partial T}{\partial \dot{q}_k}\frac{\partial \dot{q}_k}{\partial \dot{\xi}_i}.$$

座標成分 q_k に共役な運動量成分を $p_k = \partial T/\partial \dot{q}_k$ で定義すると，これは

(10.26) $$\dot{\xi}_i = \sum_k p_k \frac{\partial \dot{q}_k}{\partial \dot{\xi}_i}$$

と書くことができる．逆に q_k を ξ で表わしたものを

(10.27) $$q_k = q_k(\xi_1, \xi_2, \cdots, \xi_f)$$

とすれば，

(10.28) $$\dot{q}_k = \sum_i \frac{\partial q_k}{\partial \xi_i}\dot{\xi}_i$$

であるから

(10.29) $$\frac{\partial \dot{q}_k}{\partial \dot{\xi}_i} = \frac{\partial q_k}{\partial \xi_i}$$

の関係があることがわかる．これを (10.26) に代入すると

(10.30) $$\dot{\xi}_i = \sum_k p_k \frac{\partial q_k}{\partial \xi_i}$$

となるから，この関係を (10.16) に入れれば，T が p の 2 次形式の形に表わされる：

(10.31) $$T(q, p) = \frac{1}{2}\sum_{k,l} g^{kl} p_k p_l,$$

ただし

$$g^{kl}=\sum_i \frac{\partial q_k}{\partial \xi_i}\frac{\partial q_l}{\partial \xi_i}. \tag{10.32}$$

体積要素

$$\prod_i d\xi_i = Ddq_1dq_2\cdots dq_f, \qquad D=\frac{\partial(\xi_1,\xi_2,\cdots,\xi_f)}{\partial(q_1,q_2,\cdots,q_f)}$$

を用いて (10.11) を一般化した式は

$$\delta\iiint_\Omega \frac{1}{2}\left[\frac{\hbar^2}{2}\sum_{k,l} g^{kl}\frac{\partial\psi}{\partial q_k}\frac{\partial\psi}{\partial q_l}+(V-E)\psi^2\right]D\prod_k dq_k=0,$$

すなわち

$$\iiint_\Omega\left[-\frac{\hbar^2}{2}\sum_{k,l}\frac{\partial}{\partial q_k}\left(Dg^{kl}\frac{\partial\psi}{\partial q_l}\right)+(V-E)D\psi\right]\delta\psi\prod_k dq_k=0 \tag{10.33}$$

である．これから，f 次元の位相空間における Schrödinger の方程式

$$\frac{1}{D}\frac{\hbar^2}{2}\sum_{k,l}\frac{\partial}{\partial q_k}\left(Dg^{kl}\frac{\partial\psi}{\partial q_l}\right)+(E-V)\psi=0 \tag{10.34}$$

が導かれる．いま

$$\bar{D}=\frac{\partial(q_1,q_2,\cdots,q_f)}{\partial(\xi_1,\xi_2,\cdots,\xi_f)}=\frac{1}{D}$$

と書けば，容易に確かめられるように

$$\bar{D}^2=\det\left(\sum_i\frac{\partial q_i}{\partial\xi_k}\frac{\partial q_i}{\partial\xi_l}\right)=\det\,(g^{kl})$$

の関係があるから，

$$D=\frac{1}{\sqrt{\det\,(g^{kl})}}$$

であることがわかる．それゆえ，多自由度の Schrödinger の方程式 (10.34) は

$$\frac{\hbar^2}{2}\sqrt{\det\,(g^{kl})}\sum_{k,l}\frac{\partial}{\partial q_k}\left(\frac{g^{kl}}{\sqrt{\det\,(g^{kl})}}\frac{\partial\psi}{\partial q_l}\right)+(E-V)\psi=0 \tag{10.35}$$

と書き表わされる．

§10.3　量子力学における固有値問題の解法 (I)，Sommerfeld の多項式解法

$x=0$ を確定特異点とする2階線型常微分方程式

(10.36) $$Lu \equiv x^2 Q_2(x)\frac{d^2u}{dx^2} + xQ_1(x)\frac{du}{dx} + Q_0(x)u = 0$$

を考えよう．ここで Q_0, Q_1, Q_2 は $x=0$ の近傍で解析的な関数で，$Q_2(0) \neq 0$ であるとする．この方程式については，$x=0$ の近傍で

(10.37) $$u = \sum_{k=0}^{\infty} c_k x^{\rho+k}, \qquad c_0 \neq 0$$

という形の形式解が少なくとも一つ存在することがよく知られている．いま，関数 Q_0, Q_1, Q_2 を

(10.38) $$Q_i(x) = \sum_{n=0}^{\infty} q_{in} x^n \qquad (i=0,1,2)$$

と書いたとしよう．ただし $q_{20} \neq 0$ である．

級数展開式 (10.37) を仮定して (10.36) に代入し整頓すれば，つぎの形の式が得られる：

(10.39) $$x^{\rho} \sum_{l=0}^{\infty} \left\{ \sum_{n=0}^{l} c_{l-n} f_n(\rho+l-n) \right\} x^l = 0.$$

$l=0$ の項は $c_0 f_0(\rho) = \{q_{20}\rho(\rho-1) + q_{10}\rho + q_{00}\} c_0$ で与えられ，これが 0 になるべきことから指数 ρ に対する決定方程式

(10.40) $$q_{20}\rho(\rho-1) + q_{10}\rho + q_{00} = 0$$

が導かれ，これから 2 個の特性根 ρ_1, ρ_2 が定まる．未定係数 c_l の間には

(10.41) $$c_l f_0(\rho+l) + c_{l-1} f_1(\rho+l-1) + \cdots + c_0 f_l(\rho) = 0$$

の関係が成り立つから，c_k の係数の中に 0 となるものが現われない限り，各 ρ_i $(i=1,2)$ に対してこの漸化式に従って $c_1, c_2, \cdots$ が順次に定まることになる．しかし，その解析的な表現を陽に与えることは一般には不可能である．

通常よく知られている特殊関数に導かれるのは (10.41) がただ 2 個の c_k の間の関係式となる場合である．たとえば，球関数の母体ともいうべき **Legendre の方程式**

$$(1-x^2)u'' - 2xu' + \nu(\nu+1)u = 0$$

の $x=0$ のまわりの解 ($x=0$ は方程式の正則点であるから，そこでは解も正則で $\rho=0$) に対しては

$$k(k-1)c_k - (k-\nu-2)(k+\nu-1)c_{k-2} = 0,$$

また，円柱関数の母体となる **Bessel の方程式**

$$u''+\frac{1}{x}u'+\left(1-\frac{\nu^2}{x^2}\right)u=0$$

については

$$(\rho+k+\nu)(\rho+k-\nu)c_k+c_{k-2}=0$$

という具合である.

さて，Sommerfeld は，Schrödinger の方程式に関する多くの問題の中で最も重要なものの一つであるエネルギー固有値を定める問題に対する一般的な解法を考案した[1]. かれは，変数分離の結果得られた常微分方程式に対してつぎの二つの問題を取り上げた (1939)：1° 漸化式が2個の係数の間の式になるための条件を求める，2° このとき漸化の連鎖を中途で切って多項式解をもたせることにより‘量子化’を行なう.

1° については，$Q_2(x)$ がたかだか2項から成るとき，すなわち

(10.42) $$Q_2(x)=q_{20}+q_{2h}x^h$$

であるときにのみ可能である．このとき，$Q_2(x)$ からの漸化式への寄与が $c_kq_{20}(\rho+k)(\rho+k-1)+c_{k-h}q_{2h}(\rho+k-h)(\rho+k-h-1)$ となることから，$Q_1(x)$ と $Q_0(x)$ も

(10.43) $$Q_1(x)=q_{10}+q_{1h}x^h,\quad Q_0(x)=q_{00}+q_{0h}x^h$$

の形をもたなければならない．以下，2重添字をやめて

(10.44) $$q_{20}=A_2,\ q_{2h}=B_2;\ q_{10}=2A_1,\ q_{1h}=2B_1;\ q_{00}=A_0,\ q_{0h}=B_0$$

と書き改めると，2項漸化式が得られる場合の方程式は

(10.45) $$x^2(A_2+B_2x^h)u''+2x(A_1+B_1x^h)u'+(A_0+B_0x^h)u=0$$

と書くことができる．これに展開式 (10.37) を代入すれば，c_0 の係数を0とおいた決定方程式

(10.46) $$A_2\rho(\rho-1)+2A_1\rho+A_0=0$$

が得られる．これの2根を入れても $c_1, c_2, \cdots, c_{h-1}$ の係数は0にならないから，$c_1=0,\ c_2=0,\ \cdots,\ c_{h-1}=0$ でなければならない．そして c_k と c_{k-h} の間の2項漸化式

(10.47) $$\{A_2(\rho+k)(\rho+k-1)+2A_1(\rho+k)+A_0\}c_k$$

---

1) Sommerfeld, A.: Atombau und Spektrallinien, II, Frederick Ungar Publ. Co. (1953) に詳しい.

$$+\{B_2(\rho+k-h)(\rho+k-h-1)+2B_1(\rho+k-h)+B_0\}c_{k-h}=0 \quad (k=h, h+1, \cdots)$$

が得られる．

つぎに 2°，すなわち級数の連鎖を切ることによる量子化の問題に移ろう．一般に，もし (10.37) が無限級数になったとすると，係数の漸近形の考察から，有界であるべき点で解が発散してしまうことが導かれる．この級数が有限項で切れなければならないのはこのことのためである．上式の c_{k-h} にかかる係数は，$k=n+h$ とおくと $B_2(\rho+n)(\rho+n-1)+2B_1(\rho+n)+B_0$ となる．n を h の適当な倍数に選んでこれを 0 にすることができるならば，c_{n+h} と c_n とを結ぶ式の c_n の係数は打切りの条件

(10.48) $$B_2(\rho+n)(\rho+n-1)+2B_1(\rho+n)+B_0=0, \qquad n=mh$$

によって消えるから $c_{n+h}=0$，したがってそれ以上の番号の c がすべて 0 となる．こうして級数解 (10.37) は x^ρ に n 次の多項式がかかった有限級数となるのである．

ところで，Schrödinger の方程式 $\mathcal{H}\psi=E\psi$ から変数分離によって得られる常微分方程式の係数 $B_i\,(i=0,1,2)$ の中にはエネルギー E が含まれている．それゆえ，打切りの条件 (10.48) は可能なエネルギーの値を正整数 n によって限定することになる．これが Sommerfeld のいう‘量子化’にほかならない．

この量子化はエネルギーについてだけとは限らない．打切りの条件による角運動量の量子化について，つぎに具体例を示そう．

角運動量ベクトル $\boldsymbol{L}$ は，位置ベクトル $\boldsymbol{r}$ と運動量ベクトル $\boldsymbol{p}$ とを用いて $\boldsymbol{L}=\boldsymbol{r}\times\boldsymbol{p}$ で定義されるから，たとえばその x 成分 $L_x=yp_z-zp_y$ に対応する作用素は $\hat{L}_x=-i\hbar(y\partial/\partial z-z\partial/\partial y)$ である．これから単純な計算によって，角運動量の 2 乗 $\boldsymbol{L}^2$ に対応する作用素は，極座標を用いて書いたとき

(10.49) $$\hat{\boldsymbol{L}}^2=-\hbar^2\Lambda, \qquad \Lambda=\frac{1}{\sin\theta}\frac{\partial}{\partial\theta}\left(\sin\theta\frac{\partial}{\partial\theta}\right)+\frac{1}{\sin^2\theta}\frac{\partial^2}{\partial\varphi^2}$$

となることがわかる[1]．それゆえ，角運動量の量子化は

(10.50) $$-\Lambda\psi=\lambda\psi$$

1) $\hat{\boldsymbol{L}}^2=\hat{L}_x{}^2+\hat{L}_y{}^2+\hat{L}_z{}^2=(x^2+y^2+z^2)(\hat{p}_x{}^2+\hat{p}_y{}^2+\hat{p}_z{}^2)-(x\hat{p}_x+y\hat{p}_y+z\hat{p}_z)^2+i\hbar(x\hat{p}_x+y\hat{p}_y+z\hat{p}_z)$，$x\hat{p}_x+y\hat{p}_y+z\hat{p}_z=-i\hbar r\partial/\partial r$ などの関係を用いる．

の固有値 λ を求めることに帰着する．$\psi=\Theta(\theta)\Phi(\varphi)$ とおいて変数分離を行なうと，φ に関する周期性から $\Phi(\varphi)=e^{im\varphi}$ $(m=0, \pm1, \pm2, \cdots)$ が得られ，Θ に対する方程式は

$$\frac{1}{\sin\theta}\frac{d}{d\theta}\left(\sin\theta\frac{d\Theta}{d\theta}\right)+\left(\lambda-\frac{m^2}{\sin^2\theta}\right)\Theta=0 \tag{10.51}$$

となる．ここで $x=\cos\theta$ という変換を行なえば，**Legendre の陪微分方程式**

$$\frac{d}{dx}\left\{(1-x^2)\frac{d\Theta}{dx}\right\}+\left(\lambda-\frac{m^2}{1-x^2}\right)\Theta=0 \tag{10.52}$$

が得られる．

$m\neq0$ の場合の議論は問に譲ることにして，ここでは $m=0$ とおいた方程式

$$(1-x^2)\Theta''-2x\Theta'+\lambda\Theta=0 \tag{10.53}$$

の固有値問題を考えよう．この方程式では，$\theta=0$，π に対応する $x=\pm1$ が確定特異点である．したがって，解が $x\to\pm1$ でも有界であるという条件のもとでの固有値問題に直面する．これを前述の Sommerfeld の多項式法によって解いてみよう．

$x=1$ の近傍に着目して変換 $t=(1-x)/2$ を行なえば，(10.53) は

$$t(1-t)\ddot{\Theta}+(1-2t)\dot{\Theta}+\lambda\Theta=0 \tag{10.54}$$

となる．(Θ の上の・は t に関する微分を表わす.)　$\Theta=\sum_k c_k t^{\rho+k}$ の形を仮定して上式に代入すれば，

$$\rho^2 c_0 t^{\rho-1}+\sum_{k=1}^{\infty}[(\rho+k)^2 c_k-\{(\rho+k-1)(\rho+k)-\lambda\}c_{k-1}]t^{\rho+k-1}=0$$

を得る．これから $\rho=0$ が出る．また，$k=l+1$ に対して c_{k-1} の係数を 0 にすると，λ の固有値

$$\lambda=l(l+1)\qquad(l=0, 1, 2, \cdots) \tag{10.55}$$

を得る．したがって $\hat{\boldsymbol{L}}^2$ の固有値は $\hbar^2 l(l+1)$ である．

問　m が正の整数であるとき，(10.52) の固有値 λ を求め，m(磁気量子数という) が 0 でない場合に $\hat{\boldsymbol{L}}^2$ の固有値が $\hbar^2 l(l+1)$，$l=n+m$ $(n=0, 1, 2, \cdots;\ m=1, 2, 3, \cdots)$ であることを示せ．

[ヒント]　$\Theta(x)=(1-x^2)^{m/2}u(x)$ とおき，本文中の変換を行なえば

$$t(1-t)\ddot{u}+(m+1)(1-2t)\dot{u}+(\lambda-m^2-m)u=0$$

を得る．$u=\sum_{k=0}^{\infty} c_k t^{\rho+k}$ とおくと $\rho=0, -m$. $t=0$ での有界性から $\rho=-m$ は棄てる．$k=n+1$ とおいた打切りの条件から $\lambda=(n+m)(n+m+1)$ が出る．

§10.4 量子力学における固有値問題の解法(II)，因子分解法あるいは昇降演算子の方法[1]

最も簡単な代表例として調和振動子について説明する．

質量 m，角振動数 ω_0 の調和振動子の古典的 Hamilton 関数は，座標変数を q，運動量を p とするとき

$$\mathscr{H}=\frac{p^2}{2m}+\frac{m}{2}{\omega_0}^2q^2 \tag{10.56}$$

で与えられる．p を微分作用素 $-i\hbar d/dq$ でおきかえれば Schrödinger の方程式

$$-\frac{\hbar^2}{2m}\frac{d^2\psi}{dq^2}+\frac{m}{2}{\omega_0}^2q^2\psi=E\psi \tag{10.57}$$

を得る．これは

$$x=\sqrt{\frac{m\omega_0}{\hbar}}q, \qquad \lambda=\frac{2E}{\hbar\omega_0} \tag{10.58}$$

というおきかえによって次の形に書くことができる：

$$\frac{d^2\psi}{dx^2}+(\lambda-x^2)\psi=0. \tag{10.59}$$

ところで，左辺は

$$\begin{aligned}\frac{d^2\psi}{dx^2}+(\lambda-x^2)\psi &=\left(\frac{d}{dx}-x\right)\left(\frac{d}{dx}+x\right)\psi(\lambda,x)+(\lambda-1)\psi(\lambda,x)\\&=\left(\frac{d}{dx}+x\right)\left(\frac{d}{dx}-x\right)\psi(\lambda,x)+(\lambda+1)\psi(\lambda,x)\end{aligned} \tag{10.60}$$

のように二通りに書き表わすことができる．すなわち，2個の微分作用素

$$\mathring{T}=\frac{d}{dx}-x, \qquad \underset{\circ}{T}=\frac{d}{dx}+x \tag{10.61}$$

---

1) 一般的取扱いについては，犬井鉄郎：特殊関数，岩波書店(1962)参照．

を使うと，方程式(10.59)は

(10.62 a)　　$$\mathring{T}\underset{\circ}{T}\psi(\lambda, x)+(\lambda-1)\psi(\lambda, x)=0,$$

または

(10.62 b)　　$$\underset{\circ}{T}\mathring{T}\psi(\lambda, x)+(\lambda+1)\psi(\lambda, x)=0$$

と書くことができる．(10.62 a) に $\underset{\circ}{T}$ を作用させると

(10.63)　　$$\underset{\circ}{T}\mathring{T}\underset{\circ}{T}\psi(\lambda, x)+(\lambda-1)\underset{\circ}{T}\psi(\lambda, x)=0$$

を得る．一方 (10.62 b) で $\lambda\to\lambda-2$ のおきかえをすると

(10.64)　　$$\underset{\circ}{T}\mathring{T}\psi(\lambda-2, x)+(\lambda-1)\psi(\lambda-2, x)=0$$

となるから，これを (10.63) と比べてみると，$\underset{\circ}{T}\psi(\lambda, x)$ が，ψ のみたす方程式 (10.59) で λ の値を2だけ減じたものの解になっていることがわかる．これを記号的に

$$\underset{\circ}{T}\psi(\lambda, x)\subset\psi(\lambda-2, x)$$

と書こう．全く同様にして

$$\mathring{T}\psi(\lambda, x)\subset\psi(\lambda+2, x)$$

を導くことができる．それゆえ，作用素 $\mathring{T}$ を階差2の**上昇演算子**，$\underset{\circ}{T}$ を階差2の**下降演算子**と呼ぶ．

さて，特に $\lambda=1$ に対応する方程式は，(10.62 a) からわかるように $\underset{\circ}{T}\psi=\psi'+x\psi=0$ の解によってみたされる．この方程式はただちに積分できて

(10.65)　　$$\psi(1, x)=\text{const}\cdot e^{-x^2/2}$$

が得られる．$\psi(1, x)$ は全区間 $(-\infty, \infty)$ で有界であって，しかも積分 $\int_{-\infty}^{\infty}|\psi(1, x)|^2dx$ が存在する．ここではこの2乗可積分性の条件のもとで固有値と固有関数を定めよう．

$\psi(1, x)$ に上昇演算子 $-\mathring{T}=x-d/dx$ を順次に作用させると

(10.66)　　$$\psi(3, x)=2xe^{-x^2/2},\quad \psi(5, x)=\{(2x)^2-2\}e^{-x^2/2},\quad \cdots\cdots$$

となる．すなわち，$\psi(2n+1, x)$ は $e^{-x^2/2}$ に n 次の多項式がかかった形で得られ

る．この多項式が **Hermite の多項式**である：

$$H_n(x) = \sum_{r=0}^{\left[\frac{n}{2}\right]} (-1)^r \frac{n(n-1)\cdots(n-2r+1)}{r!}(2x)^{n-2r}. \tag{10.67}$$

このようにして，λ の第 n 番目の固有値は $\lambda_n=2n+1$ であることがわかる．この固有値に属する固有関数 $\psi(2n+1, x)$ を $\psi_n(x)$ と書けば，上述の結果は

$$\psi_n(x) = \left(x-\frac{d}{dx}\right)^n \psi_0(x) = \left(x-\frac{d}{dx}\right)^n e^{-x^2/2} = H_n(x)e^{-x^2/2} \tag{10.68}$$

と表わされる．こうして $\psi_0(x)=e^{-x^2/2}$ に上昇演算子をほどこして得られる $\psi_n(x)$ はすべて2乗可積分である．

固有値 $\lambda_n=2n+1$ に対応する調和振動子のエネルギー固有値は，(10.58) の第2式により

$$E_n = \hbar\omega_0\left(n+\frac{1}{2}\right) \tag{10.69}$$

である．E_n は n の増大とともに限りなく増大する．

上とは逆に，$\psi_n(x)$ に下降演算子 $\underset{\circ}{T}$ をほどこすと $\psi_{n-1}(x)$ が得られる．ただし下降階段は $n=0$ で終る．それは

$$\underset{\circ}{T}\psi_0(x) = \left(x+\frac{d}{dx}\right)e^{-x^2/2} = 0$$

となるからである．したがって $E_0=(1/2)\hbar\omega_0$ が調和振動子の最低のエネルギー値である．

§10.5　4次元 Euclid 空間における球面調和関数[1)]

最初に $(f+2)$ 次元 Euclid 空間 E_{f+2} での Laplace の方程式の超球座標表現を求める．E_{f+2} での直角座標を $(x_1, x_2, \cdots, x_{f+2})$ とすれば，半径 R の超球面 S^{f+1} の方程式は

$$x_1{}^2+x_2{}^2+\cdots+x_{f+2}{}^2 = R^2 \tag{10.70}$$

で与えられる．S^{f+1} およびその内部の点は，超球座標 $(r, \theta_1, \theta_2, \cdots, \theta_f, \varphi)$ を使って

---

1) Vilenkin, N. Ja. (Виленкин, Н. Я.): Special functions and theory of group representation, Academic Press (1968).

(10.71)
$$\begin{cases} x_1 = r\cos\theta_1 & (0\leqq\theta_1\leqq\pi), \\ x_2 = r\sin\theta_1\cos\theta_2 & (0\leqq\theta_2\leqq\pi), \\ x_3 = r\sin\theta_1\sin\theta_2\cos\theta_3 & (0\leqq\theta_3\leqq\pi), \\ \cdots\cdots & \cdots \\ x_f = r\sin\theta_1\sin\theta_2\cdots\sin\theta_{f-1}\cos\theta_f & (0\leqq\theta_f\leqq\pi), \\ x_{f+1} = r\sin\theta_1\sin\theta_2\cdots\sin\theta_{f-1}\sin\theta_f\cos\varphi & \\ x_{f+2} = r\sin\theta_1\sin\theta_2\cdots\sin\theta_{f-1}\sin\theta_f\sin\varphi & (0\leqq\varphi\leqq2\pi) \end{cases}$$

と表わされる．したがって E_{f+2} 内での線要素の2乗は

(10.72) $$ds^2 = dr^2+r^2d\theta_1{}^2+r^2\sin^2\theta_1 d\theta_2{}^2+\cdots+r^2\sin^2\theta_1\cdots\sin^2\theta_f d\varphi^2,$$

体積要素は

(10.73) $$dV = \frac{\partial(x_1, x_2, \cdots, x_{f+1}, x_{f+2})}{\partial(r, \theta_1, \cdots, \theta_f, \varphi)}drd\theta_1\cdots d\theta_f d\varphi = r^{f+1}drd\Omega$$

で与えられる．ただし $d\Omega$ は S^{f+1} 上の面積要素で，

(10.74) $$d\Omega = \sin^f\theta_1\sin^{f-1}\theta_2\cdots\sin\theta_f d\theta_1 d\theta_2\cdots d\theta_f d\varphi$$

である．

この結果を用いると，3次元極座標の場合と同様の計算によって，$(f+2)$ 次元の Laplace の作用素

(10.75) $$\triangle_{f+2} \equiv \frac{\partial^2}{\partial x_1{}^2}+\frac{\partial^2}{\partial x_2{}^2}+\cdots+\frac{\partial^2}{\partial x_{f+2}{}^2}$$

を E_{f+2} での超球座標を使って表わすことができる．その結果は，(10.72) の dr^2 などの係数である計量テンソル成分

(10.76) $$g_1 = 1,\ g_2 = r^2,\ g_3 = r^2\sin\theta_1{}^2,\ \cdots,\ g_{f+2} = r^2\sin^2\theta_1\cdots\sin^2\theta_f$$

を使い，§10.2で導いた $\triangle_f$ に対する一般表式によってつぎのようになる：

(10.77) $$r^2\triangle_{f+2} = \frac{1}{r^{f-1}}\frac{\partial}{\partial r}\left(r^{f+1}\frac{\partial}{\partial r}\right)+\sum_{k=1}^{f}\frac{1}{\sin^2\theta_1\cdots\sin^2\theta_{k-1}}\frac{1}{\sin^{f+1-k}\theta_k}\times\frac{\partial}{\partial\theta_k}\left(\sin^{f+1-k}\theta_k\frac{\partial}{\partial\theta_k}\right)+\frac{1}{\sin^2\theta_1\cdots\sin^2\theta_f}\frac{\partial^2}{\partial\varphi^2}.$$

特に $f=1$ とおけば通常の3次元極座標の表式が得られることは容易に確かめられるであろう．

$f=2$ とすると，本節で論ずる4次元 Euclid 空間での Laplace の方程式がつぎのように得られる：

(10.78)

$$r^2\triangle_4 F=\frac{1}{r}\frac{\partial}{\partial r}\left(r^3\frac{\partial F}{\partial r}\right)+\frac{1}{\sin^2\theta_1}\frac{\partial}{\partial\theta_1}\left(\sin^2\theta_1\frac{\partial F}{\partial\theta_1}\right)+\frac{1}{\sin^2\theta_1\sin\theta_2}\frac{\partial}{\partial\theta_2}\left(\sin\theta_2\frac{\partial F}{\partial\theta_2}\right)$$
$$+\frac{1}{\sin^2\theta_1\sin^2\theta_2}\frac{\partial^2 F}{\partial\varphi^2}=0.$$

問　空間 E_{f+2} $(f\geqq 1)$ における Laplace の方程式の球対称な解は $c_f r^{-f}+c_0$ で与えられることを示せ.

添字はわずらわしいので $\theta_1=\chi$, $\theta_2=\theta$ と書くことにすると, (10.78) は

(10.79)
$$\triangle_4 F=\frac{1}{r^3}\frac{\partial}{\partial r}\left(r^3\frac{\partial F}{\partial r}\right)+\frac{1}{r^2}\left\{\frac{1}{\sin^2\chi}\frac{\partial}{\partial\chi}\left(\sin^2\chi\frac{\partial F}{\partial\chi}\right)\right.$$
$$\left.+\frac{1}{\sin^2\chi\sin\theta}\frac{\partial}{\partial\theta}\left(\sin\theta\frac{\partial F}{\partial\theta}\right)+\frac{1}{\sin^2\chi\sin^2\theta}\frac{\partial^2 F}{\partial\varphi^2}\right\}=0$$

となる. これは変数分離型の解

(10.80)
$$F(r,\chi,\theta,\varphi)=R(r)\,Y(\chi,\theta,\varphi)$$

をもつ. 特に

(10.81)
$$R(r)=r^{n-1}\qquad(n=1,2,\cdots)$$

に応ずる関数 Y のみたすべき方程式は

(10.82)
$$\frac{1}{\sin^2\chi}\frac{\partial}{\partial\chi}\left(\sin^2\chi\frac{\partial Y}{\partial\chi}\right)+\frac{1}{\sin^2\chi}\left\{\frac{1}{\sin\theta}\frac{\partial}{\partial\theta}\left(\sin\theta\frac{\partial Y}{\partial\theta}\right)+\frac{1}{\sin^2\theta}\frac{\partial^2 Y}{\partial\varphi^2}\right\}$$
$$+(n^2-1)\,Y=0$$

である. ところが, この式の { } の部分は (10.49) に現われた作用素 Λ を Y にほどこしたものにほかならない. われわれはすでに §10.3 で, 有界性の条件のもとでの Λ の固有値が $-l(l+1)$ $(l=0,1,2,\cdots)$ であることを知った. それゆえ, 球面調和関数 $Y_l^m(\theta,\varphi)$ $(l\geqq|m|,\ m=0,\pm1,\pm2,\cdots)$ を使って

(10.83)
$$Y(\chi,\theta,\varphi)=\Pi_n(\chi)\,Y_l^m(\theta,\varphi)$$

の形の変数分離型の解を求めると, $\Pi_n(\chi)$ はつぎの方程式の解でなければならないことがわかる:

(10.84)
$$\frac{d}{d\chi}\left(\sin^2\chi\frac{d\Pi_n}{d\chi}\right)+\{-l(l+1)+(n^2-1)\sin^2\chi\}\,\Pi_n=0.$$

この方程式は因子分解法によって解くことができる. すなわち, まずこれがつぎ

のように二通りに書き表わされることに注意しよう：

$$(10.85\,\mathrm{a})\qquad \overset{(n-1)}{T}\underset{(n)}{T}\Pi_n + \{(n-1)n - l(l+1)\}\Pi_n = 0,$$

$$(10.85\,\mathrm{b})\qquad \underset{(n+1)}{T}\overset{(n)}{T}\Pi_n + \{n(n+1) - l(l+1)\}\Pi_n = 0.$$

ここで $\overset{(n)}{T}$, $\underset{(n)}{T}$ はそれぞれつぎの式で定義される1階微分作用素である：

$$(10.86)\qquad \overset{(n)}{T} = \sin\chi\frac{d}{d\chi} + (n+1)\cos\chi, \qquad \underset{(n)}{T} = \sin\chi\frac{d}{d\chi} - (n-1)\cos\chi.$$

これらの作用素については，調和振動子の場合とまったく同じ論法で，$\overset{(n)}{T}$ が解 Π_n に対する上昇演算子，$\underset{(n)}{T}$ が Π_n に対する下降演算子であることを示すことができる[1]．

これまで (10.84) の解のことを，n の昇降のみに注目して単に Π_n と書いてきたが，解は実はもう1個のパラメータ l にも依存しているので，正確には $\Pi_{n,l}$ と書くべきである．n と l が $n=l+1$ の関係で結ばれている場合には，つぎのように簡単に特解を見いだすことができる．すなわち，(10.85 a) で $n=l+1$ とおけば，$\overset{(n-1)}{T}\underset{(n)}{T}\Pi_{l+1,l} = \overset{(l)}{T}\underset{(l+1)}{T}\Pi_{l+1,l} = 0$ となるから，

$$(10.87)\qquad \underset{(n)}{T}\Pi_{l+1,l} = \sin\chi\frac{d\Pi_{l+1,l}}{d\chi} - l\cos\chi\,\Pi_{l+1,l} = 0$$

の解

$$(10.88)\qquad \Pi_{l+1,l}(\chi) = \sin^l\chi \qquad (l=0, 1, 2, \cdots)$$

は一つの特解である．これは $n=l+1$ に対する方程式 (10.84) の，区間 $(0,\pi)$ で有界な解である．すなわち，いまの問題の固有関数になっている．そうすると，これに $(\overset{(n)}{T})_{n=l+1}$ をほどこすと $n=l+2$ の固有関数が得られる．計算を実行すれば

$$(10.89)\qquad \Pi_{l+2,l}(\chi) = \sin^l\chi\cos\chi$$

であることがわかる．同様にして，同じ l の値に対して n を1段ずつ上昇させて固有関数 $\Pi_{l+3,l}(\chi), \Pi_{l+4,l}(\chi), \cdots$ を求めていくことができる．もとにもどして

---

1) 前の例の $\overset{\circ}{T}$ と $\underset{\circ}{T}$ は実はパラメータ λ を陽に含まず，したがってどの固有関数に対しても同じものであったが，今度は作用素自身が n に依存するので，(10.85 a) と (10.85 b) には添字 $n-1, n+1$ をもつものも現われる．

考えれば，これらは微分方程式

$$(10.90)\qquad \frac{d}{d\chi}\left(\sin^2\chi\frac{d\Pi}{d\chi}\right)+\{-l(l+1)+\lambda\sin^2\chi\}\Pi=0$$

の，λ の固有値が $n^2-1=l(l+2)$，$(l+1)(l+3)$，$(l+2)(l+4)$，… に対応する固有関数である．それが上昇演算子 $\overset{(n)}{T}=\overset{(l+1)}{T}$ の作用で‘鍵の関数’ $\Pi_{l+1,l}(\chi)=\sin^l\chi$ から作られていくのである．

問 1 ‘鍵の関数’ $\Pi_{l+1,l}(\chi)$ に上昇演算子 $\overset{(l+1)}{T}$ を作用させると $\Pi_{l+2,l}(\chi)=\sin^l\chi\cos\chi$ になることを示せ．

問 2 同じ $\Pi_{l+1,l}(\chi)$ に下降演算子 $\underset{(l+1)}{T}$ を作用させると 0 になること，すなわち $\Pi_{l+1,l}(\chi)=\sin^l\chi$ が，一定の l に対する系列 $\Pi_{n,l}(\chi)$ の最低固有値 $\lambda=l(l+2)$ に属する最低段階の固有関数であることを示せ．

§10.6 量子力学における Kepler 問題

a）球座標による変数分離と E の固有値

Euclid 空間 E_3 における量子力学的 Kepler 問題は，水素様原子のエネルギー準位を定める問題として物理学に応用される．

煩雑を避けるため原子単位 ($m=1$, $e=1$, $\hbar=1$) を採用することにして，1 粒子の Schrödinger の方程式 (10.2) でポテンシャル V を Coulomb ポテンシャル $V=-1/r$ にとり，Laplace の作用素として 3 次元極座標(球座標)での表現を用いれば

(10.91)

$$\frac{1}{r^2}\frac{\partial}{\partial r}\left(r^2\frac{\partial\psi}{\partial r}\right)+\frac{1}{r^2}\left\{\frac{1}{\sin\theta}\frac{\partial}{\partial\theta}\left(\sin\theta\frac{\partial\psi}{\partial\theta}\right)+\frac{1}{\sin^2\theta}\frac{\partial^2\psi}{\partial\varphi^2}\right\}+2\left(E+\frac{1}{r}\right)\psi=0$$

が得られる．変数分離型の解 $\psi=R(r)\Theta(\theta)e^{im\varphi}$ を仮定して上式に代入すると，λ を分離定数として

$$(10.92)\qquad \frac{1}{R}\frac{d}{dr}\left(r^2\frac{dR}{dr}\right)+2(Er^2+r)=-\frac{1}{\Theta}\frac{1}{\sin\theta}\frac{d}{d\theta}\left(\sin\theta\frac{d\Theta}{d\theta}\right)+\frac{m^2}{\sin^2\theta}=\lambda$$

の関係が得られる．

第 2 辺と第 3 辺からは方程式

(10.93)
$$\frac{1}{\sin\theta}\frac{d}{d\theta}\left(\sin\theta\frac{d\Theta}{d\theta}\right)+\left(\lambda-\frac{m^2}{\sin^2\theta}\right)\Theta=0$$

が得られる．§10.3 で示したように $\lambda=l(l+1)$ $(l=0,1,2,\cdots)$ でなければならないから，R のみたすべき方程式は

(10.94)
$$\frac{d^2R}{dr^2}+\frac{2}{r}\frac{dR}{dr}+\left\{2E+\frac{2}{r}-\frac{l(l+1)}{r^2}\right\}R=0$$

である．

まず特異点 $r=\infty$ に着目し，$r\to\infty$ での方程式の漸近形を求めると

(10.95)
$$\frac{d^2R}{dr^2}+2ER=0$$

となる．これから解の漸近形

(10.96)
$$R\sim e^{-\varepsilon r},\qquad \varepsilon=\sqrt{-2E}$$

が示唆される．$E<0$ の場合に話を限り，したがって ε は実で正の量であると仮定しよう．もう一つの漸近形 $e^{\varepsilon r}$ は $r\to\infty$ で発散するので棄てる．($E>0$ の場合には，ε が純虚数になって解は漸近的に球面波に対応するものになる．)

解の漸近的なふるまいがわかったから，ここで

(10.97)
$$R=e^{-\varepsilon r}f(r)$$

とおいて方程式 (10.94) に代入すれば，f に対する方程式として

(10.98)
$$r^2f''+2r(1-\varepsilon r)f'+\{-l(l+1)+2(1-\varepsilon)r\}f=0$$

が得られる．以下§10.3 で述べた級数展開法の一般論に従って進もう．(10.45) と比較すれば，上の方程式は $h=1$，$x\to r$，$u\to f$ として

$$A_2=1,\ B_2=0;\quad A_1=1,\ B_1=-\varepsilon;\quad A_0=-l(l+1),\ B_0=2(1-\varepsilon)$$

とおいた場合に相当していることがわかる．したがって，指数 ρ の決定方程式 (10.46) は

$$\rho(\rho+1)-l(l+1)=0$$

で与えられる．これから $\rho=l,-(l+1)$ が得られるが，$r=0$ での有界性から $-(l+1)$ は棄てる．つぎに打切りの条件 (10.48)，すなわち

$$-2\varepsilon(\rho+n_r)+2(1-\varepsilon)=0\qquad (n\to n_r \text{ と書いた})$$

に $\rho=l$ を代入すれば

$$(l+n_r+1)\varepsilon=1$$

が得られる．$\varepsilon=\sqrt{-2E}$ を入れると，負エネルギー状態のエネルギー固有値が

$$E_n=-\frac{1}{2n^2},\quad n=n_r+l+1 \tag{10.99}$$

$$(n_r=0,1,2,\cdots;\ l=0,1,2,\cdots)$$

のように離散的なものとして定まる (**Balmer の公式**)．$n(=1,2,3,\cdots)$ は**主量子数**と呼ばれる．

問 1　$W=rR(r)$ とおくと，(10.94) は W に対するつぎの微分方程式に変換されることを示せ：

$$\begin{aligned}&\frac{d^2W}{dr^2}+\left\{2E+\frac{2}{r}-\frac{l(l+1)}{r^2}\right\}W\\&=\left(\frac{d}{dr}+\frac{1}{l}-\frac{l}{r}\right)\left(\frac{d}{dr}-\frac{1}{l}+\frac{l}{r}\right)W+\left(2E+\frac{1}{l^2}\right)W\\&=\left(\frac{d}{dr}-\frac{1}{l+1}+\frac{l+1}{r}\right)\left(\frac{d}{dr}+\frac{1}{l+1}-\frac{l+1}{r}\right)W+\left(2E+\frac{1}{(l+1)^2}\right)W=0.\end{aligned}$$

問 2　問 1 の方程式の解 $W=W(r,l)$ については

$$\overset{(l)}{T}=\frac{d}{dr}+\frac{1}{l+1}-\frac{l+1}{r},\qquad \underset{(l)}{T}=\frac{d}{dr}-\frac{1}{l}+\frac{l}{r}$$

が l 昇降演算子になっていることを示せ．特に $2E=2E_{l+1}=-1/(l+1)^2$ に対しては，方程式

$$\left(\frac{d}{dr}+\frac{1}{l+1}-\frac{l+1}{r}\right)W=0$$

の解である‘鍵の関数’が

$$W_{l+1,l}(r)=r^{l+1}e^{-r/(l+1)}$$

で与えられることを示せ．

問 3　問 2 で $l=1$ とおいた $W_{2,1}(r)=r^2e^{-r/2}$ に下降演算子 $\underset{(1)}{T}=d/dr-1+1/r$ をほどこして，固有関数 $W_{2,0}(r)=-(3/2)r(r-2)e^{-r/2}$ の存在を確かめよ．また，同じ $W_{2,1}(r)$ に上昇演算子 $\overset{(1)}{T}$ をほどこすと 0 になることを示せ．

b) 回転放物体座標による変数分離と E の固有値

a) で球座標を用いて解いた問題を今度は回転放物体座標 (ξ,η,φ) を用いて解くことをこころみよう．回転放物体座標は

$$x=\sqrt{\xi\eta}\cos\varphi,\qquad y=\sqrt{\xi\eta}\sin\varphi,\qquad z=\frac{1}{2}(\xi-\eta) \tag{10.100}$$

$$(0\leqq\xi<\infty,\ 0\leqq\eta<\infty,\ 0\leqq\varphi\leqq2\pi)$$

によって直角座標 (x,y,z) と関連している (図 10.1)．

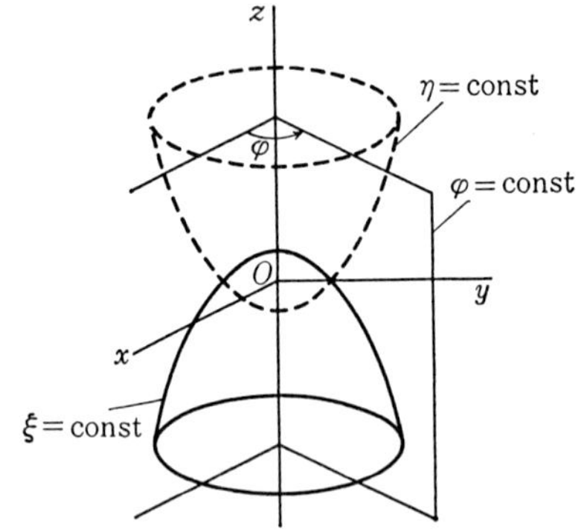

図 10.1

簡単な計算により，線要素の2乗は

(10.101)
$$ds^2=\frac{1}{4}\frac{\xi+\eta}{\xi}d\xi^2+\frac{1}{4}\frac{\xi+\eta}{\eta}d\eta^2+\xi\eta d\varphi^2$$

で与えられることがわかる．それゆえ，これは直交曲線座標であって，計量テンソル $g_{kl}=\delta_{kl}g_k$ は

$$g_1=g_{11}=\frac{\xi+\eta}{4\xi},\quad g_2=g_{22}=\frac{\xi+\eta}{4\eta},\quad g_3=g_{33}=\xi\eta,\quad \sqrt{g}=\frac{\xi+\eta}{4}$$

で与えられる．それゆえ，(10.23) により

(10.102)
$$\triangle\psi=\frac{4}{\xi+\eta}\left\{\frac{\partial}{\partial\xi}\left(\xi\frac{\partial\psi}{\partial\xi}\right)+\frac{\partial}{\partial\eta}\left(\eta\frac{\partial\psi}{\partial\eta}\right)+\frac{1}{4}\left(\frac{1}{\xi}+\frac{1}{\eta}\right)\frac{\partial^2\psi}{\partial\varphi^2}\right\}$$

である．いま原子核の位置を原点にとれば，$r=\sqrt{x^2+y^2+z^2}=(\xi+\eta)/2$ となるから，Coulomb ポテンシャルは $V=-1/r=-2/(\xi+\eta)$ となり，Schrödinger の方程式 (10.2) は

(10.103)
$$\frac{\partial}{\partial\xi}\left(\xi\frac{\partial\psi}{\partial\xi}\right)+\frac{\partial}{\partial\eta}\left(\eta\frac{\partial\psi}{\partial\eta}\right)+\frac{1}{4}\left(\frac{1}{\xi}+\frac{1}{\eta}\right)\frac{\partial^2\psi}{\partial\varphi^2}+\left\{\frac{E}{2}(\xi+\eta)+1\right\}\psi=0$$

と書き表わされる．例によって $\psi(\xi,\eta,\varphi)=\Xi(\xi)H(\eta)e^{im\varphi}$ とおいて変数分離を行ない，分離定数を $\lambda/2$ と書くと，Ξ と H に対するつぎの方程式を得る：

(10.104 a)
$$\frac{d}{d\xi}\left(\xi\frac{d\Xi}{d\xi}\right)+\left(\frac{E}{2}\xi-\frac{m^2}{4\xi}+\frac{1+\lambda}{2}\right)\Xi=0,$$

(10.104 b)
$$\frac{d}{d\eta}\left(\eta\frac{dH}{d\eta}\right)+\left(\frac{E}{2}\eta-\frac{m^2}{4\eta}+\frac{1-\lambda}{2}\right)H=0.$$

問1　a)で行なったのと同様の考察によって，$\xi\to\infty$ および $\eta\to\infty$ での解の漸近的なふるまいを調べ，その結果にもとづいて $\Xi=e^{-\varepsilon\xi/2}f_1(\xi)$，$H=e^{-\varepsilon\eta/2}f_2(\eta)$ とおき ($\varepsilon=\sqrt{-2E}$)，f_1 と f_2 がみたすべき方程式

$$\xi^2 f_1''+\xi(1-\varepsilon\xi)f_1'+\left(-\frac{m^2}{4}+\frac{-\varepsilon+1+\lambda}{2}\xi\right)f_1=0,$$

$$\eta^2 f_2''+\eta(1-\varepsilon\eta)f_2'+\left(-\frac{m^2}{4}+\frac{-\varepsilon+1-\lambda}{2}\eta\right)f_2=0$$

を導け．

問2　問1の $f_1(\xi)$ と $f_2(\eta)$ をそれぞれ級数に展開したとして，各級数の第1項の指数が $\rho_1=\rho_2=m/2$ であることを示し，級数の打切りの条件から $1/\varepsilon=n_1+n_2+m+1$ ($n_1, n_2, m=0,1,2,\cdots$) の関係を導け．(この結果をエネルギーの固有値について書けば $E_n=-1/2n^2$ ($n=1,2,\cdots$) となる．これは Balmer の公式 (10.99) にほかならない.)

§10.7　2中心問題

2原子分子の化学物理の理論の基礎をなす2中心問題を扱うには，原子核の存在する2点 A, B を焦点にもつつぎの回転楕円体座標 (ξ,η,φ) を使うのが最も便利である：

$$x=c\sqrt{\xi^2-1}\sqrt{1-\eta^2}\cos\varphi,\quad y=c\sqrt{\xi^2-1}\sqrt{1-\eta^2}\sin\varphi,\quad z=c\xi\eta \tag{10.105}$$

$$(1\leqq\xi<\infty,\ -1\leqq\eta\leqq1,\ 0\leqq\varphi\leqq2\pi).$$

$\xi=\mathrm{const}$ は A, B を焦点とする共焦点回転楕円面群，$\eta=\mathrm{const}$ はそれに直交する共焦点回転双曲面群を表わす．φ は A と B を結ぶ軸のまわりにはかった角，また $c=\overline{AB}/2$ である (図10.2)．回転楕円体座標においては，線要素の2乗は

$$ds^2=c^2(\xi^2-\eta^2)\left(\frac{d\xi^2}{\xi^2-1}+\frac{d\eta^2}{1-\eta^2}\right)+c^2(\xi^2-1)(1-\eta^2)\,d\varphi^2 \tag{10.106}$$

と書けるから，計量テンソルは

$$g_1=c^2\frac{\xi^2-\eta^2}{\xi^2-1},\qquad g_2=c^2\frac{\xi^2-\eta^2}{1-\eta^2},\qquad g_3=c^2(\xi^2-1)(1-\eta^2),$$

また $\sqrt{g}=\sqrt{g_1g_2g_3}=c^3(\xi^2-\eta^2)$ である．

さて，2原子分子の最も簡単な例は水素分子イオンであって，焦点 $A(-c,0)$，$B(c,0)$ に各1個の陽子があり，1個の電子がこの2中心から Coulomb 引力を受けて運動しているという系である．ポテンシャルは

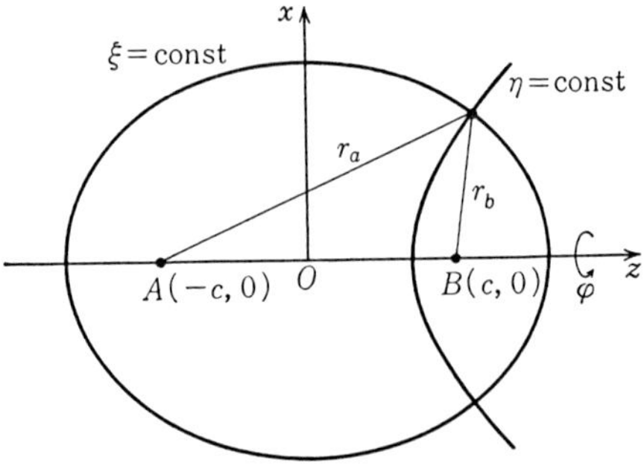

図 10.2

(10.107)
$$V=-\frac{1}{r_a}-\frac{1}{r_b}=-\frac{1}{c(\xi+\eta)}-\frac{1}{c(\xi-\eta)}$$

で与えられるから，この系に対する Schrödinger の方程式は

(10.108)
$$\triangle\psi+2(E-V)\psi$$
$$=\frac{1}{c^2(\xi^2-\eta^2)}\left[\frac{\partial}{\partial\xi}\left\{(\xi^2-1)\frac{\partial\psi}{\partial\xi}\right\}+\frac{\partial}{\partial\eta}\left\{(1-\eta^2)\frac{\partial\psi}{\partial\eta}\right\}\right.$$
$$\left.+\left(\frac{1}{\xi^2-1}+\frac{1}{1-\eta^2}\right)\frac{\partial^2\psi}{\partial\varphi^2}\right]+2\left\{E+\frac{1}{c(\xi+\eta)}+\frac{1}{c(\xi-\eta)}\right\}\psi=0$$

である（$\triangle\psi$ の表示については (10.23) を見よ）．$\psi(\xi,\eta,\varphi)=\Xi(\xi)H(\eta)e^{im\varphi}$ ($m=0,\pm1,\pm2,\cdots$) とおいて変数分離を行なえば，分離定数を λ としてつぎの常微分方程式系が得られる：

(10.109)
$$\frac{d}{d\xi}\left\{(\xi^2-1)\frac{d\Xi}{d\xi}\right\}+\left(\lambda+4c\xi+2c^2E\xi^2-\frac{m^2}{\xi^2-1}\right)\Xi=0,$$

(10.110)
$$\frac{d}{d\eta}\left\{(1-\eta^2)\frac{dH}{d\eta}\right\}+\left(-\lambda\quad-2c^2E\eta^2-\frac{m^2}{1-\eta^2}\right)H=0.$$

これらの方程式は $\xi=\pm1$，または $\eta=\pm1$ に確定特異点をもつが，どちらの方程式についても無限遠点は不確定特異点になっている．そのため，これまでの諸例と異なって，多項式法も昇降演算子法も問題を解決してはくれない．

一般の場合はあまりに複雑なので，ここでは $m=0$ に対する $H(\eta)$ の級数解について略述するにとどめよう．方程式

(10.111)
$$\frac{d}{d\eta}\left\{(1-\eta^2)\frac{dH}{d\eta}\right\}-(\lambda+2c^2E\eta^2)H=0$$

に $H(\eta)=\sum_{k=0}^{\infty} d_k \eta^k$ を代入して等べキの項の係数を 0 とおけば,

$$\text{(10.112)}\quad \begin{cases} d_2=\dfrac{\lambda}{2}d_0, \qquad d_3=\dfrac{\lambda+2}{6}d_1, \\ (k+2)(k+1)\,d_{k+2}-\{\lambda+k(k+1)\}\,d_k-2c^2Ed_{k-2}=0 \qquad (k\geqq 2) \end{cases}$$

の関係が得られる. これにより偶数添字の係数は d_0 で, 奇数添字の係数は d_1 でそれぞれ表わすことができるから, 特に $d_1=0$ とおいた偶関数の解が存在することがわかる. しかし上の関係式が 3 項漸化式であることのために, d_{2k} の一般式を書き下すことはできない. このような場合には連分数の形にして数値計算にかけることが多い. すなわち,

$$\text{(10.113)}\quad a_k=-\frac{d_{2k+2}}{d_{2k}}, \qquad g_k=\frac{2c^2E}{2k(2k+1)+\lambda}, \qquad \alpha_k=\frac{(2k+2)(2k+1)}{2k(2k+1)+\lambda}$$

とおけば, (10.112) の漸化式は ($k\to 2k$ と書きかえて)

$$\text{(10.114)}\qquad a_{k-1}=\frac{g_k}{1+\alpha_k a_k}$$

と書くことができる. これから連分数表示

$$\text{(10.115)}\qquad a_{k-1}=\cfrac{g_k}{1+\cfrac{\alpha_k g_{k+1}}{1+\cfrac{\alpha_{k+1}g_{k+2}}{1+\ddots}}}$$

が得られる.

§10.8 Hamilton 関数の対称性と Lie 理論

a) Fock[1)] の研究と隠された対称性

V. Fock (1935) は運動量空間において量子力学的 Kepler 問題を調べ, その結果として Hamilton 関数がそれまで考えられていた $O(3)$ 対称以上のものであることを発見し, それまで偶然縮重とよばれていた固有関数の多重度の問題が Hamilton 関数のもつこの隠された対称性に基づくものであることを示した. それは, 負のエネルギー値に対しては群 $O(4)$ に属する 4 次元の球対称性であり, 正のエネルギー値に対しては Lorentz 群 $O(3,1)$ に属する対称性である. これは

1) Fock, V.: Zur Theorie des Wasserstoffatoms, *Z. S. f. Phys.*, **98**, 145 (1935).

後年素粒子の分類に対して'隠された対称性'とよばれる問題研究の先鞭をつけたものであった．

通例の座標空間における量子力学的 Kepler 問題に対する Schrödinger の方程式

(10.116) $$-\frac{\hbar^2}{2m}\triangle\psi(\boldsymbol{r})-\frac{e^2}{r}\psi(\boldsymbol{r})=E\psi(\boldsymbol{r})$$

に Fourier 変換をほどこせば，積分方程式

(10.117) $$\frac{\hbar^2}{2m}\boldsymbol{k}^2\phi(\boldsymbol{k})-\frac{e^2}{2\pi^2}\int\frac{\phi(\boldsymbol{k}')}{|\boldsymbol{k}-\boldsymbol{k}'|^2}d\boldsymbol{k}'=E\phi(\boldsymbol{k})^{1)}$$

が得られる．$\boldsymbol{k}$ は波数ベクトルの名があり，運動量ベクトル $\boldsymbol{p}$ と $\boldsymbol{p}=\hbar\boldsymbol{k}$ の関係にあるから，この式は

(10.117 a) $$\left(\frac{\boldsymbol{p}^2}{2m}-E\right)\phi(\boldsymbol{p})-\frac{e^2}{2\pi^2\hbar}\int\frac{\phi(\boldsymbol{p}')}{|\boldsymbol{p}-\boldsymbol{p}'|^2}d\boldsymbol{p}'=0$$

と書ける．しばらく $E<0$ の場合を考え，$2mE=-p_0{}^2$ によって $p_0(>0)$ を導入し，運動量 $\boldsymbol{p}(p_1, p_2, p_3)$ に p_0 を加えた運動量エネルギー $(p_1, p_2, p_3, p_4)=(\boldsymbol{p}, p_0)$ の空間を考えよう．Fock に従ってこの 4 次元空間 E_4 で空間射影を行なう．E_4 に半径 p_0 の 4 次元球の表面 K_4 を考え (図 10.3)，極 $S(0, 0, 0, -p_0)$ と K_4 上の 1 点 $X(x_1, x_2, x_3, x_4)$ を結ぶ直線と赤道面との交点を $P(p_1, p_2, p_3, 0)$ とすると，簡単な計算により

(10.118) $$\boldsymbol{x}=(x_1, x_2, x_3)=\frac{2p_0\boldsymbol{p}}{p_0{}^2+p^2}p_0, \qquad x_4=\frac{p_0{}^2-p^2}{p_0{}^2+p^2}p_0$$

であることが示される．ただし $p^2=\boldsymbol{p}^2=p_1{}^2+p_2{}^2+p_3{}^2$ である．これによって，3 次元の運動量ベクトル $\boldsymbol{p}$ と 4 次元 Euclid 空間内の半径 p_0 の超球面上の点との対応関係が確立された．

そこでつぎに，運動量変数で書いた基礎方程式 (10.117 a) を単位超球面上での変数で書き表わすことを試みよう．そのために

---

1) $$\frac{1}{2\pi^2}\int\frac{e^{-i\boldsymbol{k}\cdot\boldsymbol{r}}}{k^2}d\boldsymbol{k}=\frac{1}{2\pi^2}\int_0^\infty dk\int_0^{2\pi}d\varphi\int_0^\pi e^{-ikr\cos\theta}\sin\theta d\theta=\frac{2}{\pi}\int_0^\infty\frac{\sin kr}{kr}dk=\frac{1}{r}$$

の関係により

$$\int\frac{1}{r}\psi(\boldsymbol{r})e^{-i\boldsymbol{k}\cdot\boldsymbol{r}}d\boldsymbol{r}=\frac{1}{2\pi^2}\int\frac{d\boldsymbol{k}''}{k''^2}\int e^{-i(\boldsymbol{k}+\boldsymbol{k}'')\cdot\boldsymbol{r}}\psi(\boldsymbol{r})d\boldsymbol{r}=\frac{1}{2\pi^2}\int\frac{\phi(\boldsymbol{k}')}{|\boldsymbol{k}-\boldsymbol{k}'|^2}d\boldsymbol{k}'$$

である．

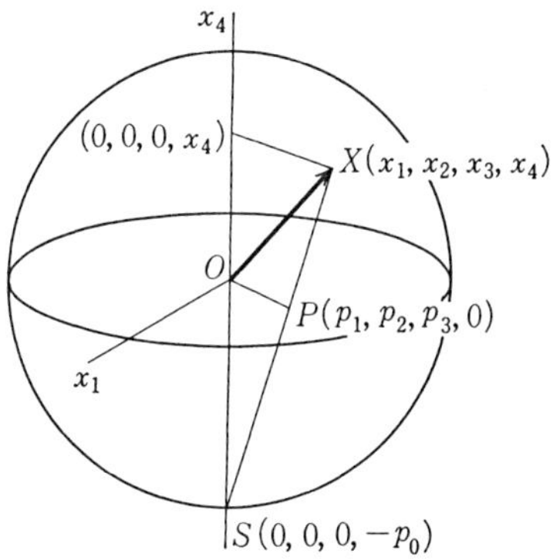

図 10・3

(10.118 a) $$\boldsymbol{\xi} = (\xi_1, \xi_2, \xi_3) = \frac{2p_0\boldsymbol{p}}{p_0^2+p^2}, \qquad \xi_4 = \frac{p_0^2-p^2}{p_0^2+p^2}$$

とおく．$\vec{\xi}=(\boldsymbol{\xi}, \xi_4)$ とすれば $|\vec{\xi}|^2=\sum \xi_k{}^2=1$ である．したがって $\xi_k\,(k=1, 2, 3, 4)$ は

(10.119) $$\begin{cases} \xi_1 = \sin\chi\sin\theta\cos\varphi, & \xi_2 = \sin\chi\sin\theta\sin\varphi, \\ \xi_3 = \sin\chi\cos\theta, & \xi_4 = \cos\chi \end{cases}$$

$$(0\leqq\chi<\pi,\quad 0\leqq\theta<\pi,\quad 0\leqq\varphi<2\pi)$$

と表わすことができる．また，単位球面 $S_0{}^3$ 上での 2 点 $\vec{\xi}, \vec{\xi}'$ の距離の 2 乗は

(10.120) $$|\vec{\xi}-\vec{\xi}'|^2 = \frac{4p_0^2|\boldsymbol{p}-\boldsymbol{p}'|^2}{(p^2+p_0^2)(p'^2+p_0^2)}$$

と表わすことができる．また $d\boldsymbol{p}=dp_1dp_2dp_3=p^2dp\sin\theta d\theta d\varphi$ に $(p_0^2-p^2)/(p_0^2+p^2)=\cos\chi$ から得られる

$$p^2dp = \frac{p_0^2p\sin\chi d\chi}{(1+\cos\chi)^2} = p_0^3\frac{\sin^2\chi}{(1+\cos\chi)^3}d\chi = \left(\frac{p_0^2+p^2}{2p_0}\right)^3\sin^2\chi d\chi$$

を代入して

(10.121) $$d\boldsymbol{p} = \left(\frac{p_0^2+p^2}{2p_0}\right)^3 d\Omega, \qquad d\Omega = \sin^2\chi\sin\theta d\chi d\theta d\varphi.$$

$d\Omega$ は単位球面 $S_0{}^3$ 上の面要素であって，$S_0{}^3$ が運動量空間と全射関係にあるため，後者の体素 $d\boldsymbol{p}$ が $S_0{}^3$ 上の面要素 $d\Omega$ とこの簡単な関係で結ばれているのである．これから運動量空間上で表現されていた積分方程式 (10.117 a) が $S_0{}^3$ 上のものに

書きかえられる：

(10.122)
$$\Phi(\vec{\xi}) = \frac{\lambda}{2\pi^2}\int_{S_0{}^3} \frac{\Phi(\vec{\xi}')}{|\vec{\xi}-\vec{\xi}'|^2} d\Omega', \qquad \lambda = \frac{me^2}{p_0\hbar}.$$

ただし $\Phi(\vec{\xi})$ は $\text{const}\cdot(p^2+p_0{}^2)^2\phi(\boldsymbol{p})$ を表わす．角変数 χ, θ, φ で表わすと，これは

(10.123)
$$\Phi(\Omega) = \frac{\lambda}{2\pi^2}\int \frac{\Phi(\Omega')}{2(1-\cos\omega)} d\Omega'$$

と書ける[1]．こうして Kepler 問題の積分方程式は $O(4)$ によって不変な形の $S_0{}^3$ 上の方程式に陽に表わすことができた．

問　$E>0$ に対しては $O(4)$ に代って Lorentz 群 $O(3,1)$ が，$S_0{}^3$ に代って2葉双曲面 $H_0{}^3$: $\xi_4{}^2-\boldsymbol{\xi}^2=1$ が現われ，積分方程式 (10.122) に代って

$$\Phi(\vec{\xi}) = -\frac{\lambda}{2\pi^2}\int_{H_0{}^3} \frac{\Phi(\vec{\xi}')}{|\vec{\xi}-\vec{\xi}'|^2} d\Omega', \qquad d\Omega' = \sinh^2\chi' d\chi' \sin\theta' d\theta' d\varphi'$$

が得られることを示せ．

［ヒント］ $p_0=\sqrt{2mE}$ とするとき $\boldsymbol{\xi}=2p_0\boldsymbol{p}/(p^2-p_0{}^2)$，$\xi_4=(p^2+p_0{}^2)/(p^2-p_0{}^2)$ をとると $\xi_4{}^2-\boldsymbol{\xi}^2=1$，$\cosh\chi=(p^2+p_0{}^2)/(p^2-p_0{}^2)$ から

$$p^2dp = -\left(\frac{p^2-p_0{}^2}{2p_0}\right)^3 \sinh^2\chi d\chi, \qquad d\boldsymbol{p} = -\left(\frac{p^2-p_0{}^2}{2p_0}\right)^3 \sinh^2\chi d\chi \sin\theta d\theta d\varphi,$$

$$\frac{1}{|\vec{\xi}-\vec{\xi}'|^2} = \frac{-(p^2-p_0{}^2)(p'^2-p_0{}^2)}{4p_0{}^2|\boldsymbol{p}-\boldsymbol{p}'|^2}\text{[2]}, \qquad \Phi(\vec{\xi}) = \text{const}\cdot(p^2-p_0{}^2)^2\phi(\boldsymbol{p}).$$

つぎに $S_0{}^3$ 上でのパラメータ λ を含んだ Fredholm 型積分方程式の解法に移ろう．Fock は名人芸的方法でこれを解いているが，ここでは Fredholm 型積分方程式の一般的解法，つまり核関数を直交関数系で展開して解く方法を述べる．

4次元 Euclid 空間 E_4 中の2点 $\vec{\xi}, \vec{\xi}'$ が単位球 $S_0{}^3$ からはずれて $1<|\vec{\xi}|=r_>$ および $1>|\vec{\xi}'|=r_<$ にくれば

$$|\vec{\xi}-\vec{\xi}'|^2 = r_>{}^2-2r_>r_<\cos\omega+r_<{}^2 = r_>{}^2\{1-2h\cos\omega+h^2\}, \qquad h=\frac{r_<}{r_>}<1$$

---

1) $|\vec{\xi}-\vec{\xi}'|^2 = \sum_{k=1}^{4}(\xi_k-\xi_k')^2 = (\sin\chi\sin\theta\cos\varphi-\sin\chi'\sin\theta'\cos\varphi')^2$
$+(\sin\chi\sin\theta\sin\varphi-\sin\chi'\sin\theta'\sin\varphi')^2+(\sin\chi\cos\theta$
$-\sin\chi'\cos\theta')^2+(\cos\chi-\cos\chi')^2$
$= 2[1-\cos\chi\cos\chi'-\sin\chi\sin\chi'\{\cos\theta\cos\theta'+\sin\theta\sin\theta'\cos(\varphi-\varphi')\}].$

ゆえに $\cos\theta\cos\theta'+\sin\theta\sin\theta'\cos(\varphi-\varphi')=\cos\gamma$，$\cos\chi\cos\chi'+\sin\chi\sin\chi'\cos\gamma=\cos\omega$ を用いて，$|\vec{\xi}-\vec{\xi}'|^2=2(1-\cos\omega)$．

2) $E>0$ に対する問のときは $|\vec{\xi}-\vec{\xi}'|^2=|\xi_4-\xi_4'|^2-\sum_{k=1}^{3}(\xi_k-\xi_k')^2$ が 1) に代る．

となるが，これに関しては Gegenbauer の多項式 $C_{n-1}{}^1(\cos\omega)$ の母関数表示式

(10.124) $$(1-2h\cos\omega+h^2)^{-1}=\sum_{n=1}^{\infty}C_{n-1}{}^1(\cos\omega)h^{n-1}$$

が成り立つ．特に $h=1$ とすれば

(10.125) $$\frac{1}{2(1-\cos\omega)}=\sum_{n=1}^{\infty}C_{n-1}{}^1(\cos\omega)$$

である．

一方，$C_{n-1}{}^1(\cos\omega)$ は $S_0{}^3$ 上の正規直交関数系 $Y_{nlm}(\Omega)$ $(\Omega=(\chi,\theta,\varphi))$ を用いてつぎの形に展開されることが知られている：

$$C_{n-1}{}^1(\cos\omega)=\frac{2\pi^2}{n}\sum_{(l,m)}Y_{nlm}(\Omega)\overline{Y_{nlm}(\Omega')}.$$

それゆえ (10.123) の核 $\{2(1-\cos\omega)\}^{-1}$ は

$$\frac{1}{2(1-\cos\omega)}=\sum_{n'=1}^{\infty}C_{n'-1}{}^1(\cos\omega)=2\pi^2\sum_{n'=1}^{\infty}\frac{1}{n'}\sum_{(l',m')}Y_{n'l'm'}(\Omega)\overline{Y_{n'l'm'}(\Omega')}$$

と表わされる．したがって (10.123) は

$$\frac{1}{2\pi^2}\Phi(\Omega)=\frac{\lambda}{2\pi^2}\sum_{n'=1}^{\infty}\frac{1}{n'}\sum_{(l',m')}Y_{n'l'm'}(\Omega)\int_{S_0{}^3}\Phi(\Omega')\overline{Y_{n'l'm'}(\Omega')}d\Omega'$$

と書ける．ところが

$$\frac{1}{2\pi^2}\int_{S_0{}^3}\Phi(\Omega')\overline{Y_{n'l'm'}(\Omega')}d\Omega'=C_{n'l'm'}$$

は $S_0{}^3$ 上で与えられた任意関数 Φ の正規直交関数系 $Y_{n'l'm'}$ で展開した展開係数であるから，

$$\frac{1}{2\pi^2}\Phi(\Omega)=\lambda\sum_{n'=1}^{\infty}\frac{1}{n'}\sum_{(l',m')}C_{n'l'm'}Y_{n'l'm'}(\Omega).$$

両辺に $\overline{Y_{nlm}(\Omega)}$ をかけて $S_0{}^3$ 上で積分すると，

$$C_{nlm}=\lambda\sum_{n'}\frac{1}{n'}\sum_{(l',m')}C_{n'l'm'}\int_{S_0{}^3}Y_{n'l'm'}(\Omega)\overline{Y_{nlm}(\Omega)}d\Omega.$$

Y_{nlm} の正規直交性から

$$\int_{S_0{}^3}Y_{n'l'm'}(\Omega)\overline{Y_{nlm}(\Omega)}d\Omega=\delta_{n'n}\delta_{l'l}\delta_{m'm}.$$

それゆえ

$$C_{nlm} = \lambda \sum_{n'} \frac{1}{n'} \sum_{(l',m')} C_{n'l'm'} \delta_{n'n} \delta_{l'l} \delta_{m'm} = \frac{\lambda}{n} C_{nlm},$$

したがって

$$\lambda = n$$

である．すなわち，積分方程式 (10.123) の λ の固有値は $n=1, 2, 3, \cdots$ に等しい．λ は $me^2/p_0\hbar$，つまり原子単位で表わせば $1/p_0=1/\sqrt{-2E}$ である．それゆえ．E の固有値は $E=-1/2n^2$, $n=1, 2, 3, \cdots$ となって，通常の Schrödinger の方程式の Kepler 問題に対するものと当然のことながら一致する結果が得られた．

b）いわゆる偶然縮重と隠された対称性

§10.5 の最後のくだりでは，l を固定して $n=l+1$ としたときに上昇演算子を作用させることにより $(n=l+1,\ l=l)$ から $(n=l+2,\ l=l)$, $(n=l+3,\ l=l)$, $\cdots$ と一つずつ固有関数を求めていった．そして反対に $(n=l+1,\ l=l)$ から下降演算子で下げると 0 となってしまった．固定した l を $l=0, 1, 2, \cdots$ とかえて得られる全体の固有関数に対しては，図 10.4 に ○ 印をつけた格子点に 1 個ずつその座が存在している．さらに l の各値には m が $l, l-1, \cdots, -l+1, -l$ の都合 $(2l+1)$ 個の線型独立な固有関数が座を占める．それゆえ $n=1$ から $n=n$ までにおよんで座を占める独立な固有関数の数は合計 $\sum_{l=0}^{n-1}(2l+1)=n^2$ である．これらの状態は水素様原子では同一のエネルギー $E=-1/2n^2$ をもっている．与えられた l に対して $2l+1$ 個の独立な固有関数があることは Hamilton 関数が $O(3)$ の対称性を有することから当然のことであるとして，量子力学の確定と共に理解されていた．

これに対して，l の異なる状態まで全部が同じエネルギーを有するということは，いわゆる偶然縮重とよばれていた．これが上述の $O(4)$ 対称性のための当然の帰結である隠された対称性による本格的縮重であることが，Fock の研究により初めて明らかにされたのである．

もう一つよく知られた偶然縮重に，高次元での等方性振動子の問題がある．2 次元の等方性振動子を例にとって簡単にこの問題に触れておこう．これに対する Hamilton 関数

$$\mathscr{H} = \frac{1}{2m}({p_1}^2+{p_2}^2) + \frac{m\omega^2}{2}({x_1}^2+{x_2}^2) \tag{10.126}$$

が原点のまわりの回転に対して不変であることは自明であろう．しかしこの幾何

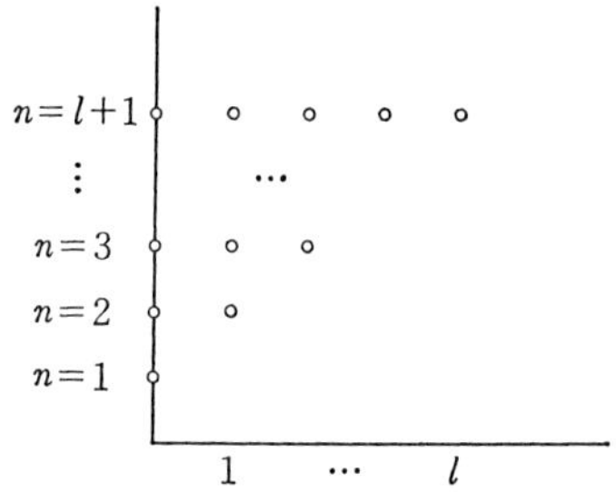

図 10.4

学的に明らかな対称性群 $O(2)$ はこの Hamilton 関数に属する対称性群の部分群にすぎない．実際 $\mathscr{H}$ はユニタリ群 $U(2)$ を対称性群としてもっていることが次のようにして示される．(以下 $m=1$, $\omega=1$ として論ずる.)

$$\mathscr{H} = (x_1, p_1\,;\, x_2, p_2) = \frac{1}{2}\{(x_1{}^2+p_1{}^2)+(x_2{}^2+p_2{}^2)\}$$

の p_k を微分作用素 $-i(\partial/\partial x_k)$ $(k=1,2)$ で置きかえれば，Schrödinger の方程式

$$\frac{1}{2}\left(x_1{}^2-\frac{\partial^2}{\partial x_1{}^2}+x_2{}^2-\frac{\partial^2}{\partial x_2{}^2}\right)\psi(x_1, x_2) = E\psi(x_1, x_2) \tag{10.127}$$

を得る．$\psi(x_1, x_2)=\psi_1(x_1)\psi_2(x_2)$ の形を仮定して代入すると常微分方程式系

$$x_1{}^2\psi_1(x_1)-\frac{d^2\psi_1}{dx_1{}^2}+(\lambda-2E)\psi_1 = 0, \tag{10.128 a}$$

$$x_2{}^2\psi_2(x_2)-\frac{d^2\psi_2}{dx_2{}^2}-\lambda\psi_2 = 0 \tag{10.128 b}$$

(λ は分離定数) が得られる．これは次のように書きなおすことができる．

$$\begin{aligned} x_1{}^2\psi_1-\frac{d^2\psi_1}{dx_1{}^2}+(\lambda-2E)\psi \\ = \left(x_1-\frac{d}{dx_1}\right)\left(x_1+\frac{d}{dx_1}\right)\psi_1+(\lambda+1-2E)\psi_1 = 0, \end{aligned} \tag{10.129 a}$$

$$x_2{}^2\psi_2-\frac{d^2\psi_2}{dx_2{}^2}-\lambda\psi_2 = \left(x_2-\frac{d}{dx_2}\right)\left(x_2+\frac{d}{dx_2}\right)\psi_2-(\lambda-1)\psi_2 = 0. \tag{10.129 b}$$

ところが，

(10.130)
$$\begin{cases} \xi = \dfrac{1}{\sqrt{2}}(x+ip) = \dfrac{1}{\sqrt{2}}\left(x+\dfrac{d}{dx}\right), \\ \bar{\xi} = \dfrac{1}{\sqrt{2}}(x-ip) = \dfrac{1}{\sqrt{2}}\left(x-\dfrac{d}{dx}\right) \end{cases}$$

で定義した $\xi, \bar{\xi}$ を使うと，上式は

(10.131 a) $$2\bar{\xi}_1\xi_1\psi_1+(\lambda+1-2E)\psi_1 = 0,$$

(10.131 b) $$2\bar{\xi}_2\xi_2\psi_2-(\lambda-1)\psi_2 = 0$$

と表わせる．第1式に ψ_2，第2式に ψ_1 をかけて加えると，Schrödinger の方程式(10.127)は

$$(\bar{\xi}_1\xi_1+\bar{\xi}_2\xi_2)\psi+(1-E)\psi = 0$$

と表わされることがわかるから，

(10.132) $$\mathcal{H} = \bar{\xi}_1\xi_1+\bar{\xi}_2\xi_2+1$$

の関係が得られる．一方，

$$[\xi, \bar{\xi}] = \xi\bar{\xi}-\bar{\xi}\xi = \frac{1}{2}\{(x+ip)(x-ip)-(x-ip)(x+ip)\} = i(px-xp)$$

であるから，Heisenberg の交換関係 $px-xp=-i$ により

(10.133) $$[\xi_1, \bar{\xi}_1] = 1, \quad [\xi_2, \bar{\xi}_2] = 1$$

である．さらに

$$[\xi_1, \bar{\xi}_2] = 0,\ [\bar{\xi}_1, \xi_2] = 0, \quad [\xi_k, \xi_l] = 0,\ [\bar{\xi}_k, \bar{\xi}_l] = 0 \quad (k, l=1, 2)$$

が成り立つ．これらの交換関係をみたす $\xi_k, \bar{\xi}_k$ $(k=1, 2)$ に対して Hamilton 関数は(10.132)の形に書けることがわかった．ところが ξ_1, ξ_2 を2成分とする1列行列 $\boldsymbol{\xi}$ に関してユニタリ変換

(10.134) $$\boldsymbol{\xi}' = U\boldsymbol{\xi}, \quad UU^+ = U^+U = E \quad (U\text{: } 2\times 2 \text{ 行列})$$

を行なったとき $\mathcal{H}$ は不変である．すなわち

$$\xi_1' = u_{11}\xi_1+u_{12}\xi_2, \quad \xi_2' = u_{21}\xi_1+u_{22}\xi_2,$$
$$\bar{u}_{11}u_{11}+\bar{u}_{21}u_{21} = \bar{u}_{12}u_{12}+\bar{u}_{22}u_{22} = 1, \quad \bar{u}_{11}u_{12}+\bar{u}_{21}u_{22} = \bar{u}_{12}u_{11}+\bar{u}_{22}u_{21} = 0$$

から直ちに

$$\bar{\xi}_1'\xi_1'+\bar{\xi}_2'\xi_2' = \bar{\xi}_1\xi_1+\bar{\xi}_2\xi_2$$

が得られ，$\mathcal{H}$ のユニタリ不変性が証明された．このように，Hamilton 関数(10.126)でも Kepler 運動の場合と同じように，自明の $O(2)$ の対称性より高度の対

称性 $U(2)$ が隠されていたわけである.

問 1 極座標で書いた 2 次元の等方性振動子の方程式

$$\frac{1}{r}\frac{\partial}{\partial r}\left(r\frac{\partial\psi}{\partial r}\right)+\frac{1}{r^2}\frac{\partial^2\psi}{\partial\varphi^2}+(\lambda-r^2)\psi=0, \qquad \lambda=2E$$

を使って変数分離解を求め，これからエネルギーの固有値を定めよ.

[ヒント，略解] $\psi(r,\varphi)=R(r)e^{im\varphi}$ とおき変数 $\rho=r^2$ を用いれば R に関する方程式は

$$\ddot{R}+\frac{1}{\rho}\dot{R}+\left\{-\frac{1}{4}+\frac{\lambda}{4\rho}-\frac{(m/2)^2}{\rho^2}\right\}R=0$$

(ただし・は ρ に関しての微分). $R(\rho)=e^{-\rho/2}\rho^{m/2}F(\rho)$ と変換すれば，F は方程式

$$\rho\ddot{F}+(m+1-\rho)\dot{F}-\left(\frac{m+1}{2}-\frac{\lambda}{4}\right)F=0$$

をみたす. 打切りの条件から整数 n_r を導けば，エネルギー固有値は $E_{n,m}=2n_r+m+1$ $(n_r=0,1,2,\cdots;\ m=0,1,2,\cdots)$.

問 2 問 1 の結果を利用して，固有関数の偶然縮重を表示する図(Kepler 問題についての図 10.4 に対応するもの)を作製してみよ.

c) 対称作用素と運動の定数

最後に，全くダイジェストの形ではあるが Schrödinger の方程式に限定して Hamilton 関数の対称性と Lie 理論との関係を説明する[1). 簡単のため，主として独立変数が x, y の 2 個である場合に限定する. 与えられた偏微分方程式を

$$(10.135)\qquad Q\psi \equiv X_{11}(x,y)\partial_{xx}\psi+X_{12}(x,y)\partial_{xy}\psi+X_{22}(x,y)\partial_{yy}\psi +Y_1(x,y)\partial_x\psi+Y_2(x,y)\partial_y\psi+Z(x,y)\psi=0$$

とする. ここに $\partial_x=\partial/\partial x$, $\partial_{xy}=\partial^2/\partial x\partial y$ などを表わす. 以下これをまた $p_x=\partial_x$, $p_xp_y=\partial_{xy}$ と書くことがある. X_{ij}, Y_i などはすべて解析関数である. これを X_{ij}, $Y_i\in\mathscr{F}$ と表わす. Q に対して 2 階偏微分作用素

$$(10.136)\qquad S=A_{11}(x,y)\partial_{xx}+A_{12}(x,y)\partial_{xy}+A_{22}(x,y)\partial_{yy} +B_1(x,y)\partial_x+B_2(x,y)\partial_y+C(x,y), \qquad A_{ij}, B_i, C\in\mathscr{F}$$

および 1 階偏微分作用素

$$(10.137)\qquad U_S=H_1(x,y)\partial_x+H_2(x,y)\partial_y+J(x,y), \qquad H_i, J\in\mathscr{F}$$

を適当に選んだとき，S, Q の交換子 $[S,Q]\equiv SQ-QS$ について

1) 対称性考の他の面に一般偏微分方程式の変数分離法に対する Lie 理論の応用がある. これについては Miller, W. Jr.: Symmetry and Separation of Variables, Addison-Wesley (1977) に最近までの結果がまとめられている. 本論では出てこなかった $R_L\neq 0$, $U_S\neq 0$ など一般のとき(例えば熱方程式ではそうである)も含めた表題の問題が広く論じられている.

(10.138) $$[S, Q] = U_S Q$$

が成り立つ場合に，S を Q に対する**対称作用素**と呼ぶ．このとき ψ が(10.135)の解ならば，すなわち $Q\psi=0$ ならば $S\psi$ も同じ方程式の解であること，すなわち $Q(S\psi)=0$ が証明される．特に A_{ij} がすべて 0 で S が 1 階作用素となるとき S を L と書き，L 型(p に関して 1 次)と呼ぶ．S が L 型のとき

(10.139) $$L = A(x,y)\partial_x + B(x,y)\partial_y + C(x,y), \qquad A, B, C \in \mathscr{F}$$

と書く．このような L の集合 $\mathscr{G}=\{L/[L,Q]=R_L Q\}$ $(R_L \in \mathscr{F})$ が成り立つような任意の 2 元 L_i, L_j に対しては $[L_i, L_j] \in \mathscr{G}$ が成り立ち，これが Lie 環を形成していることを標準的な方法で証明することができる．特に Schrödinger の方程式の場合重要なのは，$\mathscr{H}$ を Hamilton 関数としてつぎの方程式が成り立つ：

(10.140) $$Q\psi \equiv (\mathscr{H}-E)\psi = 0, \qquad \mathscr{H} = -\frac{1}{2}(\partial_{xx}+\partial_{yy}) - V(x,y).$$

$R_L=0$ となり，(10.138) を成立させるのが，

(10.141) $$[L, \mathscr{H}] = 0,$$

すなわち作用素 L が $\mathscr{H}$ と可換のときである．この場合 L は量子力学的な‘運動の定数’，あるいは運動方程式である Schrödinger の方程式の‘積分’と呼ばれる．(10.139), (10.140) を (10.141) に入れて交換子の計算を実行すれば，これが 0 となる条件から係数 A, B, C が

$$A(x,y) = A(y) = cy+a, \qquad B(x,y) = B(x) = -cx+b, \qquad C(x,y) = d$$

(a, b, c, d は定数) ときまって，L は

(10.142) $$L = ap_x + bp_y + cM + d, \qquad M = yp_x - xp_y$$

の形になる．p_x, p_y は ∂_x, ∂_y である．

これに対し，ポテンシャル V は 1 階偏微分方程式

(10.143) $$(cy+a)V_x + (-cx+b)V_y = 0$$

をみたさなければならない．これを解けば

(10.144) $$V = V\left(-bx+ay+c\frac{x^2+y^2}{2}\right)$$

を得る．$a=1$ $(b=1)$ を残して他の定数を 0 とした場合の積分 $L_1=p_x$ $(L_2=p_y)$ は，ポテンシャルが $V_1=V_1(y)$ $(V_2=V_2(x))$ で $x(y)$ に無関係であるため，$x(y)$ 方向の運動量が保存量であることを示す．$c=1$, $a=b=0$ のときには，V

$=V((x^2+y^2)/2)$ すなわち回転対称のとき積分 $L_3=M\equiv yp_x-xp_y$ は角運動量の保存を意味する．S が p に関し 1 次でない場合には，条件 $[S,\mathcal{H}]=0$ から

(10.145)
$$S=(ay^2-2by+d)p_x{}^2+(ax^2+2cx+e)p_y{}^2+(-2axy-2cy+2bx+f)p_xp_y+(-ax+gy+h)p_x+(-ay-gx+k)p_y+\varphi(x,y)\qquad(\cdots,p_xp_y=\partial_{xy},\cdots)$$

が得られる．ただし $\varphi(x,y)$ は共存条件により制限を受ける関数である．特に $a=b=c=d=e=f=0$ なら S は L 型になる．一方 V は

(10.146)
$$V=V\{(b-k)x+(c+h)y+(g/2)(x^2+y^2)\}.$$

特に興味深いのは $b=k$, $h=-c$, $g=0$ という特別な場合である．このとき (10.146) からポテンシャルは定数になって，Schrödinger の方程式は Helmholtz の方程式になるが(自由粒子の運動)，これに応ずる S は次の形をとる：

(10.147)
$$S=(ay^2-2by+d)p_x{}^2+(ax^2+2cx+e)p_y{}^2+(-2axy-2cy+2bx+f)p_xp_y+(-ax-c)p_x+(-ay+b)p_y+\text{定数}.$$

$a=1$ (他のすべての定数は 0) は $S(1,0,\cdots,0)=y^2p_x{}^2+x^2p_y{}^2-2xyp_xp_y-xp_x-yp_y=(yp_x-xp_y)^2=M^2$, b だけ 1 とした $S(0,1,\cdots,0)=-2yp_x{}^2+2xp_xp_y+p_y=-(Mp_x+p_xM)$, 同様に $S(0,0,1,\cdots,0)=2xp_y{}^2-2yp_xp_y-p_x=-(Mp_y+p_yM)$, $S(0,\cdots,1,0,0)=p_x{}^2$, $S(0,\cdots,0,1,0)=p_y{}^2$, $S(0,\cdots,0,1)=p_xp_y$ の 6 個はすべて p につき 2 次の‘運動の定数’である．$Mp_i+p_iM\equiv\{M,p_i\}$ で表わす．

独立変数を 3 個にした場合も原理的には困難がなく，L 型のものとしては

(10.148)
$$L=\sum_{j=1}^{3}a_jM_j+\sum_{j=1}^{3}b_jp_j+d,\qquad p_j=\partial_{x_j},\qquad M_j=x_kp_l-x_lp_k$$
$(j\neq k\neq l$ は $1,2,3$ など$)$,

2 次のものとしては

(10.149)
$$S=\sum_{j,k}a_{jk}M_jM_k+\sum_{j,k}b_{jk}\{p_j,M_k\}+\sum_{j,k}c_{jk}p_jp_k+g(\mathbf{r})$$

が得られる．a_{jk}, b_{jk}, c_{jk} は定数，g は共存条件により制限を受ける座標のみの関数である．V は同じく 1 階偏微分方程式

$$(a_2x_3-a_3x_2+b_1)V_{x_1}+(a_3x_1-a_1x_3+b_2)V_{x_2}+(a_1x_2-a_2x_1+b_3)V_{x_3}=0$$

をみたさなければならない．$b_1=b_2=b_3=0$ のとき，$V=V(x_1{}^2+x_2{}^2+x_3{}^2)$ の場合には $L=\sum_{j=1}^{3}a_jM_j$ が出て 3 個の M_j が保存される(角運動量保存)．

Kepler 問題においては古典力学においてすでに Laplace-Runge-Lenz ベクトルと呼ばれる積分がエネルギーおよび角運動量積分以外にも存在することが知られていた．Pauli (1926) はこれを量子力学的に定式化して L-R-L-P ベクトル

$$A = \frac{1}{2}(\boldsymbol{p}\times\boldsymbol{M}-\boldsymbol{M}\times\boldsymbol{p})-\lambda\frac{\boldsymbol{r}}{r} = p^2\boldsymbol{r}-(\boldsymbol{p}\cdot\boldsymbol{r})\boldsymbol{p}-\lambda\frac{\boldsymbol{r}}{r} \tag{10.150}$$

を与えた．実際このベクトルの成分 $A_k=p^2x_k-(\boldsymbol{p}\cdot\boldsymbol{r})p_k-\lambda\frac{x_k}{r}$，$\lambda$ は定数，は p に関して2次の S 型の積分である．それは Hamilton 作用素

$$\mathscr{H} = -\frac{\triangle}{2}-\lambda\frac{1}{r} = \frac{p^2}{2}-\lambda\frac{1}{r} \tag{10.151}$$

と可換である．交換子積を実際計算して

$$[\boldsymbol{A}, \mathscr{H}] = \left[p^2\boldsymbol{r}-(\boldsymbol{p}\cdot\boldsymbol{r})\boldsymbol{p}-\lambda\frac{\boldsymbol{r}}{r}, \frac{p^2}{2}-\lambda\frac{1}{r}\right] = 0 \tag{10.152}$$

を示すことができる[1]．すなわち $\boldsymbol{A}$ は $\mathscr{H}$ に属する対称作用素である[2]．$E<0$ に対しては，$(-2E)^{-1/2}A_j=K_j$ $(j=1,2,3)$ と角運動量成分 M_j $(j=1,2,3)$ についてその交換子積を計算すると

(10.153)

$$[M_j, M_k] = i\sum_l \varepsilon_{jkl}M_l, \qquad [M_j, K_k] = i\sum_l \varepsilon_{jkl}K_l, \qquad [K_j, K_k] = i\sum_l \varepsilon_{jkl}M_l$$

(ただし ε_{jkl} が (j,k,l) が $(1,2,3)$, $(2,3,1)$, $(3,1,2)$ のときは $+1$；$(1,3,2)$, $(3,2,1)$, $(2,1,3)$ のときは -1；j,k,l の中に等しいものが扱われるときは 0) の形で閉じて K_j, M_j が Lie 環を形成していることが簡単な計算で確かめられる．(10.153) は4次回転群 $O(4)$ のよく知られている Lie 環の基底 $D_{jk}=x_k\partial_j-x_j\partial_k$ $(j<k=1,2,3,4)$ と同値である．同様に，$E>0$ に対しては $(2E)^{-1/2}A_j=K_j$ とすれば

(10.154)

$$[M_j, M_k] = i\sum_l \varepsilon_{jkl}M_l, \qquad [M_j, K_k] = -i\sum_l \varepsilon_{jkl}K_l, \qquad [K_j, K_l] = i\sum_l \varepsilon_{jkl}M_l$$

となって K_j, M_j が Lorentz 群 $O(3,1)$ に対する Lie 環の基底

$$D_{jk} = x_k\partial_j-x_j\partial_k \quad (j<k\ (=1,2,3)), \qquad E_{jk} = x_k\partial_j+x_j\partial_k \quad (j=1,2,3,\ k=4)$$

と同値であることが示される．このようにして Fock の発見の代数的基礎が得られたわけである．

---

1) 以下 $\boldsymbol{p}$ は量子力学での運動量ベクトルで $p_r=i\partial_k$ を表わし，324 ページ以下で $\partial_k=p_r$ と略記してきたものと因子 $-i$ だけ異なる．

2) Englefield, M.: Grouptheory and the Coulomb problem, Wiley (1972) の Appendix A 参照．

あとがき

この“数理物理に現われる偏微分方程式”を書き卒えてみると，結果はこの種の標題のもとに標準と目されている定本，たとえば，ゲッチンゲン-ニューヨーク学派流の代表 Courant-Hilbert [4] やロシヤ学派流の代表 Sobolev [23] とは大分異なったものとなった．もとより，格調と重厚さにおいて，われわれの2小冊子がこれらの大家による高著と比肩するべくもないことは当然である．しかしながら，この差異をもたらした原因の一部が，まえがきにも掲げたように，読者に数理と現象との結びつきを理解していただくことを趣旨とし，基本的な方程式の基本的な性質を一般的に解説するかたがた，特色のある方程式の特色ある取扱いを列伝的に紹介しようというわれわれの意欲にあることを諒解していただければ幸いである．それにしても，意欲のみが先走り著者らの要領の悪さが露呈して，対象の取捨が宜しきを得なかった点も，取扱いの精粗の釣合いを失した点も少なくない．著者が意識するこのような欠点に対する補いとして若干の説明を加え，かつ，参考書をかかげておきたい．

第1章から第4章までは主として藤田が担当したのであるが，ここでは熱方程式，Laplace の方程式を材料とし，放物型方程式，楕円型方程式の数学的性質と現象との結びつきを例示することを目的としている．数学的な観点は‘適正な問題’のそれであり，理論のよりどころを最大値原理にとっている．それだけに解の存在定理を Perron の方法によって証明したかったのであり，第4章の末尾にそのことを約束したのであるが，紙面の都合もあって果せなかったのは申訳ない．この部分については Petrovskii [21] によって補っていただきたい．放物型方程式や楕円型方程式の関数解析的扱いを本格的に勉強しようとされる読者には溝畑 [19] の該当する部分や Agmon [1]，増田 [18] をおすすめできるが，取りあえずは本講座の“関数解析 I, II”を利用されてもよい．

第5章および第6章は主として池部が担当し双曲型方程式の代表としての波動方程式，また，それに関連して Helmholtz の方程式を扱った．数学的観点はふたたび‘適正な問題’のそれであり，理論のよりどころはエネルギー保存則と固有関数展開である．固有関数展開については本講座の該当する分冊（“関数解析 III”，“スペクトル理論”）などで補っていただきたいが，応用家には内部問題に関する限り池部 [7] がなじむかも知れない．なお，§6.8 で用いた外部領域における固有関数展開の理論が数学的に整備されたのはそんなに古いことではない（たとえば，Lax-Phillips [16], Wilcox [29] 参照）．

波動は数理物理の対象として最も興味のあるものの一つである．第9章で扱われる電磁波もその例であるが，本来の波動方程式としても回折，幾何光学的極限，散乱理論に触れたかったが小冊子の範囲に入ることではなかった．数学的には解の漸近的振舞いの考察に帰着するこの種の問題については，本講座“線型偏微分方程式論における漸近的方法 I，II”や Lax-Phillips [16] により様子を探っていただきたい．

第7章から第10章は，具体的な物理現象に，より密着した方程式の列伝的紹介であるが，第6章までが予想以上の紙数を費したために圧迫を受け，準備したいくつかの内容を割愛せざるを得なくなった．たとえば，数学的にも現在興味が深まっている Korteweg-de Vries (KdV) 方程式や Boltzmann 方程式の紹介が落ちてしまった．また，辛うじて残った話題の説明もダイジェスト風にならざるを得なかった個所，たとえば §10.8，があるのは心残りである．

さて，第7章と第8章は主として高見が担当し，連続体の力学における偏微分方程式を扱った．数学的にはこれらは‘意味のある構造’をもった非線型方程式の代表である．これらの方程式に対して応用上の目的から開発された工夫や重ねられた経験は，今後も非線型方程式の数学的研究の発展の培養基であろう．内容的な取扱いの骨子は今井功氏による‘複素関数論的手法’である．したがって，今井 [8], [9] との併読をおすすめしたい．流体力学の方程式の数学者による研究も多いが，定本として，縮む流体については Courant-Friedrichs [3], Bers [2] を，縮まない流体については Ladyzenskaja [17] がある．§8.3 における弾性体の理論の古典的定本としては Sokolnikoff [24] をあげておこう．

第9章と第10章は主として犬井が担当した．当初の心算では，特殊関数を縦横に駆使して各種の問題を明快に解いて見せるというのも目的であったが，これも紙面の制限から後退せざるを得なかった．すなわち，特殊関数としても超幾何関数やその合流型の程度しか登場させることができず，また，多くの‘物理の香り’の高い例題を割愛せざるを得なかったことは，担当者の残念とするところである．後者の1例は多原子分子の扱いに利用できる剛体の運動の Schrödinger の方程式による扱いである．

第9章の双曲型方程式系の代表である Maxwell の方程式の解説は数理物理の感覚にもとづいた標準的なものであるが，Maxwell の方程式の数学的特徴，たとえば過剰決定系としての面白さ(難しさ)も浮きぼりにしていれば幸いである．特殊関数を用いて電磁波の問題を解く例に興味がある場合には，たとえば Košljakov, Gliner, Smirnov [14] や高橋 [26] によって補っていただきたい．

第10章では Schrödinger の方程式が主題となったが固有値問題に焦点をあわせたため，本来の意味での Schrödinger 方程式

$$\frac{\partial u}{\partial t}=i(\triangle-V(x))u$$

については触れることができなかった．固有値問題の解法としては Sommerfeld による多項式法と，かつて犬井自らがその発展に努力した昇降演算子法をよりどころとしている．後者についての詳しいことは，たとえば犬井 [11] を見ていただきたい．§10.8の話題は近来の素粒子論の立場からも感激に値いするものであると担当者は信じている．

参考書

現在では偏微分方程式の教科書は，良書だけに限っても数多く刊行されている．ここでは，上に直接引用したものに加え，本講との併読，本講を卒えての独習に役立つであろうもののみをあげておく．

[1] Agmon, S.: Lectures on Elliptic Boundary Value Problems, van Nostrand, 1965(村松寿延訳：楕円型境界値問題，吉岡書店，1968)

[2] Bers, L.: Mathematical Aspects of Subsonic and Transonic Gas Dynamics, John Wiley, 1958

[3] Courant, R. & Friedrichs, K. O.: Supersonic Flow and Shock Waves, Interscience, 1948

[4] Courant, R. & Hilbert, D.: Methods of Mathematical Physics Ⅰ, Ⅱ, Interscience, 1953, 1962(この英語版のもとをなす1931, 37年のドイツ語版からの翻訳として，斎藤利弥監訳：物理数学の方法 I-IV，東京図書，1959-68がある．)

[5] 藤田宏, 黒田成俊: 関数解析 I, II (岩波講座基礎数学), 岩波書店, 1978

[6] 藤原大輔: 線型偏微分方程式論における漸近的方法 I, II (岩波講座基礎数学), 岩波書店, 1976, 77

[7] 池部晃生: 数理物理の固有値問題, 産業図書, 1976

[8] 今井功: 流体力学, 岩波書店, 1970

[9] 今井功: 流体力学(前篇), 裳華房, 1973

[10] 犬井鉄郎: 応用偏微分方程式論, 岩波書店, 1951

[11] 犬井鉄郎: 特殊函数, 岩波書店, 1962

[12] 伊藤清三: 偏微分方程式, 培風館, 1966

[13] 伊藤清三: 関数解析 III (岩波講座基礎数学), 岩波書店, 1978

[14] Košljakov, N. S., Gliner, È. B. & Smirnov, M. M. (Кошляков, Н. С., Глинер, Э. Б., Смирнов, М. М.): Дифференциальные уравнения математической физики, Физматгиз, 1962 (藤田宏, 池部晃生, 高見穎郎訳: 物理・工学における偏微分方程式 上, 下, 岩波書店, 1974, 76)

[15] 熊ノ郷準: 偏微分方程式, 共立出版, 1978

[16] Lax, P. D. & Phillips, R. S.: Scattering Theory, Academic Press, 1967

[17] Ladyzenskaja, O. A. (Ладыженская, О. А.): Математические Вопросы Динамики Вязкой Несжимаемой Жидкости, изд. Наука, 1970, 第2版

[18] 増田久弥: 非線型楕円型方程式 (岩波講座基礎数学), 岩波書店, 1977

[19] 溝畑茂: 偏微分方程式論, 岩波書店, 1965

[20] Morse Ph. M. & Feshbach, H.: Methods of Theoretical Physics I, II, McGraw-Hill, 1953

[21] Petrovskii, I. G. (Петровский, И. Г.): Лекции об Уравнениях С Частными Производными, Гостехиздат, 1953 (吉田耕作, 渡辺毅訳: 偏微分方程式論, 東京図書, 1958)

[22] 坂本礼子: 双曲型境界値問題, 岩波書店, 1978

[23] Sobolev, S. L. (Соболев, С. Л.): Уравнения математической физики, Гостехиздат, 1954 (功力金二郎, 井関清志, 麦林布道, 西田俊夫訳: 物理数学の方程式, 共立出版, 1961)

[24] Sokolnikoff, I. S.: Mathematical Theory of Elasticity, McGraw-Hill, 1956

[25] Sommerfeld, A.: Partielle Differentialgleichungen der Physik, Dieterichsche Verlagsbuchhandlung, 1965 (増田秀行訳: 物理数学――偏微分方程式論, 講談社, 1969)

[26] 高橋秀俊: 線形分布定数系論, 岩波書店, 1975

[27] 寺沢寛一(編): 自然科学者のための数学概論, 岩波書店, 1954; 同(応用編), 1960

[28] Vladimirov, V. S. (Владимиров, В. С.): Уравнения математической физики,

Изд. Наука, 1967 (飯野理一，堤正義，岡沢登，藤巻英俊訳：応用偏微分方程式，文一総合出版，1971)

[29] Wilcox, C. H.: Scattering Theory for the d'Alembert Equation in Exterior Domaims, Lecture Note Math 442, Springer, 1975

■岩波オンデマンドブックス■

岩波講座 基礎数学
解析学 (II) iv
数理物理に現われる偏微分方程式

1977年12月2日 第1刷発行(Ⅰ)
1979年2月23日 第1刷発行(Ⅱ)
1988年5月2日 第3刷発行
2019年9月10日 オンデマンド版発行

著 者 藤田 宏(ふじた ひろし) 池部晃生(いけべ てるお)
犬井鉄郎(いぬい てつろう) 高見穎郎(たかみ ひでお)

発行者 岡本 厚

発行所 株式会社 岩波書店
〒101-8002 東京都千代田区一ツ橋 2-5-5
電話案内 03-5210-4000
https://www.iwanami.co.jp/

印刷/製本・法令印刷

ISBN 978-4-00-730924-3 Printed in Japan